jQuery Mobile
从入门到精通

巅峰卓越 编著

U0345517

人民邮电出版社

北京

图书在版编目（ＣＩＰ）数据

jQuery Mobile从入门到精通 / 巅峰卓越编著. --
北京：人民邮电出版社，2017.1
ISBN 978-7-115-41574-5

Ⅰ. ①j… Ⅱ. ①巅… Ⅲ. ①JAVA语言－程序设计
Ⅳ. ①TP312

中国版本图书馆CIP数据核字(2016)第052343号

内 容 提 要

本书以零基础讲解为宗旨，用实例引导读者学习，深入浅出地介绍 jQuery Mobile 开发的相关知识和实战技能。

本书第 1 篇基础知识主要讲解 jQuery Mobile 基础常识和开发必备知识等；第 2 篇核心技术主要讲解 jQuery Mobile 语法、预加载、页面缓存、页面脚本、对话框、导航、页脚栏、工具栏、标签栏、按钮、表单、列表等；第 3 篇知识进阶主要讲解内容格式化、主题化设计、jQuery Mobile API、常用插件等，还介绍移动 Web 应用程序的开发方法及开发环境建设方法；第 4 篇综合实战通过电话本管理系统和平板阅读器系统两个实战案例，介绍完整的 jQuery Mobile 开发流程。

本书所附 DVD 光盘中包含与图书内容全程同步的教学录像。此外，还赠送大量相关学习资料，以便读者扩展学习。

本书适合任何想学习 jQuery Mobile 开发的读者。无论读者是否从事计算机相关行业，是否接触过 jQuery Mobile，均可通过学习本书快速掌握 jQuery Mobile 开发的方法和技巧。

◆ 编　　著　巅峰卓越
　　责任编辑　张　翼
　　责任印制　杨林杰

◆ 人民邮电出版社出版发行　　北京市丰台区成寿寺路 11 号
　　邮编　100164　电子邮件　315@ptpress.com.cn
　　网址　http://www.ptpress.com.cn
　　三河市潮河印业有限公司印刷

◆ 开本：787×1092　1/16
　　印张：35
　　字数：1 021 千字　　　　　　　　2017 年 1 月第 1 版
　　印数：1－2 500 册　　　　　　　　2017 年 1 月河北第 1 次印刷

定价：79.80 元（附光盘）

读者服务热线：(010)81055410　印装质量热线：(010)81055316
反盗版热线：(010)81055315
广告经营许可证：京东工商广字第 8052 号

序

  国家"863"软件专业孵化器建设是"十五"初期由国家科技部推动、地方政府实施的一项重要的产业环境建设工作，围绕"推广应用 863 技术成果，孵化人、项目和企业"主题，在国家高技术发展研究计划（"863"计划）和地方政府支持下建立了服务软件产业发展的公共技术支撑平台体系。国家 863 软件孵化器各基地以"孵小扶强"为目标，在全国不同区域开展了形式多样的软件孵化工作，取得了较大的影响力和服务成效，特别是在软件人才培养方面，各基地做了许多有益探索。其中，设在郑州的国家"863"中部软件孵化器连续举办了四届青年软件设计大赛，引起了当地社会各界的广泛关注，并通过开展校企合作，以软件工程技术推广、软件国际化为背景，培养了一大批实用软件人才。

  目前，我国大专院校每年都招收数以万计的计算机或者软件专业学生，这其中除了一部分毕业生继续深造攻读研究生学位之外，大多数都要直接走上工作岗位。许多学生在毕业后求职时，都面临着缺乏实际软件开发技能和经验的问题。解决这一问题，需要大专院校与企业界的密切合作。学校教学在注重基础的同时，应适当加强产业界当前主流技术的传授。产业界也可将人才培养、人才发现工作前置到学校教学活动中。国家"863"软件专业孵化器与大学、企业都有广泛合作，在开展校企合作、培养软件人才方面具有得天独厚的条件。当然，做好这些工作还有许多问题需要研究和探索，如校企合作方式、培养模式、课程设计与教材体系等。

  欣闻由国家"863"中部软件孵化器组织编写的"从入门到精通"丛书即将面市，内容除涵盖目前主流技术知识和开发工具之外，更融汇了其多年从事大学生软件职业技术教育的经验，可喜可贺。作为计算机软件研究和教学工作者，我衷心希望这套丛书的出版能够为广大青年学子提供切实有效的帮助，能够为我国软件人才培养做出新的贡献。

北京大学信息科学技术学院院长 梅宏

2010 年 3 月 12 日

前 言

本书是专门为初学者量身打造的一本编程学习用书，由知名计算机图书策划机构"巅峰卓越"精心策划而成。

本书主要面向 jQuery Mobile 的初学者和爱好者，旨在帮助读者掌握 jQuery Mobile 的基础知识，了解开发技巧并积累一定的项目实战经验。

 ## 为什么要写这样一本书

荀子曰：不闻不若闻之，闻之不若见之，见之不若知之，知之不若行之。

实践对于学习的重要性由此可见一斑。纵观当前编程图书市场，理论知识与实践经验的脱节，是很多 jQuery Mobile 图书的写照。为了杜绝这一现象，本书立足于实践，从项目开发的实际需求入手，将理论知识与实际应用相结合。目标就是让初学者能够快速成长为初级程序员，并获得一定的项目开发经验，从而在职场中拥有一个高起点。

 ## jQuery Mobile 的最佳学习路线

本书总结了作者多年的教学实践经验，为读者设计了最佳的学习路线。

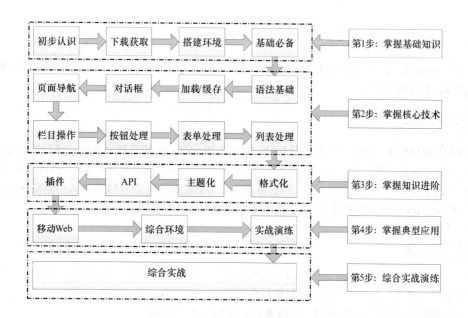

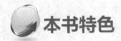 **本书特色**

▶ 零基础、入门级的讲解

无论读者是否从事计算机相关行业，是否接触过 jQuery Mobile，都能从本书中找到最佳起点。

▶ 超多、实用、专业的范例和项目

本书彻底摒弃枯燥的理论和简单的说教，注重实用性和可操作性，结合实际工作中的范例，逐一讲解 jQuery Mobile 的各种知识和技术。最后，还以实际开发项目来总结本书所学内容，帮助读者在实战中掌握知识，轻松拥有项目经验。

▶ 随时检测自己的学习成果

每章首页罗列了"本章要点"，以便读者明确学习方向。每章最后的"实战练习"则根据所在章的知识点精心设计而成，读者可以随时自我检测，巩固所学知识。

▶ 细致入微、贴心提示

本书在讲解过程中使用了"提示""注意""技巧"等小栏目，帮助读者在学习过程中更清楚地理解基本概念，掌握相关操作，并轻松获取实战技能。

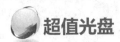 **超值光盘**

▶ 10 小时全程同步教学录像

涵盖本书所有知识点，详细讲解每个范例及项目的开发过程及关键点，帮助读者更轻松地掌握书中所有的 jQuery Mobile 知识。

▶ 超多王牌资源大放送

赠送大量超值资源，包括 7 小时 HTML5 + CSS + JavaScript 实战教学录像、157 个 HTML+CSS+JavaScript 前端开发实例、571 个典型实战模块、184 个 Android 开发常见问题 / 实用技巧及注意事项、Android Studio 实战电子书、CSS3 从入门到精通电子书及案例代码、HTML5 从入门到精通电子书及案例代码、jQuery Mobile 典型应用电子书及配套教学录像，以及配套的教学用 PPT 课件等。

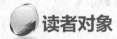 **读者对象**

▲ 没有任何移动开发基础的初学者和编程爱好者
▲ 有一定的移动 Web 开发基础，想精通 jQuery Mobile 的人员
▲ 有一定的移动 Web 开发基础，缺乏 jQuery Mobile 实战经验的从业者
▲ 大专院校及培训学校相关专业的老师和学生

光盘使用说明

01. 光盘运行后会首先播放带有背景音乐的光盘主界面，其中包括【配套源码】、【配套视频】、【配套 PPT 】、【赠送资源】和【退出光盘】5 个功能按钮。

02. 单击【配套源码】按钮，可以进入本书源码文件夹，里面包含了"配套源码"和"实战练习"两个子文件夹，如下左图所示。

03. 单击【配套视频】按钮，可在打开的文件夹中看到本书的配套教学录像子文件夹，如下右图所示。

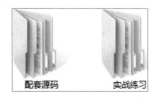

04. 单击【配套 PPT 】按钮，可以查看本书的配套教学用 PPT 课件，如下左图所示。

05. 单击【赠送资源】按钮，可以查看本书赠送的超值学习资源，如下右图所示。

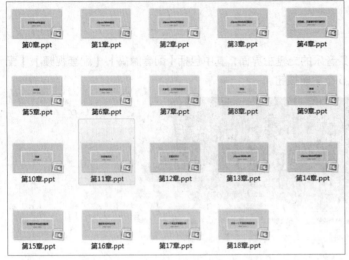

第0章.ppt 　第1章.ppt 　第2章.ppt 　第3章.ppt 　第4章.ppt

第5章.ppt 　第6章.ppt 　第7章.ppt 　第8章.ppt 　第9章.ppt

第10章.ppt 　第11章.ppt 　第12章.ppt 　第13章.ppt 　第14章.ppt

第15章.ppt 　第16章.ppt 　第17章.ppt 　第18章.ppt

- 7小时HTML5 + CSS + JavaScript实战教学录像
- 157个HTML+CSS+JavaScript前端开发实例
- 184个Android开发常见问题、实用技巧及注意事项
- 571个典型实战模块
- Android Studio实战电子书
- CSS3从入门到精通电子书及案例代码
- HTML5从入门到精通电子书及案例代码
- jQuery Mobile典型应用电子书及配套教学录像

06. 单击【退出光盘】按钮，即可退出本光盘系统。

创作团队

　　本书由巅峰卓越编著，参加资料整理的人员有周秀、付松柏、邓才兵、钟世礼、谭贞军、张加春、王教明、万春潮、郭慧玲、侯恩静、程娟、王文忠、陈强、何子夜、李天祥、周锐、朱桂英、张元亮、张韶青、秦丹枫等。

　　由于编者水平有限，纰漏和不尽如人意之处在所难免，诚请读者提出意见或建议，以便修订并使之更臻完善。若读者在学习过程中遇到困难或疑问，或有任何建议，可发送电子邮件至 zhangyi@ptpress.com.cn。

编者

2016 年 10 月

目　录

第 0 章　移动 Web 开发学习指南 1

本章教学录像：25 分钟

移动 Web 程序是指能够在智能手机、平板电脑、电子书阅读器等可移动设备中完整运行的 Web 程序。和传统桌面式 Web 程序相比，移动 Web 要求程序更加简单且高效，而且具备传统桌面 Web 程序所没有的硬件优势，如 GPS 定位、传感器应用等。本章将简要介绍开发移动 Web 应用程序的基础知识，为读者步入本书后面知识的学习打下基础。

第 1 篇　基础知识

开启 Web 开发之门。

第 1 章　jQuery Mobile 基础 12

本章教学录像：21 分钟

jQuery Mobile 不仅会给主流移动平台带来 jQuery 核心库，而且拥有一个完整统一的 jQuery 移动 UI 框架，支持全球主流的移动平台。本章详细讲解 jQuery Mobile 的基础知识，为读者步入本书后面知识的学习打下基础。

第 2 章　jQuery Mobile 开发必备知识 25

本章教学录像：36 分钟

    jQuery Mobile 开发是一项浩瀚的工程，不仅需要具备 HTML5、CSS 和 JavaScript 方面的知识，而且需要 Android 和 iOS 等智能设备系统开发的基本知识。本章详细讲解 jQuery Mobile 开发所必须具备的基础知识，为读者步入本书后面知识的学习打下基础。

第 2 篇　核心技术

跨入移动 Web 开发之门后。本篇将带领你探索 jQuery Mobile 框架的核心世界。

第 3 章　jQuery Mobile 语法基础 66

本章教学录像：24 分钟

本书前面介绍了 jQuery Mobile 独一无二的一些重要特征和开发所必须具备的基础知识。本章开始正式步入 jQuery Mobile 的学习阶段，讲解 jQuery Mobile 的基础语法知识和具体用法，为读者步入本书后面知识的学习打下基础。

第 4 章　预加载、页面缓存和页面脚本 91

本章教学录像：13 分钟

顾名思义，Web 中的预加载就是在网页全部加载之前，对一些主要内容进行加载，以提供给用户更好的体验，减少等待的时间。本章详细讲解 jQuery Mobile 中预加载和页面缓存的基础知识和具体用法，为读者步入本书后面知识的学习打下基础。

第5章 对话框 101

本章教学录像：15 分钟

对话框与页面相似，只不过对话框的边界是有间距的 (inset)，从而产生模态对话框（modal dialog）的外观。本章详细讲解 jQuery Mobile 中对话框的基础知识，为读者步入本书后面知识的学习打下基础。

第6章 实现导航功能 117

本章教学录像：33 分钟

导航是一个网页的门面，在整个网站中起着非常重要的作用。本章详细讲解在 jQuery Mobile 中实现页面导航的基础知识，为读者步入本书后面知识的学习打下基础。

第 7 章　页脚栏、工具栏和标签栏 147

本章教学录像：16 分钟

　　在 jQuery Mobile 页面中，页脚栏和页眉栏的组件几乎相同，只是位置有差别而已。工具栏可用来辅助管理当前屏幕中的内容。另外，通过标签栏可以以不同的视图来查看应用程序。本章详细讲解在 jQuery Mobile 页面中分别实现页脚栏、工具栏和标签栏的基础知识，为读者步入本书后面知识的学习打下基础。

第 8 章　按钮 169

本章教学录像：26 分钟

　　按钮是移动 App 中最常使用的控件之一，能够提供非常高效的用户体验。在本书前面的许多例子中，已经用到了按钮。本章详细讲解在 jQuery Mobile 中实现按钮功能的基础知识，为读者步入本书后面知识的学习打下基础。

第 9 章　表单...197

本章教学录像：50 分钟

在 jQuery Mobile 页面中，表单在网页中主要负责数据采集功能。本章详细讲解在 jQuery Mobile 中实现表单功能的基础知识，为读者步入本书后面知识的学习打下基础。

第10章 列表... 249

本章教学录像：36 分钟

在 Web 应用中，列表是一种广受欢迎的用户界面组件，能够为用户提供简单且有效进行浏览的体验。本章详细讲解在 jQuery Mobile 中设计和配置列表的知识，为读者步入本书后面知识的学习打下基础。

第 3 篇　知识进阶

学习了核心技术后，本篇带你更上一层楼，进阶到更高深知识的学习。

第 11 章　内容格式化 294

本章教学录像：24 分钟

　　jQuery Mobile 页面的内容是完全开放的，jQuery Mobile 框架提供了一些有用的工具及组件，如可折叠的面板、多列网格布局等。通过这些工具和组件可以方便地为移动设备格式化指定的内容。本章详细讲解在 jQuery Mobile 中格式化内容的知识，为读者步入本书后面知识的学习打下基础。

第12章　主题化设计...331

 本章教学录像：34 分钟

　　jQuery Mobile 应用中提供了一个内置的主题框架，允许设计人员迅速地自定义和重新样式化用户界面。本章详细讲解主题框架的基础知识及 jQuery Mobile 包含的默认主题，并详细讲解为组件分配主题的三种方式，以及创建自定义主题的方法。

第13章　jQuery Mobile API 377

 本章教学录像：43 分钟

　　jQuery Mobile 包含一个相当强大的 API，这个 API 包含所有简便的特性。本章首先讲解如何配置 jQuery Mobile，以及 jQuery Mobile 内的每一个特性，重点讲解它的默认设置，并演示如何使用 API 来配置每一个选项。然后讲解 jQuery Mobile 所具有的最受欢迎的方法、页面事件和属性。最后讲解一个列出所有 jQuery Mobile 数据属性的已排序表格，对每个属性都会给出简单描述、示例和它增强的组件示意图。在讲解过程中通过具体的实例进行演示，为读者步入本书后面知识的学习打下基础。

第 14 章 jQuery Mobile 常用插件 433

本章教学录像: 23 分钟

随着智能手机的普及，越来越多的用户喜欢通过手机浏览网页。前面已经详细讲解 jQuery Mobile 技术的基础知识和具体用法。在现实开发应用中，除了可以使用 jQuery Mobile 的基本技术外，还可以使用第三方插件来实现更加强大的功能。本章详细讲解 jQuery Mobile 常用插件的基础知识，为读者步入本书后面知识的学习打下基础。

第 15 章 打造移动 Web 应用程序 465

本章教学录像：14 分钟

前面已经详细讲解 jQuery Mobile 技术的基础知识和具体用法，并通过演示实例讲解了知识点的基本用法。本章详细讲解在当今主流移动设备平台 Android 和 iOS 系统中创建移动 Web 程序的方法，为读者步入本书后面知识的学习打下基础。

第 16 章 搭建移动开发环境 490

本章教学录像：18 分钟

"工欲善其事，必先利其器"出自《论语》，意思是要想高效地完成一件事，需要有一个合适的工具。对于移动开发人员来说，开发工具同样至关重要。作为一项新兴技术，在进行开发前首先要搭建一个对应的开发环境。本章详细讲解搭建主流移动设备平台 Android 和 iOS 开发环境的方法，为读者步入本书后面知识的学习打下基础。

第 4 篇 综合实战

纸上谈兵终觉浅。学习了 jQuery Mobile 的各项技术后，本篇以两个实战案例展示项目的开发过程。

第 17 章 电话本管理系统.. 506

 本章教学录像：16 分钟

经过本书前面内容的学习，读者应该已经掌握 jQuery Mobile 移动 Web 开发技术的基础知识。本章综合运用本书前面所学的知识，并结合使用 HTML5、CSS3 和 JavaScript 的技术，开发一个在移动平台运行的电话本管理系统。希望读者认真阅读本章内容，仔细品味 HTML5+jQuery Mobile+PhoneGap 组合在移动 Web 开发领域的真谛。

第18章 平板阅读器系统 523

 本章教学录像：11分钟

经过本书前面内容的学习，读者应该已经掌握 jQuery Mobile 移动 Web 开发技术的基础知识。本章综合运用本书前面所学的知识，结合使用 HTML5、CSS3 和 jQuery 技术开发一个在平板电脑中运行的阅读器系统。希望读者认真阅读本章内容，仔细品味 HTML5+jQuery 组合在移动 Web 开发领域的真谛。

 赠送资源（光盘中）

▶ 1. 7 小时 HTML5+CSS+JavaScript 实战教学录像

▶ 2. 157 个 HTML+CSS+JavaScript 前端开发实例

▶ 3. 571 个典型实战模块

▶ 4. 184 个 Android 开发常见问题、实用技巧及注意事项

▶ 5. Android Studio 实战电子书

▶ 6. CSS3 从入门到精通电子书及案例代码

▶ 7. HTML5 从入门到精通电子书及案例代码

▶ 8. jQuery Mobile 典型应用电子书及配套教学录像

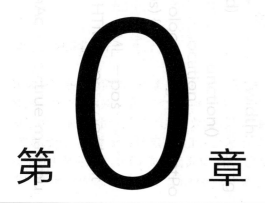

第 **0** 章

 本章教学录像：25 分钟

移动 Web 开发学习指南

　　移动 Web 程序是指能够在智能手机、平板电脑、电子书阅读器等可移动设备中完整运行的 Web 程序。和传统桌面式 Web 程序相比，移动 Web 要求程序更加简单且高效，而且具备传统桌面 Web 程序所没有的硬件优势，如 GPS 定位、传感器应用等。本章将简要介绍开发移动 Web 应用程序的基础知识，为读者步入本书后面知识的学习打下基础。

本章要点（已掌握的在方框中打钩）

☐ Web 标准开发技术

☐ 移动 Web 开发概览

☐ 移动 Web 开发必备技术

☐ 移动 Web 开发和 jQuery Mobile 学习路线图

■ 0.1　Web 标准开发技术

 本节教学录像：5 分钟

互联网自从推出以来，因其强大的功能和娱乐性而深受广大用户的青睐。随着硬件技术的发展和进步，各网络站点也纷纷采用不同的软件技术来实现不同的功能。这样，在互联网这个宽阔的舞台上，站点页面技术变得更加成熟并稳定，越来越以更加绚丽的效果展现在广大用户面前。为了保证 Web 程序能够在不同设备中的不同浏览器中运行，国际标准化组织制定了 Web 标准。顾名思义，Web 标准是所有站点在建设时必须遵循的一系列硬性规范。因为从页面构成来看，网页主要由 3 部分组成，即结构（Structure）、表现（Presentation）和行为（Behavior），所以对应的 Web 标准以下3 个方面构成。

0.1.1　结构化标准语言

当前使用的结构化标准语言是 HTML 和 XHTML，下面对这两种语言进行简要介绍。

❑　HTML

HTML 是 Hyper Text Markup Language（超文本标记语言）的缩写，是构成 Web 页面的主要元素，是用来表示网上信息的符号标记语言。通过 HTML，可以将所需要表达的信息按某种规则写成 HTML 文件，通过专用的浏览器来识别，并将这些 HTML 翻译成可以识别的信息，这就是所见到的网页。HTML 语言是网页制作的基础，是网页设计初学者必掌握的内容。

❑　XHTML

XHTML 是 eXtensible Hyper Text Markup Language（可扩展超文本标记语言）的缩写，是根据 XML 标准建立起来的标识语言，是由 HTML 向 XML 的过渡性语言。

0.1.2　表现性标准语言

目前的表现性语言是本书所讲的 CSS。CSS 是 Cascading Style Sheets（层叠样式表）的缩写。当前最新的 CSS 规范是 W3C 于 2001 年 5 月 23 日推出的 CSS3。通过 CSS 技术可以对网页进行布局，控制网页的表现形式。CSS 可以与 XHTML 语言相结合，实现页面表现和结构的完整分离，提高站点的使用性和维护效率。

0.1.3　行为标准

当前的行为标准是 DOM 和 ECMAScript。DOM 是 Document Object Model（文档对象模型）的缩写。根据 W3C DOM 规范，DOM 是一种与浏览器、平台和语言的接口，使得用户可以访问页面其他的标准组件。简单理解，DOM 解决了 NetsCaped 的 JavaScript 和 Microsoft 的 JScript 之间的冲突，给予 Web 设计师和开发者一个标准的方法，让他们来访问他们站点中的数据、脚本和表现层对象。从本质上讲，DOM 是一种文档对象模型，是建立在网页和 Script 及程序语言之间的桥梁。

ECMAScript 是 ECMA（European Computer Manufacturers Association）制定的标准脚本语言（JavaScript）。

上述 Web 标准间的相互关系如图 0-1 所示。

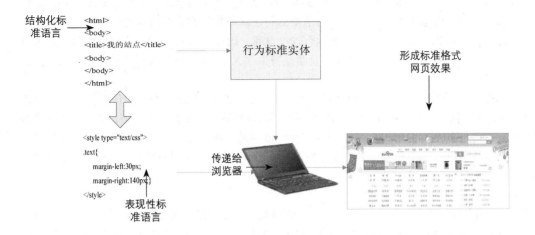

图 0-1　Web 标准结构关系图

上述标准大部分由 W3C 组织起草和发布，也有一些是其他标准组织制定的标准，比如 ECMA 的 ECMAScript 标准。

注意　从上述内容中可以看出，Web 标准并不是某一技术的规范，而是构成页面三大要素的规范的集合体。只有充分对上述标准分别了解并融会贯通，才能掌握其中的真谛。

0.2　移动 Web 开发概览

 本节教学录像：12 分钟

说起移动 Web，就不得不说传统桌面 Web。传统桌面 Web 是指在台式机和笔记本电脑中运行的 Web 程序。随着互联网技术的兴起和发展，人们所说的 Web 通常就是指桌面 Web。而随着近年来智能手机和平板电脑等可移动设备的发展和兴起，人们纷纷在可移动设备中浏览网页，这就推动了移动 Web 技术的发展。本节详细讲解主流移动平台和移动 Web 的基本特点。

0.2.1　主流移动平台介绍

在市面中有很多智能手机系统，形成了百家争鸣的局面。但是纵观智能手机的发展史，最受大家欢迎的当属微软、塞班、黑莓、苹果和 Android。接下来对以上 5 个主流移动平台进行简要介绍。

（1）Symbian（塞班）

Symbian 作为昔日智能手机的王者，在 2005 年至 2010 年曾独领风骚，街上很多人拿的都是诺基亚的 Symbian 手机。N70、N73、N78、N97，诺基亚 N 系列曾经被称为"N= 无限大"的手机。对硬件要求的水平低、操作简单、省电、软件多是 Symbian 系统手机的重要特点。

在国内软件开发市场内，基本每一个软件都会有对应的塞班手机版本。而塞班开发之初的目标是要保证在较低资源的设备上能长时间稳定可靠地运行，这导致了塞班的应用程序开发有着较为陡峭的学习曲线，开发成本较高。但是程序的运行效率很高。比如 5800 的 128 MB 的 RAM，后台可以同时运行 10 几个程序而操作流畅（多任务功能是特别强大的）。即使几天不关机，它的剩余内存也能保持稳定。

由于对新兴的社交网络和 Web 2.0 内容支持欠佳，塞班占智能手机的市场份额日益萎缩。2010 年末，其市场占有量已被 Android 超过。自 2009 年底开始，摩托罗拉、三星电子、LG、索尼爱立信等各大厂商纷纷宣布终止塞班平台的研发，转而投入 Android 领域。2011 年初，诺基亚宣布将与微软成立战略联盟，推出基于 Windows Phone 的智能手机，从而在事实上放弃了经营多年的塞班，塞班退市已成定局。

（2）Android

Android 一词最早出现于法国作家利尔亚当在 1886 年发表的科幻小说《未来夏娃》中，里面将外表像人的机器起名为 Android。Android 机型数量庞大，简单易用，相当自由的系统能让厂商和客户轻松地定制各样的 ROM，定制各种桌面部件和主题风格。简单而华丽的界面得到广大客户的认可，对手机进行刷机也是不少 Android 用户津津乐道的事情。

可惜 Android 版本数量较多，市面上同时存在着 1.6、2.0、2.1、2.2、2.3 等各种版本的 Android 系统手机，应用软件对各版本系统的兼容性对程序开发人员是一种不小的挑战。同时，开发门槛低，导致应用数量虽然很多，但是应用质量参差不齐，甚至出现不少恶意软件，导致一些用户受到损失。同时 Android 没有对各厂商在硬件上进行限制，导致一些用户在低端机型上体验不佳。另外，因为 Android 的应用主要使用 Java 语言开发，其运行效率和硬件消耗一直是其他手机用户所诟病的地方。

（3）iOS

iOS 作为苹果移动设备 iPhone 和 iPad 的操作系统，在 App Store 的推动之下，成为了世界上引领潮流的操作系统之一。原本这个系统名为"iPhone OS"，直到 2010 年 6 月 7 日，WWDC 大会上宣布改名为"iOS"。iOS 的用户界面的概念基础是能够使用多点触控直接操作。控制方法包括滑动、轻触开关及按键。与系统交互包括滑动（Swiping）、轻按（Tapping）、挤压（Pinching, 通常用于缩小）及反向挤压（Reverse Pinching or Unpinching, 通常用于放大）。此外，通过其自带的加速器，可以令其旋转设备改变其 y 轴以令屏幕改变方向，这样的设计令 iPhone 更便于使用。

作为应用数量最多的移动设备操作系统，iOS 优秀的系统设计以及严格的 App Store，加上强大的硬件支持以及内置的 Siri 语音助手，无疑使得用户体验得到更大的提升，感受科技带来的好处。

（4）Windows Phone

早在 2004 年，微软就开始以"Photon"的计划代号研发 Windows Mobile 的一个重要版本更新，但进度缓慢，最后整个计划被取消了。直到 2008 年，在 iOS 和 Android 的冲击之下，微软才重新组织了 Windows Mobile 的小组，并继续开发一个新的移动操作系统。Windows Phone，作为 Windows Mobile 的继承者，把网络、个人电脑和手机的优势集于一身，让人们可以随时随地享受到想要的体验。其内置的 Office 办公套件和 Outlook，使得办公更加有效和方便。

（5）Blackberry OS（黑莓）

Blackberry 系统，即黑莓系统，是加拿大 Research In Motion（RIM）公司推出的一种无线手持邮件解决终端设备的操作系统，由 RIM 自主开发。它和其他手机终端使用的 Symbian、Windows Mobile、iOS 等操作系统有所不同。Blackberry 系统的加密性能更强，更安全。安装有 Blackberry 系统的黑莓机，指的不单单是一台手机，而是由 RIM 公司所推出，包含服务器（邮件设定）、软件（操作接口）以及终端（手机）大类别的 Push Mail 实时电子邮件服务。

黑莓系统稳定性非常优秀，其独特定位也深得商务人士青睐。可是它也因此在大众市场上得不到优势，国内用户和应用资源也较少。

0.2.2　移动 Web 的特点

其实，移动 Web 和传统的 Web 并没有本质的区别，都需要 Web 标准制定的开发规范，都需要利用静态网页技术、脚本框架、样式修饰技术和程序联合打造出的应用程序。无论是开发传统桌面 Web 程序还是移动 Web 应用程序，都需要利用 HTML、CSS、JavaScript 和动态 Web 开发技术（如 PHP、JSP、ASP.NET 等）等技术。

移动 Web 是在传统的桌面 Web 的基础上，根据手持移动终端资源有限的特点，经过有针对性的优化，解决了移动终端资源少和 Web 浏览器性能差的问题。和传统 Web 相比，移动 Web 的主要特点如下。

（1）随时随地

因为智能手机和平板电脑等设备都是可移动设备，所以用户可以利用这些设备随时随地浏览运行的移动 Web 程序。

（2）位置感应

因为智能手机和平板电脑等可移动设备具备 GPS 定位功能，所以可以在这些设备中创建出具有定位功能的 Web 程序。

（3）传感器

因为智能手机和平板电脑等可移动设备内置了很多传感器，如温度传感器、加速度传感器、湿度传感器、气压传感器和方向传感器等，所以可以创造出气压计、湿度仪器等 Web 程序。

（4）量身定制的屏幕分辨率

因为市面中的智能手机和平板电脑等可移动设备的产品种类繁多，屏幕的大小和分辨率也不尽相同，所以在开发移动 Web 程序时，需要考虑不同屏幕分辨率的兼容性问题。

（5）高质的照相和录音设备

因为智能手机和平板电脑等可移动设备具有摄像头和麦克风等硬件设备，所以可以开发出和硬件相结合的 Web 程序。

在当前 Web 设计应用中，移动 Web 的内容应当包括如下特点。

❑ 简短：设备越小，单次下载的内容就应当越简短。因此，在 iPad 或桌面电脑上可能一次性下载完的一个整页的文章，在功能手机上下载时应当分割为几部分下载，或仅仅下载标题。

❑ 直接：要在小型设备上迅速吸引读者的注意力，因此所有与主题无关的内容都应删除。

❑ 易用：在智能手机上单击返回键比填写表单要容易得多。因此要让移动内容，特别是针对小型设备的移动内容尽可能简单易用。

❑ 专注于用户需求：设备越小，越该注意仅向用户提供他们所需的最基本的功能。另外，不要只考虑需要移除的内容，还应当考虑在页面上加入什么样的功能，以使移动用户的任务处理更为便捷。

可以加入移动页面的功能包括以下方面。

❑ 回到首页链接：方便用户随时可以返回首页。

❑ 电子邮件链接：加入链接让访问者可以将页面的某些部分邮寄给自己或其他人。一方面，这样做推广了页面；另一方面，由于在电脑上读取网站比在功能手机上简单得多，这样做实际上也提高了移动用户的使用效率。

❑ 附加服务：加入 Mobilizer、Read It Later 以及 Instapaper 这类附加服务链接，可以让移动用户将内容保存起来，并在方便的时候再进行阅读。

0.2.3　设计移动网站时需要考虑的问题

　　网页设计师不要为移动网站设计所迷茫——尽管移动设备的种类与日俱增，包括手机、平板电脑、网络电视设备，甚至一些图像播放设备。在为这些不同设备创建移动网站时，首先需要确保设计的网站能够适用于所有浏览器及操作系统，也就是说，可以在尽量多的浏览器及操作系统中运行。除此之外，在为移动设备创建网站时，还需要考虑如下问题。

- ❑ 移动设备的屏幕尺寸和分辨率。
- ❑ 移动用户需要的内容。
- ❑ 使用的 HTML、CSS 及 JavaScript 是否有效且简洁。
- ❑ 网站是否需要为移动用户使用独立域名。
- ❑ 网站需要通过怎样的测试。

0.2.4　主流移动设备屏幕的分辨率

　　在当前的市面中，智能手机的屏幕尺寸主要包括如下几种标准。

- ❑ 128×160 像素
- ❑ 176×220 像素
- ❑ 240×320 像素
- ❑ 320×480 像素
- ❑ 400×800 像素
- ❑ 480×800 像素
- ❑ 960×800 像素
- ❑ 1 080×1 920 像素

　　就手机的尺寸而言，Android 给出了一个具体的统计，详情请参阅网站 http://developer.android.com/ resources/dashboard/screens.html，如图 0-2 所示。

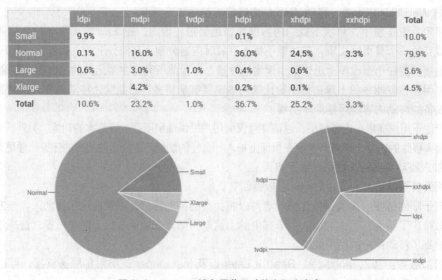

	ldpi	mdpi	tvdpi	hdpi	xhdpi	xxhdpi	Total
Small	9.9%			0.1%			10.0%
Normal	0.1%	16.0%		36.0%	24.5%	3.3%	79.9%
Large	0.6%	3.0%	1.0%	0.4%	0.6%		5.6%
Xlarge		4.2%		0.2%	0.1%		4.5%
Total	10.6%	23.2%	1.0%	36.7%	25.2%	3.3%	

图 0-2　Android 设备屏幕尺寸的市场占有率

由此可见，在目前市面中，分辨率为 800×480 和 854×480 的手机用户居多。

另外，作为另一种主流移动设备，平板电脑不仅拥有更大的屏幕尺寸，而且在浏览方式上也有所不同。例如，大部分平板电脑（以及一些智能手机）都能够以横向或纵向模式进行浏览。这样即使在同一款设备中，屏幕的宽度有时为 1 024 像素，有时则为 800 像素或更少。但是一般来说，平板电脑为用户提供了更大的屏幕空间。可以认为，大部分平板电脑设备的屏幕尺寸为最主流的（1 024 ~ 1 280）×（600 ~ 800）像素。事实证明，在平板电脑中可以很轻松地以标准格式浏览大部分网站。这是因为其浏览器使用起来就像在计算机显示器上使用一样简单，并且通过 Android 系统中的缩放功能可以放大难以阅读的微小区域。

0.2.5　使用标准的 HTML、CSS 和 JavaScript 技术

在开发移动网站时，只有使用正确的标准格式的 HTML、CSS 和 JavaScript 技术，才能让页面在大部分移动设备中适用。另外，设计师可以通过 HTML 的有效验证来确认它是否正确。具体验证方法是登录网站 http://validator.w3.org/，使用 W3C 验证器检查 HTML、XHTML 以及其他标记语言。除此之外，它还可以验证 CSS、RSS，甚至是页面上的无效链接。

在为移动设备编写网页时，需要注意如下 5 个"慎用"。

（1）慎用表格 HTML 表格

移动设备的屏幕尺寸很小，使用水平滚动相对困难，从而导致表格难以阅读。请尽量避免在移动布局中使用表格。

（2）慎用 HTML 表格布局

在 Web 页面布局中，建议不使用 HTML 表格。而且在移动设备中，这些表格会让页面加载速度变慢，并且影响美观，尤其是在它与浏览器窗口不匹配时。另外，在页面布局中通常使用的是嵌套表格，这类表格会让页面加载速度更慢，并且让渲染过程变得更困难。

（3）慎用弹出窗口

通常来讲，弹出窗口很讨厌，而在移动设备上，它们甚至能让网站变得不可用。有些移动浏览器并不支持弹出窗口，还有一些浏览器则总是以意料之外的方式打开它们（通常会关闭原窗口，然后打开新窗口）。

（4）慎用图片布局

与在页面布局中使用表格类似，加入隐藏图像以增加空间及影响布局的方法经常会让一些老的移动设备死机或无法正确显示页面。另外，它们还会增加下载时间。

（5）慎用框架及图像地图（image maps）

目前，许多移动设备都无法支持框架及图像地图特性。其实，从适用性上来看，HTML5 的规范中已经摈弃了框架（iframe 除外）。

因为移动用户通常需要为浏览网站耗费流量而付费，所以在设计移动页面时，应尽可能地确保使用少的 HTML 标签、CSS 属性和服务器请求。

▌0.3　移动 Web 开发必备技术

 本节教学录像：4 分钟

除了前面介绍的 HTML、XHTML、CSS、JavaScript、DOM 和 ECMAScript 技术之外，开发移动 Web 还需要掌握如下技术。

（1）HTML5

HTML5 是当今 HTML 语言的最新版本，将会取代 1999 年制定的 HTML 4.01、XHTML 1.0 标准，以期望能在互联网应用迅速发展的时候，使网络标准达到符合当代的网络需求，为桌面和移动平台带来无缝衔接的丰富内容。

（2）jQuery Mobile

jQuery Mobile 是 jQuery 在手机和平板设备上的版本。jQuery Mobile 不仅会给主流移动平台带来 jQuery 核心库，而且会发布一个完整统一的 jQuery 移动 UI 框架，支持全球主流的移动平台。jQuery Mobile 开发团队说："能开发这个项目，我们非常兴奋。移动 Web 太需要一个跨浏览器的框架，让开发人员开发出真正的移动 Web 网站。"

（3）PhoneGap

PhoneGap 是一个基于 HTML、CSS 和 JavaScript 创建跨平台移动应用程序的快速开发平台。PhoneGap 使开发者能够利用 iPhone、Android、Palm、Symbian、WP7、WP8、Bada 和 Blackberry 智能手机的核心功能，包括地理定位、加速器、联系人、声音和振动等。此外，PhoneGap 拥有丰富的插件供开发者调用。

（4）Node.js

Node.js 是一个基于 Chrome JavaScript 运行时建立的一个平台，用来方便地搭建快速、易于扩展的网络应用。Node.js 借助事件驱动，非阻塞 I/O 模型变得轻量和高效，非常适合运行在分布式设备的数据密集型的实时应用。

（5）jQTouch

jQTouch 是一个 jQuery 的插件，主要为手机 Webkit 浏览器实现一些包括动画、列表导航、默认应用样式等各种常见 UI 效果的 JavaScript 库。它支持 iPhone、Android 等手机，是提供一系列功能为手机浏览器 WebKit 服务的 jQuery 插件。

（6）Sencha Touch

Sencha Touch 和 jQTouch 密切相关，是基于 JavaScript 编写的 Ajax 框架 ExtJS，将现有的 ExtJS 整合 jQTouch、Raphaël 库，推出适用于最前沿 Touch Web 的 Sencha Touch 框架。该框架是世界上第一个基于 HTML5 的 Mobile App 框架。同时，ExtJS 更名为 Sencha，jQTouch 的创始人 David Kaneda 以及 Raphaël 的创始人也已加盟 Sencha 团队。

当然，除了上述主流移动 Web 开发技术之外，还有其他盈利性商业组织推出的第三方框架。这些框架都方便了开发者的开发工作。读者可以参阅相关资料，了解并学习这些框架的知识。

▌ 0.4 移动 Web 开发学习路线图

 本节教学录像：2 分钟

移动 Web 开发是一个漫长的过程，需要读者总体规划合理的学习路线，这样才能够达到事半功倍的效果。学习移动 Web 开发的基本路线图如图 0-3 所示。

（1）第一阶段——打好基础

这一阶段主要做好基础方面的工作。HTML、CSS 和 JavaScript 是网页设计最基础的技术。无论是学习传统桌面 Web 开发还是移动 Web 开发，都必须具备这 3 项技术。而 Dreamweaver 是最流行的网页设计和开发工具，使用它可以达到事半功倍的效果。

这 4 种技术是相互贯通的，并且可以同时学习并使用。这一阶段比较耗时，要达到基本掌握需要耗时 3 个月左右。

（2）第二阶段——学习最前沿技术

HTML5 是当今 HTML 技术的最新版本。和以前的版本相比，HTML5 的功能更加强大，并且支持移动 Web 应用。因为 HTML5 和第一阶段中的 HTML 技术有很多共同之处，所以这一阶段的学习比较容易，用一个月左右的时间即可掌握。

（3）第三阶段——学习开源框架

本阶段的主要任务是学习第三方开源框架，如 jQuery Mobile、PhoneGap、jQTouch 和 Sencha Touch 等框架。因为第一阶段和第二阶段已经打好了基础，所以本阶段的学习比较轻松。图 0-3 中的 3 个框架用一个月左右的时间即可掌握。

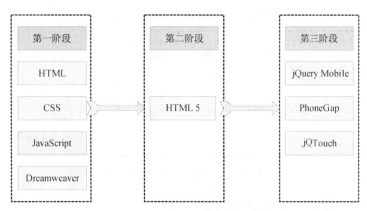

图 0-3 移动 Web 学习路线图

0.5 jQuery Mobile 学习路线图

 本节教学录像：2 分钟

jQuery Mobile 技术属于移动 Web 学习路线图中的第三个阶段。jQuery Mobile 的学习路线图如图 0-4 所示。

（1）第 1 步：掌握基础知识

这是在学习 jQuery Mobile 开发技术之前的最基础性知识，包括 jQuery Mobile 介绍、下载并获取 jQuery Mobile、搭建 jQuery Mobile 开发环境和开发基础必备等内容。

（2）第 2 步：掌握核心技术

这是 jQuery Mobile 技术的最核心语法知识，也是最基本的知识，包括页面结构，导航链接处理，Ajax 修饰，页面加载和缓存处理，对话框处理，页面导航，页脚栏、工具栏和标签栏，按钮触发处理，表单数据传输和列表展示等内容。

（3）第 3 步：掌握知识进阶

这是提高 jQuery Mobile 技术的知识，使读者的水平提升到一个新的高度，包括内容格式化处理、主题化设计、jQuery Mobile API 和常用插件等内容。

（4）第 4 步：掌握典型应用

这部分需要实战掌握开发 jQuery Mobile 典型应用的方法，包括打造移动 Web 应用程序，PhoneGap 框架，搭建移动 Web 综合开发环境，jQuery Mobile 实战和视频、二维码、文件压缩等内容。

（5）第5步：综合实战演练

这部分对前面所学的内容进行综合演练，通过综合实例的实现过程，对前面所有的知识达到融会贯通的效果。

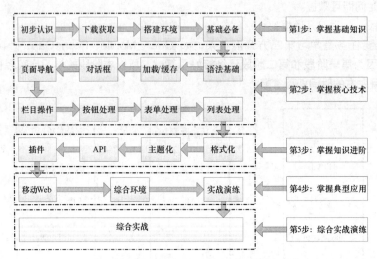

图 0-4　jQuery Mobile 学习路线图

本书后面的内容就是按照上述学习路线图进行安排的。

第 1 篇
基础知识

第 1 章

 本章教学录像：21 分钟

jQuery Mobile 基础

jQuery Mobile 不仅会给主流移动平台带来 jQuery 核心库，而且拥有一个完整统一的 jQuery 移动 UI 框架，支持全球主流的移动平台。本章详细讲解 jQuery Mobile 的基础知识，为读者步入本书后面知识的学习打下基础。

本章要点（已掌握的在方框中打钩）

□ jQuery Mobile 简介

□ jQuery Mobile 的特性

□ 获取 jQuery Mobile

□ 搭建轻量级测试环境

□ 使用 jQuery Mobie 设计网页

□ 综合应用——使用 jQuery Mobile 设计第一个网页

■ 1.1　jQuery Mobile 简介

 本节教学录像: 6 分钟

1.1.1　jQuery 介绍

　　jQuery 是一款优秀的兼容多浏览器的 JavaScript 框架，是一个轻量级的 JS 库。其核心理念是"write less,do more"（写得更少，做得更多）。jQuery 在 2006 年 1 月由美国人 John Resig 在纽约的 Barcamp 发布，吸引了来自世界各地的众多 JavaScript 高手加入，它由 Dave Methvin 率领团队进行开发。如今，jQuery 已经成为最流行的 JavaScript 库。在世界前 10 000 个访问最多的网站中，有超过 55% 在使用 jQuery。

注 意　　Barcamp 是一种国际研讨会网络。此类研讨会是开放、由参与者相互分享的工作坊式会议，议程内容由参加者提供，焦点通常放在发展初期的网际应用程序、相关开放源代码技术、社交协定思维以及开放资料格式上。

　　在网页制作领域中，jQuery 的主要功能和优势如下。
- ❑　jQuery 不但兼容 CSS 3，而且兼容各种浏览器（IE 6.0+、FF 1.5+、Safari 2.0+、Opera 9.0+）。jQuery 2.0 及后续版本将不再支持 IE 6/7/8 浏览器。
- ❑　jQuery 使用户能够更加方便地处理 HTML documents、events，实现动画效果，并且方便地为网站提供 Ajax 交互。
- ❑　jQuery 为使用者提供了健全的文档说明，各种应用也讲解得十分详细。
- ❑　jQuery 为开发人员提供了许多成熟的插件，通过这些插件可以设计出动感的页面。
- ❑　jQuery 能够使用户的 HTML 页面保持代码和 html 内容分离。也就是说，不用再在 HTML 里面插入一堆 JS 来调用命令了，只需定义 ID 即可。

　　jQuery 是免费、开源的，使用 MIT 许可协议。jQuery 的语法设计可以使开发者更加便捷，如操作文档对象、选择 DOM 元素、制作动画效果、事件处理、使用 Ajax 以及其他功能。除此以外，jQuery 提供的 API 可以让开发者编写插件，其模块化的使用方式使开发者可以很轻松地开发出功能强大的静态或动态网页。

　　具体来说，jQuery 的特点如下。
- ❑　动态特效。
- ❑　支持 Ajax。
- ❑　通过插件来扩展。
- ❑　方便的工具，如浏览器版本判断。
- ❑　渐进增强。
- ❑　链式调用。
- ❑　多浏览器支持，支持 Internet Explorer 6.0+、Opera 9.0+、Firefox 2+、Safari 2.0+、Chrome 1.0+（在 2.0.0 中取消了对 Internet Explorer 6/7/8 的支持）。

1.1.2　jQuery 的分支——jQuery Mobile

　　随着智能手机系统的普及，现在主流移动平台上的浏览器功能已经赶上了桌面浏览器，因此 jQuery 团队引入了 jQuery Mobile（JQM）。JQM 的使命是向所有主流移动浏览器提供一种统一体验，使整个

Internet 上的内容更加丰富，而不管使用的是哪一种查看设备。

JQM 的目标是在一个统一的 UI 中交付超级 JavaScript 功能，跨越最流行的智能手机和平板电脑设备进行工作。与 jQuery 一样，JQM 是一个在 Internet 上直接托管、免费可用的开源代码基础。事实证明，当 JQM 致力于统一和优化这个代码基时，jQuery 核心库受到了极大关注。这种关注充分说明，移动浏览器技术在极短的时间内取得了非常大的发展。

与 jQuery 核心库一样，用户的开发计算机上不需要安装任何东西，只需将各种 *.js 和 *.css 文件直接包含到自己的 Web 页面中即可。这样，JQM 的功能就好像被放到了用户的指尖，供随时使用。

在网页制作领域中，jQuery Mobile 的基本特点如下。

（1）一般简单性

JQM 框架简单易用，主要使用标记实现页面开发，无需或仅需很少 JavaScript。

（2）持续增强和优雅降级

尽管 jQuery Mobile 利用最新的 HTML5、CSS3 和 JavaScript，但并非所有移动设备都提供这样的支持。jQuery Mobile 的哲学是同时支持高端和低端设备，比如那些没有 JavaScript 支持的设备，尽量提供最好的体验。

（3）Accessibility

jQuery Mobile 在设计时考虑了访问能力。它拥有 Accessible Rich Internet Applications（WAI-ARIA）支持，以帮助使用辅助技术的残障人士访问 Web 页面。

（4）小规模

jQuery Mobile 框架的整体大小比较小，JavaScript 库 12 KB，CSS 6 KB，还包括一些图标。

（5）主题设置

JQM 框架中提供了一个主题系统，允许用户提供自己的应用程序样式。

■ 1.2 jQuery Mobile 的特性

 本节教学录像：4 分钟

本章前面已经讲解了 jQuery Mobile 的基本特点。其实，在 jQuery Mobile 的众多特点中，有非常重要的 4 个突出特性：跨平台的 UI、简化标记的驱动开发、渐进式增强、响应式设计。本节简要讲解这 4 个特性的基本知识。

1.2.1 跨所有移动平台的统一 UI

通过采用 HTML5 和 CSS3 标准，jQuery Mobile 提供了一个统一的用户界面（User Interface，UI）。移动用户希望他们的用户体验能够在所有平台上保持一致。然而，通过比较 iPhone 和 Android 上的本地 Twitter App，可发现用户体验并不统一。jQuery Mobile 应用程序解决了这种不一致性，提供给用户一个与平台无关的用户体验，而这正是用户熟悉和期待的。此外，统一的用户界面还会提供一致的文档、屏幕截图和培训，而不管终端用户使用的是什么平台。

jQuery Mobile 也有助于消除为特定设备自定义 UI 的需求。一个 jQuery Mobile 代码库可以在所有支持的平台上呈现出一致性，而且无须进行自定义操作。与为每个 OS 提供一个本地代码库的组织结构相比，这是一种费用非常低廉的解决方案。而且就支持和维护成本而言，从长远来看，支持一个单一的代码库也颇具成本效益。

1.2.2 简化的标记驱动的开发

jQuery Mobile 页面是使用 HTML5 标记设计（styled）的。除了在 HTML5 中新引入的自定义数据属性之外，其他一切东西对 Web 设计人员和开发人员来说都很熟悉。如果你已经很熟悉 HTML5，则转移到 jQuery Mobile 也应算是一个相对无缝的转换。就 JavaScript 和 CSS 而言，jQuery Mobile 在默认情况下承担了所有负担。但是在有些情况下，仍然需要依赖 JavaScript 来创建更为动态的或增强的页面体验。除了设计页面时用到的标记具有简洁性之外，jQuery Mobile 还可以迅速地原型化用户界面。可以迅速创建功能页面、转换和插件（widget）的静态工作流，从而通过最少的付出让用户看到活生生的原型。

1.2.3 渐进式增强

jQuery Mobile 可以为一个设备呈现出可能是最优雅的用户体验。jQuery Mobile 可以呈现出应用了完整 CSS 3 样式的控件。尽管从视觉上来讲，C 级的体验并不是最吸引人的，但是它可以演示平稳降级的有效性。随着用户升级到较新的设备，C 级浏览器市场最终会减小。但是在 C 级浏览器退出市场之前，当运行 jQuery Mobile App 时，仍然可以得到实用的用户体验。

A 级浏览器支持媒体查询，而且可以从 jQuery Mobile CSS3 样式（styling）中呈现出可能是最佳的体验。2C 级浏览器不支持媒体查询，也无法从 jQuery Mobile 中接收样式增强。

本地应用程序并不能总是平稳地降级。在大多数情况下，如果设备不支持本地 App 特性（feature），甚至不能下载 App。例如，iOS 5 中的一个新特性是 iCloud 存储，这个新特性使多个设备间的数据同步更为简化。出于兼容性考虑，如果创建了一个包含这个新特性的 iOS App，则需要将 App 的 "minimum allowed SDK"（允许的最低 SDK）设置为 5.0。当 App 出现在 App Store 中时，只有运行 iOS 5.0 或者更高版本的用户才能看到。在这一方面，jQuery Mobile 应用程序更具灵活性。

1.2.4 响应式设计

jQuery Mobile UI 可以根据不同的显示尺寸来呈现。例如，同一个 UI 会恰如其分地显示在手机或更大的设备上，比如平板电脑、台式机或电视。

（1）一次构建，随处运行

有没有可能构建一个可用于所有消费者（手机、台式机和平板电脑）的应用程序呢？完全有可能。Web 提供了一个通用的分发方式。jQuery Mobile 提供了跨浏览器的支持。例如，在较小的设备上，用户可以使用带有简要内容的小图片，而在较大的设备上则可以使用带有详细内容的较大图片。如今，具有移动呈现功能（mobile presence）的大多数系统通常都支持桌面式 Web 和移动站点。在任何时候，只要用户必须支持一个应用程序的多个分发版本，就会造成浪费。系统根据自己的需要"支持"移动呈现，以避免浪费的速率，会促成"一次构建、随处运行"的神话得以实现。

在某些情况下，jQuery Mobile 可以为用户创建响应式设计。下面讲解 jQueryMobile 的响应式设计如何良好地应用于竖屏（portrait）模式和横屏（landscape）模式中的表单字段。例如，在竖屏视图中，标签位于表单字段的上面。而当将设备横屏放置时，表单字段和标签并排显示。这种响应式设计可以基于设备可用的屏幕真实状态提供最好用的体验。jQuery Mobile 为用户提供了很多这样优秀的 UX（用户体验）操作方法，而且不需要用户付出半分力气。

（2）可主题化的设计

jQuery Mobile 提供了另一个可主题化的设计，允许设计人员快速地重新设计他们的 UI。在默认情况下，jQuery Mobile 提供了 5 个可主题化的设计，而且可以灵活地互换所有组件的主题，其中包括页面、标题、内容和页脚组件。创建自定义主题的最有用的工具是 ThemeRoller。

可以轻易地重新设计一个 UI。例如，可以迅速采用 jQuery Mobile 应用程序的一个默认主题，然后在几秒钟内就可以使用另外一个内置的主题来重新设计默认主题。在修改主题从列表中选择另外一个主题，唯一需要添加的一个标记是 data-theme 属性。

```
<ul data-role="listview"data-inset="true" data-theme="a">
```

（3）可访问性

jQuery Mobile App 在默认情况下可以让残障人士使用，一般会利用屏幕阅读器这项辅助技术。

1.3　获取 jQuery Mobile

 本节教学录像：2 分钟

要想正常运行一个 jQuery Mobile 移动应用页面，需要先获取与 jQuery Mobile 相关的插件文件。具体的获取方法有两种，分别是下载相关插件文件和使用 URL 方式加载相应文件。本节详细讲解获取 jQuery Mobile 的基本知识。

1.3.1　下载插件

要想正确运行 jQuery Mobile 移动应用页面，需要至少包含如下两个文件。

❏ jQuery.Mobile-1.4.5.min.js：jQuery Mobile 框架插件，目前的最新版本为 1.4.5。

❏ jQuery.Mobile-1.4.5.min.css：与 jQuery Mobile 框架相配套的 CSS 样式文件，目前的最新版本为 1.4.5。

下载 jQuery.Mobile 插件的基本流程如下。

（1）登录 jQuery Mobile 官方网站（http://jquerymobile.com），如图 1-1 所示。

图 1-1　jQuery Mobile 的官方网站界面

（2）单击右侧导航条中的"Custom download"链接进入文件下载页面，如图 1-2 所示。

（3）单击"Select branch"中的下拉框，可以选择一个版本，此时最新版本是 1.4.5。单击下方的"Zip File"链接可以下载，如图 1-3 所示。

（4）下载成功后会获得一个名为"jquery.mobile-1.4.5.zip"的压缩包，解压后会获得 CSS、JS 和图片格式的文件，如图 1-4 所示。

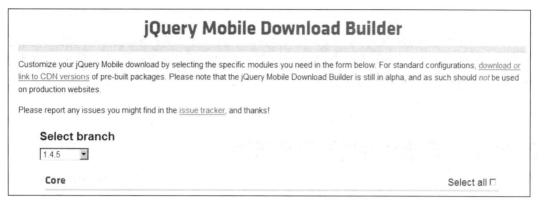

图 1-2　文件下载页面

图 1-3　下载 1.4.5 版本

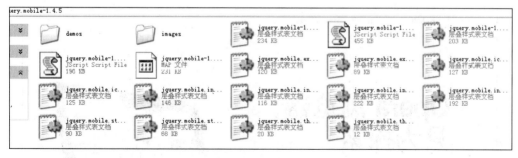

图 1-4　解压后的效果

1.3.2　使用 URL 方式加载插件文件

除了可以在官方下载页下载对应的 jQuery Mobile 文件外，还可以使用 URL 方式从 jQuery CDN 下载插件文件。CDN 的全称是 Content Delivery Network，用于快速下载跨 Internet 常用的文件。只要在页面的 <head> 元素中加入下列代码，同样可以执行 jQuery Mobile 移动应用页面。

```
<link rel="stylesheet" href="http://code.jquery.com/mobile/1.4.0/jquery.mobile-1.4.0.min.css" />
<script src="http://code.jquery.com/mobile/1.4.0/jquery.mobile-1.4.0.min.js"></script>
```

注意 通过 URL 加载 jQuery Mobile 插件的方式，可以使版本的更新更加及时。但由于是通过 jQuery CDN 服务器请求的方式进行加载，在执行页面时必须时时保证网络的畅通，否则不能实现 jQuery Mobile 移动页面的效果。

1.4 搭建轻量级测试环境

 本节教学录像：2 分钟

jQuery Mobile 的开发过程是网页开发的过程，和传统网页开发相比，唯一的差别是这些网页需要在移动设备中运行。在开发过程应用中，可以搭建一个轻量级的测试环境。这个测试环境能够跨平台，可以在 Linux、Windows 和苹果系统中使用。搭建 jQuery Mobile 跨平台、轻量级测试环境的基本流程如下。

（1）登录 Opera 官方网站，如图 1-5 所示。

（2）下载 Opera Mobile Emulator，下载完成后会获得一个可运行文件。笔者获得的是 Opera_Mobile_Emulator_12.1_Windows.exe，如图 1-6 所示。

（3）双击上述可运行文件进行安装，安装成功后双击 "Opera Mobile Emulator" 图标运行，初始运行界面如图 1-7 所示。此处选择语言 "简体中文"。

（4）单击 "确定" 按钮，在新界面中可以进行相关设置。在此只需使用默认设置即可，如图 1-8 所示。

（5）单击 "启动" 按钮后成功运行测试工具 Opera Mobile Emulator，如图 1-9 所示。

图 1-5　Opera 官方网站

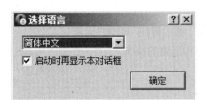

图 1-6　获得的可运行文件

图 1-7　选择语言

图 1-8　设置界面

图 1-9　Opera Mobile Emulator
运行效果

提示　　使用 jQuery Mobile 的最大好处是支持跨平台和跨设备开发，开发的应用程序马上可以在 Android 和 iOS 上工作，同样也可以在其他平台上工作。作为一个独立开发者，为不同的平台维护基础代码是一项巨大的工作。为单个手机平台编写高质量的手机应用需要全职工作，为每个平台重复做类似的事情需要大量的资源。应用程序能够在 Android 和 iOS 设备上同时工作，对我来说是一个巨大收获。

1.5　使用 jQuery Mobile 设计网页

　本节教学录像：1 分钟

jQuery Mobile 的语法是为 HTML 元素的选取编制的，可以对元素执行某些操作。使用 jQuery

Mobile 的基本语法格式如下。

```
$(selector).action()
```

- ❏ 美元符号：定义 jQuery。
- ❏ 选择符（selector）："查询"和"查找"HTML 元素。
- ❏ * jQuery 的 action()：执行对元素的操作。

例如下面的代码：

```
$(this).hide() // 隐藏当前元素
$("p").hide()// 隐藏所有段落
$("p.test").hide()// 隐藏所有 class="test" 的段落
$("#test").hide()// 隐藏所有 id="test" 的元素
```

接下来通过一段简单的代码让读者认识 jQuery Mobile 的强大功能。

```
<html>
<head>
<script type="text/javascript" src="/jquery/jquery.js"></script>
<script type="text/javascript">
$(document).ready(function(){
$("button").click(function(){
 $("#test").hide();
});
 });
</script>
</head>

<body>
<h2>This is a heading</h2>
<p>This is a paragraph.</p>
<p id="test">This is another paragraph.</p>
<button type="button">Click me</button>
</body>

</html>
```

上述代码演示了 jQuery 中 hide() 函数的基本用法。函数 hide() 的功能是隐藏当前的 HTML 元素。执行效果如图 1-10 所示，只显示一个按钮。单击这个按钮后，会隐藏所有的 HTML 元素，包括这个按钮，此时页面一片空白。

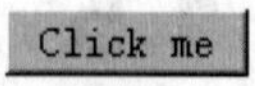

图 1-10　未被隐藏时

1.6　综合应用——使用 jQuery Mobile 设计第一个网页

 本节教学录像：6 分钟

本节以一个具体例子开始，讲解在 Android 中使用 jQuery 设计网页的过程。

【范例 1-1】使用 jQuery Mobile 设计网页　（光盘 :\ 配套源码 \1\first\ ）

本实例的目的是给页面添加一些 JavaScript 元素，让页面支持一些基本的动态行为。在具体实现的时候，当然是基于 jQuery Mobile 框架。具体要做的是，让用户控制是否显示页面顶部那个太引人注目的导航栏，这样用户可以只在想看的时候去看。实现流程如下。

（1）隐藏 <header> 中的 ul 元素，让它在用户第一次加载页面之后不会显示出来。具体代码如下。

```
#header u1.  hide{
display : none;
}
```

（2）定义显示和隐藏菜单的按钮，代码如下。

```
<div class="leftButton"onclick="toggleMenu()">Menu< / div>
```

这里指定一个带有 leftButton 类的 div 元素，将被放在 header 里面。下面是这个按钮的完整 CSS 样式代码。

```
#header div.leftButton {
    position: absolute;
    top: 7px;
    left: 6px;
    height: 30px;
    font-weight: bold;
    text-align: center;
    color: white;
    text-shadow: rgba (0,0,0,0.6) 0px -1px 1px;
    line-height: 28px;
    border-width: 0 8px 0 8px;
    -webkit-border-image: url(images/button.png) 0 8 0 8;
}
```

上述代码的具体说明如下。

❑ position: absolute：从顶部开始，设置 position 为 absolute，相当于把这个 div 元素从 HTML 文件流中去掉，从而可以设置自己的最上面和最左面的坐标。

❑ height: 30px：设置高度为 30px。

- font-weight: bold：定义文字格式为粗体，白色带有一点向下的阴影，在元素里居中显示。
- text-shadow: rgba：rgb(255，255，255)、rgb(100%，100%，l0096) 格式和 #FFFFFF 格式是一个原理，都是设置颜色值的。在 rgba() 函数中，它的第 4 个参数用来定义 alpha 值（透明度），取值范围从 0 到 1。其中 0 表示完全透明，1 表示完全不透明，0 到 1 之间的小数表示不同程度的半透明。
- line-height：把元素中的文字往下移动的距离，使之不会和上边框齐平。
- border-width 和 -webkit-border-image：这两个属性一起决定把一张图片的一部分放入某一元素的边框中去。如果元素大小由于文字的增减而改变，图片会自动拉伸适应这样的变化。这一点其实非常棒，意味着只需要不多的图片、少量的工作、低带宽和更少的加载时间。
- border-width：让浏览器把元素的边框定位在距上 0px、距右 8px、距下 0px、距左 8px 的地方（4 个参数从上开始，以顺时针为序）。不需要指定边框的颜色和样式。边框宽度定义好之后，就要确定放进去的图片了。
- url(images/button.png) 0 8 0 8：5 个参数从左到右分别是图片的 URL、上边距、右边距、下边距、左边距（再一次，从上顺时针开始）。URL 可以是绝对（比如 http://example.com/myBorderImage.png）或者相对路径，后者是相对于样式表所在的位置的，而不是引用样式表的 HTML 页面的位置。

（3）开始在 HTML 文件中插入引入 JavaScript 的代码，将对 aaa.js 和 bbb.js 的引用写到 HTML 文件中。

```
<script type="text/javascript" src="aaa.js"></script>
<script type="text/javascript" src="bbb.js"></script>
```

在文件 bbb.js 中，编写一段 JavaScript 代码。这段代码的主要作用是让用户显示或者隐藏 nav 菜单。具体代码如下。

```
if (window.innerWidth && window.innerWidth <= 480) {
  $(document).ready(function(){
    $('#header ul').addClass('hide');
    $('#header').append('<div class="leftButton" onclick="toggleMenu()">Menu</div>');
  });
  function toggleMenu() {
    $('#header ul').toggleClass('hide');
    $('#header .leftButton').toggleClass('pressed');
  }
}
```

【范例分析】

对文件 bbb.js 代码的具体说明如下。

第 1 行：括号中的代码，表示当 Window 对象的 innerWidth 属性存在并且 innerWidth 小于等于 480px（这是大部分手机合理的最大宽度值）时才执行到内部。这一行保证只有当用户用手机或者类似大小的设备访问这个页面时，才会执行上述代码。

第 2 行：使用了函数 document ready，此函数是"网页加载完成"函数。这段代码的功能是设置当网页加载完成之后才运行里面的代码。

第 3 行：使用了典型的 iQuery 代码，目的是选择 header 中的 <ul> 元素并且往其中添加 hide 类开始。此处的 hide 前面 CSS 文件中的选择器，这行代码执行的效果是隐藏 header 的 ul 元素。

第 4 行：此处是给 header 添加按钮的地方，目的是可以显示和隐藏菜单。

第 8 行：函数 toggleMenu() 用 jQuery 的 toggleClass() 函数来添加或删除所选择对象中的某个类。这里应用了 header 的 ul 里的 hide 类。

第 9 行：在 header 的 leftButton 里添加或删除 pressed 类，类 pressed 的具体代码如下。

```
#header div.pressed {
    -webkit-border-image: url(images/button_clicked.png) 0 8 0 8;
}
```

【运行结果】

通过上述样式和 JavaScript 行为设置以后，Menu 开始动起来了，默认是隐藏了链接内容，单击之后才会在下方显示链接信息，如图 1–11 所示。

图 1–11　下方显示信息

jQuery Mobile+HTML 5 组合的弊端

jQuery Mobile+HTML 5 作为手机应用开发平台是可行的。然而，这并不适用于（至少到目前为止）所有类型的应用程序。对于简单的内容显示和数据输入类型的应用程序（相对的是需要丰富多媒体 / 游戏程序），只是对原生程序一个有力的增强。

注意

1.7　高手点拨

迅速检验移动站点的兼容性

在当前的技术环境下，移动 Web 和 HTML5 本身没有通用的技术标准，各个浏览器的支持也不尽相同。在 jQuery Mobile 的官方文档中提到，如果想验证自己站点的兼容性问题，可以登录 jQuery Mobile Gallary（地址为 http://www.jqmgallery.com/）进行检测，这也是现在唯一的官方检测机构。

▌ 1.8　实战练习

1. 为了测试移动 Web 程序，请尝试申请一个免费空间和域名。
2. 在网络中搜索一个好用的 Emulator。

第 **2** 章

 本章教学录像：36 分钟

jQuery Mobile 开发必备知识

    jQuery Mobile 开发是一项浩瀚的工程，不仅需要具备 HTML5、CSS 和 JavaScript 方面的知识，而且需要 Android 和 iOS 等智能设备系统开发的基本知识。本章详细讲解 jQuery Mobile 开发所必须具备的基础知识，为读者步入本书后面知识的学习打下基础。

本章要点（已掌握的在方框中打钩）

□ HTML 简介

□ XML 技术

□ CSS 技术基础

□ JavaScript 技术基础

□ 综合应用—— 一个典型的页面文件

2.1 HTML 简介

 本节教学录像：15 分钟

HTML 是一种网页标记语言，它的所有部分都由标记组成。当前几乎所有的网页都是通过 HTML 展现在人们眼前的。当前最新的 HTML 版本是刚刚推出的 HTML5。本节展示它的各种标记。

2.1.1 HTML 初步

1. 基本结构

HTML 是一种网页标记语言，它的所有部分都是标记 <> 和 </> 括起来的，来看下面的代码。

```
<html>
<head>
<title> 这是网页的标题标签 </title>
</head>
<body>
这是网页内容
</body></html>
```

上面展示的代码，其实就是一个很简单的网页。网页就是通过这种方式展现给浏览者的各个参数介绍如下。

- ❑ <html> ……</html>：这是 HTMl 标签，所有标记都要放在这里，<html> 是开始标签，</html> 是标签的结束。
- ❑ <head>……</head>：表示网页的头部。
- ❑ <title> ……< / title >：表示网页的标题。
- ❑ <body>……</body>：表示网页的内容。

2. HTML 标记特性

HTML 必须以 <html> 开始，以 </html> 结束，文件头包含在 <head> 和 </head> 里面，文件体包含在 <body>……</body> 里面。在文件头部，用户可以用 <title>……</ title > 标记来声明文件标题。在 HTML 文档中，值得提醒读者的是，HTML 也有注释。它和 Java 是完全不同的。HTML 采用 <!-- 注释 --> 这个标记注释。在 HTML 中，每一个标记都是成对出现。下面展示一段代码。

```
<html>
<head>
<title> 欢迎进入 Java 网络世界 </title>
</head>
<body>
这里是 Java 网络世界！
</body>
</html>
```

将文件保存为 HTML 文件，双击打开，会得到如图 2-1 所示的效果。

图 2-1　第一个 HTML 页面

2.1.2　字体格式设置

字体是网页中经常出现的内容，不同的网页字体也不同。在 HTML 中是如何实现这一目标的呢？接下来一一进行讲解。

1.　设置标题

在 HTML 中，用户可以通过 <hn>……</hn> 来设置标题的大小，n 的值可以取 1~6 中的任意一个整数。下面通过一个 HTML 代码讲解一个问题。

```
<html>
<head>
<title> 标题标记 </title>
</head>
<body>
<h1> 相信标题标记的力量 </h1>
<h2> 相信标题标记的力量 </h2>
<h3> 相信标题标记的力量 </h3>
<h4> 相信标题标记的力量 </h4>
<h5> 相信标题标记的力量 </h5>
</body>
</html>
```

将上述代码保存为 .html 格式，双击打开后会得到如图 2-2 所示的结果。

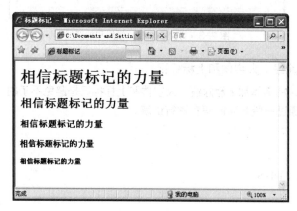

图 2-2　标题标记

2. 字体加粗、倾斜和加底线

在创建网页的时候，将字体加粗、倾斜和加底线工作是避免不了的。它们是通过什么样的标记语言实现的呢？下面通过一段 HTML 语言进行讲解。

```
<html>
<head>
<title> 加粗 倾斜 加底线 </title>
</head>
<body>
相信标题标记的力量 <br></br>
<b> 相信标题标记的力量 </b><br></br>
<I> 相信标题标记的力量 </I><br></br>
<u> 相信标题标记的力量 </u><br></br>
</body>
</html>
```

上述代码中出现了几个新的标记，介绍如下。

- ❑ ……：将文字加粗。
- ❑
……</br>：用来换行。
- ❑ <I>……</I>：将文字倾斜。
- ❑ <u>……</u>：给文字加上底线。

执行代码后得到如图 2-3 所示的结果。

图 2-3 将文字加粗、倾斜和加底线

3. 将字体加上删除线、大字体和上标标记

在创建网页的时候，将字体加上删除线、大字体和上标标记是避免不了的。它们是通过什么样的标记语言实现的呢？下面通过一段 HTML 语言进行讲解。

```
<html>
<head>
<title> 神奇的 HTML</title>
</head>
<body>
神奇的 HTML
```

```
<br></br>
<DEL> 神奇的 HTML</DEL><br></br>
<TT> 神奇的 HTML</TT><br></br>
神奇的 HTML
<SUP> 神奇的 HTML</SUP>
</body>
</html>
```

上述代码中出现了新的标记，介绍如下。

❑　<DEL>……</DEL>：将文字加上删除线。

❑　<TT>……</TT>：标签呈现类似打字机或者等宽的文本效果。

❑　^{……}：将文字设置成上标。

执行代码后得到如图 2-4 所示的结果。

图 2-4　为文字加上删除线、大字体和上标样式

4．设定字体大小、颜色、字形标记

这三种字体的属性是字体的常用格式，几乎所有网页都会设置这三种属性。它们和前面有所不同，下面通过一段 HTML 代码（2-1.html）进行讲解。

```
<html>
  <head>
    <title> 设置文字的格式 </title>
  </head>
  <body>
    <font color="#CC200" size="5" face=" 隶书 "> 还好吗？现在过得无忧无虑还是仍然那样多愁善感？
我好几次都在梦中梦到过你，你有的时候是哭着的，有的时候却又笑得毫无遮掩，弄得我不知所措，搞不清
是该安慰还是该保持沉默，可等我醒了以后，却发现你好像在梦里什么都没有说过，只是哭或者笑，于是我
猜，你肯定是有说不出的悲伤和快乐。</font>
    <br>
    <font color="#ee00FF" size="4" face=" 宋体 "> 弄得我不知所措，搞不清是该安慰还是该保持沉默，
可等我醒了以后，却发现你好像在梦里什么都没有说过，只是哭或者笑，于是我猜，你肯定是有说不出的悲
伤和快乐。</font>
  </body>
</html>
```

如果要设置字体大小、颜色和字形，可以在这个首标签里设置。各个参数的介绍如下。

- ❑ color=""：设置颜色。
- ❑ size=""：设置字号。
- ❑ face=""：设置字体。

执行上述代码后得到如图 2-5 所示的结果。

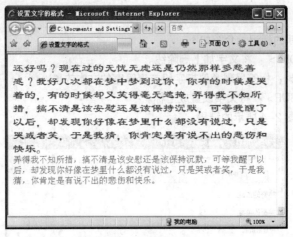

图 2-5　设置字体

2.1.3　使用标示标记

在 HTML 语言中，为了使用显示的文字更加工整、条理顺序更加明朗，就要用到标示标记。下面通过一段 HTML 代码（2-2.html）进行讲解。

```
<html>
  <head>
    <title> 标示标记 </title>
  </head>
  <body>
    <li> 中国人
    <li> 英国人
    <li> 德国人
<ol type=I>
    <li> 打开冰箱门
    <li> 把它装进去
    <li> 关上冰箱门
    </ol>
<DL>
    <DT> 性别: <DD>男、女
    <DT> 职业 :<DD> 工程师、教师、程序员
    </DL>
  </body>
</html>
```

上述代码中各个参数的介绍如下。

❑ <li>：设置项目。

❑ <ol>……</ol>：它和 <li> 组合形成带编号的项目，编号采取什么字体取决于 type。

❑ <dt>：用于定义项目。

❑ <dd>：定义资料。

❑ <dl>……</dl>：定义标示。

执行上述代码后得到如图 2-6 所示的结果。

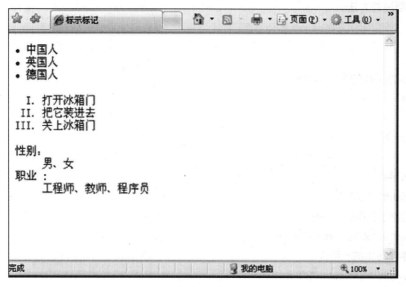

图 2-6　标示标记

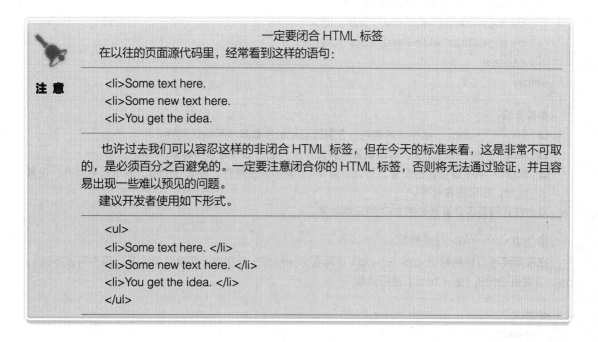

一定要闭合 HTML 标签

在以往的页面源代码里，经常看到这样的语句：

注 意

```
<li>Some text here.
<li>Some new text here.
<li>You get the idea.
```

也许过去我们可以容忍这样的非闭合 HTML 标签，但在今天的标准来看，这是非常不可取的，是必须百分之百避免的。一定要注意闭合你的 HTML 标签，否则将无法通过验证，并且容易出现一些难以预见的问题。

建议开发者使用如下形式。

```
<ul>
<li>Some text here. </li>
<li>Some new text here. </li>
<li>You get the idea. </li>
</ul>
```

2.1.4 使用区域和段落标记

在设计网页时，区域和段落在 HTML 中是必不可少的。在前面，其实读者已经看到通过
</br> 换行，这里就不多讲。这里讲解几个重要的区域标记和段落标记。

1. <hr> 水平线

在许多页面中，为了文字的美观性，经常需要插入水平线标记。下面通过一段代码（2-3.html）讲解几种绘制分割线的方法。

```
<html>
  <head>
    <title> 水平线的插入 </title>
  </head>
  <body>
    绘制水平线
    <hr>
    绘制水平线
    <hr width="120%">
    绘制分割字符串的水平线
    <hr width="30%" size="4">
  绘制分割字符串的水平线
    <hr width="400" size="30" noshade>
    水平线的不同对齐方式
    <hr align="left" width="400" size="10">
    <hr align="center" width="400" size="10">
    <hr align="right" width="400" size="10">
    </body>
</html>
```

参数介绍：

❑ <hr>……</hr>：水平线的插入，在前面标记的参数是水平线的属性。

❑ width：水平线的宽度，可以设置百分之多少，也可以设置多少像素。

❑ align：水平线位置的设置，可以设置 left，表示居左对齐，设置 center，表示居中对齐，设置 right，表示居右对齐。

双击打开网页后会看到如图 2-7 所示的效果。

2. <p>……</p> 段落标记

在段落间可以使用标记 <p>……</p> 让网页之间形成一行空白。需要注意的是，用户可以不写 </p>。下面通过代码（2-4.html）进行讲解。

```
<html>
  <head>
```

```
    <title> 我的心跟着希望在动 </title>
  </head>
  <body>
    <p>
  我的未来不是梦
    </p>
    <p>
    我的心跟着希望在动
      </p>
</body>
</html>
```

执行上述代码后得到如图 2-8 所示的结果。

图 2-7　水平线的插入

图 2-8　段落标记

2.1.5　使用表格标记

在 HTML 语言中，许多时候会为浏览者表现一些数据，而表格是表现数据的最好工具。接下来详细讲解表格标记的使用方法。

1.　<table> 容器标记

表格实际上是一个容器。理解它十分简单，用它来装各种属性。下面通过一段代码（2-5.html）进行讲解。

```
<html >
<head>
<title> 表格 </title>
</head>

<body>
<table width="200" border="1">
  <tr>
    <td width="63"> 姓名 </td>
    <td width="71"> 语文 </td>
    <td width="44"> 数学 </td>
  </tr>
  <tr>
    <td> 张三 </td>
    <td>78</td>
    <td>65</td>
  </tr>
  <tr>
    <td height="23"> 李四 </td>
    <td>45</td>
    <td>67</td>
  </tr>
</table>
</body>
</html>
```

上述代码中各个表格参数的说明如下。
- ❏　<table>……</table>：表格区域，开始标签里可以定义表格的属性，这里定义了表格的宽度和表格边框线的粗细。
- ❏　<td>……</td>：单元格。
- ❏　<tr>……</tr>：表格中的行。

执行上述代码后得到如图 2-9 所示的结果。

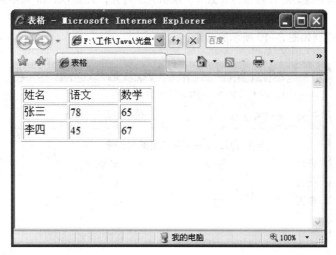

图 2-9　表格

2. 表格标题

可以通过 <caption>……</caption> 标记为表格设置标题，设置方法十分简单，下面通过一段 HTML 代码（2-6.html）进行讲解。

```html
<html >
<head>
<title> 表格 </title>
</head>
<body>
<table width="400" border="1">
<caption align="center"> 重庆万州二小一年级二班期末成绩 </caption>
    <tr>
        <td width="63"> 姓名 </td>
        <td width="71"> 语文 </td>
        <td width="44"> 数学 </td>
    </tr>
    <tr>
        <td> 张三 </td>
        <td>78</td>
        <td>65</td>
    </tr>
    <tr>
        <td height="23"> 李四 </td>
        <td>45</td>
        <td>67</td>
    </tr>
</table>
</body>
</html>
```

参数 align 表示水平线的对齐方式，设置 left 表示居左对齐，设置 center 表示居中对齐，设置 right 表示居右对齐。

执行上述代码后得到如图 2-10 所示的结果。

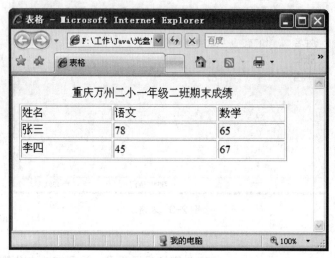

图 2-10　表格标题

3. 表格中的标题栏

在前面的学习成绩表里依然有标题栏，但是它和普通的没有什么区别。在表格里，有专门的标题栏标记 <th>……</th>。下面通过一段 HTML 代码（2-7.html）进行讲解。

```
<html >
<head>
<title> 表格 </title>
</head>

<body>
<table width="400" border="1">
<caption align="center"> 重庆万州二小一年级二班期末成绩 </caption>
    <tr>
    <tr><th colspan="3"> 语文和数学成绩 </th></tr>
      <th> 姓名 </th>
      <th> 语文 </th>
      <th> 数学 </th>
    </tr>
    <tr>
      <td> 张三 </td>
      <td>78</td>
      <td>65</td>
    </tr>
    <tr>
      <td height="23"> 李四 </td>
      <td>45</td>
```

```
    <td>67</td>
  </tr>
</table>
</body>
</html>
```

执行上述代码后得到如图 2-11 所示的结果。

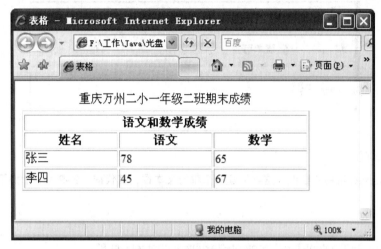

图 2-11　表格的标题标签

2.1.6　使用表单标记

在 HTML 中，表单的重要性不言而喻。它是服务器和浏览者交换的窗口。接下来详细讲解表单控件和表单组件的基本使用方法。

1. 容器 form

在 HTML 中，<form >……</form> 表示表单的容器。它建立后，才能建立各个组件。下面通过一段 HTML 代码（2-8.html）进行讲解。

```
<html >
<head>
<meta http-equiv="Content-Type" content="text/html; charset=utf-8" />
<title> 表单容器 </title>
</head>
<body>
form 容器
<form id="form1" name="form1" method="post" action="">
</form>
</body>
</html>
```

参数介绍如下。

- ❑ <form＞：表单容器的标记。
- ❑ id="form1"：表单的 ID 名称，名称是 form1。
- ❑ name="form1"：表单名称。
- ❑ method="post"：数据的传送方式。
- ❑ action="" 传送页面的设置。用户可以设置一个 Java 的 Web 页面，用来处理这个信息。

执行上述代码后得到如图 2-12 所示的结果。

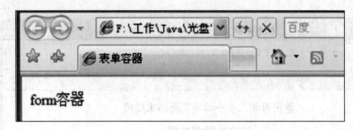

图 2-12　表单容器

2. 单行文本框

单行文本框是一种常用的组件。这里创建一个单行文本框，其代码（2-9.html）如下。

```html
<html>
<head>
<meta http-equiv="Content-Type" content="text/html; charset=utf-8" />
<title> 文本框 </title>
</head>
<body>
<form id="form1" name="form1" method="post" action="">
 请输入你的名字：
    <input type="text" name="textname" id="textname" />
</form>
</body>
</html>
```

文本框的属性参数很多，除了上面的，还有 size、value 等。用户不必记住，在后面会讲解如何通过可视化操作。执行上述代码后得到如图 2-13 所示的结果。

图 2-13　单行文本框

3. 密码文本框

密码框也是比较常见的表单元素。下面通过一段代码（2-10.html）进行讲解。

```
<html>
<head>
<meta http-equiv="Content-Type" content="text/html; charset=utf-8" />
<title> 密码文本框 </title>
</head>
<body>
<form id="form1" name="form1" method="post" action="">
 请输入你的名字:
    <input type="text" name="textname" id="textname" />
  请输入的密码:
      <input type="password" name="password" id="password" />
 </form>
</body>
</html>
```

执行上述代码后得到如图 2-14 所示的效果。

图 2-14　密码框

4. 单选按钮

单选按钮只能选择一个。单选按钮是如何实现的呢？下面通过一段 HTML 代码（2-11.html）进行讲解。

```
<html >
<head>
<meta http-equiv="Content-Type" content="text/html; charset=utf-8" />
<title> 单选按钮 </title>
</head>
<body>
<form id="form1" name="form1" method="post" action="">
  <p>
  <input type="radio" name="radio" id="D1" value="D1" /> 橘子
    <br />
      <input type="radio" name="radio" id="D2" value="D2" /> 苹果
      <br />
      <input type="radio" name="radio" id="D3" value="D3" />
      栗子
  </form>
</body>
</html>
```

执行上述代码后得到如图 2-15 所示的结果。

5. 多行文本框和按钮

多行文本框和按钮在表单中的作用举足轻重。下面通过一个实例进行讲解，其代码（2-12.html）
如下。

```
<html >
<head>
<meta http-equiv="Content-Type" content="text/html; charset=utf-8" />
<title> 多行文本框和按钮 </title>
</head>
<body>
<form id="form1" name="form1" method="post" action="">
 <textarea name="Ri" cols="56" rows="10"></textarea>
 <br />
    <input type="submit" name="Tj" id="Tj" value=" 提交 " />
<input type="reset" name="Tj2" id="Tj2" value=" 重置 " />
</form>
</body>
</html>
```

这段代码创建了多行文本框及两个按钮。执行上述代码后得到如图 2-16 所示的结果。

图 2-15 单选按钮

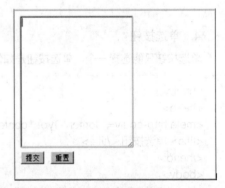

图 2-16 多行文本框和按钮

2.1.7 全新的 HTML5

　　HTML 技术经过漫长的发展，新版本不断更新，每一次更新都为网页设计工作带来了巨大的变化。在 2007 年，HTML5 被 W3C 所接受，正式成为网页设计标准。本节简要介绍 HTML5 的突出新特性，为读者步入本书后面知识的学习打下坚实的基础。

1. 发展历程介绍

　　HTML 最近的一次升级是 1999 年 12 月发布的 HTML 4.01。自那以后，发生了很多事。最初的浏览器战争已经结束，Netscape 灰飞烟灭，IE 5 作为赢家后来又发展到 IE 6、IE 7、IE 8、IE 9、IE 10、IE 11。Mozilla Firefox 从 Netscape 的死灰中诞生，并跃居第二位。苹果和 Google 各自推出浏览器。而小家碧玉的 Opera 以推动 Web 标准为己命，也一直在持续发展，甚至在手机和游戏机上有了真正的 Web 体验。

在当前市场应用中，HTML5 将成为 HTML、XHTML 以及 HTML DOM 的新标准。虽然 HTML5 仍处于完善之中，但是大部分现代浏览器已经具备了支持某些 HTML5 新特性的功能。

2．全新功能

接下来简要介绍 HTML5 标准中创新性的升级内容。

（1）最激动人心的部分

❑　全新、更合理的 Tag

多媒体对象将不再全部绑定在 object 或 embed Tag 中，而是视频有视频的 Tag，音频有音频的 Tag。

❑　本地数据库

本地数据库功能将内嵌一个本地的 SQL 数据库，以加速交互式搜索、缓存和索引功能。并且离线 Web 程序也提供了巨大的支持，不再需要插件即可实现丰富的动画。

❑　Canvas 绘图对象将给浏览器带来直接在上面绘制矢量图的能力

在 HTML5 中，使用 Canvas 绘图对象可以在浏览器上面绘制矢量图形。这意味着可以脱离 Flash 和 Silverlight，直接在浏览器中显示图形或动画。

（2）为 HTML5 建立的一些规则

❑　新特性应该基于 HTML、CSS、DOM 以及 JavaScript。

❑　减少对外部插件的需求，比如 Flash。

❑　更优秀的错误处理。

❑　更多取代脚本的标记。

❑　HTML5 应该独立于设备。

❑　开发进程应对公众透明。

（3）新特性

HTML5 中主要增加了如下新特性。

❑　用于绘画的 canvas 元素。

❑　用于媒介回放的 video 和 audio 元素。

❑　对本地离线存储的更好的支持。

❑　新的特殊内容元素，比如 article、footer、header、nav、section。

❑　新的表单控件，比如 calendar、date、time、email、url、search。

2.2　XML 技术

 本节教学录像：5 分钟

XML（eXtensible Markup Language，可扩展标记语言）与 HTML 一样，都是 SGML（Standard Generalized Markup Language, 标准通用标记语言）。XML 是 Internet 环境中跨平台、依赖于内容的技术，是当前处理结构化文档信息的有力工具。XML 是一种简单的数据存储语言，使用一系列简单的标记描述数据，而这些标记可以用方便的方式建立。虽然 XML 占用的空间比二进制数据占用的更多，但 XML 极其简单，易于掌握和使用。

2.2.1　XML 概述

XML 与 Access、Oracle 和 SQL Server 等数据库不同。数据库能够提供更强有力的数据存储和分析能力，如数据索引、排序、查找、相关一致性等，而 XML 的功能仅仅是展示数据。事实上，XML 与其他数据表现形式最大的不同是极其简单。这是一个看上去有点琐细的优点，但正是这一点使 XML 与众不同。

XML 的简单性使其易于在任何应用程序中读写数据，这使 XML 很快成为数据交换的唯一公共语言。虽然不同的应用软件也支持其他数据交换格式，但不久之后，它们都将支持 XML。那就意味着程序可以更容易地与 Windows、Mac OS、Linux 以及其他平台下产生的信息结合，然后可以很容易加载 XML 数据到程序中并分析它，并以 XML 格式输出结果。

为了使得 SGML 显得用户友好，XML 重新定义了 SGML 的一些内部值和参数，去掉了大量的很少用到的功能。这些繁杂的功能使得 SGML 在设计网站时显得复杂化。XML 保留了 SGML 的结构化功能，这样就使得网站设计者可以定义自己的文档类型。XML 同时推出一种新型文档类型，使得开发者可以不必定义文档类型。

XML 是 W3C 制定的，XML 的标准化工作由 W3C 的 XML 工作组负责。该小组由来自各个地方和行业的专家组成，他们通过 email 交流对 XML 标准的意见，并提出自己的看法（www.w3.org/TR/WD-xml）。因为 XML 是个公共格式（它不专属于任何一家公司），人们不必担心 XML 技术会成为少数公司的盈利工具。XML 不是一门依附于特定浏览器的语言，而是一门可以完全独立应用的新型语言。

2.2.2　XML 语法

上面虽然讲解了 XML 的特点，但是有些初学者仍然不明白 XML 是用来做什么的。其实 XML 什么也不做，它只是用来存储数据，对 HTML 语言进行扩展。它和 HTML 分工很明显，XML 用来存储数据，而 HTML 是用来如何表现数据的。下面通过一段程序代码（2-1.xml）进行讲解。

```
<?xml version="1.0" encoding="utf-8"?>
<book>
<person>
<first>Kiran</first>
<last>Pai</last>
<age>22</age>
</person>
<person>
<first>Bill</first>
<last>Gates</last>
<age>46</age>
</person>
<person>
<first>Steve</first>
<last>Jobs</last>
<age>40</age>
</person>
</book>
```

上面的语法不但可以这么写，只要符合语法，还可以写成汉语，比如下面的代码（2-3.xml）。

```
<?xml version="1.0" encoding="utf-8"?>
```

```
< 项目 >
    < 名 > 天上星 </ 名 >
    < 电子邮件 >tianshangxing@hotmail.com</ 电子邮件 >
    < 住宅 > 何国何市何区何街道何番号 </ 住宅 >
    < 电话 >86-021-742745674</ 电话 >
    < 一言 >XML 学习 </ 一言 >
</ 项目 >
```

从上面两段代码可以看出，XML 的标记完全自由定义，不受约束。它只是用来存储信息，除了第一行固定以外，其他的只需主要前后标签一致，末标签不能省掉。将 XML 语法格式总结如下。

❑　第一行要对 XML 进行声明，也就是 XML 的版本。

❑　XML 的标记和 HTML 一样，成双成对出现。

❑　XML 对标记的大小写十分敏感。

❑　XML 标记是用户自行定义的，但是每一个标记必须有结束标记。

2.2.3　如何获取 XML 文档

要获取 XML 文档十分简单。下面通过一个简单的 Java 代码获取上一节讲解的 2-1.xml 中的信息。

```java
import java.io.File;
import org.w3c.dom.Document;
import org.w3c.dom.*;
import javax.xml.parsers.DocumentBuilderFactory;
import javax.xml.parsers.DocumentBuilder;
import org.xml.sax.SAXException;
import org.xml.sax.SAXParseException;
public class ReadAndPrintXMLFile{
public static void main (String argv []){
try {
    DocumentBuilderFactory docBuilderFactory
= DocumentBuilderFactory.newInstance();
        DocumentBuilder docBuilder
= docBuilderFactory.newDocumentBuilder();
        Document doc = docBuilder.parse (new File("2-2.xml"));
        doc.getDocumentElement ().normalize ();
        System.out.println ("Root element of the doc is "
+ doc.getDocumentElement().getNodeName());
        NodeList listOfPersons = doc.getElementsByTagName("person");
        int totalPersons = listOfPersons.getLength();
        System.out.println("Total no of people : " + totalPersons);
        for(int s=0; s<listOfPersons.getLength() ; s++){
            Node firstPersonNode = listOfPersons.item(s);
            if(firstPersonNode.getNodeType() == Node.ELEMENT_NODE){
                Element firstPersonElement = (Element)firstPersonNode;
                NodeList firstNameList =
```

```
                    firstPersonElement.getElementsByTagName("first");
                                Element firstNameElement
    = (Element)firstNameList.item(0);
                        NodeList textFNList = firstNameElement.getChildNodes();
                            System.out.println("First Name : " +
                                    ((Node)textFNList.item(0)).getNodeValue().trim());
                        NodeList lastNameList
    = firstPersonElement.getElementsByTagName("last");
                            Element lastNameElement = (Element)lastNameList.item(0);
                            NodeList textLNList = lastNameElement.getChildNodes();
                            System.out.println("Last Name : " +
                                    ((Node)textLNList.item(0)).getNodeValue().trim());
                            NodeList ageList
    = firstPersonElement.getElementsByTagName("age");
                                Element ageElement = (Element)ageList.item(0);
                                NodeList textAgeList = ageElement.getChildNodes();
                                System.out.println("Age : " +
    ((Node)textAgeList.item(0)).getNodeValue().trim());
                        }    }    }
        catch (SAXParseException err)
    {
                    System.out.println ("** Parsing error" + ", line "
                                            + err.getLineNumber () + ", uri " + err.getSystemId ());
                    System.out.println(" " + err.getMessage ());   }
        catch (SAXException e) {
                Exception x = e.getException ();
                ((x == null) ? e : x).printStackTrace ();
        }
        catch (Throwable t) {
                t.printStackTrace ();
    }
            }
    }
```

在 Java API 中还可以找到更多操作 XML 文档的方法。执行上述代码后得到如图 2-17 所示的结果。

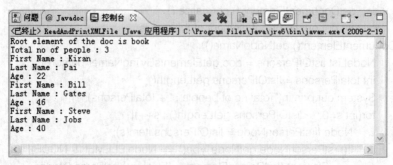

图 2-17　获取 XML 文档

注意　读者需要注意的是，学完这一节会发现，XML 文档其实比 HTML 文档更简单。XML 主要用来存储信息，不负责显示在页面。获取 XML 文档的方法有很多，并不是只有 Java 语言，还有许多语言都可以调用，如 C#、PHP 和 ASP 等，也包括 HTML 语言。

2.3　CSS 技术基础

 本节教学录像: 3 分钟

CSS 技术是 Web 网页技术的重要组成部分，页面通过 CSS 的修饰可以实现用户需要的显示效果。本节简要介绍 CSS 技术的基本知识，并通过具体的实例来介绍其具体的使用流程，为读者步入本书后面知识的学习打下坚实的基础。

2.3.1　基本语法

因为在现实应用中经常用到的 CSS 元素是选择符、属性和值，所以在 CSS 的应用语法中，其主要应用格式也主要涉及上述 3 种元素。CSS 的基本语法结构如下。

```
<style type="text/css">
<!--
. 选择符 { 属性：值 }
-->
</style>
```

其中，CSS 选择符的种类有多种，并且命名机制也不相同。

【范例 2-1】演示 CSS 技术的用法（光盘 :\ 配套源码 \2\1.html）

文件 1.html 的具体实现代码如下。

```
<html>
<head>
<meta http-equiv="Content-Type" content="text/html; charset=utf-8">
<title> 无标题文档 </title>
<style type="text/css">                              <!-- 设置的样式 -->
<!--
.mm {
    font-family: "Times New Roman", Times, serif;      /* 设置字体 */
    font-size: 18px;                                   /* 设置字体大小 */
    font-weight: bold;                                 /* 加粗字体 */
    color: #990000;                                    /* 设置颜色 */
}
-->
```

```
</style>
</head>
<body class="mm">                                    <!-- 文本调用样式 -->
我的未来不是梦
</body>
</html>
```

【运行结果】

执行后的效果如图 2-18 所示。

图 2-18 执行效果

2.3.2 CSS 属性介绍

CSS 属性是 CSS 中最为重要的内容之一。CSS 通过本身的属性实现对页面元素的修饰，从而提供给用户绚丽的效果。在 CSS 中常用的属性有如下几类。

1. 字体属性

字体属性的功能是设置页面字体的显示样式。常用的字体属性如表 2-1 所示。

表 2-1 字体属性列表

属　　性	描　　述
font-family	设置使用什么字体
font-style	设置字体的样式是否为斜体
font-variant	设置字体大小写
font-weight	设置字体的粗细
font-size	设置字体的大小

2. 颜色和背景属性

颜色和背景属性的功能是设置页面元素的颜色和背景颜色。常用的颜色和背景属性如表 2-2 所示。

表 2-2　颜色和背景属性列表

属　性	描　述
color	设置元素前景色
background-color	设置元素背景色
background-image	设置背景图案重复方式
background-repeat	设置滚动方式
background-attachmen	设置背景图案的初始位置
background-position	设置背景图案的绝对位置

3. 文本属性

文本属性的功能是设置页面文本的显示效果。常用的文本属性如表 2-3 所示。

表 2-3　文本属性列表

属　性	描　述
text-align	设置文字的对齐
text-indent	设置文本的首行缩进
line-height	设置文本的行高
a : link	设置链接未访问过的状态
a : visited	设置链接访问过的状态
a:hover	设置链接的鼠标激活的状态

4. 块属性

块属性的功能是设置页面内块元素的显示效果。常用的块属性如表 2-4 所示。

表 2-4　块属性列表

属　性	描　述
margin-top	设置顶边距
margin-right	设置右边距
padding-top	设置顶端填充距
padding-right	设置右侧填充距

5. 边框属性

边框属性的功能是设置页面内边框元素的显示效果。常用的边框属性如表 2-5 所示。

表 2-5　边框属性列表

属　性	描　述
border-top-width	设置顶端边框宽度
border-right-width	设置右端边框宽度
width	设置图文混排的宽度属性
height	设置图文混排的高度属性

6. 项目符号和编号属性

项目符号和编号属性的功能是设置页面内项目符号和编号元素的显示效果。常用的项目符号和编号属性如表 2-6 所示。

表 2-6 项目符号和编号属性列表

属　　性	描　　述
display	设置是否显示符号
white-spac	设置空白部分的处理方式

7. 层属性

层属性的功能是设置页面内层元素的定位方式。常用的层属性如表 2-7 所示。

表 2-7 层属性列表

属　　性	描　　述
Absolute	设置绝对定位
Relative	设置相对定位
Static	设置无特殊定位

技巧

在页面 head 标签中引入所有的样式表文件

从理论上讲，可以在任何位置引入 CSS 样式表。但 HTML 规范建议在网页的 head 标记中引入，这样可以加快页面的渲染速度。

2.4　JavaScript 技术基础

 本节教学录像：10 分钟

Web 开发包括三部分：内容、样式及行为。此前的章节中介绍了 HTML（内容）和 CSS（样式），而 JavaScript 则代表行为。在设计中同时拥有这三者，并保持它们的相对独立是很重要的。本节介绍 JavaScript 是什么，以及如何将它加入到 Web 页面中，同时介绍一些脚本。随后将介绍一种名为 jQuery 的 JavaScript 框架，它让开发设计者能够轻松地将脚本加入页面，同时介绍一些 jQuery 脚本。最后介绍一种移动设备框架 jQuery Mobile，此框架让开发设计者能轻松地创建移动设备应用程序的 HTML 文档。

JavaScript 是一种脚本技术，页面通过脚本程序可以实现用户数据的传输和动态交互。JavaScript 是一种基于对象（Object）和事件驱动（Event Driven）并具有安全性能的脚本语言。其目的是与 HTML 超文本标记语言、Java 脚本语言（Java 小程序）相互结合，实现 Web 页面中链接多个对象，并与 Web 客户交互的效果，从而实现客户端应用程序的开发。

2.4.1　JavaScript 概述

使用 JavaScript 的具体语法格式如下。

```
<Script Language ="JavaScript">
JavaScript 脚本代码 1
JavaScript 脚本代码 2
……
</Script>
```

例如，下面的实例演示了使用 JavaScript 技术的过程。

【范例 2-2】演示 JavaScript 技术的用法（光盘 :\ 配套源码 \2\ javascript.html）

文件 javascript.html 的具体代码如下。

```
<html>
<head>
<Script Language ="JavaScript">
// JavaScript 开始
alert(" 这是第一个 JavaScript 例子 !");                              // 提示语句
alert(" 欢迎你进入 JavaScript 世界 !");                              // 提示语句
alert(" 今后我们将共同学习 JavaScript 知识！ ");                      // 提示语句
</Script>
</head>
</html>
```

在上述实例代码中，"<Script Language="JavaScript"></Script>"之间的部分是 JavaScript 脚本
语句。

【运行结果】

执行后的显示效果如图 2-19 所示。

图 2-19 显示效果图

2.4.2 JavaScript 运算符

运算符是能够完成某种操作的一系列符号。在 JavaScript 中，常用的运算符有如下几种：算术运算符、比较运算符、布尔逻辑运算符和字串运算。

JavaScript 中运算符的使用方式有双目运算符和单目运算符两种。其中，双目运算符具体使用的语法格式如下。

操作数 1 运算符 操作数 2

由上述格式可以看出，双目运算符由两个操作数和一个运算符组成。例如，50 + 40 和 "this"+"that" 等。而单目运算符只需一个操作数，并且其运算符可在前或在后。

1. 算术运算符

JavaScript 中的算术运算符有单目运算符和双目运算符两种。JavaScript 中常用的双目运算符如表 2-8 所示。

表 2-8 常用双目运算符列表

元　素	描　述	元　素	描　述
+	表示加	–	表示减
*	表示乘	/	表示除
|	表示按位或	&	表示按位与
<<	表示左移	>>	表示右移
>>>	表示零填充	%	表示取模

JavaScript 中常用的单目运算符如表 2-9 所示。

表 2-9 常用单目运算符列表

元　素	描　述	元　素	描　述
–	表示取反	~	表示取补
++	表示递加 1	––	表示递减 1

2. 比较运算符

JavaScript 中比较运算符的基本操作过程如下：首先对它的操作对象进行比较，然后返回一个 true 或 false 值来表示比较结果。

JavaScript 中常用的比较运算符如表 2-10 所示。

表 2-10 比较运算符列表

元　素	描　述	元　素	描　述
<	表示小于	>	表示大于
<=	表示小于等于	>=	表示大于等于
=	表示等于	!=	表示不等于

3. 布尔逻辑运算符

JavaScript 中常用的布尔逻辑运算符如表 2-11 所示。

其中，三目操作符具体使用的语法格式如下。

操作数？结果 1：结果 2

如果操作数的结果为真，则表述式的结果为结果 1，否则为结果 2。

表 2-11 布尔逻辑运算符列表

元　素	描　述	元　素	描　述
!	表示取反	&=	表示取与之后赋值
&	表示逻辑与	I=	表示取或之后赋值
I	表示逻辑或	^=	表示取异或之后赋值
^	表示逻辑异或	?:	表示三目操作符
II	表示或	==	表示等于
I=	表示不等于		

2.4.3　JavaScript 循环语句

JavaScript 程序是由若干语句组成的，循环语句是编写程序的指令。JavaScript 提供了完整的基本编程语句。本节对常用的 JavaScript 循环语句知识进行简要介绍。

1. if 条件语句

if 条件语句的功能是根据系统用户的输入值，做出不同的反应提示。例如，可以编写一段特定程序实现对不同输入文本的反应。if 条件语句具体使用的语法格式如下。

if（表述式）
语句段 1；
......
else
语句段 2；
......

上述格式的具体说明如下。

if –else 语句是 JavaScript 中最基本的控制语句，通过它可以改变语句的执行顺序。在其表达式中必须使用关系语句来实现判断，并且是作为一个布尔值来估算的。若 if 后的语句有多行，则必须使用花括号将其括起来。

另外，通过 if 条件语句可以实现条件的嵌套处理。if 语句的嵌套语法格式如下。

if（布尔值）语句 1；
else（布尔值）语句 2；

else if（布尔值）语句 3；

······

else 语句 4；

在上述格式下，每一级的布尔表述式都会被计算。若为真，则执行其相应的语句；若为否，则执行 else 后的语句。

2．for 循环语句

for 循环语句的功能是实现条件循环，当条件成立时执行特定语句集，否则将跳出循环。for 循环语句具体使用的语法格式如下。

for（初始化；条件；增量）
语句集；

其中，"条件"是用于判别循环停止时的条件。若条件满足，则执行循环体，否则将跳出。"增量"用来定义循环控制变量在每次循环时按什么方式变化。三个主要语句之间必须使用逗号分隔。

3．while 循环语句

while 循环语句与 for 语句一样，当条件为真时重复循环，否则将退出循环。while 循环语句具体使用的语法格式如下。

while（条件）
语句集；

4．do…while 循环语句

"do…while"的中文解释是"执行……当……继续执行"。在"执行（do）"后面跟随命令语句，在"当（while）"后面跟随一组判断表达式。如果判断表达式的结果为真，则执行后面的程序代码。

do…while 循环语句具体使用的语法格式如下。

do {
< 程序语句区 >
}
while(< 逻辑判断表达式 >)

5．break 控制

break 控制的功能是终止某循环结构的执行，通常将 break 放在某循环语句的后面。其具体使用的语法格式如下。

循环语句
break

例如下面一段语句。

```
<script>
a=new array(5,4,3,2,1);                              // 数组初始值
sum=0                                                // 变量初始值
for(i=0,i<a.length;++i)                              // 小于数组长度，则变量递增
{
if (i==3 ) break                                     // 变量为 3，则停止
sum+=a[i]
}
</script>
```

在上述代码中，for 语句在 i 等于 0、1、2、3 时执行。当 i 等于 3 时，if 条件为真，执行 break 语句，使 for 语句立刻终止。所以，for 语句终止时的 sum 值是 12。

6．switch 循环语句

"switch"的中文解释是"切换"，其功能是根据不同的变量值来执行对应的程序代码。如果判断表达式的结果为真，则执行后面的程序代码。

switch 语句具体使用的语法格式如下。

```
switch（＜变量＞）{
case< 特定数值 1>: 程序语句区；
break;
case< 特定数值 2>: 程序语句区；
break;
…
case< 特定数值 n>: 程序语句区；
break;
default: 程序语句区；
}
```

其中，default 语句是可以省略的。省略后，当所有的 case 都不符合条件时，便退出 switch 语句。

2.4.4　JavaScript 函数

函数为程序设计人员提供了一个功能强大的处理功能。通常在进行一个复杂的程序设计时，总是根据所要完成的功能，将程序划分为一些相对独立的部分，每部分编写一个函数，从而使各部分充分独立，任务单一，程序清晰，易懂、易读、易维护。JavaScript 函数可以封装那些在程序中可能要多次用到的模块，并可作为事件驱动的结果而调用的程序，从而实现一个函数把它与事件驱动相关联。

本节简要介绍 JavaScript 函数的基本知识，并通过几个简单的实例来介绍其使用方法。

1．函数的构成

JavaScript 函数由如下部分构成。

- ❑ 关键字：function。
- ❑ 函数或变量。
- ❑ 函数的参数：用小括号"( )"括起来，如果有多个，则用逗号"，"分开。
- ❑ 函数的内容：通常由一些表达式构成，外面用大括号"{ }"括起来。
- ❑ 关键字：return。

其中，参数和 return 不是构成函数的必要条件。

2. JavaScript 常用函数

在 JavaScript 技术中，常用的函数有如下几类。

❑ 编码函数

编码函数即函数 escape ( )，功能是将字符串中的非文字和数字字符转换成 ASCII 值。

❑ 译码函数

译码函数即函数 unescape ( )，和编码函数完全相反，功能是将 ASCII 字符转换成一般数字。

❑ 求值函数

求值函数即函数 eval ( )，有两个功能，一是进行字符串的运算处理，二是用来指出操作对象。

❑ 数值判断函数

数值判断函数即函数 isNan ( )，功能是判断自变量参数是不是数值。

❑ 转整数函数

转整数函数即函数 parseInt ( )，功能是将不同进制的数值转换成以十进制表示的整数值。parseInt
( ) 具体使用的语法格式如下。

```
parseInt( 字符串 [, 底数 ])
```

通过上述格式可以将其他进制数值转换成十进制。如果在执行过程中遇到非法字符，则立即停止执
行，并返回已执行处理后的值。

❑ 转浮点函数

转浮点函数即函数 parseFloat ( )，功能是将指定字符串转换成浮点数值。如果在执行过程中遇到
非法字符，则立即停止执行，并返回已执行处理后的值。

【范例 2-3】演示求值函数 eval() 的基本用法（光盘 :\ 配套源码 \2\10.html）

实例文件 10.html 的功能是通过函数 eval() 计算指定字符串的值，主要代码如下。

```html
<html>
......
<style type="text/css">
<!--
body {
    background-color: #9966CC;                                      /* 设置背景颜色 */
}
-->
</style>
</head>
<body>
<Script>
```

```
mm=1+2;                              // 变量初始值
zz=eval("1+2");                      // 函数赋值
 document.write("1+2=",zz);          // 输出结果
</Script>
</body>
</html>
```

在上述代码中，通过函数 eval() 计算出了"1+2"的和。

【运行结果】

执行后的效果如图 2-20 所示。

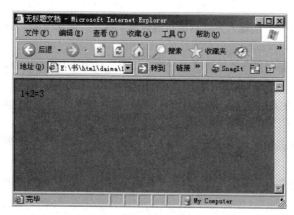

图 2-20　显示效果图

JavaScript 有许多小窍门使编程更加容易。其中之一就是 eval() 函数，这个函数可以把一个字符串当作一个 JavaScript 表达式去执行它，例如下面的代码。

```
var the_unevaled_answer = "2 + 3";
var the_evaled_answer = eval("2 + 3");
alert("the un-evaled answer is " + the_unevaled_answer + " and the evaled answer is " + the_evaled_answer);
```

运行上述 eva 程序，会看到在 JavaScript 里，字符串 "2+3" 实际上被执行了。所以当把 the_evaled_answer 的值设成 eval("2+3") 时，JavaScript 会明白并把 2 和 3 的和返回给 the_evaled_answer。

这个看起来似乎有点傻，其实可以做出很有趣的事。比如使用 eval 可以根据用户的输入直接创建函数。这可以根据时间或用户输入的不同而使程序本身发生变化。通过举一反三，可以获得惊人的效果。

技 巧

在页面底部引入 JavaScript 文件

开发者要永远记住一个原则，就是让页面以最快的速度呈现在用户面前。当加载一个脚本时，页面会暂停加载，直到脚本完全载入，所以会浪费用户更多的时间。如果 JS 文件只是要实现某些功能（比如点击按钮事件），那就放心地在 body 底部引入它，这绝对是最佳的方法。

2.4.5 JavaScript 事件

用户对浏览器内所进行的某种动作称为事件。在 JavaScript 中，通常鼠标或热键的动作被称为事件（Event），由鼠标或热键引发的一连串程序的动作被称为事件驱动（Event Driver），而对事件进行处理的程序或函数被称为事件处理程序（Event Handler）。本节对 JavaScript 事件的基本知识进行简要介绍。

1. JavaScript 中的常用事件

JavaScript 中有如下几种常用的事件。

❑ 事件 Abort

事件 Abort 的功能是当对象未完全加载前对其终止，适用于 imge 对象。

❑ 事件 Blur

事件 Blur 的功能是将用户的输入焦点从窗口或表单上移开，适用于 Window 及所有表单子组件。

❑ 事件 Change

事件 Change 的功能是将用户的组件值进行修改处理，适用于 text、password 和 select。

❑ 事件 Click

事件 Click 的功能是在某对象上单击一下鼠标左键，适用于 link 及所有表单子组件。

❑ 事件 DblClick

事件 DblClick 的功能是在某对象上连续双击鼠标，适用于 link 及所有表单子组件。

❑ 事件 DrogDrop

事件 DrogDrop 的功能是用鼠标左键或对象拖拽至窗口内，适用于 Window 对象。

❑ 事件 Error

事件 Error 的功能是加载文件或图像时发生错误，适用于 Window 和 imge 对象。

❑ 事件 Focus

事件 Focus 的功能是将输入焦点或光标放到指定对象内，适用于 Window 及所有表单子组件。

❑ 事件 KeyDown

事件 KeyDown 的功能是响应用户按下键盘任意按键的一刹那，适用于 image、link 及所有表单子组件。

❑ 事件 KeyPress

事件 KeyPress 的功能是响应用户按下键盘任意按键后，按键弹起的一刹那，适用于 image、link 及所有表单子组件。

❑ 事件 Load

事件 Load 的功能是响应浏览器读入该文件时，适用于 document 对象。

❑ 事件 MouseDown

事件 MouseDown 的功能是响应用户单击鼠标时，适用于 document、link 及所有表单子组件。

❑ 事件 MouseMove

事件 MouseMove 的功能是响应用户移动鼠标光标时，适用于 document、link 及所有表单子组件。

❑ 事件 MouseOut

事件 MouseOut 的功能是响应用户将鼠标光标离开某对象时，适用于 document、link 及所有表单子组件。

❑ 事件 MouseOver

事件 MouseOver 的功能是响应用户将鼠标光标移动到某对象上时，适用于 document、link 及所有表单子组件。

❑　事件 MouseUp

事件 MouseUp 的功能是响应用户将鼠标左键放开时，适用于 document、link 及所有表单子组件。

❑　事件 Move

事件 Move 的功能是响应用户或程序移动窗口时，适用于 Window 对象。

❑　事件 Reset

事件 Reset 的功能是响应用户单击表单中的 Reset 按钮，适用于 form 对象。

❑　事件 Resize

事件 Resize 的功能是调整窗口的大小尺寸，适用于 Window 对象。

❑　事件 Select

事件 Select 的功能是响应用户选取某对象时，适用于 text、password 和 select。

❑　事件 Submit

事件 Submit 的功能是响应用户单击表单中 Submit 按钮时，适用于 form。

❑　事件 Unload

事件 Unload 的功能是关闭或退出当前页面，适用于 document。

2.　事件处理程序

所谓事件处理程序，是指当一个事件发生后要做什么处理。在前面介绍的 20 多种事件中，每一种都有其专用的事件处理过程的定义方式。例如，事件 Load 的事件处理程序就是 OnLoad；同样，事件 Click 的事件处理程序就是 OnClick。

在现实应用中，通常将处理程序直接嵌入到 HTML 标记内。

【范例 2-4】演示事件处理程序的基本用法（光盘 :\ 配套源码 \2\11.html）

实例文件 11.html 的功能是在页面载入时输出提示语句，其主要实现代码如下。

```
<html>
......
<style type="text/css">
<!--
body {
    background-color: #9966CC;                              /* 设置背景颜色 */
}
-->
</style>
</head>
<body onLoad='alert(" 你确定要访问此页吗？里面可能含有非法信息 !!")'>      // 载入提示信息
</body>
</html>
```

【运行结果】

上述实例页面一旦载入，便显示提示信息，具体效果如图 2-21 所示。

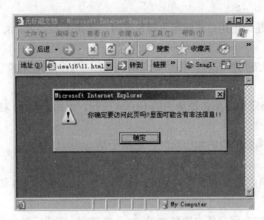

图 2-21　显示效果图

事件处理是对象化编程的一个很重要的环节。没有了事件处理，程序就会变得很死，缺乏灵活性。事件处理的过程可以这样表示：发生事件—启动事件处理程序—事件处理程序做出反应。其中，要使事件处理程序能够启动，必须先告诉对象，如果发生了什么事情，要启动什么处理程序，否则这个流程就不能进行下去。事件的处理程序可以是任意 JavaScript 语句，但是一般用特定的自定义函数（function）来处理事情。

有如下 3 种方法可以指定事件处理程序。

（1）直接在 HTML 标记中指定。

（2）编写特定对象特定事件的 JavaScript。这种方法用得比较少，但是在某些场合还是很好用的。

（3）在 JavaScript 中说明。

2.4.6　常用的 Web 页面脚本

在现实应用中，下面是一些最常用的 Web 页面脚本。

❑　鼠标滑入效果（Rollover）。

❑　校验表单数据（Verifying form data）。

❑　打开新窗口（Opening new windows）。

❑　设置 Cookie（Setting Cookie）。

1.　创建 rollover

rollover 是一种很好的与用户互动的方法，能够提高页面互动性，且不会给看不见 JavaScript 的用户带来负面影响。最简单的创建 rollover 的方法是用 CSS 定制链接样式，而不是使用 JavaScript。使用 CSS 定制链接样式时，只需要为原链接及 rollover 状态加入不同的样式。例如：

```
a:link { color: blue; }
a:hover { color: purple; }
```

创建的链接本身是蓝色，而当鼠标停留在链接上时，颜色则变为紫色。

在现实应用中，rollover 不适合用在移动设备中。因为在智能手机及平板电脑上无法"将鼠标移动到链接"上，只能通过点击的方法实现。如果想实现鼠标移动到链接上时显示弹出框的效果，移动手机用户也无法看到。

2. 表单数据验证

开发者总是需要确认用户是否正确填写了网站上的表单，这种确认行为被称为表单验证，通常会供使用 JavaScript 在表单数据传送至服务器前进行验证。此处需要注意的是，使用 JavaScript 进行的表单数据验证很容易被规避。人们可以通过关闭 JavaScript 来规避验证，在提交表单后再将它打开。如果提交正确数据是必须的，开发者应当在服务器上也进行验证。

读者可以在网上找到许多现成的用于各种类型表单数据验证的脚本，只要在搜索引擎上搜索"form validation"（表单验证）便可以找到。

3. 打开新窗口

想必很多读者都应该见过利用 JavaScript 在新窗口打开的广告。尽管这种做法很烦人，但在 Web 应用程序上可以用它来显示其他信息或查询数据。

使用 JavaScript 打开新窗口最简单的做法是通过内建函数 window.open();。例如，要在网页 http://www.sohu.com/ 上打开一个名为"test"的窗口，可以写为

```
window,open('http://www.sohu.com/','test');
```

而下面的代码会关闭一个打开的窗口。

```
window.close() ;
```

不能在窗口外部关闭该窗口。

4. Cookies 的设置及读取

Cookies 是本地计算机上储存的一小块数据。Web 开发者利用它们在本地计算机上存储网站的离线数据。数据种类很多，从登录证书到游戏信息等无所不有。JavaScript 可以让 cookies 的设置、读取及删除变得简单。

Cookies 被保存为 name=value pairs，具有有效期和路径（服务器端允许读取的路径）。例如下面是一个使用 JavaScript 书写的 cookie。

```
document.cookie = 'name=value; expires=Day, dd Mon yyyy hh:mm:ss UTC; path=/ ';
```

当读取 cookie 时，将 document.cookie 作为字符串读取，并解析它的等号或分号。使用分号将 cookie 分割，会更容易理解 name=value pairs。删除 cookie 时，只需要将 cookie 的 value 设置为 1。

下面的代码演示了 3 个用来设置、读取及删除 cookie 的函数。第一个函数用于创建 / 设置 cookie。

```
function createCookie(name,value,expireDays) {
  if (expireDays) {
    var date = new Date();
    date.setTime(date.getTime()+(expireDays*24*60*60*1000));
    var expires = '; expires="+date.toGMTString();
  }
  else var expires ="" ";
```

```
    document.cookie = name+"="+value+expires+"; path=/";
  }
```

第二个函数用来读取 cookie。

```
function readCookie(cookieName) {
  var name = cookieName + "=";
  var ca = document.cookie.split(';');
  for(var i=0;i < ca.length;i++) {
    var c = ca[i];
    while (c.charAt(0)==' ') c = c.substring(1,c.length);
    if (c.indexOf(name) == 0) return c.substring(name.length,c.length);
  }
  return null;
}
```

第三个函数用来删除 cookie。

```
function eraseCookie(cookieName) {
  createCookie(cookieName," ",-1);
}
```

▌ 2.5　综合应用—— 一个典型的页面文件

 本节教学录像: 3 分钟

经过前面章节的学习，读者应该了解了常用的网页设计技术。本节通过一个典型页面文件实例来说明这些技术在网页中的具体应用。

【范例 2-5】一个精美的导航栏（光盘 \ 配套源码 \2\zonghe\ ）

实例文件 1.html 的具体代码如下。

```
<html xmlns="http://www.w3.org/1999/xhtml">                          <!--html 代码 -->
<head>
<meta http-equiv="Content-Type" content="text/html; charset=gb2312" />     <!--html 代码 -->
<title> 无标题文档 </title>
<link href="xiala.css" type="text/css" rel="stylesheet" />
<script language="JavaScript1.2" type="text/javascript" src="nn.js">
<!--html 代码 -->
```

```
</script>
</head>
<body>
<div class="main">                                        <!--html 代码 -->
 <div class="mm">
     <ul class="STYLE1" id="nn">
<li style="left:auto"><a href="#"> 导航栏目 1</a>          <!--html 代码 -->
     <ul >
     <li><a href="#"> 下拉栏目 1</a></li>
     <li><a href="#"> 下拉栏目 2</a></li>
     <li><a href="#"> 下拉栏目 3</a></li>
     </ul>
……
 </div>
</div>
</body>
</html>
```

在文件 1.html 的代码中，以"<>"标记的字符都是 HTML 语言标记，并通过"<link href="xiala.css" type="text/css" rel="stylesheet" />"调用了文件 xiala.css。

文件 xiala.css 是一个 CSS 样式文件，其主要代码如下。

```
<!--CSS 样式代码 -->
.main{
    width:450px;
     height:auto;
    height:auto;
    border:1px solid #666666;
    margin:100px auto;
    background:#ffffff;
     padding:20px;
    font-size:18px;
    font-family:" 宋体 ";}
……
    }
```

在文件 1.html 的代码中，通过"<script language="JavaScript1.2" type="text/javascript" src="nn.js"></script>"调用了文件 nn.js。

文件 nn.js 是一个 JavaScript 的脚本文件，主要代码如下。

```
sfHover = function() {
    var sfEls = document.getElementById("nn").getElementsByTagName("LI");          <!--JavaScript 脚本代码 -->
    for (var i=0; i<sfEls.length; i++) {                                           <!--JavaScript 脚本代码 -->
        sfEls[i].onmouseover=function() {                                          <!--JavaScript 脚本代码 -->
            this.className+=" sfhover";
        }
        sfEls[i].onmouseout=function() {                                           <!--JavaScript 脚本代码 -->
            this.className=this.className.replace(new RegExp(" sfhover\\b"), "");
        }
    }
}
if (window.attachEvent) window.attachEvent("onload", sfHover);                     <!--JavaScript 脚本代码 -->
```

【运行结果】

上述实例文件 1.html 的执行效果如图 2-22 所示。

从图 2-22 所示的效果可以看出，联合使用 HTML、CSS 和 JavaScript 技术实现了指定的显示效果。

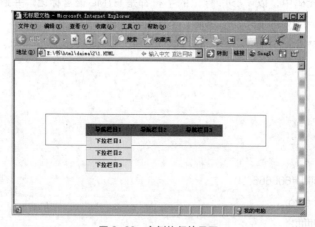

图 2-22　实例执行效果图

▌ 2.6　高手点拨

1. CSS 编码的书写规范

CSS 的编码规范是指在书写 CSS 代码时所必须遵循的格式。按照标准格式书写的 CSS 代码不但会便于读者的阅读，而且有利于程序的维护和调试。按照 Web 标准的要求，标准的 CSS 书写规范应该包括如下两方面。

（1）书写顺序

在使用 CSS 时，最好将 CSS 文件单独书写并保存为独立文件，而不是把其书写在 HTML 页面中。这样做的好处是便于 CSS 样式的统一管理，便于代码的维护。

（2）书写方式

在 CSS 中，虽然在不违反语法格式的前提下使用任何的书写方式都能正确执行，但是还是建议读者在书写每一个属性时，使用换行和缩进。这样做的好处是使编写的程序一目了然，便于程序的后续维护。

2. 在编写 CSS 代码时需要遵循的命名规范

命名规范是指 CSS 元素在命名时所要遵循的规则。在网页设计过程中需要定义大量的选择符来实现页面表现，如果没有好的命名规范，会导致页面的混乱或名称的重复，从而造成额外的麻烦。所以说，CSS 在命名时应遵循一定的规范，使页面结构达到最优化。

在 CSS 开发中，通常使用的命名方式是结构化命名方法。它是相对于传统的表现效果命名方式来说的。例如，当文字颜色为红色时，使用 red 来命名；当某页面元素位于页面中间时，使用 center 来命名。这种传统的方式表面看来比较直观和方便，但是这种方法不能达到标准布局所要求的页面结构和效果相分离的要求。所以，结构化命名方式便结合了表现效果的命名方式，实现样式命名。

常用页面元素的命名方法如表 2-12 所示。

表 2-12　常用页面元素的命名

页面元素	名称	页面元素	名称
主导航	mainnav	子导航	subnav
页脚	foot	内容	content
头部	header	底部	footer
商标	label	标题	title
顶部导航	topnav	侧栏	sidebar
左侧栏	leftsidebar	右侧栏	rightsidebar
标志	logo	标语	banner
子菜单	submenu	注释	note
容器	container	搜索	search
登录	login	管理	admin

▌ 2.7　实战练习

1. 使用单侧边界属性，尝试实现如图 2-23 所示的效果。
2. 使用浮动元素

如果在某页面上多个浮动元素同时相邻，则这些相邻元素会按照页面结构的顺序排列在一行，直到宽度超过包含它们的容器宽度时才换行显示。要求使用浮动元素尝试实现如图 2-24 所示的效果。

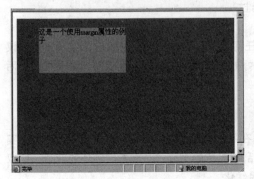

图 2-23　执行效果

图 2-24　执行效果

第 2 篇

核心技术

第 **3** 章

 本章教学录像：24 分钟

jQuery Mobile 语法基础

　　本书前面介绍了 jQuery Mobile 独一无二的一些重要特征和开发所必须具备的基础知识。本章开始正式步入 jQuery Mobile 的学习阶段，讲解 jQuery Mobile 的基础语法知识和具体用法，为读者步入本书后面知识的学习打下基础。

本章要点（已掌握的在方框中打钩）

☐ 页面结构

☐ 导航链接处理

☐ 使用 Ajax 修饰导航

☐ 综合应用 —— 开发一个综合性移动版 Ajax 网页

▌3.1　页面结构

 本节教学录像：10 分钟

在移动 Web 开发应用中，jQuery Mobile 的许多功能效果需要借助于 HTML5 的新增标记和属性来实现，所以使用 jQuery Mobile 的页面必须以 HTML5 的声明文档开始，在 <head> 标记中分别依次导入 jQuery Mobile 的样式文件、jQuery 基础框架文件和 jQuery Mobile 插件文件。本节详细讲解 jQuery Mobile 的基本页面结构的知识。

3.1.1　基本框架介绍

在 jQuery Mobile 中有一个基本的页面框架模型，通常被称为页面模板。在页面中通过将标记的"data-role"属性设置为"page"，可以形成一个容器或视图。而在这个容器中，最直接的子节点就是"data-role"属性为"header""content""footer"的 3 个子容器，分别形成了"标题""内容""页脚"3个组成部分，分别用于容纳不同的页面内容。

接下来通过一个具体实例来说明使用基本框架的方法。

【范例 3-1】使用基本框架（光盘 :\ 配套源码 \3\template.html）

实例文件 template.html 的具体实现代码如下。

```
<!DOCTYPE html>
<html>
    <head>
    <meta charset="utf-8">
    <title>Page Template</title>
    <meta name="viewport" content="width=device-width, initial-scale=1">
    <link rel="stylesheet" href="http://code.jquery.com/mobile/1.0/jquery.mobile-1.0.min.css" />
    <script src="http://code.jquery.com/jquery-1.6.4.min.js"></script>
    <script src="http://code.jquery.com/mobile/1.0/jquery.mobile-1.0.min.js"></script>
</head>
<body>
<div data-role="page">
    <div data-role="header">
            <h1> 页头 </h1>
    </div>
    <div data-role="content">
            <p> 你好 jQuery Mobile!</p>
    </div>
    <div data-role="footer" data-position="fixed">
            <h4> 页尾 </h4>
    </div>
</div>
</body>
</html>
```

【运行结果】

将上述 HTML 文件在台式机运行后的效果如图 3-1 所示。

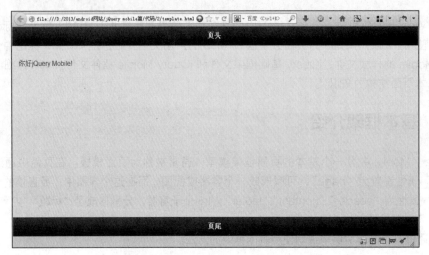

图 3-1　在台式机中的执行效果

如果在 Opera Mobile Emulator 中运行上述程序，则执行效果如图 3-2 所示。

【范例分析】

对于上述代码来说，无论使用的是什么浏览器，运行效果都好似相同的。这是因为上述模板符合 HTML5 语法标准，并且包含了 jQuery Mobile 的特定属性和 asset 文件（CSS、js）。接下来对上述代码进行详细讲解。

（1）对 jQuery Mobile 来说，这是一个推荐的视图 (viewport) 配置。device-width 值表示让内容扩展到屏幕的整个宽度。initial-scale 设置了用来查看 Web 页面的初始缩放百分比或缩放因数。值为 1，则显示一个未缩放的文档。作为一名 jQuery Mobile 开发人员，可以根据应用程序的需要自定义视图的设置。例如，如果希望禁用缩放，则可以添加 user-scalable= no。然而，如果禁用了缩放，则会破坏应用程序的可访问性，因此要谨慎使用。

（2）jQuery Mobile 的 CSS 会为所有的 A 级和 B 级浏览器应用风格（stylistic）的优化。用户可以根据需要自定义或添加自己的 CSS。

（3）jQuery 库是 jQuery Mobile 的一个核心依赖，如果用户的 App 需要更多动态行为，则强烈建议在自己的移动页面中使用 jQuery 的核心 API。

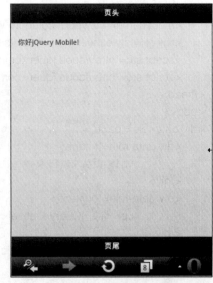

图 3-2　在 Android 模拟器中的运行效果

（4）如果需要改写 jQuery Mobile 的默认配置，则可以应用用户自己的自定义设置。

（5）jQuery Mobile JavaScript 库必须在 jQuery 和任何可能存在的自定义脚本之后声明。jQuery Mobile 库是增强整个移动体验的核心。

（6）data-role="page" 为一个 jQuery Mobile 页面定义了页面容器。只有在构建多页面设计时，才会用到该元素。

（7）data-role= "header" 是页眉（header）或标题栏。该属性是可选的。

（8）data-role="content" 是内容主体的包装容器（wrapping container）。该属性是可选的。

（9）data-role="footer" 包含页脚栏。该属性是可选的。

3.1.2　多页面模板

在一个供 jQuery Mobile 使用的 HTML 页面中，可以包含一个元素属性 "data-role" 值为 "page" 的容器，也允许包含多个以形成多容器页面结构。容器之间相互独立，拥有唯一的 Id 号属性。当页面加载时，以堆栈的方式同时加载。当容器访问时，以内部链接 "#" 加对应 "Id" 的方式进行设置。当单击该链接时，jQuery Mobile 将在页面文档寻找对应 Id 号的容器，以动画效果切换至该容器中，实现容器间内容的访问。

由此可见，jQuery Mobile 支持在一个 HTML 文档中嵌入多个页面的能力，该策略可以用来预先获取最前面的多个页面。当载入子页面时，其响应时间会缩短。读者在下面的例子中可以看到，多页面文档与前面看到的单页面文档相同，第二个页面附加在第一个页面后面的情况除外。

接下来通过一个具体实例来讲解使用多页面模板的方法。

【范例 3-2】使用多页面模板（光盘 :\ 配套源码 \3\duo.html）

实例文件 duo.html 的具体实现代码如下。

```
<!DOCTYPE html>
<html>
    <head>
    <meta charset="utf-8">
    <title>Multi Page Example</title>
    <meta name="viewport" content="width=device-width, initial-scale=1">
    <link rel="stylesheet" href="http://code.jquery.com/mobile/1.0/jquery.mobile-1.0.min.css" />
    <script src="http://code.jquery.com/jquery-1.6.4.min.js"></script>
    <script type="text/javascript">/* Shared scripts for all internal and ajax-loaded pages */</script>
    <script src="http://code.jquery.com/mobile/1.0/jquery.mobile-1.0.min.js"></script>
    </head>
<body>
<!-- First Page -->
<div data-role="page" id="home" data-title="Welcome">
    <div data-role="header">
            <h1>Multi-Page</h1>
    </div>
    <div data-role="content">
            <a href="#contact-info" data-role="button"> 联系我们 </a>
    </div>
    <script type="text/javascript">
```

```
        </script>
    </div>
    <!-- Second Page -->
    <div data-role="page" id="contact-info" data-title="Contacts">
        <div data-role="header">
                <h1> 联系我们 </h1>
        </div>
        <div data-role="content">
                联系信息详情 ...
        </div>
    </div>
    </body>
    </html>
```

【范例分析】

对上述实例代码的具体说明如下。

（1）多页面文档中的每一个页面必须包含一个唯一的 id，每个页面可以有一个 page 或 dialog 的 data-role。最初显示多页面时，只有第一个页面得到增强并显示出来。例如，当请求 multi-page.h 文档时，其 id 为 "home" 的页面将会显示出来，原因是它是多页面文档中的第一个页面。如果想要请求 id 为 "contact" 的页面，则可以通过在多页面文档名的后面添加拌号，以内部页面的 id 名方式来显示，此时就是 multi-page.html#contact。当载入一个多页面文档时，只有初始页面会被增强并显示，后续页面只有当被请求并被缓存到 DOM 内时才会被增强。对于要求有快速响应时间的页面来说，该行为是很理想的。为了设置每一个内部页面的标题，可以添加 data-title 属性。

（2）当链接到一个内部页面时，必须通过页面的 id 来引用。例如，contact 页面的 href 链接必须被设置为 href="#contact"。

（3）如果想查看特定页面中的脚本，则它们必须被放置在页面容器内。该规则同样适用于通过 Ajax 载入的页面。例如，在 multi-page.html#contact 的内部声明的任何 JavaScript 无法被 multi-page.html#home 来访问。只有活跃页面的脚本可以被访问。但是，在父文档的 head 标签内声明的所有的脚本，包括 iQuery、jQuery Mobile 和自己的自定义脚本，都可以被内部页面和通过 Ajax 载入的页面来访问。

【运行结果】

上述代码的初始执行效果如图 3-3 所示。

单击 "联系我们" 按钮后会显示一个新界面，如图 3-4 所示。此新界面效果也是由上述代码实现的。

图 3-3 初始执行效果

图 3-4 显示一个新界面

3.1.3 设置内部页面的页面标题

需要重点注意的是，内部页面的标题（title）可以按照如下优先顺序进行设置。

（1）如果 data-title 值存在，则它会用作有内部页面的标题。例如，"multi-page.html#home" 页面的标题将被设置为 "Home"。

（2）如果不存在 data-title 值，则页眉（header）将会用作内部页面的标题。例如，如果 "multi-page.html#home" 页面的 data-title 属性不存在，则标题将被设置为页面 header 标记的值 "Welcome Home"。

（3）最后，如果内部页面既不存在 data-title，也不存在页眉，则 head 标记中的 title 元素将会用作内部页面的标题。例如，如果 "multi-page.html#page" 页面不存在 data-title 属性，也不存在页眉，则该页面的标题将被设置为其父文档的 title 标记的值 "Multi Page Example"。

接下来通过一个具体实例来讲解设置内部页面的页面标题的方法。

【范例 3-3】使用多页面模板（光盘 :\ 配套源码 \3\nei.html）

实例文件 nei.html 的具体实现代码如下。

```
<!DOCTYPE html>
    <head>
    <meta charset="utf-8">
    <title>Page Template</title>
    <meta name="viewport" content="width=device-width, initial-scale=1">
    <link rel="stylesheet" href="http://code.jquery.com/mobile/1.0/jquery.mobile-1.0.min.css" />
    <script src="http://code.jquery.com/jquery-1.6.4.min.js"></script>
    <script src="http://code.jquery.com/mobile/1.0/jquery.mobile-1.0.min.js"></script>
</head>
<body>
  <div data-role="page">
    <div data-role="header"><h1> 天气预报 </h1></div>
     <div data-role="content">
         <p><a href="#w1"> 今天 </a> | <a href="#"> 明天 </a></p>
     </div>
     <div data-role="footer"><h4> 这是页脚 </h4></div>
  </div>

    <div data-role="page" id="w1" data-add-back-btn="true">
     <div data-role="header"><h1> 今天天气 </h1></div>
     <div data-role="content">
         <p>4 ~ -7℃ <br /> 晴转多云 <br /> 微风 </p>
     </div>
     <div data-role="footer"><h4> 这是页脚 </h4></div>
</div>
</body>
</html>
```

【范例分析】

在上述实例代码中，当从第一个容器切换至第二个容器时，因为采用的是"#"加对应"Id"的内部链接方式，所以无论在一个页面中相同框架的"page"容器有多少，只要对应的 Id 号唯一，就可以通过内部链接的方式进行容器间的切换。在切换时，jQuery Mobile 会在文档中寻找对应"Id"的容器，然后通过动画的效果切换到该页面中。当从第一个容器切换至第二个容器后，可以通过如下两种方法从第二个容器返回第一个容器。

（1）在第二个容器中增加一个 <a> 元素，通过内部链接"#"加对应"Id"的方式返回第一个容器。

（2）在第二个容器的最外层框架 <div> 元素中添加属性"data-add-back-btn"。该属性表示是否在容器的左上角增加一个"回退"按钮，默认值为"false"。如果设置为"true"，则会出现一个"back"按钮，单击该按钮后会回退上一级的页面显示。在本实例中，在一个页面中可以通过"#"加对应"Id"的内部链接方式实现多容器间的切换。如果不是在同一个页面中，则这个方法将失去作用。因为在切换过程中需要先找到页面，再去锁定对应"Id"容器的内容，而并非直接根据"Id"切换至容器中。

【运行结果】

本实例执行后的效果如图 3-5 所示，单击"今天"链接后的效果如图 3-6 所示。

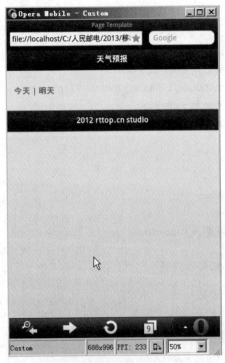

图 3-5　初始执行效果

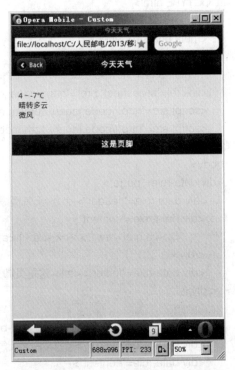

图 3-6　单击"今天"链接后的效果

▋ 3.2　导航链接处理

 本节教学录像：5 分钟

在移动设备界面中，除了上一节介绍的容器结构和页面模板之外，还可以设置导航中的链接。本节详细讲解实现外部导航链接和后退链接的基本知识，为读者步入本书后面知识的学习打下基础。

3.2.1　设置外部页面链接

在 jQuery Mobile 开发应用过程中，虽然在页面中可以借助容器的框架来实现多种页面的显示效果，但是把全部代码写在一个页面中会延缓页面被加载的时间，造成代码冗余的问题，并且不利于功能的分工与维护的安全性。所以在 jQuery Mobile 中可以采用开发多个页面并通过外部链接的方式，实现页面相互切换的效果。

在 jQuery Mobile 应用中，如果单击一个指向外部页面的超链接，如 about.html，jQuery Mobile 会自动分析这个 URL 地址，并自动产生一个 Ajax 请求。在请求过程中，会弹出一个显示进度的提示框。如果请求成功，jQuery Mobile 将自动构建页面结构，并注入主页面的内容。与此同时，会初始化全部的 jQuery Mobile 组件，将新添加的页面内容显示在浏览器中。如果请求失败，jQuery Mobile 将弹出一个错误信息提示框。该提示框会在数秒后自动消失，页面也不会刷新。

如果不想使用 Ajax 请求的方式打开一个外部页面，只需要在链接元素中将"rel"属性设置为"external"即可。此时该页面将脱离整个 jQuery Mobile 的主页面环境，以独自打开的页面效果在浏览器中显示。

接下来通过一个具体实例来讲解设置外部页面的页面标题的方法。

【范例 3-4】设置外部页面链接（光盘 :\ 配套源码 \3\wai.html）

实例文件 wai.html 的具体实现代码如下。

```
<body>
  <div data-role="page">
    <div data-role="header"><h1> 天气预报 </h1></div>
    <div data-role="content">
        <p><a href="#w1"> 今天 </a> | <a href="#"> 明天 </a></p>
    </div>
    <div data-role="footer"><h4> 页脚 </h4></div>
  </div>
  <div data-role="page" id="w1" data-add-back-btn="true">
    <div data-role="header"><h1> 今天天气 </h1></div>
    <div data-role="content">
        <p>4 ~ -7℃ <br /> 晴转多云 <br /> 微风 </p>
        <em style="float:right;padding-right:5px">
            <a href="about.html"> 巅峰卓越 </a> 提供
        </em>
    </div>
    <div data-role="footer"><h4> 页脚 </h4></div>
  </div>
</body>
```

【范例分析】

在上述代码中，为 Id 号为 "w1" 的第二个容器中添加了一个 <em> 元素。在该元素中显示 "巅峰卓越" 字样。单击 "巅峰卓越" 文本链接时，将以外部页面链接的方式加载一个名为 "about.html" 的 HTML 页面。

【运行结果】

本实例执行后的效果如图 3-7 所示。单击 "今天" 链接后的效果如图 3-8 所示。

单击 "巅峰卓越" 文本链接后的效果如图 3-9 所示。

如果使用 Ajax 请求的方式打开一个外部页面，注入主页面的内容也是以 "page" 作为目标，而 "page" 以外的内容将不会被注入主页面中，并且必须确保外部加载页面 URL 地址的唯一性。

图 3-7　初始执行效果

图 3-8　单击 "今天" 链接后的效果

图 3-9　新链接页面效果

3.2.2　实现页面后退链接

在 jQuery Mobile 开发应用过程中，如果将 "page" 容器的 "data-add-back-btn" 属性设置为 "true"，可以后退至上一页。也可以在 jQuery Mobile 页面中添加一个 <a> 元素，将该元素的 "data-rel" 属性设置为 "back"，同样可以实现后退至上一页的功能。因为一旦该链接元素的 "data-rel" 属性设置为 "back"，单击该链接将被视为后退行为，并且将忽视 "href" 属性的 URL 值，直接退回至浏览器历史的上一页面。

接下来通过一个具体实例来讲解实现页面后退链接的方法。

【范例 3-5】实现页面后退链接（光盘 :\ 配套源码 \3\hou.html）

实例文件 hou.html 的具体实现流程如下。

（1）在新建的 HTML 页面中添加两个 page 容器，当单击第一个容器中的 "测试后退链接" 链接时会切换到第二个容器。

（2）当单击第二个容器中的 "返回首页" 链接时，将以回退的方式返回第一个容器中。

实例文件 hou.html 的具体实现代码如下。

```
<body>
 <div data-role="page">
    <div data-role="header"><h1> 测试 </h1></div>
    <div data-role="content">
        <p><a href="#e"> 测试后退链接 </a></p>
    </div>
    <div data-role="footer"><h4> 页脚部分 </h4></div>
  </div>

    <div data-role="page" id="e">
     <div data-role="header"><h1> 测试 </h1></div>
     <div data-role="content">
        <p>
            <a href="http://www.toppr.net.cn" data-rel="back">
                返回首页
            </a>
        </p>
     </div>
     <div data-role="footer"><h4> 页脚部分 </h4></div>
  </div>
</body>
```

【范例分析】

在上述代码中，当用户在第二个 page 容器中单击 "返回首页" 链接后可以后退到上一页。此功能的实现方法是在添加 <a> 元素时将 "data- rel" 属性设置为 "back"，这表明任何的单击操作都被视为回退动作，并且忽视元素 "href" 属性值设置的 URL 地址，只是直接回退到上一个历史记录页面。这种页面切换的效果可以用于关闭一个打开的对话框或页面。

【运行结果】

执行后的效果如图 3-10 所示。当单击第一个容器中的"测试后退链接"链接时会切换到第二个容器，如图 3-11 所示。当单击第二个容器中的"返回首页"链接时，将以回退的方式返回第一个容器中。

图 3-10　初始执行效果

图 3-11　第二个容器界面

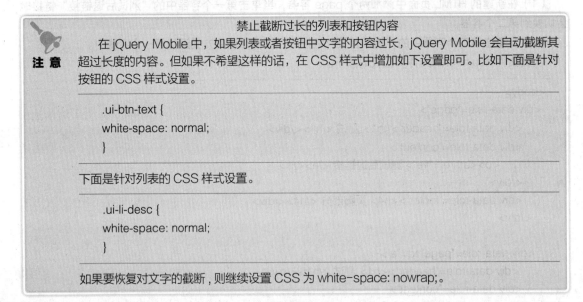

禁止截断过长的列表和按钮内容

注意　在 jQuery Mobile 中，如果列表或者按钮中文字的内容过长，jQuery Mobile 会自动截断其超过长度的内容。但如果不希望这样的话，在 CSS 样式中增加如下设置即可。比如下面是针对按钮的 CSS 样式设置。

```
.ui-btn-text {
white-space: normal;
}
```

下面是针对列表的 CSS 样式设置。

```
.ui-li-desc {
white-space: normal;
}
```

如果要恢复对文字的截断，则继续设置 CSS 为 white-space: nowrap;。

3.3　使用 Ajax 修饰导航

 本节教学录像：6 分钟

Ajax 是指异步 JavaScript 及 XML，是 Asynchronous JavaScript and XML 的缩写。Ajax 不是一种新的编程语言，而是一种用于创建更好、更快以及交互性更强的 Web 应用程序的技术。通过使用 Ajax，JavaScript 可使用 XMLHttpRequest 对象来直接与服务器进行通信。通过这个对象，JavaScript 可在不重载页面的情况下与 Web 服务器交换数据。Ajax 在浏览器与 Web 服务器之间使用异步数据传输（HTTP 请求），这样就可使网页从服务器请求少量的信息，而不是整个页面。

通过本章前面内容的学习，读者应该已经了解到 jQuery Mobile 如何从一个内部页面导航到另外一个内部页面。当多页面文档在初始化时，内部页面已经添加到 DOM 中，这样从一个内部页面转到另外一个页面时，速度才会相当快。在从一个页面导航到另外一个页面时，可以配置要应用的页面转换类型。默认情况下，框架会为所有的转换应用一个"滑动（slide）"效果。本章后面会讨论可以选择的转换和转换类型。

```
<!-- 导航到内页 -->
    <div data-role="content">
    <a href="#contact" data-role="button">Contact Us</a>
    </div>
```

本节详细讲解在 jQuery Mobile 页面中使用 Ajax 修饰导航的方法。

3.3.1　使用 Aajx

当一个单页面转换到另外一个单页面时，导航模型是不同的。例如，可以从多页面中提取出 contact 页面，然后命名为 contact.html 文件。在主页面（hijax.html）中，可以通过一个普通的 HTTP 链接引用来返回 contact 页面。接下来通过一个具体实例来讲解在 jQuery Mobile 页面中使用 Ajax 驱动导航的方法。

【范例 3-6】在 jQuery Mobile 页面中使用 Ajax 驱动导航（光盘 :\ 配套源码 \3\ajax.html，光盘 :\ 配套源码 \3\contact.html）

实例文件 ajax.html 的具体实现代码如下。

```
<!DOCTYPE html>
<html>
    <head>
    <meta charset="utf-8">
    <title>Hijax Example</title>
    <meta name="viewport" content="width=device-width, initial-scale=1">
    <link rel="stylesheet" href="http://code.jquery.com/mobile/1.0/jquery.mobile-1.0.min.css" />
    <script src="http://code.jquery.com/jquery-1.6.4.min.js"></script>
    <script src="http://code.jquery.com/mobile/1.0/jquery.mobile-1.0.min.js"></script>
</head>
<body>
<!-- First Page -->
<div data-role="page">
    <div data-role="header">
        <h1>Ajax 页面 </h1>
    </div>
    <div data-role="content">
        <a href="contact.html" data-role="button"> 联系我们 </a>
    </div>
</div>
</body>
</html>
```

【运行结果】

上述代码的初始执行效果如图 3-12 所示。

图 3-12　执行效果

单击上述代码中的"联系我们"链接后，会来到新页面 contact.html，此文件的实现代码如下。

```
<div data-role="page">
    <div data-role="header">
        <h1> 联系我们 </h1>
    </div>

    <div data-role="content">
        电话: 010-111111111</div>
    <div data-role="content">
        邮箱: ******@***.com</div>
        <div data-role="content"> 地址：中国山东 </div>
</div>
```

单击"联系我们"链接后，会显示一个 Ajax 特效，如图 3-13 所示，然后显示一个如图 3-14 所示的新页面。

【范例分析】

当单击上述实例中的"联系我们"链接时，jQuery Mobile 将会按照如下步骤处理该请求。

（1）jQuery Mobile 会解析 href，然后通过一个 Ajax 请求（Hij ax）载入页面。如果成功载入页面，则该页面会添加到当前页面的 DOM 中。执行过程如图 3-15 所示。

当页面成功添加到 DOM 中后，jQuery Mobile 可以根据需要来增强该页面，更新基础（base）元素的 @href，并设置 data-url 属性（如果没有被显式设置的话）。

图 3-13　Ajax 特效导航　　　　　　　　　图 3-14　新界面效果

（2）框架随后使用应用的默认"滑动"转换模式转换到一个新的页面。框架也可以实现无缝的 CSS 转换，因为"from"页面和"to"页面都存在于 DOM 中。在转换完成之后，当前可见的页面或活动页面将会被指定为"ui-page-active"CSS 类。

（3）产生的 URL 也可以作为书签。例如，如果想深链接（deep link）到 contact 页面，则可以通过如下完整的路径来访问。

```
http://<host:port>/2/contact.html
```

（4）如果页面载入失败，则会显示和淡出一条短的错误消息，该消息是对"Error Loading Page（页面载入错误）"消息的覆写（overlay）。

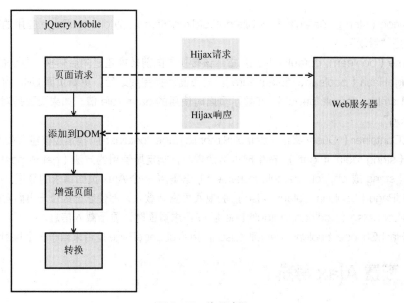

图 3-15　处理过程

3.3.2　使用函数 changePage()

在 jQuery Mobile 开发应用过程中，函数 changePage() 的功能是处理从一个页面转换到另一个页面时涉及的所有细节，可以转换到除当前页面之外的任何页面。在 jQuery Mobile 页面中，可以用如下转换类型。

- ❏ 滑动（slide）：在页面之间移动的最常见的转换。在一个页面流中，该转换给出了向前移动或向后移动的外观。这是所有链接之间的默认转换。
- ❏ 卷起（slideup）：用于打开对话框或显示额外信息的一个常见的转换。该转换给出的外观可以用来为当前活动的页面收集额外的输入信息。
- ❏ 向下滑动（slidedown）：该转换与卷起相对，但是可用于实现类似的效果。
- ❏ 弹出（pop）：用于打开对话框或显示额外信息的另一个转换。该转换给出的外观可以用来为当前活动的页面收集额外的输入信息。
- ❏ 淡入 / 淡出（fade）：用于入口页面或出口页面的一个常见的转换效果。
- ❏ 翻转（flip）：用于显示额外信息的一个常用转换。通常情况下，屏幕的背景会显示没有必要存在于主 UI 上的配置选项（信息图标）。
- ❏ 无（none）：不应用任何转换。

使用函数 changePage() 的语法格式如下。

```
$.mobile.changePage(toPage, [options])
```

在上述语法格式中，各个参数的具体说明如下。

（1）toPage（string 或 iQuery 集合）：将要转向的页面。

- ❏ toPage（string）：一个文件 URL（"contact.html"）或内部元素的 ID（"#contact"）。
- ❏ toPage（iQuery 集合）：包含一个页面元素的 iQuery 集合，而且该页面元素是该集合的第一个参数。

（2）options（object）：配置 changePage 请求的一组键 / 值对。所有的设置都是可选的，可设置的值如下。

- ❏ transition（string, default: $.mobile.defaultTransition）：为 changePage 应用的转换。默认的转换是"滑动"。
- ❏ reverse（boolean, default:false）：指示该转换是向前转换还是向后转换。默认的转换是向前。
- ❏ changeHash（boolean, default:ture）：当页面转换完成之后，更新页面 URL 的 #。
- ❏ role（string, default:"page"）：在显示页面时使用的 data-role 值。如果页面是对话框，则使用"dialog"。
- ❏ pageContainer（iQuery 集合, default:$.mobile.pageContainer）：指定应该包含载入页面的元素。
- ❏ type（string, default:"get"）：在生成页面请求时，指定所使用的方法（get 或 post）。
- ❏ data（string 或 obj ect, default:undefined）：发送给一个 Ajax 页面请求的数据。
- ❏ reloadPage（boolean, default: false）：强制页面重新载入，即使它已经位于页面容器的 DOM 中。
- ❏ showLoadMsg（boolean, default: true）：在请求页面时，显示载入信息。
- ❏ fromHashChange（boolean, default: false）：指示 changePage 是否来自于一个 hashchange 事件。

3.3.3　配置 Ajax 导航

在 jQuery Mobile 开发应用过程中，Ajax 导航是全局启用的。当用户很在意 DOM 的大小或者是需要支持的某个特定设备不支持 hash 历史更新时，可以禁用这个特性。在默认情况下，jQuery Mobile 可以为用户管理 DOM 的大小或缓存，它只将活动页面转换所涉及的 "from" 和 "to" 页面合并到 DOM 中。要禁用 Ajax 导航，在绑定移动初始事件时，设置 $.moible.aj axEnabled=false。

提 示　实现页面加载时的随机页面背景过渡效果

在 jQuery Mobile 中，当需要实现页面加载时，有很多的页面加载事件可供使用。比如下面的 CSS 和 JavaScript 代码，可以实现页面加载时的随机页面背景过渡效果。

CSS 代码

```
my-page  { background: transparent url(../images/bg.jpg) 0 0 no-repeat; }
.my-page.bg1 { background: transparent url(../images/bg-1.jpg) 0 0 no-repeat; }
.my-page.bg2 { background: transparent url(../images/bg-2.jpg) 0 0 no-repeat; }
.my-page.bg3 { background: transparent url(../images/bg-3.jpg) 0 0 no-repeat; }
```

JavaScript 代码

```
$('.my-page').live("pagecreate", function() {
    var randombg = Math.floor(Math.random()*4); // 获得 0 到 3 之间的随机数
    $('.my-page').removeClass().addClass('bg' + randombg);
});
```

3.4　综合应用——开发一个综合性移动版 Ajax 网页

　本节教学录像：3 分钟

接下来通过一个具体实例来讲解开发一个综合性移动版 Ajax 网页的方法。

【范例 3-7】开发一个 Ajax 网页（光盘 :\ 配套源码 \3\gaoji\ ）

（1）编写一个简单的 HTML 文件，命名为 android.html，具体实现代码如下。

```
<html>
    <head>
        <title>Jonathan Stark</title>
        <meta name="viewport" content="user-scalable=no, width=device-width" />
        <link rel="stylesheet" href="android.css" type="text/css" media="screen" />
        <script type="text/javascript" src="jquery.js"></script>
        <script type="text/javascript" src="android.js"></script>
    </head>
    <body>
        <div id="header"><h1>AAA</h1></div>
        <div id="container"></div>
```

```
    </body>
</html>
```

（2）编写样式文件 android.css，主要实现代码如下。

```css
body {
    background-color: #ddd;
    color: #222;
    font-family: Helvetica;
    font-size: 14px;
    margin: 0;
    padding: 0;
}
#header {
    background-color: #ccc;
    background-image: -webkit-gradient(linear, left top, left bottom, from(#ccc), to(#999));
    border-color: #666;
    border-style: solid;
    border-width: 0 0 1px 0;
}
#header h1 {
    color: #222;
    font-size: 20px;
    font-weight: bold;
    margin: 0 auto;
    padding: 10px 0;
    text-align: center;
    text-shadow: 0px 1px 1px #fff;
    max-width: 160px;
    overflow: hidden;
    white-space: nowrap;
    text-overflow: ellipsis;
}
    ul {
    list-style: none;
    margin: 10px;
    padding: 0;
}
ul li a {
    background-color: #FFF;
    border: 1px solid #999;
```

```
        color: #222;
        display: block;
        font-size: 17px;
        font-weight: bold;
        margin-bottom: -1px;
        padding: 12px 10px;
        text-decoration: none;
}
ul li:first-child a {
        -webkit-border-top-left-radius: 8px;
        -webkit-border-top-right-radius: 8px;
}
ul li:last-child a {
        -webkit-border-bottom-left-radius: 8px;
        -webkit-border-bottom-right-radius: 8px;
}
ul li a:active, ul li a:hover {
        background-color: blue;
        color: white;
}
#content {
        padding: 10px;
        text-shadow: 0px 1px 1px #fff;
}
#content a {
        color: blue;
}
```

上述样式文件在本章前面都进行了详细讲解，相信广大读者一读便懂。

（3）继续编写如下 HTML 文件。

❑ about.html

❑ blog.html

❑ contact.html

❑ consulting−clinic.html

❑ index.html

为了简单起见，它们的代码都是一样的，具体如下。

```
<html>
    <head>
        <title>AAA</title>
        <meta name="viewport" content="user-scalable=no, width=device-width" />
```

```
            <link rel="stylesheet" type="text/css" href="android.css" media="only screen and (max-width: 480px)" />
            <link rel="stylesheet" type="text/css" href="desktop.css" media="screen and (min-width: 481px)" />
        <!--[if IE]>
            <link rel="stylesheet" type="text/css" href="explorer.css" media="all" />
        <![endif]-->
        <script type="text/javascript" src="jquery.js"></script>
        <script type="text/javascript" src="android.js"></script>
    <meta http-equiv="Content-Type" content="text/html; charset=gb2312">
</head>
<body>
    <div id="container">
    <div id="header">
            <h1><a href="./">AAAA</a></h1>
            <div id="utility">
              <ul>
                    <li><a href="about.html">AAA</a></li>
                    <li><a href="blog.html">BBB</a></li>
                    <li><a href="contact.html">CCC</a></li>
                </ul>
            </div>
            <div id="nav">
              <ul>
                    <li><a href="bbb.html">DDD</a></li>
                    <li><a href="ccc.html">EEE</a></li>
                    <li><a href="ddd.html">FFF</a></li>
                    <li><a href="http://www.aaa.com">GGG</a></li>
                </ul>
            </div>
        </div>
        <div id="content">
            <h2>About</h2>
            <p> 欢迎大家学习 Android，都说这是一个前途辉煌的职业，我也是这么认为的，希望事
实如此 ....</p>
            </div>
        <div id="sidebar">
            <img alt=" 好图片 " src="aaa.png">
            <p> 欢迎大家学习 Android，都说这是一个前途辉煌的职业，我也是这么认为的，希望事
实如此 ....</p>
            </div>
        <div id="footer">
```

```
                <ul>
                    <li><a href="bbb.html">Services</a></li>
                    <li><a href="ccc.html">About</a></li>
                        <li><a href="ddd.html">Blog</a></li>
                </ul>
                <p class="subtle"> 巅峰卓越 </p>
            </div>
        </div>
    </body>
</html>
```

（4）编写 JavaScript 文件 android.js，在此文件中使用 Ajax 技术。具体实现代码如下。

```
var hist = [];
var startUrl = 'index.html';
$(document).ready(function(){
    loadPage(startUrl);
});
function loadPage(url) {
    $('body').append('<div id="progress">wait for a moment...</div>');
    scrollTo(0,0);
    if (url == startUrl) {
        var element = '#header ul';
    } else {
        var element = '#content';
    }
    $('#container').load(url + element, function(){
        var title = $('h2').html() || ' 你好 !';
        $('h1').html(title);
        $('h2').remove();
        $('.leftButton').remove();
        hist.unshift({'url':url, 'title':title});
        if (hist.length > 1) {
            $('#header').append('<div class="leftButton">'+hist[1].title+'</div>');
            $('#header .leftButton').click(function(e){
                $(e.target).addClass('clicked');
                var thisPage = hist.shift();
                var previousPage = hist.shift();
                loadPage(previousPage.url);
            });
        }
```

```
        $('#container a').click(function(e){
        var url = e.target.href;
         if (url.match(/aaa.com/)) {
            e.preventDefault();
            loadPage(url);
                }
        });
        $('#progress').remove();
    });
}
```

对于上述代码的具体说明如下。

❑ 第 1~5 行：使用了 jQuery 的 (document).ready 函数，功能是使浏览器在加载页面完成后运行 loadPage() 函数。

❑ 剩余的行数是函数 loadPage(url) 部分。此函数的功能是载入地址为 URL 的网页，但是在载入时使用了 Ajax 技术特效。具体说明如下。

❑ 第 7 行：为了使 Ajax 效果能够显示出来，在这个 loadPage() 函数启动时，在 body 中增加一个正在加载的 div，然后在 hijackLinks() 函数结束的时候删除。

❑ 第 9 ~13 行：如果没有在调用函数的时候指定 url(比如第一次在 (document).ready 函数中调用)，url 将会是 undefined，这一行会被执行。这一行和下一行是 jQuery 的 load() 函数样例。load() 函数在给页面增加简单快速的 Ajax 实用性上非常出色。如果把这一行翻译出来，它的意思是"从 index.html 中找出所有 #header 中的 ul 元素，并把它们插入当前页面的 #container 元素中，完成之后再调用 hij ackLinks() 函数"。当 url 参数有值的时候，执行第 12 行。从效果上看，"从传给 loadPage() 函数的 url 中得到 #content 元素，并把它们插入当前页面的 #container 元素。

（5）最后进行修饰。

为了能使设计的页面体现出 Ajax 效果，还需继续设置样式文件 android.css。

❑ 为了能够显示出"加载中…"的样式，需要在样式文件 android.css 中添加如下修饰代码。

```
#progress {
    -webkit-border-radius: 10px;
    background-color: rgba(0,0,0,.7);
    color: white;
    font-size: 18px;
    font-weight: bold;
    height: 80px;
    left: 60px;
    line-height: 80px;
    margin: 0 auto;
    position: absolute;
    text-align: center;
    top: 120px;
```

```
    width: 200px;
}
```

❑ 用边框图片修饰返回按钮，并清除默认的点击后高亮显示的效果。在 android.css 中添加如下
修饰代码。

```
#header div.leftButton {
    font-weight: bold;
     text-align: center;
    line-height: 28px;
    color: white;
    text-shadow: 0px -1px 1px rgba(0,0,0,0.6);
    position: absolute;
    top: 7px;
    left: 6px;
    max-width: 50px;
    white-space: nowrap;
    overflow: hidden;
    text-overflow: ellipsis;
    border-width: 0 8px 0 14px;
    -webkit-border-image: url(images/back_button.png) 0 8 0 14;
    -webkit-tap-highlight-color: rgba(0,0,0,0);
}
```

【运行结果】

此时在 Android 中执行上述文件，执行后先加载页面，在加载时会显示 "wait for a moment…" 的提示，
如图 3-16 所示。在滑动选择某个链接的时候，被选中的会有不同的颜色，如图 3-17 所示。

图 3-16 提示特效

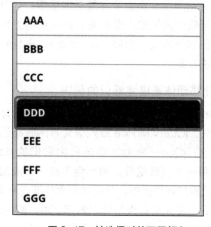

图 3-17 被选择时的不同颜色

而文件 android.html 的执行效果和其他文件相比稍有不同，如图 3-18 所示。这是因为在编码时有意为之。

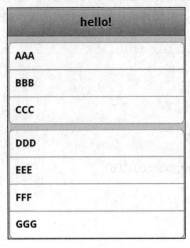

图 3-18　文件 android.html 的执行效果

▍ 3.5　高手点拨

1.　大师对单页面文档和多页面文档的选择

用户需要确定页面访问的发展趋势，以方便从带宽和响应时间的角度来选择最合适的广式。多页面文档在最初载入时会占用较多的带宽，但是只需要向服务器发送一个请求即可，因此它们的子页面会以相当短的响应时间载入。而单页面文档尽管占用的带宽较少，但是每访问一个页面就需要向服务器发送一个请求，因此响应时间会比较长。

如果用户通常会按顺序访问多个页面，则最为理想的方式是将它们放置在同一个文档内的最前面，以方便载入。这样尽管最初占用的带宽会略高，但是在访问下一个页面时，可以实现即时响应。如果用户同时访问两个页面（尽管概率很低，但毕竟存在），则可以将文件单独存放，从而在初次载入时能够消耗较少的带宽。现在有一些可用的工具，可以辅助收集页面访问趋势或者其他度量，从而帮助优化页面访问方式。例如，Google Analytics 2 或 Omniture 3 都是常见的用于分析移动 Web 应用程序的解决方案。

2.　优化移动体验增强标记的秘诀

在 jQuery Mobile 开发应用过程中，优化移动体验增强标记的基本流程如下。

（1）首先，jQuery Mobile 载入语义 HTML 标记。

（2）其次，jQuery Mobile 会迭代由它们的 data-role 属性定义的每一个页面组件。由于 jQuery Mobile 迭代每一个页面组件，因此会为每一个应用优化过的移动 CSS3 组件添加标记。jQuery Mobile 最终会将标记添加到页面中，从而让页面能够在所有平台上普遍呈现。

（3）最后，在完成页面的标记添加之后，jQuery Mobile 会显示优化过的页面。要查看由移动浏览器呈现的添加源文件，例如如下实现代码。

```
<!DOCTYPE html>
    <html class="ui-mobile">
    <head>
    <base href="http://www.server.com/app-name/path/">
    <meta charset="utf-8">
    <title>Page Header</title>
    <rneta content="width=device-width, initial-scale=i" name="viewport">
    <link rel="stylesheet" type="text/css" href="jquery.mobile-min.css" />
     <script type="text/javascript" src="jquery-min.js"></script>
    <script type="text/javascript" src="jquery.mobile-min.js"></script>
</head>
<body class="ui-mobile-viewport">
    <div class="ui-page ui-body-c ui-page-active" data-role="page"
        style="min-height: 320px;">
        <div class="ui-bar-a ui-header" data-role="header" role="banner">
            <hl class="ui-title" tabindex="o" role="heading" aria-level="l">
                页头 </hl></div>
        <div class="ui-content" data-role="content" role="main">
    <p> 你好 jOuery Mobile!</p>
    </div>
    <div class="ui_bar-a ui-footer ui-footer-fixed fade ui-fixed-inline"
     data-position="fixed" data-role="footer" role="contentinfo"
     style="top: 508px;">
     <h4 class="ui-title" tabindex="0" role="heading" aria-level="1">
     页尾 </h4>
     </div>
     </div>
     <div class="ui-loader ui-body-a ui-corner-all" style= ¨ top: 334.5px;">
     <span class="ui-icon ui-icon-loading spin"></span>
     <hi> 载入 </hi></div>
</body>
</html>
```

对上述代码的具体说明如下。

（1）base 标签（tag）的 @href 为一个页面中的所有链接指定了一个默认的地址或者默认的目标。例如，当载入特定页面的资源（assets）（比如图片、CSS、js 等）时，jQuery Mobile 会用到 @href。

（2）body 标签包含了 header、content 和 footer 组件的增强样式。默认情况下，所有的组件都是使用默认的主题和特定的移动 CSS 增强来设计（styled）的。作为一个额外的好处，所有的组件现在都证明了可访问性，而这要归功于 WAI–ARIA 角色和级别。用户可以免费获得这些增强。

现在读者应该感觉到，可以很容易地设计一个基本的 jQuery Mobile 页面了。前面已经介绍了核心的页面组件（page、header、content、footer），并看到了一个增强的 jQuery Mobile 页面所产生的文档对象模型（Document Object Model，DOM）。接下来开始讲解 jQuery Mobile 的多页面模板。

▎3.6　实战练习

1．实现树节点效果

nav 元素是一个可以用来作为页面导航的链接组，其中的导航元素链接到其他页面或当前页面的其他部分。并不是所有的链接组都要被放进 <nav> 元素。例如，在页脚中通常会有一组链接，包括服务条款、首页、版权声明等。这时使用 <footer> 元素是最恰当的，而不需要 <nav> 元素。请尝试使用 <nav> 元素实现节点效果。

2．在分组列表显示网页中的内容

请尝试使用 <ol> 元素创建一个"MTV 排行榜"列表，并分别添加 3 个选项（大海、小芳、父亲）作为列表的内容。另外，增加一个文本框"设置开始值"与一个"确定"按钮，在文本框中输入一个值并单击"确定"按钮后，将以文本框中的值为列表项开始的编号显示 MTV 排行。

第 4 章

本章教学录像：13 分钟

预加载、页面缓存和页面脚本

顾名思义，Web 中的预加载就是在网页全部加载之前，对一些主要内容进行加载，以提供给用户更好的体验，减少等待的时间。本章详细讲解 jQuery Mobile 中预加载和页面缓存的基础知识和具体用法，为读者步入本书后面知识的学习打下基础。

本章要点（已掌握的在方框中打钩）

☐ 预加载

☐ 页面缓存

☐ 页面脚本

☐ 综合应用——动态切换当前显示的页面

▌ 4.1 预加载

 本节教学录像：4 分钟

通常情况下，移动终端设备的系统配置要低于 PC 终端，因此，在开发移动应用程序时，更要注意页面在移动终端浏览器中加载的速度。如果速度过慢，用户的体验将会大打折扣。为了加快页面移动终端访问的速度，在 jQuery Mobile 中使用预加载技术是十分有效的方法。当一个被链接的页面设置好预加载后，jQuery Mobile 将在加载完成当前页面后自动在后台进行预加载设置的目标页面。

在 jQuery Mobile 页面中，有如下两种实现页面预加载的方法。

（1）在需要链接页面的元素中添加"data-prefetch"属性，并设置属性值为"true"或不设置属性值均可。当设置完该属性值后，jQuery Mobile 将在加载完成当前页面以后，自动加载该链接元素所指的目标页面，即"href"属性的值。

（2）调用 JavaScript 代码中的全局性方法 $.mobile.loadPage() 的方式来预加载指定的目标 HTML 页面，其最终的效果与设置元素的"data-prefetch"属性一样。

接下来通过一个具体实例来说明在 jQuery Mobile 中使用预加载技术的方法。

【范例 4-1】在 jQuery Mobile 中使用预加载技术（光盘 :\ 配套源码 \4\yujia. html）

实例文件 yujia.html 的具体实现流程如下。

（1）新建一个 HTML5 页面，然后在页面中添加一个 <a> 元素。

（2）将 <a> 元素的属性"href"的值设置为 about.html。

（3）将 <a> 元素的属性"data-prefetch"的值设置为"true"，表示预加载 <a> 元素的链接页面。

实例文件 yujia.html 的具体实现代码如下。

```
<!DOCTYPE html>
<html>
    <head>
    <meta charset="utf-8">
    <title>Page Template</title>
    <meta name="viewport" content="width=device-width, initial-scale=1">
    <link rel="stylesheet" href="http://code.jquery.com/mobile/1.0/jquery.mobile-1.0.min.css" />
    <script src="http://code.jquery.com/jquery-1.6.4.min.js"></script>
    <script src="http://code.jquery.com/mobile/1.0/jquery.mobile-1.0.min.js"></script>
</head>
<body>
<div data-role="page">
    <div data-role="header">
        <h1> 页头 </h1>
    </div>
    <div data-role="content">
        <p> 你好 jQuery Mobile!</p>
```

```
        </div>
        <div data-role="footer" data-position="fixed">
            <h4> 页尾 </h4>
        </div>
    </div>
    </body>
    </html>
```

【范例分析】

在上述实例代码中，设置 <a> 元素链接的目标文件 about.html 中，容器 page 的内容已经通过预加载的方式注入当前文档中。

【运行结果】

运行后的效果如图 4-1 所示。

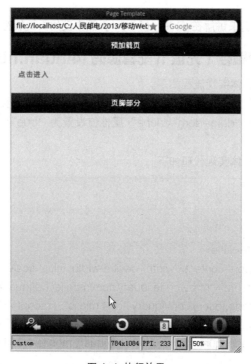

图 4-1 执行效果

建议有选择性地使用预加载功能

在 jQuery Mobile 页面中，无论是添加元素的"data-prefetch"属性，还是使用全局性方法 $.mobile.loadPage() 实现页面的预加载功能时，都允许同时加载多个页面。但在进行预加载的过程中需要加大页面 HTTP 的访问请求，这样可能会延缓页面访问的速度，所以建议读者要有选择性地使用该功能。

提示

▌4.2 页面缓存

 本节教学录像：3 分钟

在 jQuery Mobile 页面中，使用页面缓存的方法可以将访问过的 page 容器都缓存到当前的页面文档中，这样当下次再访问时可以直接从缓存中读取，从而无须再重新加载页面。在 jQuery Mobile 页面中，如果需要将页面的内容写入文档缓存中，可以通过如下两种方式实现。

（1）在需要被缓存的元素属性中添加一个"data-dom-cache"属性，设置该属性值为"true"或不设置属性值均可。属性 data-dom-cache 的功能是将对应的元素内容写入缓存中。

（2）通过编写 JavaScript 代码的方式，设置一个全局性的 jQuery Mobile 属性值为"ture"，也就是添加如下代码将当前文档写入缓存中。

```
$.mobile.page.prototype.options.domCache = true
```

由此可见，使用页面缓存的功能将会使 DOM 内容变大，可能发生某些浏览器打开的速度变得缓慢的问题。所以一旦选择了开启使用缓存功能，就要管理好缓存的内容，并保证做到及时清理的维护工作。

接下来通过一个具体实例来讲解在 jQuery Mobile 页面中使用页面缓存的方法。

【范例 4-2】使用页面缓存（光盘 :\ 配套源码 \4\huan.html）

实例文件 huan.html 的具体实现流程如下。

（1）新建一个 HTML5 页面，在内容区域中显示"这是一个被缓存的页面"文字。

（2）将"page"容器的"data-dom-cache"属性值设置为"true"，这样可以将该页面的内容注入文档的缓存中。

实例文件 huan.html 的具体实现代码如下。

```
<!DOCTYPE html>
    <head>
    <meta charset="utf-8">
    <title>Page Template</title>
    <meta name="viewport" content="width=device-width, initial-scale=1">
    <link rel="stylesheet" href="http://code.jquery.com/mobile/1.0/jquery.mobile-1.0.min.css" />
    <script src="http://code.jquery.com/jquery-1.6.4.min.js"></script>
      <script src="http://code.jquery.com/jquery-1.6.4.js"></script>
    <script src="http://code.jquery.com/mobile/1.0/jquery.mobile-1.0.min.js"></script>
</head>
<body>
  <div data-role="page" data-dom-cache="true">
<div data-role="header"><h1> 缓存页面 </h1></div>
<div data-role="content">
      <p> 这是一个被缓存的页面 </p>
</div>
<div data-role="footer"><h4> 页脚部分 </h4></div>
```

```
    </div>
  </body>
</html>
```

【范例分析】

在上述实例代码中，通过为 page 容器添加 data-dom-cache 属性的方式，将对应容器中的全部内容写入了缓存中。

【运行结果】

执行后的效果如图 4-2 所示。

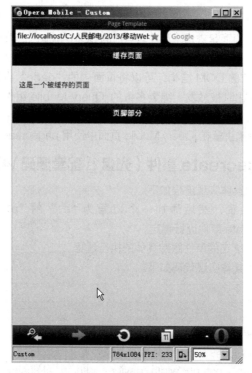

图 4-2 执行效果

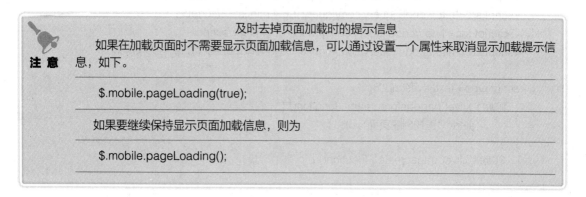

及时去掉页面加载时的提示信息

注 意　如果在加载页面时不需要显示页面加载信息，可以通过设置一个属性来取消显示加载提示信息，如下。

```
$.mobile.pageLoading(true);
```

如果要继续保持显示页面加载信息，则为

```
$.mobile.pageLoading();
```

4.3 页面脚本

 本节教学录像：4 分钟

在 jQuery Mobile 页面中，可以通过 Ajax 请求的方式来加载页面。在编写页面脚本时，需要与 PC 端开发页面区分开。在大多数情况下，页面在初始化时会触发 pagecreate 事件，在该事件中可以做一些页面组件初始化的动作。如果需要通过调用 JavaScript 代码改变当前的页面，可以调用 jQuery Mobile 中提供的 changePage() 方法来实现。另外，也可以调用 loadPage() 方法来加载指定的外部页面以注入当前文档中。本节详细讲解在 jQuery Mobile 页面中常用的页面脚本的事件与方法，为读者步入本书后面知识的学习打下基础。

4.3.1 创建页面

在 jQuery Mobile 应用中，页面是被请求后注入当前的 DOM 结构中，因此，jQuery 中的 $(document).ready() 事件在 jQuery Mobile 中不会被重复执行，只有在初始化加载页面时才会被执行一次。如果需要跟踪不同页面的内容注入当前的 DOM 结构，可以将页面中的"page"容器绑定 pagecreate 事件中。事件 pagecreate 在页面初始化时被触发，绝大多数的 jQuery Mobile 组件都在该事件之后进行一些数据的初始化。

接下来通过一个具体实例来讲解在 jQuery Mobile 页面中使用 pagecreate 事件的方法。

【范例 4-3】使用 pagecreate 事件（光盘 :\ 配套源码 \4\chuang.html）

实例文件 chuang.html 的具体实现流程如下。

（1）新建一个 HTML5 页面，然后添加一个 Id 号为"e1"的"page"容器，并将该容器与 pagebeforecreate 和 pagecreate 事件进行绑定。

（2）在执行页面时，通过绑定的事件跟踪具体的执行过程。

实例文件 chuang.html 的具体实现代码如下。

```
<!DOCTYPE html>
    <head>
    <meta charset="utf-8">
    <title>Page Template</title>
    <meta name="viewport" content="width=device-width, initial-scale=1">
    <link rel="stylesheet" href="http://code.jquery.com/mobile/1.0/jquery.mobile-1.0.min.css" />
    <script src="http://code.jquery.com/jquery-1.6.4.min.js"></script>
      <script src="http://code.jquery.com/jquery-1.6.4.js"></script>
    <script src="http://code.jquery.com/mobile/1.0/jquery.mobile-1.0.min.js"></script>

    <script type="text/javascript">
        $("#e1").live("pagebeforecreate", function() {
              alert( "正在创建页面！ ");
        })
        $("#e1").live("pagecreate", function() {
```

```
            alert(" 页面创建完成！ ");
        })
        </script>
</head>
<body>
  <div data-role="page" id="e1">
<div data-role="header"><h1> 创建页面 </h1></div>
<div data-role="content">
    <p> 创建页工作面完成！ </p>
</div>
<div data-role="footer"><h4> 页脚部分 </h4></div>
  </div>
</body>
</html>
```

【范例分析】

在上述实例代码中, Id 号为 "e1" 的 "page" 容器绑定了 pagebeforecreate 和 pagecreate 两个事件。因为 pagebeforecreate 事件早于 pagecreate 事件, 所以在页面被加载、jQuery Mobile 组件开始初始化前触发。可以在 pagebeforecreate 事件中添加一些页面加载的动画提示效果, 直到触发 pagecreate 事件时结束动画效果。

【运行结果】

执行后的效果如图 4-3 所示, 单击 "确认" 按钮后的效果如图 4-4 所示。

图 4-3　初始执行效果

图 4-4　单击 "确认" 按钮后的效果

注意 在本实例的 JavaScript 代码中，不但可以使用 live() 方法绑定元素触发的事件，而且可以使用 bind() 与 delegate() 方法为绑定的元素添加指定的事件。

4.3.2 跳转页面

在 jQuery Mobile 页面中，如果使用 JavaScript 代码切换当前显示的页面，可以调用 jQuery Mobile 中的 changePage() 方法来实现。通过使用 changePage() 方法，可以设置跳转页面的 URL 地址、跳转时的动画效果和需要携带的数据。

▌ 4.4 综合应用——动态切换当前显示的页面

 本节教学录像：2 分钟

接下来通过一个具体实例来讲解动态切换当前显示的页面的方法。

【范例 4-4】动态切换当前显示的页面（光盘 :\ 配套源码 \4\qie.html）

实例文件 qie.html 的具体实现流程如下。

（1）新建一个 HTML5 页面，在页面中显示文字提示"页面正在跳转中 ..."。

（2）调用方法 changePage() 从当前页以"slideup（滑动）"的动画切换效果跳转到文件 about.html。

实例文件 qie.html 的具体实现代码如下。

```
<!DOCTYPE html>
    <head>
    <meta charset="utf-8">
    <title>Page Template</title>
    <meta name="viewport" content="width=device-width, initial-scale=1">
    <link rel="stylesheet" href="http://code.jquery.com/mobile/1.0/jquery.mobile-1.0.min.css" />
    <script src="http://code.jquery.com/jquery-1.6.4.min.js"></script>
      <script src="http://code.jquery.com/jquery-1.6.4.js"></script>
     <script src="http://code.jquery.com/mobile/1.0/jquery.mobile-1.0.min.js"></script>

      <script type="text/javascript">
        $(function() {
            $.mobile.changePage("about.html",
            { transition: "slideup" });
        })
        </script>
</head>
<body>
  <div data-role="page" id="e1">
<div data-role="header"><h1> 跳转页面 </h1></div>
<div data-role="content">
    <p> 页面正在跳转中 ...</p>
</div>
```

```
<div data-role="footer"><h4> 页脚部分 </h4></div>
   </div>
</body>
</html>
```

【范例分析】

在上述实例代码中，因为在页面加载时执行 changePage() 方法，所以在浏览主页面时会直接跳转至目标文件 about.html。使用 changePage() 方法不但可以跳转页面，而且能携带数据传递给跳转的目标页，例如下面的代码。

```
$.mobile.changePage("login.php",
    { type: "post",
      data: $("form#login").serialize()
    },
    "pop", false, false
          )
```

上述代码的功能是将 Id 号为 "login" 的表单数据进行序列化处理，然后传递给文件 login.php 进行处理。另外，"pop" 表示跳转时的页面效果。第一个 "false" 值表示跳转时的方向，如果为 "true" 则表示反方向进行跳转，默认值为 "false"。第二个 "false" 值表示完成跳转后是否更新历史浏览记录，默认值为 "true"，表示更新。

【运行结果】

本实例执行后的效果如图 4-5 所示。

图 4-5　执行效果

4.5　高手点拨

1. 预加载处理的好处

在开发移动应用程序时，对需要链接的页面进行预加载处理是十分有必要的。因为当一个链接的页面设置成预加载方式时，当加载完成当前页面后，目标页面也会被自动加载到当前文档中，用户单击后就可以马上打开，这样大大加快了访问页面的速度。

2. 如何实现页码之间的"完美转换"

在页面之间进行转换时，jQuery Mobile 有 6 个可供选择的基于 CSS 的转换效果。在默认情况下，框架会为所有的转换应用"滑动"效果。通过为任意链接、按钮或表单添加 data-transition 属性，可以设置其他的转换效果，例如下面的代码。

```
<a href="dialog.html" data-transition="slideup"> 显示对话框 </a>
```

在页面到页面的转换过程中，会按照如下步骤实现。

（1）用户轻敲按钮，以导航到下一个页面。

（2）框架使用一个 Hijax 请求载入下一个页面，然后添加到当前页面的 DOM 中。当前页面和下一个页面实际上是并排放置的，因此准备发生一个平滑转换。

（3）框架转换到下一个页面。该示例使用了默认的"滑动"转换。

（4）下一个页面得以显示，完成转换工作。

4.6　实战练习

1. 验证邮件地址是否合法

请尝试在表单页面中加入一个"email"类型的 <input> 元素，功能是输入邮件地址。另外，新建一个表单提交按钮，当单击"提交"按钮时会自动检测"email"类型的文本框中输入的字符是否符合邮件格式，如果不符，则显示对应的错误提示信息。

2. 验证 URL 地址是否合法

请尝试创建一个"url"类型的 <input> 元素，然后新建一个表单"提交"按钮。当单击"提交"按钮时，会自动检测输入框中的元素是否符合 Web 地址格式，如果不是合法的 URL，则显示错误提示信息。

第 5 章

 本章教学录像：15 分钟

对话框

　　对话框与页面相似，只不过对话框的边界是有间距的（inset），从而产生模态对话框（modal dialog）的外观。本章详细讲解 jQuery Mobile 中对话框的基础知识，为读者步入本书后面知识的学习打下基础。

本章要点（已掌握的在方框中打钩）

☐ 创建对话框的方法

☐ 实现一个简单对话框

☐ 实现常用的对话框

☐ 综合应用——实现竖屏和横屏自适应

5.1 创建对话框的方法

 本节教学录像: 3 分钟

在 jQuery Mobile 中创建对话框的方式十分简单，只需要在指向页面的链接元素中添加一个 "data-rel" 属性，并将该属性值设置为 dialog 即可。单击该链接时，打开的页面将以一个对话框的形式展示在浏览器中。单击对话框中的任意链接时，打开的对话框将自动关闭，并以 "回退" 的形式切换至上一页。此外，还可以在对话框中创建一个 "取消" 按钮，通过设置元素属性或编写 JavaScript 代码的方式关闭当前打开的对话框。

由此可见，在日常应用中可以将一个页面转换为链接或页面组件上的一个对话框，然后在一个链接中添加 data-rel= "dialog" 属性。在添加这个属性之后，将会自动载入目标页面，并将其增强为一个模态对话框。另外也可以在页面容器上配置对话框，将 data.role="dialog" 属性添加到页面容器中。当该页面容器组件载入页面时，其将会被增强为一个模态对话框。

在实际开发应用中，有两个选项可打开对话框：data-role="dialog" 和 data-rel="dialog"，究竟应该选择哪一个呢？建议读者选择页面配置（data-role="dialog"），因为只需要在页面容器中配置一次对话框，而且导航到该对话框的按钮也无需任何修改。例如，如果有 3 个按钮链接到对话框，基于页面的配置则只需要修改一次。而基于链接的配置则需要修改 3 次，每一次对应一个按钮。

另外，jQuery Mobile 对话框 API 还公开了一个 close 方法，当需要以程序方式来处理对话框时，可以使用该方法。例如，如果想使用程序来处理应用中的 "Agreee" 按钮的进程，可以处理单击事件，然后处理任何需要的业务逻辑，并在完成之后关闭对话框。

5.2 实现一个简单对话框

 本节教学录像: 2 分钟

在 jQuery Mobile 页面中，可以将链接元素的 "data-rel" 属性值设置为 "true"，打开的对话框实际上是一个标准的 "page" 容器。因此，在打开时也可以通过设置 "data-transition" 属性值，选择打开对话框时切换页面的动画效果。

接下来通过一个具体实例来讲解实现一个简单对话框的方法。

【范例 5-1】实现一个简单对话框效果（光盘 :\ 配套源码 \5\jian.html）

实例文件 jian.html 的具体实现流程如下。

（1）新建一个 HTML5 页面，在页面中添加一个 \<a> 元素。

（2）将 \<a> 元素的 data-rel 属性值设置为 "dialog"，表示以对话框的形式打开链接元素指定的目标 URL 地址。

（3）创建对话框页面文件 dialog.html。

实例文件 jian.html 的具体实现代码如下。

```
<!DOCTYPE html>
    <head>
    <meta charset="utf-8">
    <title>Page Template</title>
    <meta name="viewport" content="width=device-width, initial-scale=1">
```

```
<link rel="stylesheet" href="http://code.jquery.com/mobile/1.0/jquery.mobile-1.0.min.css" />
<script src="http://code.jquery.com/jquery-1.6.4.min.js"></script>
  <script src="http://code.jquery.com/jquery-1.6.4.js"></script>
<script src="http://code.jquery.com/mobile/1.0/jquery.mobile-1.0.min.js"></script>


</head>
<body>
 <div data-role="page"id="e1">
<div data-role="header"><h1> 对话框 </h1></div>
<div data-role="content">
  <p>
    <a href="dialog.html"
       data-rel="dialog"
       data-transition="pop"> 打开对话框
    </a>
  </p>
</div>
<div data-role="footer"><h4> 页脚部分 </h4></div>
  </div>
</body>
</html>
```

在上述实例代码中，设置链接的 data-rel 属性值为"dialog"，通过该链接打开的页面将以对话框的形式展示在当前页面中。该对话框以模式的方式浮在当前页的上面，背景添加深色，四周是圆角的效果，左上角自带一个"×"关闭按钮，单击该按钮后将关闭对话框。

创建对话框页面 dialog.html，具体实现代码如下。

```
<!DOCTYPE html>
 <html>
  <head>
     <title> 简单的对话框 </title>
     <meta name="viewport" content="width=device-width,
          initial-scale=1" />
</head>
<body>
<div data-role="page">
<div data-role="header"><h1> 主题 </h1></div>
<div data-role="content">
    <p> 这是一个简单的对话框！ </p>
</div>
<div data-role="footer"><h4>2012 rttop.cn studio</h4></div>
    </div>
 </body>
</html>
```

【运行结果】

执行后的效果如图 5-1 所示。

单击"打开对话框"链接后会弹出一个对话框，如图 5-2 所示。

图 5-1 执行效果

图 5-2 打开的对话框界面

■ 5.3 实现常用的对话框

 本节教学录像：8 分钟

上一节已经讲解了实现简单对话框效果的方法。本节详细讲解在 jQuery Mobile 页面中实现常用对话框类型的方法，为读者步入本书后面知识的学习打下基础。

5.3.1 实现基本的对话框效果

接下来通过一个具体实例的实现过程，详细讲解在 jQuery Mobile 页面中实现基本对话框效果的基本方法。

【范例 5-2】在 jQuery Mobile 页面中实现基本对话框（光盘 :\ 配套源码 \5\ duihuakuang.html）

实例文件 duihuakuang.html 的具体实现流程如下。

（1）实现链接级别的转换，具体实现代码如下。

```html
<!DOCTYPE html>
<html>
    <head>
        <meta charset="utf-8">
        <title>Multi Page Example</title>
        <meta name="viewport" content="width=device-width, initial-scale=1">
    <link rel="stylesheet" href="http://code.jquery.com/mobile/1.0/jquery.mobile-1.0.min.css" />
    <style>
        .ui-header .ui-title, .ui-footer .ui-title { margin-right: 0 !important; margin-left: 0 !important; }
    </style>
    <script src="http://code.jquery.com/jquery-1.6.4.min.js"></script>
    <script src="http://code.jquery.com/mobile/1.0/jquery.mobile-1.0.min.js"></script>
    </head>
```

```
<body>

<!-- 第一页 -->
<div data-role="page" id="home">
    <div data-role="header">
        <h1> 对话框实例 </h1>
    </div>

    <div data-role="content">
        <a href="#terms" data-transition="slidedown"> 会员注册条款 </a>
    </div>
</div>
```

（2）实现页面级别的转换，具体实现代码如下。

```
<!-- 第二页—对话框 -->
<div data-role="dialog" id="terms">
    <div data-role="header">
        <h1> 注册条款 </h1>
    </div>

    <div data-role="content" data-theme="c">
        你同意上述条款吗？
      <br><br>
        <a href="#home" data-role="button" data-inline="true" data-rel="back" data-theme="a"> 不
同意！ </a><a href="javascript:agree();" data-role="button" data-inline="true"> 同意！ </a>
    </div>
```

（3）处理按钮进程，具体实现代码如下。

```
<script>
    function agree() {
        $('.ui-dialog').dialog('close');
    }
</script>
</div>
</body>
</html>
```

【运行结果】

本实例执行后的初始效果如图 5-3 所示。

单击"会员注册条款"链接后会弹出如图 5-4 所示的对话框界面。

图 5-3　初始执行效果　　　　　　　　　图 5-4　对话框界面效果

提 示
　　由于对话通常用于在一个页面动作，框架不会在 hash 历史中跟踪对话框。这意味着对话框不会在浏览历史记录留下点击一个页面所应产生的效果。例如，如果在一个网页中单击一个链接打开一个对话框，关闭对话框，然后导航到另一个网页，此时单击浏览器的后退按钮，将被导航回第一个页面，而不是对话框。

5.3.2　实现操作表样式对话框

除了传统的对话框之外，还可以将对话框设计为一个操作表（Action Sheet）。在具体实现时，只需移除标题便可添加较少的样式（styling）更新，其对话框就成为一个操作表。操作表通常用来请求一个来自用户的响应。为了获得最佳的用户体验，建议为操作表使用"向下滑动"转换。为方便起见，当对话框关闭时，会自动应用相反的转换。例如，当关闭某动作表单时，将会应用"卷起"转换。

接下来通过一个具体实例的实现过程，详细讲解在 jQuery Mobile 页面中实现操作表效果的基本方法。

【范例 5-3】在 jQuery Mobile 页面中实现操作表效果（光盘 :\ 配套源码 \5\ biao1.html）

实例文件 biao1.html 的具体实现代码如下。

```
<!DOCTYPE html>
<html>
    <head>
        <meta charset="utf-8">
        <title>Action Sheet Example #1</title>
        <meta name="viewport" content="width=device-width, initial-scale=1">
<link rel="stylesheet" href="http://code.jquery.com/mobile/1.0/jquery.mobile-1.0.min.css" />
<script src="http://code.jquery.com/jquery-1.6.4.min.js"></script>
<script src="http://code.jquery.com/mobile/1.0/jquery.mobile-1.0.min.js"></script>
    </head>
<body>

<!-- First Page -->
<div data-role="page" id="home">
    <div data-role="header">
```

```
        <h1> 动作操作表 </h1>
    </div>

    <div data-role="content">
        <a href="#logout" data-transition="slidedown"> 离开页面 </a>
    </div>
</div>

<div data-role="dialog" id="logout">
    <div data-role="content"data-theme="b">
        <span class="title"> 你确定吗，亲 ?</span>

        <a href="#home" data-role="button" data-theme="b"> 非常确定 </a>
        <a href="#home" data-role="button" data-theme="c" data-rel="back"> 不离开了 </a>
    </div>
    <style>
        span.title { display:block; text-align:center; margin-top:10px; margin-bottom:20px; }
    </style>
</div>
</body>
</html>
```

【 范例分析 】

在上述实例代码中，通过使用属性 data–theme 简单地为所有的 jQuery Mobile 组件添加对比度和样式。在上述对话框示例中，可以设置背景和按钮的主题。当设计对话框按钮时，通常会为取消按钮和动作按钮的样式添加对比度。

【 运行结果 】

执行后的初始效果如图 5–5 所示。
单击"离开页面"链接后会弹出一个操作表效果的对话框，如图 5–6 所示。

图 5-5 初始执行效果

图 5-6 操作表效果的对话框

接下来通过一个具体实例的实现过程，详细讲解在 jQuery Mobile 页面中实现多选项操作表效果的基本方法。

【范例 5-4】在 jQuery Mobile 页面中实现多选项操作表效果（光盘 :\ 配套源码 \5\biao2.html）

本实例的功能是通过操作表为用户提供一系列可选择的选项。实例文件 biao2.html 的具体实现代码如下。

```html
<!DOCTYPE html>
<html>
    <head>
            <meta charset="utf-8">
            <title>Action Sheet Example #2</title>
            <meta name="viewport" content="width=device-width, initial-scale=1">
        <link rel="stylesheet" href="http://code.jquery.com/mobile/1.0/jquery.mobile-1.0.min.css" />
        <script src="http://code.jquery.com/jquery-1.6.4.min.js"></script>
        <script src="http://code.jquery.com/mobile/1.0/jquery.mobile-1.0.min.js"></script>
        </head>
<body>


<!-- First Page -->
<div data-role="page" id="home">
    <div data-role="header">
            <h1> 你要干么 </h1>
    </div>

    <div data-role="content">
            <a href="#logout" data-transition="slidedown"> 分享视频 </a>
    </div>
</div>


<div data-role="dialog" id="logout">
    <div data-role="content" data-theme="b">
            <span class="title"> 将视频分享到 ?</span>

            <a href="#home" data-role="button" data-theme="b"> 新浪微博 </a>
            <a href="#home" data-role="button" data-theme="b"> 腾讯微博 </a>
            <a href="#home" data-role="button" data-theme="b"> 搜狐微博 </a>
            <a href="#home" data-role="button" data-theme="d" data-rel="back"> 我的微信 </a>
    </div>
        <style>
```

```
        span.title { display:block; text-align:center; margin-top:10px; margin-bottom:20px; }
    </style>
  </div>
  </body>
  </html>
```

【运行结果】

上述代码执行后的初始效果如图 5-7 所示。单击"分享视频"链接后会弹出一个多选项的操作表，如图 5-8 所示。

图 5-7 初始执行效果 　　　　　　　　　　图 5-8 多选项的操作表

5.3.3 实现警告框

在移动网站中，通常使用警告框显示可以影响应用程序使用的重要信息。警告按钮要么是浅颜色，要么是深颜色。对于单按钮的警告来说，按钮总是浅颜色的。对于一个包含两个按钮的对话框来说，左边的按钮总是深颜色的，而右边的按钮总是浅颜色的。

在一个包含两个按钮的对话框中，如果提出了一个肯定的动作，而且用户很有可能会选择这个动作，则取消该动作的按钮应该位于右边，而且是浅颜色的。在通常情况下，执行有风险的动作的按钮是红色的。

接下来通过一个具体实例的实现过程，详细讲解在 jQuery Mobile 页面中实现警告框效果的基本方法。

【范例 5-5】在 jQuery Mobile 页面中实现警告框效果（ 光盘 :\ 配套源码 \5\jing. html ）

实例文件 jing.html 的具体实现代码如下。

```
<!DOCTYPE html>
<html>
    <head>
        <meta charset="utf-8">
        <title>Alert Example</title>
        <meta name="viewport" content="width=device-width, initial-scale=1">
        <link rel="stylesheet" href="http://code.jquery.com/mobile/1.0/jquery.mobile-1.0.min.css" />
```

```
    <style>
        .ui-header .ui-title, .ui-footer .ui-title { margin-right: 0 !important; margin-left: 0 !important; }
    </style>
    <script src="http://code.jquery.com/jquery-1.6.4.min.js"></script>
    <script src="http://code.jquery.com/mobile/1.0/jquery.mobile-1.0.min.js"></script>
    </head>
<body>

<!-- First Page -->
<div data-role="page" id="home">
    <div data-role="header">
        <h1> 演示警告框的用法 </h1>
    </div>

    <div data-role="content">
        <a href="#alert" data-transition="slidedown"> 警告框 </a>
    </div>
</div>

<!-- Second Page/Dialog -->
<div data-role="dialog" id="alert">
    <div data-role="header">
        <h1>Connection Required</h1>
    </div>

    <div data-role="content" data-theme="b">
        注意，有一个网络连接需要同步你的数据，允许吗？ <br>
        <br>
        <a href="#home" data-role="button" data-theme="c" data-rel="back"> 允许 </a>
    </div>
</div>
</body>
</html>
```

【运行结果】

上述代码执行后的初始效果如图 5-9 所示。单击"警告框"链接后会弹出一个警告框，效果如图 5-10 所示。

图 5-9　初始执行效果

图 5-10　警告框效果

5.3.4　关闭对话框

在 jQuery Mobile 页面中，在打开的对话框中可以使用自带的"×"关闭按钮关闭打开的对话框。另外，通过在对话框内添加其他链接按钮，将该链接的"data-rel"属性值设置为"back"，单击该链接也可以实现关闭对话框的功能。

接下来通过一个具体实例来讲解关闭已打开的对话框的方法。

【范例 5-6】关闭已打开的对话框（光盘 :\ 配套源码 \5\guan.html）

实例文件 guan.html 的具体实现流程如下。

（1）新建一个 HTML 页面，并添加一个 <a> 元素的链接，单击该链接时以对话框的形式弹出一个指定的页面。

（2）单击对话框中的"关闭"按钮，可以直接关闭当前打开的这个对话框。

（3）关闭页面是由文件 close 实现的。

实例文件 guan.html 的具体实现代码如下。

```
<!DOCTYPE html>
    <head>
    <meta charset="utf-8">
    <title>Page Template</title>
    <meta name="viewport" content="width=device-width, initial-scale=1">
    <link rel="stylesheet" href="http://code.jquery.com/mobile/1.0/jquery.mobile-1.0.min.css" />
    <script src="http://code.jquery.com/jquery-1.6.4.min.js"></script>
      <script src="http://code.jquery.com/jquery-1.6.4.js"></script>
    <script src="http://code.jquery.com/mobile/1.0/jquery.mobile-1.0.min.js"></script>

</head>
<body>
  <div data-role="page" id="e1">
<div data-role="header"><h1> 对话框 </h1></div>
<div data-role="content">
    <p>
```

```
        <a href="close.html"
            data-rel="dialog"
            data-transition="pop"> 关闭
        </a>
    </p>
</div>
<div data-role="footer"><h4> 页脚部分 </h4></div>
    </div>
</body>
</html>
```

在上述实例代码中，将链接元素的"data–rel"属性设置为"back"，单击该链接将关闭当前打开的对话框。这种方法在不支持 JavaScript 代码的浏览器中可以实现对应的功能。另外，编写 JavaScript 代码也可以实现关闭对话框的功能，例如下面的代码。

```
$('.ui-dialog').dialog('close');
```

实例文件 close.html 的具体实现代码如下。

```
<!DOCTYPE html>
<html>
<head>
    <title> 系统提示 </title>
    <meta name="viewport" content="width=device-width,
            initial-scale=1" />
</head>
<body>
    <div data-role="page">
<div data-role="header"><h1> 提示 </h1></div>
<div data-role="content">
    <p> 真的要关闭弹出的对话框吗？ </p>
<p>
    <a href="#"
        data-role="button"
        data-rel="back"
        data-theme="a"> 关闭
    </a>
    </p>
</div>
<div data-role="footer"><h4> 页脚部分 </h4></div>
```

```
        </div>
    </body>
    </html>
```

【运行结果】

本实例执行后的效果如图 5-11 所示。

单击"关闭"链接后会弹出一个对话框界面,如图 5-12 所示。单击"关闭"按钮会关闭当前的对话框界面。

图 5-11 执行效果   图 5-12 对话框界面效果

▌ 5.4 综合应用——实现竖屏和横屏自适应

 本节教学录像: 2 分钟

接下来通过一个具体实例的实现过程,详细讲解实现竖屏和横屏自适应效果的基本方法。

【范例 5-7】实现竖屏和横屏自适应效果（光盘 :\ 配套源码 \5\zishiyong.html）

实例文件 zishiyong.html 的具体实现代码如下。

```
<!DOCTYPE html>
<html>
    <head>
    <meta charset="utf-8">
    <title>Responsive Design Example</title>
    <meta name="viewport" content="width=device-width, initial-scale=1">
    <link rel="stylesheet" href="http://code.jquery.com/mobile/1.0/jquery.mobile-1.0.min.css" />
    <script src="http://code.jquery.com/jquery-1.6.4.min.js"></script>
    <script src="http://code.jquery.com/mobile/1.0/jquery.mobile-1.0.min.js"></script>
    </head>
    <body>
```

```
<div data-role="page">
    <div data-role="header">
        <h1> 会员注册 </h1>
    </div>

    <div data-role="content">
        <label for="username"> 用户名 :</label>
        <input type="text" name="username" id="username" value="" />

        <label for="password"> 密 码 :</label>
        <input type="password" name="password" id="password" value="" />
    </div>
</div>
</body>
</html>
```

【运行结果】

上述代码执行后的效果如图 5-13 所示。如果将设备纵向放置，则注册表单将自动旋转，实现自适应效果。

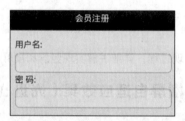

图 5-13　执行效果

 技 巧

使 jQuery Mobile 能够应用响应式设计的方法

在上述实例代码中，通过使用 min-max 宽度媒体特性，jQuery Mobile 能够应用响应式设计。例如，当浏览器支持的宽度大于 450 像素时，表单元素可以浮动在它们的标签旁边。CSS 支持文本输入的这种行为，如下所示。

```
label.ui-input-text{
display:block;
}
@media all and (min-width: 450px){
label.ui-input-text{display:inline-block;}
}
```

技 巧

读者可以找到一组数量有限的特定 Webkit 的媒体扩展。例如，如果要在具有高分辨率的 retina（视网膜）显示屏的新 iOS 设备上应用 CSS 增强，可以使用 webkit-min-device-piexel-ratio 媒体特性。

// WebKit 询问 iOS 高分辨率视网膜显示屏幕内容
and (-webkit-min-device-pixel-ratio: 2){
// 应用视网膜显示增强

}

另外，作为对 iOS 用户的一个额外奖励，jQuery Mobile 包含了一全套针对 retina 显示屏优化过的图标。这些图标能够自动应用到带有高分辨率显示屏的任何 iOS 设备上。
最前面作用范围比较广，对范围内所有的函数都起作用。

5.5　高手点拨

1．操作表如何针对当前任务为用户提供一系列选项

在现实应用中，通常使用操作表来收集用户发起的任务的确认信息。另外，操作表也可以针对当前的任务为用户提供一系列选项，具体说明如下。

❑ 一个操作表至少包含两个按钮，它可以让用户选择如何完成他们的任务。

❑ 包含一个取消按钮，以允许用户放弃任务。取消按钮位于操作表的底部，以促使用户在做出选择之前阅读了所有的选项。取消按钮的颜色应该与背景的颜色相同。

2．如何实现有媒体查询的响应式布局

要使用 jQuery Mobile 来创建响应式设计，建议使用 CSS3 Media Queries 5。例如，如果打算为一个特定设备的朝向增强布局，可以使用媒体查询来检测设备的朝向，然后根据需要应用自己的 CSS 修改。

@media (orientation:portrait){
　/* 在此使用纵向增强 */
　}
　@medla(orientation:landscape){
　/* 在此使用横屏方向的增强 */
　}

在某些情况下，jQuery Mobile 会为用户创建响应式设计。下面讲解 jQuery Mobile 的响应式设计如何良好地应用于竖屏（pomait）模式和横屏（landscape）模式中的表单字段。例如，在竖屏视图中，标签位于表单字段的上面。而当将设备横屏放置时，表单字段和标签并排显示。这种响应式设计可以基于设备可用的屏幕真实状态提供最实用的体验。jQuery Mobile 为用户提供了很多这样优秀的 UX（用户体验）原则。

▌ 5.6 实战练习

1. 验证在文本框中输入字符的长度

请创建 3 个表单，设置为 3 个 "number" 类型的 <input> 元素，分别用于输入日期中 "年""月""日" 的数字。同时，新建一个表单的 "提交" 按钮。单击该按钮时会检测这 3 个输入框中的数字是否属于各自设置的整数范围，如果不符合，则显示错误提示信息。

2. 通过滑动条设置颜色

请在页面中新建 3 个表单，分别为其创建 3 个 "range" 类型的 <input> 元素，分别用于设置颜色中的 "红色"（r）、"绿色"（g）、"蓝色"（b）。另外，新建一个 <p> 元素，用于展示滑动条改变时的颜色区。当用户任意拖动某个绑定颜色的滑动条时，对应的颜色区背景色都会随之发生变化，同时，颜色区下面显示对应的色彩值（rgb）。

第6章

本章教学录像：33 分钟

实现导航功能

　　导航是一个网页的门面，在整个网站中起着非常重要的作用。本章详细讲解在 jQuery Mobile 中实现页面导航的基础知识，为读者步入本书后面知识的学习打下基础。

本章要点（已掌握的在方框中打钩）

☐ 页眉栏

☐ 在页眉中使用按钮

☐ 实现分段导航功能

☐ 综合应用——打造一个影片展示器

6.1 页眉栏

 本节教学录像：8 分钟

页眉通常用于显示页面标题，还可以包含控件，以辅助用户在屏幕中进行导航或管理对象。页眉栏显示当前屏幕的标题。此外，也可以在上面添加用于导航的按钮，或者是添加用来管理页面中的项目的控件。尽管页眉是可选的，但是它通常用来提供活动页面的标题。头部栏是移动应用中工具栏的组成部分，用来说明该页面的主题内容。

6.1.1 页眉基础

在 jQuery Mobile 页面中，头部栏是 page 容器中的第一个元素，放置的位置十分重要。头部栏由页面标题和按钮（最多两个）组成，其中的按钮可以使用"后退"按钮，也可以添加表单元素中的按钮，并可以通过设置相关属性控制头部按钮的相对位置。

在移动网站设计应用中，使用属性 data-role="header" 来定义页眉，页眉是一个可选的组件。回退按钮不会在页眉中显示，除非用户显式地启用了它。可以使用属性 date-theme 来调整页眉的主题。如果没有为页眉设置主题，则它会继承页面组件的主题。默认的主题是黑色的 (black)(data-theme="a")。

在默认情况下，所有的页眉级别（H1 ~ H6）具有相同的风格，以维持视觉上的连贯性。通过添加 data-position="fixed" 属性，可以对页眉进行固定。

页眉的基本用途是显示活动页面的标题。在网站中使用页眉的最简单的形式如下。

```
<div data-role="header">
<h1>Header Title</h1>
</div>
```

6.1.2 页眉栏的基本结构

页眉栏（头部栏）由标题文字和左右两边的按钮构成。标题文字通常使用 <h> 标记，取值范围在 1~6 之间，常用 <h1> 标记，无论取值是多少，在同一个移动应用项目中都要保持一致。标题文字的左右两边可以分别放置一个或两个按钮，用于标题中的导航操作。

因为移动设备的浏览器分辨率不尽相同，如果尺寸过小，而头部栏的标题内容又很长，则 jQuery Mobile 会自动调整需要显示的标题内容，隐藏的内容以"…"的形式显示在头部栏中。

另外，头部栏默认的主题样式为"a"。如果要修改主题样式，只需要在头部栏标签中添加一个"data-theme"属性，并设置对应的主题样式值即可。

接下来通过一个具体实例来演示在移动应用中头部栏的基本结构。

【范例 6-1】演示在移动应用中头部栏的基本结构（光盘 :\ 配套源码 \6\jiegou.html）

实例文件 jiegou.html 的具体实现流程如下。

（1）新建一个 HTML5 页面，然后添加一个 page 容器。

（2）在 page 容器中添加一个"data-role"属性为"header"的 <div> 元素作为头部栏。

（3）在头部栏中添加一个 <h1> 元素作为标题，标题内容设置为文本"头部栏标题"。

实例文件 jiegou.html 的具体实现代码如下。

```html
<!DOCTYPE html>
    <head>
    <meta charset="utf-8">
    <title>Page Template</title>
    <meta name="viewport" content="width=device-width, initial-scale=1">
    <link rel="stylesheet" href="http://code.jquery.com/mobile/1.0/jquery.mobile-1.0.min.css" />
    <script src="http://code.jquery.com/jquery-1.6.4.min.js"></script>
    <script src="http://code.jquery.com/jquery-1.6.4.js"></script>
    <script src="http://code.jquery.com/mobile/1.0/jquery.mobile-1.0.min.js"></script>
</head>
<body>
 <div data-role="page">
  <div data-role="header">
    <h1> 头部栏标题 </h1>
</div>
    <div data-role="content">
 <p> 默认头部栏的特征 </p>
    </div>
    <div data-role="footer"><h4> 页脚部分 </h4></div>
    </div>
</body>
</html>
```

【运行结果】

执行后的效果如图 6-1 所示。

图 6-1　执行效果

6.1.3　实现页眉定位

在设计 jQuery Mobile 页面的过程中，可以通过如下 3 种样式来定位页眉。

（1）Default（默认）：默认的页眉会在屏幕的顶部边缘显示，而且在屏幕滚动时，页眉将会滑到可视范围之外。

```
<div data-role="header">
<h1>Default Header</h1>
</div>
```

（2）Fixed（固定）：固定的页眉总是位于屏幕的顶部边缘位置，而且总是保持可见。但是，在屏幕滚动期间，页眉是不可见的。当滚动结束之后，页眉才出现。通过添加 data-position="fixed" 属性，可以创建一个固定的页眉。

```
<div data-role="header" data-position="fixed">
<h1>Fixed Header</h1>
</div>
```

（3）Responsive（响应式）：当创建一个全屏页面时，页面中的内容会全屏显示，而页眉和页脚则基于触摸响应来出现或消失。对显示照片和播放视频来说，全屏模式相当有用。要创建一个全屏的页面，需要在页面容器中添加如下代码。

```
data-fullscreen="true"
```

然后在页眉和页脚元素中添加如下属性。

```
data-position="fixed"
```

接下来通过一个具体实例的实现过程，详细讲解实现页眉定位的方法。

【范例 6-2】通过页眉定位实现全屏显示（光盘 :\ 配套源码 \6\position-full. html）

实例文件 position-full.html 的具体实现代码如下。

```
<!DOCTYPE html>
<html>
    <head>
    <meta charset="utf-8">
    <title>Fullscreen Example</title>
    <meta name="viewport" content="width=device-width, maximum-scale=1">
    <link rel="stylesheet" href="http://code.jquery.com/mobile/1.0/jquery.mobile-1.0.min.css" />
    <style>
        .detailimage { width: 100%; text-align: center; margin-right: 0; margin-left: 0; }
        .detailimage img { width: 100%; }
    </style>
    <script src="http://code.jquery.com/jquery-1.6.4.min.js"></script>
    <script src="http://code.jquery.com/mobile/1.0/jquery.mobile-1.0.min.js"></script>
    </head>
    <body>
    <div data-role="page" data-fullscreen="true">
```

```
<div data-role="header" data-position="fixed">
    <h6>4/10</h6>
</div>

<div data-role="content">
    <div class="detailimage"><img src="images/123.jpg" /></div>
</div>

<div data-role="footer" data-position="fixed">
    <div data-role="navbar">
        <ul>
            <li><a href="#" data-icon="forward"></a></li>
            <li><a href="#" data-icon="arrow-l"></a></li>
            <li><a href="#" data-icon="arrow-r"></a></li>
            <li><a href="#" data-icon="delete"></a></li>
        </ul>
    </div>
</div>
</div>
</body>
</html>
```

【运行结果】

执行上述代码后将首先显示一个有页眉的效果，如图 6-2 所示。

图 6-2　有页眉的效果

在图 6-2 所示的效果中有一个用来显示照片的全屏页面，如果用户轻敲屏幕，则页眉和页脚将会出现和消失，这样便形成了一个全屏显示效果，如图 6-3 所示。

图 6-3　页眉消失后全屏显示

在本实例中有一个照片查看器，而且其页眉显示照片的计数信息，页脚显示一个工具栏以辅助导航、发送电子邮件或删除照片。

如何设置页面的背景颜色

怎样在不修改 jQuery Mobile 样式的情况下设置一个页面背景颜色？听起来很简单，其实需要花几分钟时间才能解决。通常情况下，需要在 body 元素中设置背景颜色。但是用 jQuery Mobile 框架，需要设置在 ui-page 类中。

注 意

```
.ui-page{
    background:#eee;
}
```

6.2　在页眉中使用按钮

 本节教学录像：13 分钟

在有些情况下，可能需要在页眉中添加控件，以辅助管理屏幕内容。例如，在编辑数据时，保存和取消按钮是经常会用到的两个控件。在头部栏中可以手动编写代码添加按钮标记，该标记通常设置为元素，其他按钮类型的标记也可以放置在头部栏中。由于头部栏空间的局限性，所添加按钮都是内联类型的，即按钮宽度只允许放置图标与文字这两个部分。

6.2.1　设置后退按钮的文字

头部栏中的按钮链接元素是头部栏的首个元素，默认位置是在标题的左侧。默认按钮个数只有一个。当在标题左侧添加两个链接按钮时，左侧链接按钮会按排列顺序保留第一个，第二个按钮会自动放置在标题的右侧。因此，在头部栏中放置链接按钮时，鉴于内容长度的限制，尽量在标题栏的左右两侧分别放置一个链接按钮。

本书前面曾经介绍过，通过给"page"容器元素添加"data-add-back-btn"属性的方式，可以在头部栏的左侧增加一个默认名为"back"的后退按钮。除此之外，也可以通过修改"page"容器元素的"data-back-btn-text"属性值的方式来设置后退按钮中显示的文字。

接下来通过一个具体实例来讲解设置后退按钮的文字的方法。

【范例 6-3】设置后退按钮的文字（光盘 :\ 配套源码 \6\houtui.html）

实例文件 houtui.html 的具体实现流程如下。

（1）新建一个 HTML5 页面，然后在里面添加 3 个 page 容器，其 Id 号分别为 e1、e2、e3，分别用于显示"首页""下一页""尾页"内容。

（2）设置当切换到"下一页"时，头部栏的"后退"按钮文字为默认值"back"；切换到"尾页"时，头部栏的"后退"按钮文字为"首页"。

实例文件 houtui.html 的具体实现代码如下。

```
<body>
  <div data-role="page" id="e1" data-add-back-btn="true">
    <div data-role="header">
       <h1> 这是后退按钮文字 </h1>
     </div>
  <div data-role="content">
   <p><a href="#e2"> 下一页 </a></p>
  </div>
  <div data-role="footer"><h4> 页脚元素 </h4></div>
   </div>
    <div data-role="page" id="e2" data-add-back-btn="true">
     <div data-role="header">
       <h1> 后退按钮文字 </h1>
     </div>
  <div data-role="content">
   <p><a href="#e3"> 尾页 </a></p>
  </div>
  <div data-role="footer"><h4> 页脚元素 </h4></div>
   </div>
    <div data-role="page" id="e3" data-add-back-btn="true"
       data-back-btn-text=" 首页 ">
     <div data-role="header">
       <h1> 后退按钮文字 </h1>
     </div>
  <div data-role="content">
   <p><a href="#e1"> 首页 </a></p>
  </div>
  <div data-role="footer"><h4> 页脚元素 </h4></div>
   </div>
</body>
```

【范例分析】

在上述实例代码中，首先将 page 容器元素的属性 data-add-back-btn 设置为 "true"，表示切换到该容器时，头部栏显示默认的 "back" 按钮。然后，在 page 容器元素中添加另一个 "data-back-btn-text" 属性，用来显示后退按钮上的文字内容，可以根据需要进行手动修改。

【运行结果】

本实例执行后的效果如图 6-4 所示。

单击 "下一页" 链接后的效果如图 6-5 所示。

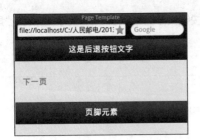

图 6-4　初始界面执行效果

图 6-5　第二个界面

单击 "尾页" 链接后的效果如图 6-6 所示。

图 6-6　尾页界面

6.2.2　手动添加按钮

在 jQuery Mobile 页面中，可以通过编写 JavaScript 代码来设置 "后退" 按钮中的文字，具体方法是在 HTML 页的 <head> 元素中加入如下代码。

```
$.mobile.page.prototype.options.backBtnText = "后退按钮文字";
```

上述代码是一个全局性的属性设置，因此在页面中所有添加 "data-add-back-btn" 属性的 "page" 容器，其头部栏中 "后退" 按钮的文字内容都为以上代码设置的值，即 "后退按钮文字"。如果需要修改，可以在页面中找到对应的 "page" 容器，添加 "data-back-btn-text" 属性进行独立设置。

隐藏 "后退" 按钮

如果浏览的当前页面并没有可以后退的页面，那么即使在页面的 "page" 容器中添加了 "data-add-back-btn" 属性，也不会出现 "后退" 按钮。

技巧

接下来通过一个具体实例来讲解在页眉中手动添加按钮的方法。

【范例 6-4】在页眉中手动添加按钮（光盘 :\ 配套源码 \6\shou.html）

实例文件 shou.html 的具体实现流程如下。

（1）新建一个 HTML5 页面，然后在里面分别添加两个"page"容器，设置 Id 号分别为"e1"、"e2"。

（2）在两个容器的头部栏中分别添加两个按钮，左侧为"上一张"，右侧为"下一张"。

（3）设置当单击第一个容器的"下一张"按钮时切换到第二个容器，当单击第二个容器的"上一张"按钮时返回第一个容器。

实例文件 shou.html 的具体实现代码如下。

```html
<body>
 <div data-role="page" id="e1">
   <div data-role="header" data-position="inline">
     <a href="#" data-icon="arrow-l"> 上一张 </a>
     <h1> 图片 </h1>
     <a href="#e2" data-icon="arrow-r"> 下一张 </a>
   </div>
<div data-role="content">
  <span class="img-spn">
<img src="1.jpg" />
</span>
</div>
<div data-role="footer"><h4> 页脚部分 </h4></div>
   </div>
   <div data-role="page" id="e2">
     <div data-role="header" data-position="inline">
       <a href="#e1" data-icon="arrow-l"> 上一张 </a>
       <h1> 图片 </h1>
       <a href="#" data-icon="arrow-r"> 下一张 </a>
     </div>
<div data-role="content">
  <span class="img-spn">
<img src="2.jpg" />
</span>
</div>
<div data-role="footer"><h4> 页脚元素 </h4></div>
   </div>
</body>
```

【范例分析】

在上述代码中，头部栏通过添加"inline"属性进行定位。如果使用了这种定位模式，则无须编写其他 JavaScript 或 CSS 代码，便可确保头部栏在更多的移动浏览器中显示。

【运行结果】

本实例执行后的效果如图 6-7 所示。

单击"下一张"按钮后的效果如图 6-8 所示。

图 6-7　执行效果　　　　　图 6-8　单击"下一张"按钮后的效果

6.2.3　既有文本又有图标的按钮

接下来通过一个具体实例的实现过程，详细讲解在页眉中实现既有文本又有图标的按钮效果的方法。

【范例 6-5】在页眉中实现既有文本又有图标的按钮效果（光盘 :\ 配套源码 \6\ buttons.html）

实例文件 buttons.html 的具体实现代码如下。

```html
<!DOCTYPE html>
<html>
    <head>
    <meta charset="utf-8">
    <title>Header Example</title>
    <meta name="viewport" content="width=device-width, initial-scale=1">
    <link rel="stylesheet" href="http://code.jquery.com/mobile/1.0/jquery.mobile-1.0.min.css" />
    <script src="http://code.jquery.com/jquery-1.6.4.min.js"></script>
    <script src="http://code.jquery.com/mobile/1.0/jquery.mobile-1.0.min.js"></script>
</head>
<body>
<div data-role="page" data-theme="b">
    <div data-role="header" data-position="inline">
        <a href="#" data-icon="delete"> 取消 </a>
        <h1> 发布评论 </h1>
        <a href="#" data-icon="check"> 完成 </a>
    </div>

    <div data-role="content">
        <fieldset data-role="controlgroup" data-theme="c">
            <legend> 评分 :</legend>
            <input type="radio" name="radio-choice-1" id="radio-choice-1" value="choice-1" data-theme="c"/>
            <label for="radio-choice-1"> 我去看看 </label>
```

```
            <input type="radio" name="radio-choice-1" id="radio-choice-2" value="choice-2" data-theme="c" />
            <label for="radio-choice-2"> 不好看，不看了 </label><br>

            <label for="comments"> 内容 :</label>
            <textarea cols="40" rows="8" name="comments" id="comments" data-theme="d"></textarea>
        </fieldset>
    </div>
</div>
</body>
</html>
```

【运行结果】

上述实例代码执行后的效果如图 6-9 所示。

【范例分析】

在图 6-9 所示的执行效果中，页眉中带有一个"取消"按钮和一个"完成"按钮，用来辅助管理评论的信息。在上述实例代码中，按钮被设计为一个普通的链接。可以通过属性 data-icon 为每一个按钮附加一个图标。在页眉内部，按钮依据它们的语义顺序进行摆放。例如，第一个按钮是左对齐的，第二个按钮是右对齐的。如果页眉只包含一个按钮，可以通过将属性 class="ui-btn-right" 添加到按钮的标记中的方法来右对齐按钮。

图 6-9　执行效果

6.2.4　只有图标的按钮

jQuery Mobile 包含多个标准图标，可以用它们来创建只带有图标的按钮。例如，"info"图标通常与"翻转（flip）"转换一起使用，来显示配置选项或更多的信息。标准图标在使用时只占用很小的屏幕空间，而且它们的含义在所有的设备上都是相对一致的。假如想要添加一个条目到现有的一个列表中，可以选择一个"plus"图标。用户通过该图标可以添加一个条目到列表中。

接下来通过一个具体实例的实现过程，详细讲解在页眉中实现只有图标的按钮效果的方法。

【范例 6-6】在页眉中实现只有图标的按钮效果（光盘 :\ 配套源码 \6\icons.html）

本实例中显示了一个电视剧评论列表，用户可以轻敲"➕"图标来创建新的评论。为了创建一个只带有图标的按钮，需要添加两个专用的属性。实例文件 icons.html 的具体实现代码如下。

```
<!DOCTYPE html>
<html>
    <head>
    <meta charset="utf-8">
    <title>Header Example</title>
    <meta name="viewport" content="width=device-width, initial-scale=1">
```

```
        <link rel="stylesheet" href="http://code.jquery.com/mobile/1.0/jquery.mobile-1.0.min.css" />
        <style>
                .ui-li-heading { overflow: visible; }
                .ui-li-thumb { top: 1em; }
                .ui-li-rating { font-size: 32px; }
        </style>
        <script src="http://code.jquery.com/jquery-1.6.4.min.js"></script>
        <script src="http://code.jquery.com/mobile/1.0/jquery.mobile-1.0.min.js"></script>
</head>
<body>

<div data-role="page" data-theme="b">
    <div data-role="header">
        <h1> 评论信息 </h1>
        <a href="#" data-icon="plus" data-iconpos="notext" class="ui-btn-right"></a>
    </div>

    <div data-role="content">
        <ul data-role="listview" data-inset="true" data-theme="e">
            <li data-role="list-divider"> 调查报告 </li>
            <li>
                <img src="images/456.jpg">
                <h3> 葫芦兄弟 </h3>
                <p><span class="ui-li-rating">90%</span><strong> 喜欢看 !</strong></p>
                <p> 用户评价：<em>1,888,888,8</em></p>
            </li>
        </ul>

        <ul data-role="listview" data-inset="true" data-theme="d">
            <li data-role="list-divider"> 用户评论列表 </li>
            <li>
              <a href="#">
                    <img src="images/user.png" class="ui-li-icon">
                    <p><strong> 去看看 !</strong></p>
                    <p> 非常精彩，非常精彩，非常精彩，非常精彩，非常精彩，非常精彩，非常精彩，非
常精彩，非常精彩 .</p>
                </a>
            </li>
            <li>
              <a href="#">
                    <img src="images/user.png" class="ui-li-icon">
                    <p><strong> 去看看 !</strong></p>
                    <p> 非常精彩 ,</p>
                </a>
            </li>
```

```
            <li>
             <a href="#">
                <img src="images/user.png" class="ui-li-icon">
                <p><strong> 去看看 !</strong></p>
                <p> 非常精彩 , 非常精彩 , 非常精彩 .</p>
              </a>
            </li>
            <li>
               <p><a href="#"> 显示更多的评论 ...</a></p>
               <p>120 页共 1188 条评论 </p>
            </li>
          </ul>
        </div>
     </div>
    </body>
    </html>
```

【运行结果】

上述实例代码执行后的效果如图 6-10 所示。

图 6-10 执行效果

6.2.5 设定按钮位置

在 jQuery Mobile 页面的头部栏中，如果只放置一个链接按钮，无论放置在标题的左侧还是右侧，都会最终显示在标题的左侧。如果想改变放置的位置，需要添加新的类别属性 "ui-btn-left" 和 "ui-btn-right"，其中前者表示按钮居标题左侧（默认值），后者表示居右侧。

接下来通过一个具体实例来讲解设定按钮位置的方法。

【范例 6-7】设定按钮位置（光盘 :\ 配套源码 \6\weizhi.html）

实例文件 weizhi.html 的具体实现流程如下。

（1）为头部栏中的"上一张""下一张"两个按钮位置进行设定。

（2）设置在第一个page容器中只显示"下一张"按钮，当切换到第二个page容器中时，只显示"上一张"按钮。

实例文件 weizhi.html 的具体实现代码如下。

```
<body>
  <div data-role="page" id="e1">
    <div data-role="header" data-position="inline">
        <h1> 图片 </h1>
        <a href="#e2" data-icon="arrow-r" class="ui-btn-right">
下一张
</a>
    </div>
<div data-role="content">
  <span class="img-spn">
<img src="1.jpg" /></span>
</div>
<div data-role="footer"><h4> 页脚部分 </h4></div>
    </div>

    <div data-role="page" id="e2">
      <div data-role="header" data-position="inline">
        <a href="#e1" data-add-back-btn="false"
            data-icon="arrow-l" class="ui-btn-left"> 上一张 </a>
        <h1> 图片 </h1>
      </div>
<div data-role="content">
  <span class="img-spn">
<img src="2.jpg" /></span>
</div>
<div data-role="footer"><h4> 页脚部分 </h4></div>
    </div>
    </body>
```

【范例分析】

在上述实例代码中，在头部栏中对需要定位的链接按钮添加"ui-btn-left"和"ui-btn-right"两个类别属性，分别用于设置头部栏中标题两侧的按钮位置。该类别属性在只有一个按钮并且想放置在标题右侧时非常有用。在大多数情况下，需要将该链接按钮的"data-add-back-btn"属性值设置为"false"，以确保在"page"容器切换时不会出现"后退"按钮，影响标题左侧按钮的显示效果。

【运行结果】

本实例执行后的效果如图 6-11 所示。

单击"下一张"按钮后的执行效果如图 6-12 所示。

图 6-11　执行效果

图 6-12　单击"下一张"按钮后的执行效果

6.2.6　实现回退按钮效果

在移动设备应用中，经常使用回退（Back）按钮返回上一步的操作中。jQuery Mobile 可以在全局自动启用或禁用这个回退按钮，并且可以逐页面添加或移除这个按钮。

1．在页眉中添加回退按钮

在 jQuery Mobile 中，回退按钮在默认情况下是禁用的。如果想要让回退按钮出现在页眉内，可以通过如下两种方式来进行添加。

（1）通过在页面容器中添加 data-auto-back-btn="true" 属性，可以为某个特定页面添加回退按钮。

（2）在绑定 mobileinit 选项时，通过将 addBackBtn 选项设置为 true，可以在全局启用回退按钮。在设置该选项之后，如果有页面存在于历史访问记录中，回退按钮会自动显现。在后台，回退按钮只是执行 window.history.back() 方法。具体代码如下。

```
<!-- 显示按钮和重写默认的返回按钮的文本 -->
<div data~role="page" data-add-back-btn="true" data-back-btn-text="Previous">
// 全局启用后退按钮，设置默认的返回按钮的文本，并重新设置按钮的主题
    $(document).bind('mobileinit',function(){
     $.mobile.page.prototype.options.addBackBtn=true;
      $.mobile.page.prototype.options.backBtnText="Previous";
      $.mobile.page.prototype.options.backBtnTheme="b";
      });
```

另外，也可以重写回退按钮的默认文本和主题。例如，通常会使用上一个页面的标题来标记 (label) 回退按钮，属性 data-back-btn-text 就经常这样被使用。

将回退按钮从特定页面的页眉中移除
　　如果在全局启用了回退按钮，可以通过在页面页眉中添加 data-add-back-btn="false" 属性，禁用特定页面上的回退按钮。这会将回退按钮从特定页面的页眉中移除。

　　　<div data-role="header" data-add-back-btn="false">

接下来通过一个具体实例的实现过程，详细讲解在页眉中实现回退按钮效果的方法。

【范例 6-8】在页眉中实现回退按钮效果（光盘 :\ 配套源码 \6\back.html）

实例文件 back.html 的具体实现代码如下。

```
<!DOCTYPE html>
<html>
    <head>
    <meta charset="utf-8">
    <title>Contact</title>
    <meta name="viewport" content="width=device-width, initial-scale=1">
    <link rel="stylesheet" href="http://code.jquery.com/mobile/1.0/jquery.mobile-1.0.min.css" />
    <script src="http://code.jquery.com/jquery-1.6.4.min.js"></script>
    <script src="http://code.jquery.com/mobile/1.0/jquery.mobile-1.0.min.js"></script>
</head>
<body>
<div data-role="page" id="home">
    <div data-role="header">
        <h1> 返回演示 </h1>
    </div>
    <div data-role="content">
        <a href="#back"> 点击观看详情 </a>
    </div>
</div>
<div data-role="page" data-add-back-btn="true" id="back">
    <div data-role="header">
        <h1> 联系我们 </h1>
    </div>
    <div data-role="content">
        <ul data-role="listview" data-inset="true">
            <li data-role="list-divider"> 联系方式 </li>
            <li><a href="#"><img src="images/75-phone.png" alt="Call" class="ui-li-icon"> 电话 </a></li>
            <li><a href="#"><img src="images/18-envelope.png" alt="Email" class="ui-li-icon"> 邮箱 </a></li>
            <li><a href="#"><img src="images/09-chat-2.png" alt="SMS" class="ui-li-icon"> 短信 </a></li>
            <li><a href="#"><img src="images/103-map.png" alt="Directions" class="ui-li-icon"> 其他 </a></li>
        </ul>
    </div>
</div>
</body>
</html>
```

【运行结果】

本实例执行后将首先显示一个链接主页，如图 6-13 所示。单击"点击观看详情"链接后会弹出一个新界面，其中显示一个回退按钮，如图 6-14 所示。触摸回退按钮 ‹ Back 后会返回图 6-13 所示的链接界面。

图 6-13　链接主页

图 6-14　页眉中有回退按钮

2.　在页眉中添加回退链接

如果希望创建一个行为与回退按钮相类似的按钮，则可以为任何锚元素添加 data_rel="back" 属性。具体代码如下。

```
<a href="home.html" data-rel="back" data-role="button"> 返回 </a>
```

通过使用 data-rel="back" 属性，链接将会模拟回退按钮，返回一个历史条目 (window.history.back())，并忽略链接的默认 href 值。对于 C 级浏览器或不支持 JavaScript 的浏览器来说，它们会忽略 data-rel，而且将属性 href 作为一个备用。

6.3　实现分段导航功能

 本节教学录像: 11 分钟

除了在页眉中使用按钮之外，还可以使用分段控件实现页眉或页脚的分段导航功能。本节详细讲解实现页眉、页脚分段导航功能的方法，为读者步入本书后面知识的学习打下基础。

6.3.1　使用分段控件

在 jQuery Mobile 页面中，分段控件是一组内联 (inline) 的控件，其中每一个控件可以显示一个不同的视图。在具体使用时，建议将分段控件放置在主页眉内。如果将页眉作为一个固定控件来放置，则这种放置方式可以让分段控件与主页眉无缝集成。通过添加少量的样式更新方式，可以实现一个允许用户以不同视图来快速查看数据的分段控件效果。

1.　导航栏的基本结构

在 jQuery Mobile 页面中，导航栏是一个被 <div> 元素包裹的容器，经常被放置在页面的头部或尾部。在容器内，如果需要设置某个子类导航按钮为选中状态，只需在按钮的元素中添加一个 "ui-btn-active" 类别属性即可。

接下来通过一个具体实例来讲解为页脚设置导航栏的方法。

【范例 6-9】为页脚设置导航栏（光盘 :\ 配套源码 \6\jiaodaohang.html）

实例文件 jiaodaohang.html 的具体实现流程如下。

（1）新建一个 HTML5 页面，然后为页脚部分添加一个导航栏。

（2）在页面中创建 3 个子类导航按钮，分别在按钮上显示"北京""上海""广州"字样，并将第一个按钮设置为选中状态。

实例文件 jiaodaohang.html 的具体实现代码如下。

```
<body>
  <div data-role="page">
    <div data-role="header"><h1> 头部栏标题 </h1></div>
<div data-role="content">
    <p> 添加尾部导航栏 </p>
</div>
<div data-role="footer">
    <div data-role="navbar">
      <ul>
        <li><a href="a.html" class="ui-btn-active"> 北京 </a></li>
        <li><a href="b.html"> 上海 </a></li>
        <li><a href="b.html"> 广州 </a></li>
      </ul>
    </div>
</div>
  </div>
</body>
```

【范例分析】

在上述实例代码中，将一个简单的导航栏容器通过嵌套的方式放置在底部容器中，形成底部导航栏的页面效果。在导航栏的内部容器中，每个子类导航按钮的宽度都是一致的，因此，每增加一个子类按钮，都会将原先按钮的宽度按照等比例的方式进行均分。也就是说，如果原来有 2 个按钮，它们的宽度各为浏览器宽度的 1/2；再增加 1 个按钮时，原先的 2 个按钮宽度又变成 1/3，以此类推。当导航栏窗口中子类按钮的数量超过 5 个时，将自动从 2 列多行的形式展示。

【运行结果】

本实例执行后的效果如图 6-15 所示。

2. 设置头部导航栏

在 jQuery Mobile 页面中，除了将导航栏放置在底部外，还可以将它放置在头部以形成头部导航栏。在该导航栏中，也可以保留头部栏中的标题与按钮，只需要将导航栏容器以嵌套的方式放置在头部即可。

接下来通过一个具体实例来讲解为页眉设置导航栏的方法。

【范例 6-10】为页眉设置导航栏（光盘 :\ 配套源码 \6\meidaohang.html）

实例文件 meidaohang.html 的具体实现流程如下。

（1）新建一个 HTML5 页面，然后在里面添加两个 page 容器，设置 Id 号分别为 e1 和 e2。

（2）分别在容器中为页面头部添加一个导航栏。

（3）当单击第一个导航栏中"音乐"按钮后，设置页面切换至第二个"page"容器中，并将导航栏中"音乐"按钮的状态设置为选中样式。

实例文件 meidaohang.html 的具体实现代码如下。

```
<body>
  <div data-role="page" id="e1">
    <div data-role="header">
      <h1> 图书频道 </h1>
        <div data-role="navbar">
          <ul>
            <li><a href="#" class="ui-btn-active"> 图书 </a></li>
            <li><a href="#e2"> 音乐 </a></li>
            <li><a href="#"> 影视 </a></li>
          </ul>
        </div>
    </div>
<div data-role="content">
 <p> 这是图书页面 </p>
</div>
<div data-role="footer"><h4> 页脚部分 </h4></div>
  </div>
    <div data-role="page" id="e2">
      <div data-role="header">
        <h1> 音乐频道 </h1>
          <div data-role="navbar">
      <ul>
        <li><a href="#e1"> 图书 </a></li>
          <li><a href="#" class="ui-btn-active"> 音乐 </a></li>
          <li><a href="#"> 影视 </a></li>
          </ul>
        </div>
      </div>
<div data-role="content">
 <p> 这是音乐页面 </p>
</div>
<div data-role="footer"><h4> 也叫部分 </h4></div>
  </div>
</body>
```

【范例分析】

在上述实例代码中，通过 page 容器间嵌套的方式在头部栏中添加导航栏样式。在实际开发过程中，经常需要在头部栏中只嵌套导航栏，而不显示标题内容和左右两侧的按钮。特别是在导航栏中选项按钮添加图标时，设置只显示页面头部栏中的导航栏。

【运行结果】

本实例执行后的效果如图 6-16 所示。

图 6-15　执行效果

图 6-16　执行效果

技巧

在页眉中使用分段控件

jQuery Mobile 为导航栏提供了专门的组件，在具体使用时，只需要将 <div> 标签的 data-role 属性值设置为 "navbar" 即可产生一个导航栏容器。在这个导航栏容器中，通过 <ul> 元素设置导航栏的各子类导航按钮，每一行最多可以放置 5 个按钮，超出个数的按钮自动显示在下一行；另外，导航栏中的按钮可以引用系统的图标，也可以自定义图标。

6.3.2　设置导航栏的图标

在 jQuery Mobile 页面的导航栏中，各个子类导航链接按钮是通过 <a> 元素来实现的。如果想要给导航栏中的子类链接按钮添加图标，只需要在对应的 <a> 元素中增加一个 "data-icon" 属性，并在 jQuery Mobile 自带的系统图标集合中选择一个图标名作为该属性的值，如 "info" 表示显示 " ➕ " 图标，图标的默认位置在按钮链接文字的上面。更多的图标名称对应的图标样式如表 6-1 所示。

表 6-1　"data-icon" 属性对应的图标信息

arrow-l		
arrow-r		
arrow-u		
arrow-d		
delete		
plus		
minus		
check		
gear		
refresh		
forward		
back		
grid		
star		
alert		
info		
home		
search		

接下来通过一个具体实例来讲解分别给导航栏的链接按钮添加图标的方法。

【范例 6-11】分别给导航栏的链接按钮添加图标（光盘 :\ 配套源码 \6\tubiao.html）

实例文件 tubiao.html 的具体实现代码如下。

```
<body>
  <div data-role="page" id="e1">
    <div data-role="header">
      <div data-role="navbar">
        <ul>
          <li><a href="#" data-icon="info"
                 class="ui-btn-active"> 图书 </a>
          </li>
          <li><a href="#e2" data-icon="alert"> 音乐 </a></li>
          <li><a href="#" data-icon="gear"> 影视 </a></li>
        </ul>
      </div>
    </div>
    <div data-role="content">
      <p> 这是图书页面 </p>
    </div>
    <div data-role="footer"><h4> 页脚部分 </h4></div>
  </div>
  <div data-role="page" id="e2">
    <div data-role="header">
      <div data-role="navbar">
        <ul>
          <li><a href="#e1" data-icon="info"> 图书 </a></li>
          <li><a href="#" data-icon="alert"
          class="ui-btn-active"> 音乐 </a>
          </li>
          <li><a href="#" data-icon="gear"> 影视 </a></li>
        </ul>
      </div>
    </div>
    <div data-role="content">
      <p> 这是音乐页面 </p>
    </div>
    <div data-role="footer"><h4> 页脚部分 </h4></div>
  </div>
</body>
```

【范例分析】

在上述实例代码中，首先给链接按钮元素添加了"data-icon"属性，然后选择一个图标名，导航链接按钮上便添加了对应的图标。此外，还可以手动控制图标在链接按钮中的位置和自定义按钮图标。

【运行结果】

执行后的效果如图 6-17 所示。

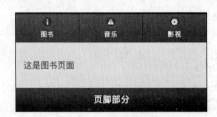

图 6-17　执行效果

6.3.3　设置导航栏图标的位置

在 jQuery Mobile 页面中，导航栏中的图标默认放置在按钮内容文字的上面。如果需要调整图标的位置，只需要在该导航栏容器元素中添加另外一个属性 data-iconpos。属性 data-iconpos 用于控制整个导航栏容器中图标的位置，默认值为"top"，表示图标在按钮文字的上面。此外，还可以选择 left、right、bottom 分别表示图标在文字的左边、右边和下面。

接下来通过一个具体实例来讲解设置导航栏图标的位置的方法。

【范例 6-12】设置导航栏图标的位置（光盘 :\ 配套源码 \6\daoweizhi.html）

实例文件 daoweizhi.html 的功能是在新建的 HTML 页面中，向头部栏添加 3 个导航栏，并分别将导航栏中按钮的图标位置设置为 left、right 和 bottom。实例文件 daoweizhi.html 的具体实现代码如下。

```
<body>
  <div data-role="page" id="e1">
    <div data-role="header">
      <div data-role="navbar" data-iconpos="left">
        <ul>
          <li><a href="#" data-icon="info"
              class="ui-btn-active"> 图书 </a>
          </li>
          <li><a href="#e2" data-icon="alert"> 音乐 </a></li>
          <li><a href="#" data-icon="gear"> 影视 </a></li>
        </ul>
      </div>
      <div data-role="navbar" data-iconpos="right">
        <ul>
          <li><a href="#" data-icon="info"
              class="ui-btn-active"> 图书 </a>
          </li>
          <li><a href="#e2" data-icon="alert"> 音乐 </a></li>
          <li><a href="#" data-icon="gear"> 影视 </a></li>
        </ul>
```

```
    </div>
    <div data-role="navbar" data-iconpos="bottom">
      <ul>
        <li><a href="#" data-icon="info"
            class="ui-btn-active"> 图书 </a>
        </li>
        <li><a href="#e2" data-icon="alert"> 音乐 </a></li>
        <li><a href="#" data-icon="gear"> 影视 </a></li>
      </ul>
    </div>
  </div>
<div data-role="content">
  <p> 展示导航栏中图标的不同位置 </p>
</div>
<div data-role="footer"><h4> 页脚部分 </h4></div>
    </div>
</body>
```

【范例分析】

在上述实例代码中，通过在导航栏容器中增加"data-iconpos"属性的方式，改变导航栏按钮图标的位置。但是属性 data-iconpos 针对的是整个导航栏容器，而不是导航栏内某个导航链接按钮图标的位置。所以属性 data-iconpos 是一个全局性的属性，针对的是整个导航栏内全部的链接按钮。

【运行结果】

本实例执行后的效果如图 6-18 所示。

图 6-18　执行效果

6.3.4　自定义导航栏的图标

在 jQuery Mobile 页面中，开发人员可以根据自己的喜好自定义图标，具体实现的方法如下。

（1）创建一个额外的 CSS 样式文件。

（2）在样式文件中添加链接按钮的图标地址与显示位置。

接下来通过一个具体实例来讲解给导航栏链接按钮自定义图标的方法。

【范例 6-13】给导航栏链接按钮自定义图标（光盘 :\ 配套源码 \6\zidingyidao.html）

实例文件 zidingyidao.html 的具体实现代码如下。

```
<!DOCTYPE html>
    <head>
    <meta charset="utf-8">
    <title>Page Template</title>
```

```
    <meta name="viewport" content="width=device-width, initial-scale=1">
    <link rel="stylesheet" href="http://code.jquery.com/mobile/1.0/jquery.mobile-1.0.min.css" />
     <link href="css.css" rel="Stylesheet" type="text/css" />
    <script src="http://code.jquery.com/jquery-1.6.4.min.js"></script>
     <script src="http://code.jquery.com/jquery-1.6.4.js"></script>
     <script src="http://code.jquery.com/mobile/1.0/jquery.mobile-1.0.min.js"></script>
</head>
<body>
 <div data-role="page" id="e1">
    <div data-role="header" class="nav-3-9">
    <div data-role="navbar" class="nav-3-9">
     <ul>
       <li><a href="#" data-icon="custom"
            class="ui-btn-active books"> 图书 </a>
       </li>
       <li><a href="#e2" data-icon="custom"
            class="music"> 音乐 </a>
       </li>
       <li><a href="#" data-icon="custom"
            class="movie" > 影视 </a>
       </li>
        </ul>
     </div>
   </div>
<div data-role="content">
  <p> 这是图书页面 </p>
</div>
   <div data-role="footer"><h4> 页脚部分 </h4></div>
 </div>
   <div data-role="page" id="e2">
     <div data-role="header" class="nav-3-9">
      <div data-role="navbar" class="nav-3-9">
       <ul>
         <li><a href="#e1" data-icon="custom"
              class="books" > 图书 </a>
         </li>
         <li><a href="#" data-icon="custom"
              class="ui-btn-active music"> 音乐 </a>
         </li>
         <li><a href="#" data-icon="custom"
              class="movie" > 影视 </a>
          </li>
        </ul>
      </div>
   </div>
```

```
      </div>
    <div data-role="content">
    <p> 这是音乐页面 </p>
 </div>
 <div data-role="footer"><h4> 页脚部分 </h4></div>
   </div>
 </body>
 </html>
```

通过上述代码，在导航栏中引用新建的"books"类别，并将"data–icon"属性值设置为"custom"。样式文件 css.css 的具体实现代码如下。

```
.nav-3-9 .ui-btn .ui-btn-inner
{
    padding-top: 40px !important;
}
.nav-3-9 .ui-btn .ui-icon
{
 width: 30px!important;
 height: 30px!important;
 margin-left: -15px !important;
 box-shadow: none!important;
 -moz-box-shadow: none!important;
 -webkit-box-shadow: none!important;
 -webkit-border-radius: 0 !important;
 border-radius: 0 !important;
}
.books .ui-icon
{
    background:  url(icons/01.png) 50% 50% no-repeat;
    background-size: 18px 26px;
}
.music .ui-icon
{
    background:  url(icons/02.png) 50% 50% no-repeat;
    background-size: 15px 24px;
}
.movie .ui-icon
{
    background:  url(icons/03.png) 50% 50% no-repeat;
    background-size: 19px 25px;
}
```

【范例分析】

通过上述代码新建了一个 CSS 样式文件，在该文件中设置某个链接按钮的自定义图标地址与显示位置。在上述代码中新建了一个 books 类别，在该类别下编写 ui-icon 类别的内容。ui-icon 类别有两行代码，其中第一行通过 "background" 设置自定义图标的地址和显示方式，第二行通过 "background-size" 设置自定义图标显示的长度与宽度。

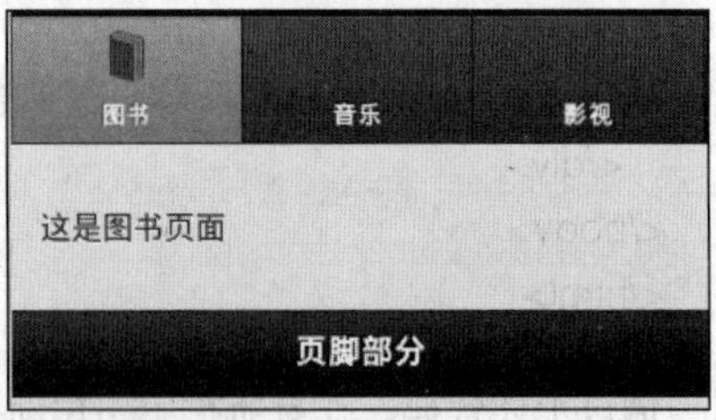

【运行结果】

本实例执行后的效果如图 6-19 所示。

图 6-19　执行效果

6.3.5　截断标题

另外，在现实应用中，如果页眉或页脚的标题过长，则 jQuery Mobile 会进行截断处理。当文本太长时，jQuery Mobile 会截断文本，并在文本的末尾添加一个省略号。如果遇到这种情况，并且希望显示完整的文本，则可以调整 CSS 选择器的方式来修复这个问题。

接下来通过一个具体实例的实现过程，详细讲解使用 CSS 选择器修复被截断文本的方法。

【范例 6-14】在 Android 修复被截断的文本　　（光盘 :\ 配套源码 \6\fixed.html）

实例文件 fixed.html 的具体实现代码如下。

```
<!DOCTYPE html>
<html>
    <head>
    <meta charset="utf-8">
    <title> 截断修复 </title>
    <meta name="viewport" content="width=device-width, initial-scale=1">
    <link rel="stylesheet" href="http://code.jquery.com/mobile/1.0/jquery.mobile-1.0.min.css" />
    <script src="http://code.jquery.com/jquery-1.6.4.min.js"></script>
    <style>
        .ui-header .ui-title, .ui-footer .ui-title { margin-right: 0 !important; margin-left: 0 !important; }
    </style>
    <script src="http://code.jquery.com/mobile/1.0/jquery.mobile-1.0.min.js"></script>
    </head>
    <body>

<div data-role="page" id="home" data-title="Welcome">
    <div data-role="header">
      <h1> 显示一个很长的头 </h1>
    </div>

    <div data-role="content">
```

将截断的头 :

<em>.ui-header .ui-title, .ui-footer .ui-title{

   <strong>   margin-right: 0 !important;

    margin-left: 0 !important; </strong></em>

   }

   </div>

 </div>

 </body>

 </html>

【运行结果】

上述实例代码执行后的效果如图 6-20 所示。

图 6-20　执行效果

■ 6.4　综合应用——打造一个影片展示器

🎞 本节教学录像：1 分钟

接下来通过一个具体实例的实现过程，详细讲解使用分段控件打造一个影片展示器的方法。

【范例 6-15】在页眉中使用分段控件（光盘 :\ 配套源码 \6\fenduan.html）

实例文件 fenduan.html 的具体实现代码如下。

```
<!DOCTYPE html>
<html>
    <head>
    <meta charset="utf-8">
    <title>Segmented Control Example</title>
    <meta name="viewport" content="width=device-width, initial-scale=1">
    <link rel="stylesheet" href="http://code.jquery.com/mobile/1.0/jquery.mobile-1.0.min.css" />
    <style>
        .segmented-control { text-align:center;}
        .segmented-control .ui-controlgroup { margin: 0.2em; }
```

```
        .ui-control-active, .ui-control-inactive { border-style: solid; border-color: gray; }
        .ui-control-active { background: #BBB; }
        .ui-control-inactive { background: #DDD; }
    </style>
    <script src="http://code.jquery.com/jquery-1.6.4.min.js"></script>
    <script src="http://code.jquery.com/mobile/1.0/jquery.mobile-1.0.min.js"></script>
</head>
<body>

<div data-role="page">
    <div data-role="header" data-position="fixed">
        <h1> 精彩影视 </h1>
        <div class="segmented-control ui-bar-d">
            <div data-role="controlgroup" data-type="horizontal">
                <a href="#" data-role="button" class="ui-control-active"> 剧院模式 </a>
                <a href="#" data-role="button" class="ui-control-inactive"> 马上回来 </a>
                <a href="#" data-role="button" class="ui-control-inactive"> 最受欢迎的 </a>
            </div>
        </div>
    </div>

    <div data-role="content">
        <ul data-role="listview">
            <li>
            <a href="#">
                <img src="images/111.jpg" />
                <h3> 变形金刚 </h3>
                <p> 评论 : PG</p>
                <p> 时长 : 95 min.</p>
            </a>
            </li>
            <li>
            <a href="#">
                <img src="images/222.jpg" />
                <h3>X 战警 </h3>
                <p> 评论 : PG-13</p>
                <p> 时长 : 137 min.</p>
            </a>
            </li>
            <li>
            <a href="#">
```

```
            <img src="images/333.jpg" />
        <h3> 雷雨 </h3>
            <p> 评论 PG-13</p>
            <p> 时长 : 131 min.</p>
        </a>
    </li>
    <li>
     <a href="#">
            <img src="images/444.jpg" />
        <h3> 小李飞刀 </h3>
            <p> 评论 : PG</p>
            <p> 时长 : 95 min.</p>
        </a>
    </li>
        </ul>
    </div>
</div>

</body>
</html>
```

【运行结果】

本实例的执行效果如图 6-21 所示。

图 6-21　执行效果

在上述实例代码中，分段控件可以按照特定的分类来显示电影。该分段控件允许用户通过他们选择的分类 (剧院模式、马上回来或最受欢迎的) 来切换模式。

6.5 高手点拨

1. jQuery Mobile 解决导航问题的战略方针

jQuery Mobile 中提供了一整套标准的工具栏组件。移动应用只需对元素添加相应的属性值，就可以直接调用。通常情况下，工具栏由移动应用的头部栏、导航栏、尾部栏三部分组成，分别放置在移动应用程序中的标题部分、内容部分、页尾部分，并通过添加不同样式和设定工具栏的位置，满足和实现各种移动应用的页面需求和效果。

除此之外，jQuery Mobile 还提供了许多非常有用的工具组件。通过调用这些组件，开发人员无须编写任何代码，就可以很方便地对移动应用的页面内容实现折叠面板、网格布局等页面效果，极大地提高了项目开发的效率。

2. 对可以在页眉中添加的按钮类型进行总结

在 jQuery Mobile 页面中，可以在页眉中添加如下 3 种按钮类型。

（1）只带有文本的按钮。

（2）只带有图标的按钮。这种类型的按钮需要添加两个属性：data-icon 和 data-iconpos="notext"。

（3）既有文本又有图标的按钮。这种类型的按钮也需要添加 data-icon 属性。

每一种类型的按钮示例如下。

```
<!--- 只带有文本的按钮 -->
<a href="#">Done</a>
<!-- 只带有图标的按钮 -->
<a href="#" data-icon="plus" data-iconpos="notext"></a>
<!-- 既有文本又有图标的按钮 -->
<a href="#" data-icon="check">Done</a>
```

6.6 实战练习

1. 自动弹出日期和时间输入框

尝试创建一个页面表单，分三组创建 6 个不同展示形式的日期类型输入框。

❑ 第一组：显示"日期"与"时间"类型，展示类型为"date"与"time"值的日期输入框。

❑ 第二组：显示"星期"类型，展示类型为"month"与"week"值的日期输入框。

❑ 第三组：显示"日期时间"型，分别展示类型为"datetime"与"datetime-local"值的日期输入框。当提交所有这些输入框中的数据时，都将对输入的日期或时间进行有效性检测，如果不符，将弹出提示信息。

2. 显示文本框中的搜索关键字

请在页面中创建一个表单，增加一个"search"类型的 <input> 元素，功能是用于输入查询关键字。然后为此表单增加一个"提交"按钮，当单击按钮时显示输入的关键字内容。

第 7 章

本章教学录像：16 分钟

页脚栏、工具栏和标签栏

在 jQuery Mobile 页面中，页脚栏和页眉栏的组件几乎相同，只是位置有差别而已。工具栏可用来辅助管理当前屏幕中的内容。另外，通过标签栏可以以不同的视图来查看应用程序。本章详细讲解在 jQuery Mobile 页面中分别实现页脚栏、工具栏和标签栏的基础知识，为读者步入本书后面知识的学习打下基础。

本章要点（已掌握的在方框中打钩）

- □ 页脚栏
- □ 工具栏
- □ 标签栏
- □ 综合应用——带有分段控件的标签栏

7.1 页脚栏

 本节教学录像：7 分钟

页脚栏和页眉栏之间的主要区别在于按钮的放置方面，页脚更加灵活。例如，在使用页眉时，第一个按钮是左对齐的，而第二个按钮是右对齐的。而页脚则是以从左到右的顺序直线放置它的按钮。本节详细讲解页脚栏的基本知识。

7.1.1 页脚基础

在 jQuery Mobile 页面中，尾部栏与头部栏的结构差不多，区别是设置的"data-role"属性值不同。相对头部栏来说，尾部栏的代码更加简洁。在尾部栏中可以添加按钮组和表单中的各个元素，同时可以对某个尾部栏进行定位处理。

在 jQuery Mobile 应用中，与页脚相关的一些要点如下。

❏ 页脚使用属性 data-role="footer" 来定义。

❏ 页脚按照从左到右的顺序直线放置它的按钮。这种灵活性可以用来创建工具栏或标签栏。

❏ 页脚是一个可选的组件。

❏ 使用 data-theme 属性可以调整页脚的主题。如果不为页脚设置主题，则它会继承页面组件的主题。默认的主题是黑色的（data-theme="a"）。

❏ 通过添加 data-position="fixed" 属性，可以固定页脚的位置。

❏ 在默认情况下，所有的页脚级别 (H1 ~ H6) 具有相同的风格，以维持视觉上的一致性。

在现实应用中，最简单的页脚形式如下面的代码所示。

```
<div data-role="footer">
<!-- 在此添加页脚文本或按钮 -->
</div>
```

其中，data-role=" footer"是唯一需要的属性。在页脚内可以包含任何语义 HTML。页脚通常包含工具栏和标签控件。工具栏提供了一组用户可以在当前环境中使用的动作。标签栏则可以允许用户在应用程序内的不同视图之间进行切换。

接下来通过一个具体实例的实现过程，详细讲解在 jQuery Mobile 页面中使用页脚的基本方法。

【范例 7-1】在 Android 系统中使用页脚（光盘 :\ 配套源码 \7\foot.html）

实例文件 foot.html 的具体实现代码如下。

```
<!DOCTYPE html>
<html>
    <head>
    <meta charset="utf-8">
    <title>Default Header Footer Example</title>
    <meta name="viewport" content="width=device-width, initial-scale=1">
    <link rel="stylesheet" href="http://code.jquery.com/mobile/1.0/jquery.mobile-1.0.min.css" />
    <script src="http://code.jquery.com/jquery-1.6.4.min.js"></script>
    <script src="http://code.jquery.com/mobile/1.0/jquery.mobile-1.0.min.js"></script>
```

```
</head>
<body>
<div data-role="page">
    <div data-role="header">
        <h1> 页头 </h1>
    </div>

    <div data-role="content">
    在默认的底部位置时，内容不消耗整个装置的高度。
    </div>

    <div data-role="footer">
        <h3> 页脚 </h3>
    </div>
</div>
</body>
</html>
```

【运行结果】

上述实例代码执行后的效果如图 7–1 所示。

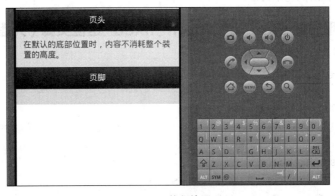

图 7-1 执行效果

7.1.2 页脚定位

在现实应用中，有如下 3 种定位页脚的样式，这和定位页眉的样式完全相同。

（1）Default（默认）

默认的页脚会在内容区域的后面显示。例如，如果内容超出视口的高度，则只有在屏幕滚动到内容的最底部时，才能看到页脚。

```
<div data-role="footer">
<!-- 默认页脚 -->
</div>
```

（2）Fixed（固定）

固定的页脚总是位于屏幕的底部边缘位置，而且总是保持可见。但是，在用户滚动屏幕的过程中，页脚是不可见的。当滚动结束之后，页脚才出现。通过添加 data–position="fixed" 属性，可以创建一个固定的页脚。

```
<div data-role="footer" data-position="fixed">
<h3> 定位页脚 </h3>
</div>
```

（3）Responsive（响应式）

当创建一个全屏页面时，页面中的内容会出现在整个屏幕，而页眉和页脚则基于触摸响应来出现或消失。对显示照片和播放视频来说，全屏模式相当有用。要创建一个全屏的页面，在页面容器中添加 data–fullscreen="true"，然后在页眉和页脚元素中添加 data–position="fixed" 属性。

将页脚内容定位在屏幕的最底部显示

技巧　在 jQuery Mobile 页面中，为了将页脚内容定位在屏幕的最底部显示，可以为页脚元素添加属性 data-position="fixed"。在默认的情况下，页脚位于内容的后面，并不是位于屏幕底部的边缘。如果内容只是占据一半的屏幕高度，则页脚会出现在屏幕的中央位置。

接下来通过一个具体实例的实现过程，详细讲解在 jQuery Mobile 页面中使用属性 data–position="fixed" 定位页脚的基本方法。

【范例 7-2】使用属性 data–position="fixed" 定位页脚（光盘 :\ 配套源码 \7\ dingwei.html）

实例文件 dingwei.html 的具体实现代码如下。

```
<!DOCTYPE html>
<html>
    <head>
    <meta charset="utf-8">
    <title>Fixed Header/Footer Example</title>
    <meta name="viewport" content="width=device-width, initial-scale=1">
    <link rel="stylesheet" href="http://code.jquery.com/mobile/1.0/jquery.mobile-1.0.min.css" />
    <script src="http://code.jquery.com/jquery-1.6.4.min.js"></script>
    <script src="http://code.jquery.com/mobile/1.0/jquery.mobile-1.0.min.js"></script>
</head>
<body>

<div data-role="page">
    <div data-role="header" data-position="fixed">
        <h1> 定位页头 </h1>
    </div>

    <div data-role="content">
```

```
<ul data-role="listview">
    <li>
      <a href="#">
          <img src="images/111.jpg" />
      <h3>aaaaaaaaaa</h3>
          <p> 评级 : PG</p>
          <p> 时长 : 95 min.</p>
      </a>
    </li>
     <li>
      <a href="#">
          <img src="images/222.jpg" />
      <h3>bbbbb</h3>
          <p> 评级 : PG-13</p>
          <p> 时长 : 137 min.</p>
      </a>
    </li>
     <li>
      <a href="#">
          <img src="images/333.jpg" />
       <h3>CCCCC</h3>
          <p> 评级 : PG-13</p>
          <p> 时长 : 131 min.</p>
      </a>
    </li>
    <li>
      <a href="#">
          <img src="images/444.jpg" />
      <h3>DDDDD</h3>
          <p> 评级 : PG</p>
          <p> 时长 : 95 min.</p>
      </a>
    </li>
    <li>
      <a href="#">
          <img src="images/111.jpg" />
      <h3>EEEEEE</h3>
          <p> 评级 : PG-13</p>
          <p> 时长 : 137 min.</p>
      </a>
    </li>
    <li>
      <a href="#">
```

```
                        <img src="images/222.jpg" />
                <h3>X 战警 </h3>
                    <p> 评级 : PG-13</p>
                    <p> 时长 : 131 min.</p>
                </a>
            </li>
        </ul>
    </div>
    <div data-role="footer" data-position="fixed">
        <h3> 定位页脚 </h3>
    </div>
</div>

</body>
</html>
```

【运行结果】

上述实例代码执行后的效果如图 7-2 所示。

图 7-2　执行效果

7.1.3　页脚按钮

在 jQuery Mobile 页面中，可以在页脚中添加如下 3 种按钮样式。

（1）只带有文本的按钮

这种样式的按钮可以用在工具栏内，原因是工具栏的外观没有标签栏那么大。页脚内一个正常的链接会作为一个只带有文本的按钮来显示。

```
<a href="#"> 文本 </a>
```

（2）只带有图标的按钮

这种样式的按钮也可以用于工具栏中。只带有图标的按钮需要添加如下两个属性。

❑ data−icon="notext"

❑ data−iconpos="notext"

例如

```
<a href="#" data-icon="plus" data-iconpos="notext"></a>
```

（3）既有文本又有图标的按钮

这种样式的按钮可以用于标签栏内。例如

```
<a href="#" data-icon="home"> 文本 </a>
```

1. 添加按钮

当在 jQuery Mobile 页面中向尾部栏添加按钮时，为了减少各按钮的间距，通常需要在按钮的外围添加一个"data−role"属性值为"controlgroup"的容器，这样可以在尾部栏中形成一个按钮组。同时，在该容器中添加一个"data−type"属性，并将该属性的值设置为"horizontal"，这表示容器中的按钮按水平顺序排列。

接下来通过一个具体实例来讲解在页脚中添加按钮的方法。

【范例 7-3】在页脚中添加按钮 （光盘 :\ 配套源码 \6\anniu.html）

实例文件 anniu.html 的具体实现流程如下。

（1）新建一个 HTML5 页面，在页面尾部栏中添加一个按钮组。

（2）在按钮组中添加两个带图标的按钮，设置按钮中的文本内容分别是"关于公司"和"联系我们"。

实例文件 anniu.html 的具体实现代码如下。

```
<body>
  <div data-role="page">
    <div data-role="header"><h1> 头部栏标题 </h1></div>
<div data-role="content">
  <p> 添加尾部栏按钮 </p>
</div>
<div data-role="footer">
  <div data-role="controlgroup" data-type="horizontal">
    <a href="#" data-role="button"
      data-icon="home"> 关于公司
    </a>
      <a href="#" data-role="button"
```

```
            data-icon="forward"> 联系我们
        </a>
            </div>
        </div>
    </div>
</body>
```

在上述实例代码中，因为在底部栏中的按钮外围被一个"data-role"属性值为"controlgroup"的容器所包裹，所以在按钮之间没有任何"padding"空间。如果想要给底部栏中的按钮添加"padding"空间，无须使用容器包裹，另外给底部栏容器添加一个"ui-bar"类别属性，具体代码如下。

```
<div data-role="footer" class="ui-bar">
<a href="#" data-role="button"
data-icon="home"> 关于公司 </a>
<a href="#" data-role="button"
    data-icon="forward"> 联系我们 </a>
</div>
```

【运行结果】

本实例执行后的效果如图 7-3 所示。

2. 添加表单元素

在 jQuery Mobile 页面中的底部栏中，不但可以添加按钮组，而且可以向容器内增加表单中的元素，如 <select>、<text> 等。为了确保表单元素在底部栏正常显示，需要在底部栏容器中增加"ui-bar"类别，使新增的表单元素间保持一定的间距。另外，可以将"data-position"属性值设置为"inline"，这样可以统一设定各表单元素的显示位置。

图 7-3 执行效果

接下来通过一个具体实例来讲解添加表单元素的方法。

【范例 7-4】添加表单元素（光盘 :\ 配套源码 \7\biaodan.html）

实例文件 biaodan.html 的功能是新建一个 HTML 5 页面，在页面尾部栏中添加一个表单元素中的下拉列表框，用于显示"友情链接"的公司信息。实例文件 biaodan.html 的具体实现代码如下。

```
<body>
  <div data-role="page">
    <div data-role="header"><h1> 头部栏标题 </h1></div>
    <div data-role="content">
      <p> 在尾部栏添加表单元素 </p>
    </div>
    <div data-role="footer"
        class="ui-bar" data-position="inline">
    <label for="selLink"> 友情链接 </label>
```

```
        <select name="selLink" id="selLink">
            <option value="0"> 请选择 </option>
            <option value="1"> 公司 1</option>
            <option value="2"> 公司 2</option>
            <option value="3"> 公司 3</option>
            <option value="4"> 公司 4</option>
        </select>
    </div>
  </div>
</body>
```

【运行结果】

在上述实例代码中，为尾部栏添加了一个 <select> 表单元素。执行后的效果如图 7-4 所示。当单击下拉框中的 ▼ 按钮时，会弹出一个选择框供用户选择，如图 7-5 所示。

图 7-4　执行效果

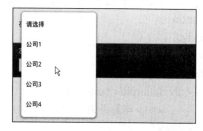

图 7-5　弹出的选择框

注意　移动设备和 PC 端的浏览器在显示表单元素时会存在一些细微的区别。例如，<select> 元素在 PC 端的浏览器中是以下拉列表框的形式展示的，而在移动终端是以弹出框的形式展示全部列表内容的。

7.2　工具栏

 本节教学录像: 3 分钟

在 jQuery Mobile 页面中，工具栏可用来辅助管理当前屏幕中的内容。例如，邮件应用程序通常使用工具栏来管理电子邮件。当用户需要执行与当前屏幕中的对象相关联的动作时，工具栏会非常有用。在构建工具栏时，可以选择使用图标或文本。本节下面的工具栏演示实例中包含了图标按钮、文本按钮以及一个分段控件。

7.2.1　带有图标的工具栏

在 jQuery Mobile 页面中，只有图标构成的工具栏比较常见。其主要优势是，与文本构成的工具栏相比，它占据的屏幕空间更少。选择图标时要选择能够表达正确含义的标准图标，这一点很重要。下面的实例演示了带有图标的工具栏的实现过程。

【范例 7-5】带有图标的工具栏的实现过程（光盘 :\ 配套源码 \7\gongju.html）

实例文件 gongju.html 的具体实现代码如下。

```
<!DOCTYPE html>
<html>
    <head>
    <meta charset="utf-8">
    <title>Toolbar example with icons</title>
    <meta name="viewport" content="width=device-width, initial-scale=1">
    <link rel="stylesheet" href="http://code.jquery.com/mobile/1.0/jquery.mobile-1.0.min.css" />
    <style>
            .ui-li-desc { white-space: normal; margin-right: 20px; }
    </style>
    <script src="http://code.jquery.com/jquery-1.6.4.min.js"></script>
    <script src="http://code.jquery.com/mobile/1.0/jquery.mobile-1.0.min.js"></script>
</head>
<body>

<div data-role="page">
    <div data-role="header">
        <h1> 电影评论 </h1>
    </div>

    <div data-role="content">
        <ul data-role="listview" data-inset="true" data-theme="e">
            <li data-role="list-divider">X- 战警
              <p class="ui-li-aside"> 评级 : <em>1,588</em></p></li>
            <li>
                <img src="images/thumbs-up.png" class="ui-li-icon">
                <p> 去看看它！这部电影是好演员和特殊效果是难以置信的。值得的门票价格。</p>
            </li>
        </ul>

        <ul data-role="listview" data-inset="true" data-theme="e">
        <li data-role="list-divider"> 评论 </li>
            <li>
                <img src="images/111-user.png" class="ui-li-icon">
            <p> 感谢评论，这周末我就去看。</p>
                <span class="ui-li-count">1 天前 </span>
            </li>
            <li>
                <img src="images/111-user.png" class="ui-li-icon">
            <p> 你的评论非常有用！ </p>
```

```
                <span class="ui-li-count">3 天前 </span>
            </li>
        </ul>
    </div>

    <div data-role="footer" data-position="fixed">
        <div data-role="navbar">
            <ul>
                <li><a href="#" data-icon="arrow-l"></a></li>
                <li><a href="#" data-icon="back"></a></li>
                <li><a href="#" data-icon="star"></a></li>
                <li><a href="#" data-icon="plus"></a></li>
                <li><a href="#" data-icon="arrow-r"></a></li>
            </ul>
        </div>
    </div>
</div>
</body>
</html>
```

【运行结果】

上述实例执行后的效果如图 7-6 所示。

【范例分析】

上述执行效果中有一个显示电影评论的屏幕。为了帮助用户管理评论，可以利用一个由标准图标构成的工具栏。此工具栏允许用户执行如下 5 种动作。

- ❑ 导航到前面的评论。
- ❑ 回复评论。
- ❑ 将评论标记为最喜欢的评论。
- ❑ 添加一条新的电影评论。
- ❑ 导航到后面的评论。

在创建工具栏时，仅需要最少的标记。在含有属性 data-role="navbF" 的 div 中，只需要其中包含按钮的一个无序列表即可。工具栏按钮相当灵活，而且可以根据设备的宽度进行等间距排放。

7.2.2 带有分段控件的工具栏

在日常 jQuery Mobile 页面应用中，可以在工具栏中放置一个分段控件，从而让用户通过不同的视角来访问应用程序的数据，或者为用户提供一个不同的应用程序视图。例如，可以在工具栏内放置分段控件，这样可以允许用户显示他们的日历数据的不同视图。此处的分段控件与本章前面的页眉案例中使用的分段控件相同。这意味着，可以同时在页眉和页脚组件中使用分段控件。分段控件只是一组包含在一个控件组内并按照我们的要求进行风格化的按钮。

接下来通过一个具体实例的实现过程，详细讲解带有分段控件工具栏的实现过程。

【范例 7-6】带有分段控件工具栏的实现过程（光盘 :\ 配套源码 \7\segmented. html）

实例文件 segmented.html 的具体实现代码如下。

```html
<!DOCTYPE html>
<html>
    <head>
    <meta charset="utf-8">
    <title>Footer with Segmented Control Example</title>
    <meta name="viewport" content="width=device-width, initial-scale=1">
    <link rel="stylesheet" href="http://code.jquery.com/mobile/1.0/jquery.mobile-1.0.min.css" />
    <style>
        .segmented-control { text-align:center;}
        .segmented-control .ui-controlgroup { margin: 0.2em; }
        .ui-control-active, .ui-control-inactive { border-style: solid; border-color: gray; }
        .ui-control-active { background: #BBB; }
        .ui-control-inactive { background: #DDD; }
    </style>
    <script src="http://code.jquery.com/jquery-1.6.4.min.js"></script>
    <script src="http://code.jquery.com/mobile/1.0/jquery.mobile-1.0.min.js"></script>
</head>
<body>
<div data-role="page">
    <div data-role="header">
        <h1> 日历记事本 </h1>
    </div>
    <div data-role="content">
        <ul data-role="listview" data-filter="true">
            <li data-role="list-divider">Mon <p class="ui-li-aside"><strong>Feb 6 2012</strong></p></li>
            <li><a href="#"><p><strong>6</strong> PM<span class="ui-li-aside"><strong> 生日聚会 </strong></span></p></a></li>
            <li data-role="list-divider">Wed <p class="ui-li-aside"><strong>Feb 8 2012</strong></p></li>
            <li><a href="#"><p><strong>6</strong> PM<span class="ui-li-aside"><strong> 公司会议 </strong></span></p></a></li>
            <li data-role="list-divider">Fri <p class="ui-li-aside"><strong>Feb 10 2012</strong></p></li>
            <li><a href="#"><p><strong>2</strong> PM<span class="ui-li-aside"><strong> 英语课 </strong></span></p></a></li>
            <li><a href="#"><p><strong>5</strong> PM<span class="ui-li-aside"><strong> 看足球 !</strong></span></p></a></li>
        </ul>
    </div>
    <!-- Toolbar with a segmented control -->
    <div data-role="footer" data-position="fixed" data-theme="d" class="segmented-control">
        <div data-role="controlgroup" data-type="horizontal">
            <a href="#" data-role="button" class="ui-control-active"> 全部 </a>
            <a href="#" data-role="button" class="ui-control-inactive"> 日期 </a>
            <a href="#" data-role="button" class="ui-control-inactive"> 月份 </a>
        </div>
```

```
        </div>
    </div>
    </body>
    </html>
```

【运行结果】

上述实例执行后的代码如图 7-7 所示。

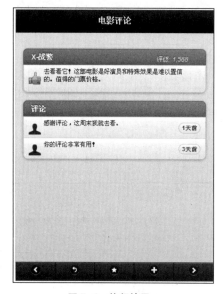

图 7-6　执行效果

图 7-7　执行效果

7.3　标签栏

本节教学录像：3 分钟

在移动 Web 设计应用中，也可以将页脚设计为一个标签栏。通过标签栏，用户可以以不同的视图来查看应用程序。其实，标签栏的行为与 Web 上可以见到的基于标签的导航相类似。标签栏通常作为一个永久的页脚出现在屏幕的底部边缘，而且用户可以在应用程序的任何位置访问它。出于清晰性考虑，标签栏通常包含同时显示图标和文本的按钮。在日常应用中，通常有如下 3 种样式的标签栏。

❑　在标签栏中包括 jQuery Mobile 内可用的标准图标。
❑　标签栏使用自定义图标。
❑　将标签栏与同一个 UI 内的分段控件结合起来，从而允许用户通过同一个屏幕导航，以不同形式查看数据。
本节详细讲解上述 3 种标签栏的基本知识和具体用法。

7.3.1　带有标准图标的标签栏

在移动 Web 设计应用中，最简单的标签栏解决方案使用的是 jQuery Mobile 的标准图标集。jQuery Mobile 拥有自己的标准图标。如果使用这些标准图标，则标签栏无需任何额外的样式风格。

接下来通过一个具体实例的实现过程，详细讲解使用带有标准图标的标签栏的方法。

【范例 7-7】使用带有标准图标的标签栏（光盘 :\ 配套源码 \7\tabbar.html）

实例文件 tabbar.html 的具体实现代码如下。

```html
<body>
<div data-role="page">
    <div data-role="header">
        <h1> 精彩视频 </h1>
    </div>

    <div data-role="content">
        <ul data-role="listview">
            <li>
                <a href="#">
                    <img src="images/111.jpg" />
                <h3> 变形金刚 </h3>
                    <p> 评级 : PG</p>
                    <p> 时长 : 95 min.</p>
                </a>
            </li>
            <li>
                <a href="#">
                    <img src="images/222.jpg" />
                <h3>X 战警 </h3>
                    <p> 评级 : PG-13</p>
                    <p> 时长 : 137 min.</p>
                </a>
            </li>
            <li>
                <a href="#">
                    <img src="images/333.jpg" />
                <h3> 雷雨 </h3>
                    <p> 评级 : PG-13</p>
                    <p> 时长 : 131 min.</p>
                </a>
            </li>
            <li>
                <a href="#">
                    <img src="images/444.jpg" />
                <h3> 小李飞刀 </h3>
                    <p> 评级 : PG</p>
                    <p> 时长 : 95 min.</p>
                </a>
            </li>
        </ul>
```

```
        </div>

        <div data-role="footer" data-position="fixed">
            <div data-role="navbar">
                <ul>
                    <li><a href="#" data-icon="home"> 主页 </a></li>
                    <li><a href="#" data-icon="star" class="ui-btn-active"> 电影 </a></li>
                    <li><a href="#" data-icon="grid"> 剧场 </a></li>
                </ul>
            </div>
        </div>
    </div>
</body>
```

【运行结果】

上述实例执行后的效果如图 7-8 所示。

7.3.2　带有自定义图标的标签栏

在移动 Web 设计应用中，可以在标签栏或工具栏中添加自定义的图标。jQuery Mobile 能够通过添加最少的必要标记的方式，提供对自定义图标的支持。例如，下面的演示实例中包含了几个来自 Glyphish 的第三方图标。

【范例 7-8】　实现自定义图标的标签栏（光盘 :\ 配套源码 \7\tabbar-icons.html）

实例文件 tabbar-icons.html 的具体实现代码如下。

```
<!DOCTYPE html>
<html>
    <head>
    <meta charset="utf-8">
    <title>Tab Bar Example</title>
    <meta name="viewport" content="width=device-width, initial-scale=1">
    <link rel="stylesheet" href="http://code.jquery.com/mobile/1.0/jquery.mobile-1.0.min.css" />
    <style>
        .ui-navbar-custom .ui-btn .ui-btn-inner { font-size: 11px!important; padding-top:
24px!important; padding-bottom: 0px!important; }
        .ui-navbar-custom .ui-btn .ui-icon { width: 30px!important; height: 20px!important; margin-left:
-15px!important; box-shadow: none!important; -moz-box-shadow: none!important; -webkit-box-shadow:
none!important; -webkit-border-radius: none !important; border-radius: none !important; }
        #home .ui-icon { background:  url(images/57-house-w.png) 50% 50% no-repeat; background-
size: 22px 20px; }
        #movies .ui-icon { background:  url(images/107-widescreen-w.png) 50% 50% no-repeat;
background-size: 25px 17px; }
```

```
            #theatres .ui-icon { background:  url(images/15-tags-w.png) 50% 50% no-repeat;
background-size: 20px 20px; }
        </style>
        <script src="http://code.jquery.com/jquery-1.6.4.min.js"></script>
        <script src="http://code.jquery.com/mobile/1.0/jquery.mobile-1.0.min.js"></script>
    </head>
    <body>

    <div data-role="page">
        <div data-role="header">
            <h1> 精彩电影 </h1>
        </div>

        <div data-role="content">
            <ul data-role="listview">
                <li>
                  <a href="#">
                      <img src="images/111.jpg" />
                  <h3> 变形金刚 </h3>
                      <p> 评级 : PG</p>
                      <p> 时长 : 95 min.</p>
                  </a>
                </li>
                <li>
                   <a href="#">
                       <img src="images/222.jpg" />
                   <h3>X 战警 </h3>
                       <p> 评级 : PG-13</p>
                       <p> 时长 : 137 min.</p>
                   </a>
                </li>
                <li>
                   <a href="#">
                       <img src="images/333.jpg" />
                   <h3> 雷雨 </h3>
                       <p> 评级 : PG-13</p>
                       <p> 时长 : 131 min.</p>
                   </a>
                </li>
                <li>
                   <a href="#">
                       <img src="images/444.jpg" />
                   <h3> 小李飞刀 </h3>
                       <p> 评级 : PG</p>
                       <p> 时长 : 95 min.</p>
                   </a>
```

```
                    </li>
            </ul>
        </div>

        <div data-role="footer" class="ui-navbar-custom" data-position="fixed">
            <div data-role="navbar" class="ui-navbar-custom">
                <ul>
                    <li><a href="#" id="home" data-icon="custom"> 主页 </a></li>
                    <li><a href="#" id="movies" data-icon="custom" class="ui-btn-active"> 电影 </a></li>
                    <li><a href="#" id="theatres" data-icon="custom"> 音乐 </a></li>
                </ul>
            </div>
        </div>
    </div>

    </body>
    </html>
```

【范例分析】

在上述实例中，为了添加自定义图标，需要添加属性 data-icon="custom"，以及用于定位的一些自定义样式和 id。其中 id 用于将每个按钮与它的样式进行关联。

【运行结果】

上述实例执行后的效果如图 7-9 所示。

图 7-8　执行效果

图 7-9　执行效果

▌ 7.4 综合应用——带有分段控件的标签栏

本节教学录像：3 分钟

在 jQuery Mobile 页面设计应用中，可以使用永久标签栏来辅助站点导航，而且可以使用分段控件来显示数据的不同视图。例如，下面的综合实例中创建了一个 UI，该 UI 允许用户在主页、电影和音乐标签之间进行导航。

【范例 7-9】实现带有分段控件的标签栏（光盘：\配套源码\7\tabbar-segmented.html）

实例文件 tabbar-segmented.html 的具体实现代码如下。

```html
<html>
    <head>
    <meta charset="utf-8">
    <title>Tab Bar Example</title>
    <meta name="viewport" content="width=device-width, initial-scale=1">
    <link rel="stylesheet" href="http://code.jquery.com/mobile/1.0/jquery.mobile-1.0.min.css" />
    <style>
        .tabbar .ui-btn .ui-btn-inner { font-size: 11px!important; padding-top: 24px!important;
padding-bottom: 0px!important; }

        .tabbar .ui-btn .ui-icon { width: 30px!important; height: 20px!important; margin-left:
-15px!important; box-shadow: none!important; -moz-box-shadow: none!important; -webkit-box-shadow:
none!important; -webkit-border-radius: none !important; border-radius: none !important; }

        #home .ui-icon { background:  url(images/53-house-w.png) 50% 50% no-repeat;
background-size: 22px 20px; }

        #movies .ui-icon { background:  url(images/107-widescreen-w.png) 50% 50% no-repeat;
background-size: 25px 17px; }

        #theatres .ui-icon { background:  url(images/15-tags-w.png) 50% 50% no-repeat;
background-size: 20px 20px; }

        .segmented-control { text-align:center;}
        .segmented-control .ui-controlgroup { margin: 0.2em; }
        .ui-control-active, .ui-control-inactive { border-style: solid; border-color: gray; }
        .ui-control-active { background: #BBB; }
```

```
        .ui-control-inactive { background: #DDD; }
    </style>
    <script src="http://code.jquery.com/jquery-1.6.4.min.js"></script>
    <script src="http://code.jquery.com/mobile/1.0/jquery.mobile-1.0.min.js"></script>
</head>
<body>

<div data-role="page">
    <div data-role="header" data-theme="b" data-position="fixed">
        <div class="segmented-control ui-bar-d">
            <div data-role="controlgroup" data-type="horizontal">
                <a href="#" data-role="button" class="ui-control-active">AAA 模式 </a>
                <a href="#" data-role="button" class="ui-control-inactive">BBB 模式 </a>
                <a href="#" data-role="button" class="ui-control-inactive">CCC 模式 </a>
            </div>
        </div>
    </div>

    <div data-role="content">
        <ul data-role="listview">
            <li>
              <a href="#">
                  <img src="images/111.jpg" />
                <h3> 金刚大战 </h3>
                    <p>Rated: PG</p>
                    <p>Runtime: 95 min.</p>
              </a>
            </li>
            <li>
              <a href="#">
                  <img src="images/222.jpg" />
                <h3> 警十二生肖 </h3>
                    <p>Rated: PG-13</p>
                    <p>Runtime: 137 min.</p>
              </a>
            </li>
            <li>
              <a href="#">
                  <img src="images/333.jpg" />
                <h3> 警察故事 </h3>
                    <p>Rated: PG-13</p>
                    <p>Runtime: 131 min.</p>
```

```
                    </a>
                </li>
                <li>
                <a href="#">
                        <img src="images/444.jpg" />
                    <h3> 巅峰卓越 </h3>
                        <p>Rated: PG</p>
                        <p>Runtime: 95 min.</p>
                    </a>
                </li>
                <li>
                <a href="#">
                        <img src="images/111.jpg" />
                        <h3> 变形金刚（3D 版）</h3>
                        <p>Rated: PG-13</p>
                        <p>Runtime: 131 min.</p>
                    </a>
                </li>

            </ul>
        </div>

        <!-- tab bar with custom icons -->
        <div data-role="footer" class="tabbar" data-position="fixed">
            <div data-role="navbar" class="tabbar">
            <ul>
                <li><a href="#" id="home" data-icon="custom"> 主页 </a></li>
                <li><a href="#" id="movies" data-icon="custom" class="ui-btn-active"> 电影 </a></li>
                <li><a href="#" id="theatres" data-icon="custom"> 音乐 </a></li>
            </ul>
            </div>
        </div>
    </div>

    </body>
```

【范例分析】

在上述实例代码中，当用户选择电影标签时会在页眉内显示分段控件，以允许用户筛选他们的电影列表。本实例中已经彻底移除了页眉文本，原因是活动标签已经用来突出显示页面的标题。

【运行结果】

上述实例执行后的效果如图 7-10 所示。

图 7-10 执行效果

▋ 7.5 高手点拨

实现永久标签栏的方法

在 jQuery Mobile 页面应用中，为了让标签栏永久显现，需要为页脚添加一个额外的属性。为了在页面转换期间可以一直显现页脚，可以为每一个标签栏的页脚添加 data-id 属性，并将其值设置为相同的识别符。具体方法是设置每一个标签栏包含一个 data-id="main-tabbar" 的识别符。通过添加该属性，标签栏可以在页面转换期间一直显示。例如，轻敲一个不活动的标签栏，而且在页面切换期间，屏幕将会"滑动"，而标签栏仍然保持为固定和永久显现的状态。此外，从一个标签转换到另外一个标签时，为了保持每一个标签栏的活动状态，需要添加 ui-state-persist 和 ui-btn-active 类。例如，下面的代码演示了永久标签栏的用法，其中加粗倾斜的代码实现了永久设置功能。

```
<div data-role="footer" class="tabbar" data-id="main-tabbar"
     data-position="fixed">
 <div data-role="navbar" Class="tabbar">
    <ul>
    <li><a href="tabbar-movies.html"
    class="ui-btn-active ui-state-persist"> 电影 </a></li>
    <li><a href="tabbar-theatres.html"> 音乐 </a></li>
  </ul>
 </div>
</div>
<div data-role="footer" class="tabbar" data-id="main-tabbar"
```

```
      data-position="fixed">
  <div data-role="navbar" class="tabbar">
   <ul>
    <li><a href="tabbar.movies.html"> 电影 </a></li>
    <li><a href="tabbar.theatreS.html"
    class="ui-btn-active ui-state-persist"> 音乐 </a></li>
   </ul>
  </div>
 </div>
```

█ 7.6　实战练习

1.　记住表单中的数据

在页面表单中创建两个文本输入框，一个用于输入"姓名"，另一个用于输入"密码"。为输入"姓名"的文本框设置"autofocus"属性。当成功加载页面或单击表单"提交"按钮后，拥有"autofocus"属性的"姓名"输入文本框会自动获取焦点。

2.　验证表单中输入的数据是否合法

请在表单中创建一个"text"类型的 <input> 元素，用于输入"用户名"，并设置元素的"pattern"属性。其值为一个正则表达式，用来验证"用户名"是否符合"以字母开头，包含字符或数字和下划线，长度在 6 ～ 8 之间"规则。单击表单"提交"按钮时，输入框中的内容与表达式进行匹配，如果不符，则提示错误信息。

第**8**章

 本章教学录像：26 分钟

按钮

　　按钮是移动 App 中最常使用的控件之一，能够提供非常高效的用户体验。在本书前面的许多例子中，已经用到了按钮。本章详细讲解在 jQuery Mobile 中实现按钮功能的基础知识，为读者步入本书后面知识的学习打下基础。

本章要点（已掌握的在方框中打钩）

□ 链接按钮　　　　　　　　　□ 实现分组按钮

□ 表单按钮　　　　　　　　　□ 使用主题按钮

□ 为按钮设置图像　　　　　　□ 使用动态按钮

□ 内联按钮　　　　　　　　　□ 综合应用——实现动态按钮

□ 实现按钮定位

□ 自定义按钮图标

■ 8.1 链接按钮

 本节教学录像：3 分钟

　　jQuery Mobile 中有多种形式的按钮，主要有链接按钮、表单按钮、图像按钮、只带有图标的按钮，以及同时带有文本和图标的按钮。在现实应用中，jQuery Mobile 按钮都具有一致的样式风格。无论使用链接按钮还是基于表单的按钮，jQuery Mobile 框架都会以完全相同的方式对待它们。在了解这些按钮时，读者也会获悉每一种按钮的常见使用案例，便于读者的学习和理解。

　　在 jQuery Mobile 应用中，链接按钮是最常使用的按钮类型。当需要将一个普通链接设计为按钮时，需要为链接添加如下属性。

---

data-role="button"

　　在默认的情况下，页面中的内容区域内的按钮都被设计为块级元素，这样可以填充其外层容器（内容区域）的整个宽度。但是，如果需要的是一个更为紧凑的按钮，使其宽度与按钮内部的文本和图标的宽度相同，则可以添加如下属性。

---

data-inline="true"

　　接下来通过一个具体实例的实现过程，详细讲解在 jQuery Mobile 页面中使用链接按钮的方法。

【范例 8-1】在 jQuery Mobile 页面中使用链接按钮（光盘 :\ 配套源码 \8\link.html）

　　实例文件 link.html 的具体实现代码如下。

```
<!DOCTYPE html>
<html>
    <head>
    <meta charset="utf-8">
    <title> 按钮 </title>
    <meta name="viewport" content="width=device-width, minimum-scale=1.0, maximum-
scale=1.0;">
    <link rel="stylesheet" href="http://code.jquery.com/mobile/1.0/jquery.mobile-1.0.min.css" />
    <script src="http://code.jquery.com/jquery-1.6.8.min.js"></script>
    <script src="http://code.jquery.com/mobile/1.0/jquery.mobile-1.0.min.js"></script>
</head>
<body>

<div data-role="page" data-theme="b">
    <div data-role="header">
        <h1> 演示按钮的用法 </h1>
    </div>

    <div data-role="content">
        <p style="text-align:center;">
            <em>&lt;a href="#" <strong>data-role="button"</strong>&gt; 链接按钮
```

</a></em> 链接按钮 <a href="#" data-role="button"></a>

                    <em><a href="#" data-role="button" <strong>data-inline="true"</strong>> 同 意 </a>

                    <a href="#" data-role="button" data-inline="true" data-rel="back" data-

theme="a"> 不同意 </a>

                    <a href="#" data-role="button" data-inline="true" data-theme="c"> 同意 </a>

              </p>

          </div>

      </div>

      </body>
</html>

【范例分析】

在上述实例代码中，如果希望让按钮并排放置，并占据屏幕的整个宽度，则可以使用一个两列的网格。

【运行结果】

执行后的效果如图 8-1 所示。

图 8-1　执行效果

■ 8.2 表单按钮

 本节教学录像：2 分钟

在 jQuery Mobile 应用中，基于表单的按钮实际上要比基于链接的按钮更容易设计，这是因为用户无须进行任何修改。为了简单起见，框架会自动为用户将任何 button 或 input 元素转换为移动类型的按钮。如果想要禁用表单按钮或任何其他控件的自动初始化，可以为这些元素添加如下属性。

data-role="none"

这样，jQuery Mobile 就不会增强这些控件。

<button data-role="none"> 表单按钮 </button>

接下来通过一个具体实例的实现过程，详细讲解在 jQuery Mobile 页面中使用表单按钮的方法。

【范例 8-2】在 jQuery Mobile 页面中使用表单按钮（光盘 :\配套源码 \8\form. html）

实例文件 form.html 的具体实现代码如下。

```
<div data-role="page">
    <div data-role="header">
        <h1> 使用表单按钮 </h1>
    </div>

    <div data-role="content">
        <em>&lt;button&gt; 按钮元素 &lt;/button&gt;</em>
        <button data-theme="b"> 按钮元素 </button>
        <br>
        <em>&lt;input type="button" value="Button input" /&gt;</em><br>
        <em>&lt;input type="submit" value="Submit input" /&gt;</em><br>
        <em>&lt;input type="reset" value="Reset input" /&gt;</em>
        <input type="button" value=" 确定按钮 " data-theme="b" />

    </div>
</div>
```

【运行结果】

执行后的效果如图 8-2 所示。

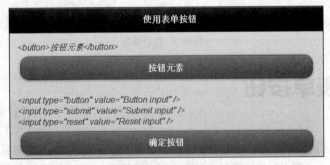

图 8-2　执行效果

8.3　为按钮设置图像

 本节教学录像：5 分钟

在 jQuery Mobile 应用中，用很少的编码工作就可以将图像设计为按钮。本节详细讲解在 jQuery Mobile 页面中为按钮设置图像的基本知识。

8.3.1　使用图像按钮

在 jQuery Mobile 页面中，无须做任何修改即可使用锚标记来包含图像。如果想将图片附加到一个 input 元素，则需要添加如下属性。

```
data-role="none"
```

接下来通过一个具体实例的实现过程，详细讲解在 jQuery Mobile 页面中使用表单按钮的方法。

【范例 8-3】在 jQuery Mobile 页面中使用图像按钮（光盘 :\daima\8\image.html）

实例文件 image.html 的具体实现代码如下。

```html
<div data-role="page" data-theme="b">
    <div data-role="header">
        <h1> 使用图片按钮 </h1>
    </div>

    <div data-role="content">
        <p style="text-align:center;">
            <em>&lt;input type="image" src="cloud.png" <strong>data-role="none"</strong> /></em><br>
            <input type="image" src="images/cloud-default.png" style="width:57px; height:57px;" data-role="none" />
        </p>

        <p style="text-align:center;">
            <em>&lt;a href="#"&gt;&lt;img src="cloud.png"&gt;&lt;/a&gt;</em><br>
            <a href="#"><img src="images/cloud-default.png" height="44" width="44"></a>
        </p>
    </div>
</div>
```

【运行结果】

执行后的效果如图 8-3 所示。

图 8-3　执行效果

8.3.2 使用有图标的按钮

移动开发应用中包含一组经常在移动应用程序中使用的标准图标，其中包含一个单独的白色图标精灵（sprite），而且该图标后面还有一个半透明的黑圈，以确保图标能够与任何背景色区分开来。在 jQuery Mobile 应用中，通过添加属性 data-icon 并指定要显示的图标，可以将图标添加到任何按钮。

接下来通过一个具体实例的实现过程，详细讲解在 jQuery Mobile 页面中使用有图标的按钮的方法。

【范例 8-4】在 jQuery Mobile 页面中使用有图标的按钮（光盘 :\ 配套源码 \8\ icon1.html）

实例文件 icon1.html 的具体实现代码如下。

```
<div data-role="page">
    <div data-role="header">
        <h1> 使用有图标的按钮 </h1>
    </div>

    <div data-role="content">
      <p style="text-align:center;">
          <em>&lt;input type="button" value="delete" <strong>data-icon="delete"</strong>/&gt;</em>
          <input type="button" value=" 确认按钮 " data-icon="delete" data-theme="b" data-inline="true" />
      </p>
      <p style="text-align:center;">
          <em>&lt;a href="#" data-role="button" <strong>data-icon="plus"</strong>&gt; 链接 &lt;/a&gt;</em>
          <a href="#" data-role="button" data-icon="plus" data-theme="b" data-inline="true"> 链接按钮 </a>
      </p>
      <p style="text-align:center;">
          <em>&lt;button <strong>data-icon="minus"</strong>&gt; 按钮元素 &lt;/button&gt;</em>
          <button data-icon="minus" data-theme="b" data-inline="true"> 按钮元素 </button>
      </p>
      </div>
    </div>
</div>
```

【运行结果】

执行后的效果如图 8-4 所示。

技巧

如何禁用 button

在有些情况下，可能会需要禁止按钮的加载事件，这个时候可以继续通过如下设置实现。

$('#home-button').button("disable");

如果要恢复可用，则设置为：

$('#home-button').button("enable");

图 8-4　执行效果

8.3.3　使用只带有图标的按钮

在 jQuery Mobile 应用中，由于只带有图标的按钮占据相当小的屏幕，因此通常用于页眉、工具栏和标签栏中。上一章的范例 7-3 中已经使用过几个只带有图标的按钮示例。在这个范例中用到了 "plus" 图标，它允许用户轻敲 "add" 图标，以创建一个新的评论。在上一章的范例中也可以看到在工具栏和标签栏中使用的只带有图标的按钮，它们可以用来表达每一个按钮的含义。要创建一个只带有图标的按钮，可以为该按钮添加如下属性。

data-iconpos="notext"

接下来通过一个具体实例的实现过程，详细讲解在 jQuery Mobile 页面中使用只带有图标的按钮的方法。

【范例 8-5】在 jQuery Mobile 页面中使用只带有图标的按钮（光盘 :\ 配套源码 \8\icon2.html）

实例文件 icon2.html 的具体实现代码如下。

```
<!DOCTYPE html>
<html>
    <head>
    <meta charset="utf-8">
    <title>Buttons</title>
    <meta name="viewport" content="width=device-width, minimum-scale=1.0, maximum-scale=1.0">
    <link rel="stylesheet" href="http://code.jquery.com/mobile/1.0/jquery.mobile-1.0.min.css" />
    <style>
        .ui-content { min-height:inherit; }
    </style>
    <script src="http://code.jquery.com/jquery-1.6.8.min.js"></script>
    <script src="http://code.jquery.com/mobile/1.0/jquery.mobile-1.0.min.js"></script>
</head>
<body>
```

```
<div data-role="page" data-theme="b">
    <div data-role="header">
        <h1> 使用只带有图标的按钮 </h1>
</div>

    <div data-role="content" data-theme="b">
    <p style="text-align:center;">
        <a href="#" data-role="button" data-icon="plus" data-iconpos="notext">Plus</a>
        <a href="#" data-role="button" data-icon="minus" data-iconpos="notext">Minus</a>
        <a href="#" data-role="button" data-icon="delete" data-iconpos="notext">Delete</a>
        <a href="#" data-role="button" data-icon="arrow-r" data-iconpos="notext">Next</a>
        <a href="#" data-role="button" data-icon="arrow-l" data-iconpos="notext">Previous</a>
        <a href="#" data-role="button" data-icon="arrow-u" data-iconpos="notext">Up</a>
        <a href="#" data-role="button" data-icon="arrow-d" data-iconpos="notext">Down</a>
        <a href="#" data-role="button" data-icon="check" data-iconpos="notext">Check</a>
        <a href="#" data-role="button" data-icon="gear" data-iconpos="notext">Gear</a>
        <a href="#" data-role="button" data-icon="refresh" data-iconpos="notext">Refresh</a>
        <a href="#" data-role="button" data-icon="forward" data-iconpos="notext">Forward</a>
        <a href="#" data-role="button" data-icon="back" data-iconpos="notext">Back</a>
        <a href="#" data-role="button" data-icon="grid" data-iconpos="notext">Grid</a>
        <a href="#" data-role="button" data-icon="star" data-iconpos="notext">Star</a>
        <a href="#" data-role="button" data-icon="alert" data-iconpos="notext">Alert</a>
        <a href="#" data-role="button" data-icon="info" data-iconpos="notext">Info</a>
        <a href="#" data-role="button" data-icon="home" data-iconpos="notext">Home</a>
        <button data-icon="search" data-iconpos="notext" data-theme="b">Search</button>
    </p>
    </div>
</div>

</body>
</html>
```

【运行结果】

执行后的效果如图 8-5 所示。

【范例分析】

在上述执行效果中，每一个白色图标后面的半透明黑圈可以确保与任何背景色形成对比，而且可以适用于 jQuery Mobile 主题系统。在现实应用中，在白色图标后的半透明的黑色圆圈确保在任何背景色下，图片都能够清晰显示，也使它能很好地工作在 jQuery Mobile 主题系统中。图 8-6 演示了一些在不同主题样式下图标按钮的例子。

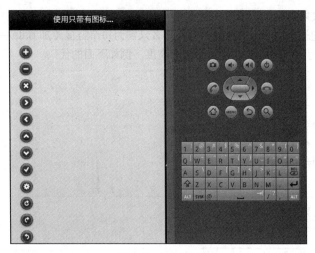

图 8-5　执行效果

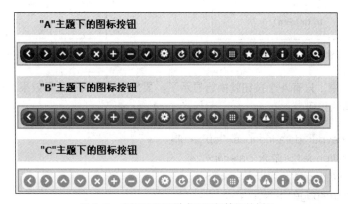

图 8-6　在不同主题样式下图标按钮的例子

▌ 8.4　内联按钮

 本节教学录像：3 分钟

在 jQuery Mobile 页面中，按钮由两类元素组成：一类是 <a> 元素，功能是将该元素的 data-role 属性值设置为 button；另一类是 <input>，在使用时无须在表单内添加 data-role 属性，只需要将 type 属性值设置为 submit、reset、button 或 image 即可。

在 jQuery Mobile 页面开发应用中，默认所有的按钮都被设置了 display:block，所以它们的宽度为 100%，会充满整个屏幕。如果认为这样的按钮太难看了，而是只想将按钮的宽度能够包围图标和文字，那么可以为按钮添加 data-inline='true' 属性，将其变为内联性，这就是内联按钮。例如下面的代码。

```
<div data-role="content">
<button data-inline="true">data-inline="true"</button>
<input type="button" value="buttonBtn" />
</div>
```

上述代码的执行效果如图 8-7 所示。

如果想让这些按钮一个接一个地排成一行，那么只需为每个链接添加 data-inline="true" 属性即可，jQuery Moblie 会自动为它们添加浮动属性 float 和宽度。例如下面的代码。

```
<div data-role="content">
<button data-inline="true"> 游泳 </button>
<button data-inline="true"> 跑步 </button>
<button data-inline="true"> 发呆 </button>
<button data-inline="true"> 打机 </button>
</div>
```

上述代码的执行效果如图 8-8 所示。

图 8-7　执行效果　　　　　　　　　　　图 8-8　执行效果

在上述执行效果中，只有 4 个按钮就换行显示了。要想实现不换行显示效果，可以添加 navbar 属性来设置。例如下面的代码。

```
<div data-role="navbar" data-iconpos="top"><ul>
<li><a href="http://page1"> 游泳 </a></li>
<li><a href="http:// page1"> 跑步 </a></li>
<li><a href="http:///#page1"> 发呆 </a></li>
<li><a href="http://#page1"> 打机 </a></li>
</ul></div>
```

上述代码的执行效果如图 8-9 所示。

图 8-9　执行效果

图 8-10　用网格 Grid 实现精确布局

如果想进一步得到更加精确的布局，可以借助网格 Grid 来实现。例如，图 8-10 所示的效果图中将网格平均分成了 3 列 1 行。

接下来通过一个具体实例来讲解使用内联按钮的方法。

【范例 8-6】使用内联按钮（光盘 :\ 配套源码 \8\neilian.html）

实例文件 neilian.html 的具体实现代码如下。

```html
<!DOCTYPE html>
    <head>
    <meta charset="utf-8">
    <title>Page Template</title>
    <meta name="viewport" content="width=device-width, initial-scale=1">
    <link rel="stylesheet" href="http://code.jquery.com/mobile/1.0/jquery.mobile-1.0.min.css" />
     <link href="css.css" rel="Stylesheet" type="text/css" />
    <script src="http://code.jquery.com/jquery-1.6.4.min.js"></script>
      <script src="http://code.jquery.com/jquery-1.6.4.js"></script>
    <script src="http://code.jquery.com/mobile/1.0/jquery.mobile-1.0.min.js"></script>
</head>
<body>
  <div data-role="page">
  <div data-role="header"><h1> 头部栏 </h1></div>
    <div class="ui-grid-a">
      <div class="ui-block-a">
       <a href="#" data-role="button" class="ui-btn-active"> 确定 </a>
      </div>
      <div class="ui-block-b">
       <input type="submit" value=" 取消 " />
      </div>
     </div>
     <div data-role="footer"><h4>©2014 我的版权 </h4></div>
   </div>
</body>
</html>
```

【范例分析】

在上述实例代码中，使用分栏容器将两个按钮显示在同一行中，并且这两个按钮的宽度可以与移动端浏览器的的宽度进行自动等比缩放，所以也能够适应于移动端不同分辨率的浏览器。

【运行结果】

本实例执行后的效果如图 8-11 所示。

图 8-11　执行效果

▌ 8.5　实现按钮定位

 本节教学录像：2 分钟

在 jQuery Mobile 页面开发应用中，默认情况下，图标是左对齐的。但是，通过为按钮添加 data-iconpos 属性，并指明需要对齐的位置的方式，可以显式地将图标对齐任何一侧。例如，下面的代码实现了一个图标在右边的按钮，效果如图 8-12 所示。

```
<a href="index.html" data-role="button" data-icon="delete" data-iconpos="right">Delete</a>
```

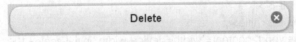

图 8-12　图标在右边的按钮

也可以用 data-iconpos="top" 创建图标在文本上方的按钮，效果如图 8-13 所示。

图 8-13　图标在文本上方的按钮

也可以用 data-iconpos="bottom" 创建图标在文本下方的按钮，效果如图 8-14 所示。

可以通过 data-iconpos="notext" 创建一个只有图标的按钮。button 插件会在屏幕上隐藏文本，但是会把文本作为 title 属性作为 screen readers 的内容和支持小提示的浏览器，即下面的代码。

```
<a href="index.html" data-role="button" data-icon="delete" data-iconpos="notext">Delete</a>
```

接下来通过一个具体实例的实现过程，详细讲解在 jQuery Mobile 页面中实现按钮定位的方法。

【范例 8-7】在 jQuery Mobile 页面中实现按钮定位（光盘 :\配套源码 \8\positioning. html）

实例文件 positioning.html 的具体实现代码如下。

```
<div data-role="page">
    <div data-role="header">
        <h1> 实现按钮定位 </h1>
    </div>

    <div data-role="content" style="text-align:center; margin:0; padding:0;">
    <p style="margin:0; padding:0;">
        <a href="#" data-role="button" data-icon="arrow-u" data-theme="b" data-inline="true" data-iconpos="top"> 上 </a>
    </p>
    <p style="margin:0; padding:0;">
    <a href="#" data-role="button" data-icon="arrow-l" data-theme="b" data-inline="true"> 左 </a>
        <a href="#" data-role="button" data-icon="arrow-r" data-theme="b" data-inline="true" data-iconpos="right"> 右 </a>
    </p>
    <p style="margin:0; padding:0;">
```

```
        <a href="#" data-role="button" data-icon="arrow-d" data-theme="b" data-inline="true" data-
iconpos="bottom"> 下 </a>
        </p>
    </div>
</div>
```

【运行结果】

执行后的效果如图 8-15 所示。

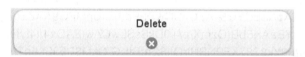

图 8-14　图标在文本下方的按钮

图 8-15　执行效果

技巧

创建一个没有文本只有图片的按钮

有时，可能想用一个没有文本内容仍具有按钮特性的一个按钮。如果要在按钮上隐藏文本，设置 data-iconpos="notext"，例如下面的代码。

`<a href="../index.html" data-icon="grid" class="ui-btn-right"data-iconpos="notext">Home</a>`

■ 8.6 自定义按钮图标

 本节教学录像：2 分钟

在 jQuery Mobilc 按钮应用中可以使用自定义图标，此时需要指定一个唯一的 data-icon 值，例如下面的代码。

`data-icon="myapp-email"`

jQuery Mobile 的 button 插件会生成一个 class 值添加上去。该值由 ui-icon 与 data-icon 的值组合而成（ui-icon-myapp-email），然后在 CSS 中指定这个类的背景图片地址。为了保持视觉效果的一致，建议使用 png-8 格式的白色 8*18 的透明图标。

接下来通过一个具体实例的实现过程，详细讲解在 jQuery Mobile 页面中实现自定义按钮的图标的方法。

【范例 8-8 】在 jQuery Mobile 页面中实现自定义按钮的图标（ 光盘 :\配套源码 \8\custom.html ）

实例文件 custom.html 的具体实现代码如下。

```
<!DOCTYPE html>
<html>
    <head>
    <meta charset="utf-8">
    <title>Buttons</title>
    <meta name="viewport" content="width=device-width, minimum-scale=1.0, maximum-scale=1.0">
    <link rel="stylesheet" href="http://code.jquery.com/mobile/1.0/jquery.mobile-1.0.min.css" />
    <style>
        .ui-icon-custom1 { background: url(data:image/ng;base64,
```

iVBORw0KGgoAAAANSUhE
UgAAABYAAAAWCAYAAADEtGw7AAAKRGIDQ1BJQ0MgUHJvZmlsZQAAAeAGdlndUFNcXx9/MbC+
0XZYiZem9twWkLr1IISYKy+4CS1nWZRewN0QFIoqICFYkKGLAaCgSK6JYCAgW7AEJIkoMRhEVIczG
HPX3Oyf5/U7eH3c+8333nnfn3vvvvOGQAoASECYQ6sAEC2UCKO9PdmxsUnMPG9AAZZEgAM2AHC4
uaLQKKL9ogK5AXzYzF3WS8V8LAuD1LYBaAK5bBlQzmX/p/+9DkSsSSwCAwtEAOx4/l4tcpZ+RKRT
J9EmZ6SKWMYI2MxmiDKqjJO+8Tmf/p8Yk8Z87KFPNRHIrOlI82TcRfKG/OkfJSREJSL8gt8fJRvoKyfJ
c0WoPwGZXo2n5MLAIYi0yV8bjrK1ihTxNxNAkcgpH3FKV+xhF+A5gkAO0e0RCxIS5IS5gt8fJRvoKyfJ
nZxYzgJ+fxZdILMIlAHz6ZIkUUJVLVokW2dHG2dHRwtTYytjX5xddPyL+TYmKz8bn73+p7GLPnkGS9/
eTxMuLPnkGMni/al9gvwWk4t4TAKwptZDZvmgpOwFoWjt++p7Jp8PjpPkvHp/1ZINaBGWhtPmUwL G
JMQ8x0rE9seexQnFXcirir8erxgvj2BHxCTEJ9wtQC3wXbF4wmOiQWjd5aaLSwYYOHlReqLshadSpJP4iQ
```
```

dT8YmxyYfTn7PCePUcqZSAlN2pUxy2dwd3Gc8T14Fb5zvxi/nj6W6pZanPklzS9uWNp7ukV6ZPiFgC6oFLz
ICMvZmTGeGZR7MnM2KzWrOJmQnZ58QKgkzhV05WjkFOf0iM1GRaGixy+LtiyfFweL6XCh3YW67hI7+TP
VIjaXrpcN57nk1eW/yY/KPFygWCAt6lpgu2bRkbKnf0m+XYZZxl3Uu11m+ZvnwCq8V+1dCK1NWdq7SW1
W4anS1/+pDa0hrMtf8tNZ6bfnaV+ti13UUahauLhxZ77++sUiuSFw0uMF1w96Nml2Cjb2b7Dbt3PSxmFd8p
cS6pLLkfSm39Mo3Nt9UfTO7OXVzb5lj2Z4tuC3CLbe2emw9VK5YvrR8ZFvottYKZkVxxavtSdsvV9pX7t1B2
iHdMVQVUtW+U3/nlp3vq9Orb9Z41zTv0ti1adf0bt7ugT2ee5r2au4t2ftun2Df7f3++1trDWsrD+AO5B14XBd
T1/0t69uGevX6kvoPB4UHhw5FHupqcGpoOKxxuKwRbpQ2jh9JPHLtO5/v2pssmvY3M5pLjoKj0qNPv0/+/
tax4GOdx1nHm34w+GFXC62luBVqXdl62ZbeNtQe395/luhEZ4drR8uPlj8ePKlzsuaU8qmy06TThadnzyw9
M3VWdHbiXNq5kc6kznvn487f6lro6r0QfOHSRb+L57u9us9ccrt08rLL5RNXWFfarjpebe1x6Gn5yeGnll7H
3tY+p772a87XOvrn9p8e8Bg4d93n+sUbgTeu3px3s//W/Fu3BxMHh27zbj+5k3Xnxd28uzP3Vt/H3i9+oPC
g8qHGw9qfTX5uHnIcOjXsM9zzKOrRvRHuyLNfcn95P1r4mPq4ckx7rOGJ7ZOT437j154cueDr6TPRsZqLo
V8Vfdz03fv7Db56/9UzGTY6+EL+Y/b30pdrLg6/sX3VOhU89fJ39ema6+l3am0NvWWW+738W+G5vJf49/X/
XB5EPHx+CP92ezZ2f/AAOY8/xJsCmYAAAACXBIWXMAAAsTAAALEwEAmpwYAAAvEIEQVQ4Ee3T0R
GDIAwGYOk5B8zSaZzJaZwwFFqqFG/XNpDSal1ze948AYPrglodY6eJ5SypYYYwye/OCBgQIE3opT3gPJrV
5MntYcaoOItaZdwwlgcD6aC2/uWEGGxO1pgwxHQehW+QGGY+Al2oC78Df4CNXXGGO9ATLoz9VlgA/j4m
eXuuOayQc8bV60XI4mzwzcNKMqtnjFs5WpOR+JlnbcSECVzLtUg4pfSU79qYT4X28ZfYDXP17IL8vxQv/
kFhUOBaQa4AAAAASUVORK5CYII=) 50% 50% no-repeat; background-size: 14px 14px; }

```
        #custom2 .ui-icon { background: url(../images/53-house-w.png) 50% 50% no-repeat;
background-size: 14px 14px; }

            .ui-icon-shadow {
            -webkit-box-shadow:        0px 0px 0 rgba(255,255,255,.4);
            box-shadow:                0 0px 0 rgba(255, 255, 255, 0.4); }
        </style>
        <script src="http://code.jquery.com/jquery-1.6.8.min.js"></script>
        <script src="http://code.jquery.com/mobile/1.0/jquery.mobile-1.0.min.js"></script>
    </head>
    <body>

    <div data-role="page" data-theme="b">
        <div data-role="header">
            <h1> 自定义图标 </h1>
        </div>

        <div data-role="content" style="text-align:center;">
          <p>
            <em>&lt;a href="#" data-role="button" <strong>data-icon="home"</strong>&gt;</em>
            <a href="#" data-role="button" data-icon="home" data-inline="true"> 标准图标 </a>
          </p>
          <p>
            <em>&lt;a href="#" data-role="button" <strong>data-icon="custom1"</strong>&gt;</em><br>
            <a href="#" data-role="button" data-icon="custom1" data-inline="true"> 自定义图标 </a>
          </p>

          <br>
```

```
        <p>
            <em>&lt;a href="#" data-role="button" <strong>data-icon="custom" id="custom2"</
strong>&gt;</em><br>
            <a href="#" data-role="button" data-icon="custom" id="custom2" data-inline="true"> 自定义 2</a>
        </p>
    </div>
</div>

</body>
</html>
```

【运行结果】

执行后的效果如图 8-16 所示。

图 8-16　执行效果

 提示　使用数据 URI 方案（scheme）载入图像的好处

在现实应用中，用于自定义图像的背景源是使用数据 URI 方案（scheme）载入的。在从外部载入小图像时，这是一个高性能的方法。例如，通过在线内（in-line）包含自定义图像，用户就不再需要 HTTP 请求。但是该技术的主要缺陷是，图像以 Base64 编码并形成字符串后，其尺寸要比原始的图像大 1/3。

▊ 8.7　实现分组按钮

 本节教学录像：3 分钟

目前为止，所有实例中的按钮都是与其他按钮相分离的。但是，如果想对按钮进行分组，可以将按钮包含在一个控件组内。例如，上一章中的分段控件示例就是以这种方式进行分组处理的。本节详细讲解实现分组按钮效果的基本知识。

8.7.1 分组按钮基础

在 jQuery Mobile 页面中，有时可能想把一组按钮放在一起组成一个块，让它们看起来就像一个导航组件。可以用一个控制组 data- role="controlgroup" 的容器来包裹这些按钮。jQuery Mobile 默认创建垂直并居中的按钮，同时为每个按钮删除所有外边距和阴影，只有第一个和最后一个按钮具有圆角效果。

在 jQuery Mobile 应用中，要想实现分组按钮效果，可以使用如下属性将一组按钮包装在容器中。

---

data-role="controlgroup"

在默认情况下，框架会对按钮进行垂直分组，并移除所有的页边空白（margin），以及在按钮之间添加边界。此外，为了在视觉上增强分组，第一个和最后一个元素会使用圆角进行设计。由于按钮在默认情况下是垂直摆放的，可以添加属性 data-type="horizontal"，这样可以水平摆放按钮。垂直摆放的按钮会占据其外层容器的整个宽度，而水平摆放的按钮的宽度则只与其内容一样宽。例如下面的代码。

```
<div data-role="controlgroup">
<a href="http://blog.163.com/lvshutao@126/blog/index.html" data-role="button">Yes</a>
<a href="http://blog.163.com/lvshutao@126/blog/index.html" data-role="button">No</a>
<a href="http://blog.163.com/lvshutao@126/blog/index.html" data-role="button">Maybe</a>
</div>
```

上述代码执行后的效果如图 8-17 所示。

由此可见，默认效果显示为垂直排列。可以为窗口添加 dat-type=horizontal 属性，这样可以让按钮实现水平排列效果。当然，这些按钮最终会排成多少行是由窗口的宽度所决定的。

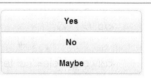

图 8-17　执行效果

8.7.2 使用分组按钮

接下来通过两个具体实例的实现过程，详细讲解在 jQuery Mobile 页面中使用分组按钮的方法。

【范例 8-9】在 jQuery Mobile 页面中使用分组按钮（光盘 :\配套源码 \8\fenduan. html）

实例文件 fenduan.html 的具体实现代码如下。

```
<!DOCTYPE html>
<html>
    <head>
    <meta charset="utf-8">
    <title>Segmented Control Example</title>
    <meta name="viewport" content="width=device-width, initial-scale=1">
    <link rel="stylesheet" href="http://code.jquery.com/mobile/1.0/jquery.mobile-1.0.min.css" />
    <style>
        .segmented-control { text-align:center;}
```

```
            .segmented-control .ui-controlgroup { margin: 0.2em; }
            .ui-control-active, .ui-control-inactive { border-style: solid; border-color: gray; }
            .ui-control-active { background: #BBB; }
            .ui-control-inactive { background: #DDD; }
        </style>
        <script src="http://code.jquery.com/jquery-1.6.8.min.js"></script>
        <script src="http://code.jquery.com/mobile/1.0/jquery.mobile-1.0.min.js"></script>
    </head>
    <body>

    <div data-role="page">
        <div data-role="header" data-position="fixed">
            <h1> 精彩影视 </h1>
            <div class="segmented-control ui-bar-d">
                <div data-role="controlgroup" data-type="horizontal">
                    <a href="#" data-role="button" class="ui-control-active"> 剧院模式 </a>
                    <a href="#" data-role="button" class="ui-control-inactive"> 马上回来 </a>
                    <a href="#" data-role="button" class="ui-control-inactive"> 最受欢迎的 </a>
                </div>
            </div>
        </div>

        <div data-role="content">
            <ul data-role="listview">
                <li>
                 <a href="#">
                    <img src="images/111.jpg" />
                    <h3> 变形金刚 </h3>
                        <p> 评论 : PG</p>
                        <p> 时长 : 95 min.</p>
                 </a>
                </li>
                <li>
                 <a href="#">
                    <img src="images/222.jpg" />
                    <h3>X 战警 </h3>
                        <p> 评论 : PG-13</p>
                        <p> 时长 : 137 min.</p>
                 </a>
                </li>
                <li>
                 <a href="#">
                    <img src="images/333.jpg" />
```

```
            <h3> 雷雨 </h3>
                <p> 评论 PG-13</p>
                <p> 时长 : 131 min.</p>
        </a>
    </li>
    <li>
    <a href="#">
            <img src="images/448.jpg" />
            <h3> 小李飞刀 </h3>
                <p> 评论 : PG</p>
                <p> 时长 : 95 min.</p>
        </a>
    </li>

        </ul>
    </div>
</div>


</body>
</html>
```

【 运行结果 】

本实例的执行效果如图 8−18 所示。

当对按钮进行水平分组时，当控件组的宽度超出屏幕宽度时会发生重叠现象。

【 范例 8-10 】在 jQuery Mobile 页面中使用分组按钮(光盘 :\ 配套源码 \8\fenzu. html)

实例文件 fenzu.html 的具体实现代码如下。

```
<body>
<p> 水平排列 </p>
<div data-role="controlgroup" data-type="horizontal">
<a  data-role="button">Yes</a>
<a  data-role="button">No</a>
<a  data-role="button">Maybe</a>
</div>

<p> 带图标水平排列 </p>
<div data-role="controlgroup" data-type="horizontal" >
<a  data-role="button" data-icon="plus">Add</a>
<a  data-role="button" data-icon="delete">Delete</a>
</div>
```

```
<p> 只有图标的水平排列 </p>
<div data-role="controlgroup" data-type="horizontal" >
<a  data-role="button" data-icon="arrow-u" data-iconpos="notext">Up</a>
<a  data-role="button" data-icon="arrow-d" data-iconpos="notext">Down</a>
<a  data-role="button" data-icon="delete" data-iconpos="notext">Delete</a>
</div>
</body>
```

【运行结果】

本实例执行后的效果如图 8-19 所示。

图 8-18　执行效果

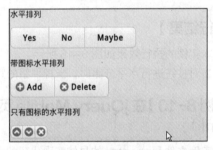

图 8-19　执行效果

8.8　使用主题按钮

本节教学录像：1 分钟

在 jQuery Mobile 应用中，按钮与所有的 jQuery Mobile 组件一样，都会继承其父容器的主题。此外，当需要使用不同颜色来设计按钮时，通过添加 data–theme 属性，可以为按钮应用所选择的任何主题。

例如，在范例 5–4 中，为了提升按钮的可用性，设置的多选项操作表就是一个典型的使用主题按钮的过程，如图 8–20 所示。

图 8-20　主题按钮效果

■ 8.9　使用动态按钮

 本节教学录像：3 分钟

在 jQuery Mobile 应用中，button 插件（plugin）是一个能自动增强本地按钮的微件（widget）。可以使用该插件动态创建、启用和禁用按钮。如果需要在代码中动态创建按钮，可以通过如下两个方法实现。

❏ 通过标记驱动的方法动态创建按钮。

❏ 显式设置 button 插件的选项。

在标记驱动的方法中可以为新按钮创建 jQuery Mobile 标记，然后将其添加到内容容器中，再进行增强处理。本节详细讲解使用动态按钮的基本知识，为读者步入本书后面知识的学习打下基础。

8.9.1　按钮选项

在 jQuery Mobile 框架中，为了动态增强按钮而使用的 button 插件具有如下选项。

（1）corners boolean

default:true

在默认情况下，按钮是圆角的，将该选项设置为 false，则会移除按钮的圆角。该选项还可以公开作为一个数据属性：data-corners="false"。例如

```
$("#button1").button({corners:false});
```

（2）icons string

default:null

设置按钮的图标。该选项还可以公开作为一个数据属性：data-icon="plus"。例如

```
$("#button1").button({icon:"home"});
```

（3）iconpos string

default:"1eft"

设置图标的位置。可能的值有 "left"、"right"、"top"、"bottom" 和 "notext"。"notext" 值会将按钮显示为一个只带有图标而没有文本的按钮。该选项还可以公开作为一个数据属性：data-iconpos="notext"。例如

```
$("#button1").button ({iconpos:"notext"});
```

（4）iconshadow boolean

default:true

当该选项值为 true 时，框架会为图标添加阴影。该选项还可以公开作为一个数据属性：data-iconshadow="false"。例如

```
$("#button1").button({iconshadow:false});
```

（5）initSelector

这是一个 CSS 选择符。

默认："button, [type='button'], [type='submit'], [type='reset'], [type='image']"

此选项用来定义被初始化为表单按钮的选择符（通过元素类型、数据规则等）。要改变被初始化的元素，需要给 mobileinit event 事件绑定这个选项。例如

```
$( document ).bind( "mobileinit", function(){
$.mobile.button.prototype.options.initSelector = ".myButtons";
});
```

（6）inline

这是一个布尔值。

默认：null (false)

假设为 true 的话，会使按钮为内联的样式，这样按钮的宽度就由按钮内的文字来决定。默认情况下，此项为 null (false)，所以按钮的宽度会撑满，不管里面有多少文字。可以使用的值是 true, false。此选项也可以通过 data-inline="true" 的属性设置。例如

```
$('a').buttonMarkup({ inline: "true" });
```

（7）shadow

这是一个布尔值。

默认：true

假设为 true 的话，会使按钮有阴影。此选项也可以通过 data-shadow="false" 的属性设置。例如

```
$('a').buttonMarkup({ shadow: "false" });
```

8.9.2 按钮方法

在 jQuery Mobile 页面开发应用中，button 插件具有如下方法。

（1）enable

被 disabled 的表单按钮可用，例如

```
$('[type='submit']').button('enable');
```

（2）disable

用于禁用一个表单按钮，例如

```
$('[type='submit' ] ').button('disable');
```

（3）refresh

用于更新一个表单按钮。如果通过 js 更新了一个表单按钮，必须再对它通过 refresh 方法更新它的视觉样式。例如

```
$('[type='submit']').button ('refresh');
```

上述方法只适用于表单中的按钮。基于链接的按钮没有相关联的方法。

8.9.3　按钮事件

button 插件支持如下事件。

create triggered when a button is created

在创建一个自定义按钮时会触发该事件，它并不是用来创建一个自定义按钮。例如下面的演示代码。

```
$('<a href="#"id="button2">Button2</a>')
    .insertAfter("#button")
    .button({
    theme:'a',
    create:function(event){
    console.log("Creating button...  ");
    }
    })
```

8.10　综合应用——实现动态按钮

 本节教学录像：2 分钟

经过本章前面内容的学习，读者应该已经了解了在 jQuery Mobile 应用中实现动态按钮的基本知识。接下来通过具体实例的实现过程，详细讲解在 jQuery Mobile 页面中实现动态按钮的方法。

【范例8-11】在jQuery Mobile 页面中创建并使用动态按钮（光盘:\配套源码\8\ d-buttons.html）

实例文件 d-buttons.html 的具体实现代码如下。

```
<!DOCTYPE html>
<html>
    <head>
    <meta charset="utf-8">
    <title>Buttons</title>
    <meta name="viewport" content="width=device-width, minimum-scale=1.0, maximum-scale=1.0;">
    <link rel="stylesheet" href="http://code.jquery.com/mobile/1.0/jquery.mobile-1.0.min.css" />
    <script src="http://code.jquery.com/jquery-1.6.8.min.js"></script>
```

```
        <script src="http://code.jquery.com/mobile/1.0/jquery.mobile-1.0.min.js"></script>
    </head>
    <body>


    <div data-role="page" data-theme="b">
        <div data-role="header">
            <h1> 创建动态按钮 </h1>
        </div>


        <div data-role="content">
            <a href="#" data-role="button" id="create-button1"> 创建按钮 1</a>
            <a href="#" data-role="button" id="create-button2"> 创建按钮 2</a>


            <br><br>
            <a href="#" data-role="button" id="create-multiple-buttons"> 创建多个按钮 </a>
            <a href="#" data-role="button" id="create-button5"> 创建按钮 5</a>
            <a href="#" data-role="button" id="create-button6"> 创建按钮 6</a>
            <a href="#" data-role="button" id="disable-button3" data-theme="d"> 禁用的按钮 3</a>
            <a href="#" data-role="button" id="enable-button3" data-theme="d"> 可用的按钮 3</a>
        </div>


    <script type="text/javascript">
    <!-- 使用标记驱动的方法来创建动态按钮 -->
        $( "#create-button1" ).bind( "click", function() {
            $( '<a href="http://jquerymobile.com" id="button1" data-role="button" data-icon="star"
data-inline="true" data-theme="a">Button1</a>' )
                .appendTo( ".ui-content" )
                .button();
        });
        <!-- 使用插件驱动的方法来创建动态按钮 -->
        $( "#create-button2" ).bind( "click", function() {
            $( '<a href="http://jquerymobile.com" id="button2">Button2</a>' )
                .insertAfter( "#create-button2" )
                .button({
                    corners: true,
                    icon: "home",
                    inline: true,
                    shadow: true,
                    theme: 'a',
                    create: function(event) {
                        console.log( "Creating button..." );
                        for (prop in event) {
                            console.log(prop + ' = ' + event[prop]);
```

```
                        }
                    }
                })
            });

        $( "#create-button5" ).bind( "click", function() {
            $( '<input type="submit" id="button5" value="Button5" data-theme="a" />' )
                .insertAfter( "#create-button5" )
                .button();
        });

        $( "#create-button6" ).bind( "click", function() {
            $( '<input type="submit" id="button6" value="Button6" />' )
                .insertAfter( "#create-button6" )
                .button({
                    'icon': "home",
                    'inline': true,
                    'shadow': true,
                    'theme': 'a'
                })
        });

        $( "#create-multiple-buttons" ).bind( "click", function() {
            $( '<button id="button3" data-theme="a">Button3</button>' ).insertAfter( "#create-
multiple-buttons" );
            $( '<button id="button4" data-theme="a">Button4</button>' ).insertAfter( "#button3" );
            $.mobile.pageContainer.trigger( "create" );
            });
        <!-- 创建按钮，并动态禁用 / 启动它们按钮 -->
        $( "#disable-button3" ).bind( "click", function() {
            $( "#button3" ).button( "disable" );
        });

        $( "#enable-button3" ).bind( "click", function() {
            $( "#button3" ).button( "enable" );
        });
    </script>
</div>

</body>
</html>
```

【范例分析】

在上述示例代码中，JavaScript 语句是整个程序的核心。这段 JavaScript 语句的实现流程如下。

（1）使用标记驱动的方法来创建动态按钮。

在标记驱动的方法中，为新按钮创建 jQuery Mobile 标记，然后将其添加到内容容器中，再进行增强。

（2）使用插件驱动的方法来创建动态按钮。

对于插件驱动的方法，需要创建一个本地链接，将按钮插入页面中，然后应用按钮增强。

（3）创建按钮并动态禁用 / 启动它们。

在此创建多个表单按钮，但是不再为每个按钮分别调用 button 插件，而是通过一次触发页面容器的 create 方法，对所有的按钮进行增强。另外，也可以使用 button 插件的 enable 和 disable 方法动态启用或禁用按钮。

【运行结果】

本实例执行后的初始效果如图 8-21 所示。

图 8-21　初始执行效果

触摸单击图 8-21 中的某个按钮后，会动态创建对应的按钮。例如，触摸单击"创建多个按钮"按钮后，会在下方自动创建两个按钮："按钮 3"和"按钮 4"，如图 8-22 所示。

图 8-22　动态自动创建两个按钮："按钮 3"和"按钮 4"

■ 8.11　高手点拨

1.　总结属性 data-icon 可以创建什么样的图标

在 jQuery Mobile 页面中，属性 data-icon 可以被用来创建如下图标。

- ❏　左箭头 data-icon="arrow-l"
- ❏　右箭头 data-icon="arrow-r"
- ❏　上箭头 data-icon="arrow-u"
- ❏　下箭头 data-icon="arrow-d"
- ❏　删除 data-icon="delete"
- ❏　添加 data-icon="Plus"
- ❏　减少 data-icon="minus"
- ❏　检查 data-icon="Check"
- ❏　齿轮 data-icon="gear"
- ❏　前进 data-icon="Forward"
- ❏　后退 data-icon="Back"
- ❏　网格 data-icon="Grid"
- ❏　五角 data-icon="Star"
- ❏　警告 data-icon="Alert"
- ❏　信息 data-icon="info"
- ❏　首页 data-icon="home"
- ❏　搜索 data-icon="Search"

在默认情况下，所有按钮图标出现在按钮的文本的左侧。可以通过属性 data-iconpos="top" / "bottom" 来覆盖此默认操作。

2.　为按钮添加自定义图标的方法

在 jQuery Mobile 应用中，要为按钮添加自定义图标，需要采取如下两个步骤。

（1）为链接添加 data-icon 属性，该属性的值必须唯一地标识自定义图标，如 data-cion="my-custom-icon"。

（2）创建一个 CSS 类属性，用于设置自定义图像的背景源。该类属性的名字必须被命名为 ".ui-icon-<data-icon-value>"。例如，如果 data-icon 值是 "my-custom-icon"，则新创建的 CSS 类属性应该是 ".ui-icon-my-custom-icon"。

■ 8.12　实战练习

1.　在文本框中显示提示信息

请创建一个类型为"email"的 <input> 元素，设置该元素的"placeholder"属性值为"亲，要输入正确的邮件地址哟！"。当页面初次加载时，该元素的占位文本显示在输入框中。单击输入框时，占位文本将自动消失。

2. 验证文本框中的内容是否为空

请在表单页面中创建一个用于输入"姓名"的"text"类型 <input> 元素，并在该元素中添加一个"required"属性，将属性值设置为"true"。当用户单击表单"提交"按钮时，将自动验证输入文本框中内容是否为空；如果为空，则会显示错误信息。

第 **9** 章

本章教学录像：50 分钟

表单

　　在 jQuery Mobile 页面中，表单在网页中主要负责数据采集功能。本章详细讲解在 jQuery Mobile 中实现表单功能的基础知识，为读者步入本书后面知识的学习打下基础。

本章要点（已掌握的在方框中打钩）

□ 表单基础

□ 在表单中输入文本

□ 选择菜单

□ 单选按钮

□ 使用复选框

□ 使用滑动条

□ 使用开关控件

□ 使用本地表单元素

□ 综合应用——创建一个日期选择器

9.1 表单基础

 本节教学录像：3 分钟

在 jQuery Mobile 页面开发应用中，用于构建基于表单的应用程序所采用的方法和传统使用的构建 Web 表单的方法非常相似。虽然为了清晰起见，应该指明 action 和 method 属性，但是这并不是必需的。在默认情况下，action 属性会默认为当前页面的相对路径，该路径可以通过 $.mobile.path.get() 找到，而未指定的 method 属性默认为 "get"。

在提交表单时，通过默认的"滑动"转换，当前页面将会转换到后续页面。但是通过之前用来管理链接的属性可以配置表单的转换行为。

接下来通过一个具体实例的实现过程，详细讲解在 jQuery Mobile 页面中使用表单的方法。

【范例 9-1】在 jQuery Mobile 页面中使用表（光盘 :\ 配套源码 \9\form.html）

实例文件 form.html 的具体实现代码如下。

```
<!DOCTYPE html>
<html>
    <head>
        <meta charset="utf-8">
        <title>Forms</title>
        <meta name="viewport" content="width=device-width, minimum-scale=1.0, maximum-scale=1.0;">
        <link rel="stylesheet" href="http://code.jquery.com/mobile/1.0/jquery.mobile-1.0.min.css" />
        <style>
          label {
            float: left;
            width: 5em;
          }

          input.ui-input-text {
            display: inline !important;
            width: 12em !important;
          }

          form p {
            clear: left;
            margin: 1px;
          }
        </style>
        <script src="http://code.jquery.com/jquery-1.6.4.min.js"></script>
        <script src="http://code.jquery.com/mobile/1.0/jquery.mobile-1.0.min.js"></script>
    </head>
    <body>
        <div data-role="page" data-theme="b">
```

```
        <div data-role="header">
            <h1> 提交表单信息 </h1>
        </div>
        <div data-role="content">
            <form name="test" id="test" action="form-response.php" method="post" data-transition="pop">
                <p>
                    <label for="email"> 邮箱 :</label>
                        <input type="email" name="email" id="email" value="" placeholder="Email" data-theme="d"/>
                </p>
                <p>
                        <button type="submit" data-theme="a" name="submit"> 提交 </button>
                </p>
            </form>
        </div>
    </div>
</body>
</html>
```

【运行结果】

在上述实例代码中，使用“form”标记简单实现了一
个表单效果。执行后的效果如图 9-1 所示。

可以继续在表单元素中添加如下属性，以管理转换或禁
用 Ajax。

图 9-1　执行效果

```
data-transition="pop"
data-direction="reverse"
data-ajax="false"
```

在整个站点中需要确保表单的 id 必须唯一

在整个站点中，需要确保每一个表单的 id 属性都是唯一的。在进行表单转换时，jQuery
注 意 Mobile 会同时将“from”页面和“to”页面载入到 DOM 中，以完成平滑的转换。为了避免任
何冲突，要确保表单的 id 必须唯一。

▌9.2　在表单中输入文本

 本节教学录像：7 分钟

文本输入工作是移动设备上最麻烦的表单字段，当在物理或真实的 QWERTY 键盘上输入文字时，效
率会非常低。所以在移动设备中，需要尽可能自动收集用户的信息。本章前面曾经提到，设备 API 有助于
简化这一用户体验。尽管最大限度地减少这些烦琐的任务是我们所期望的目标，但是有时必须使用文本输
入来收集用户的反馈信息。本节详细讲解在表单中输入文本的基本知识。

注意 从开发人员的角度来看，无须添加任何标记就可以创建 jQuery Mobile 表单和文本输入。

9.2.1 动态输入文本

在 jQuery Mobile 应用中，textinput 是一个能够自动增强文本输入和文本区域的插件（widget）。设计人员可以使用该插件来动态创建、启用和禁用文本输入。要想使用标准字母数字的输入框，需要给 input 增加 type="text" 属性。需要把 label 的 for 属性设为 input 的 id 值，使它们能够在语义上相关联。如果在页面内不想看到 label 的话，可以设置隐藏 label。例如下面的代码。

```
<label for="name">Text Input:</label>
<input type="text" name="name" id="name" value="" />
```

这样就创建了一个 Text 输入框，默认的样式是宽度为父容器的 100%，label 在另一行上显示。执行效果如图 9-2 所示。

Text Input:	Text Input:
图 9-2 执行效果	图 9-3 执行效果

另外，也可以使用 div 容器包裹输入框，并给其设定 data-role="fieldcontain" 属性，使它们在一个大的表单里在视觉上是成组的。执行效果如图 9-3 所示。

在 jQuery Mobile 网页开发应用中，可以使用现存的和新的 HTML5 输入类型，比如 password、email、tel、number 和更多的类型。有一些类型会在不同的浏览器被渲染成不同的样式，比如 Chrome 会将 range 输入框渲染成滑动条，所以通过把类型转为 text 来标准化它们的外观（目前只作用于 range 和 search 元素）。可以用 page 插件的选项来配置那些被降级为 text 的输入框的表现。使用这些特殊类型的输入框的好处是，在智能手机上，不同的输入框对应的是不同的触摸键盘。

通过给 input 设置 type="password" 属性的方式可以设置为密码框。注意，要把 label 的 for 属性设为 input 的 id 值，使它们能够在语义上相关联，并且要用 div 容器包裹它们，并给它设定 data-role="fieldcontain" 属性。

9.2.2 文本输入选项

在 jQuery Mobile 应用中，text 输入框有如下选项。
（1）initSelector
这是一个 CSS 选择器。此选项用来定义被自动初始化为输入框的选择器（元素类型、数据规则等），其默认值如下。
- input[type='text']
- input[type='search']
- :jqmData(type='search')
- input[type='number']

- ❑　:jqmData(type='number')
- ❑　input[type='password']
- ❑　input[type='email']
- ❑　input[type='url']
- ❑　input[type='tel']
- ❑　textarea, input:not([type])"

如果要改变被初始化的元素，可以给 mobileinit 事件绑定这个选项。例如

```
$( document ).bind( "mobileinit", function(){
    $.mobile.textinput.prototype.options.initSelector = ".myInputs";
});
```

（2）theme

这是一个字符串，默认为 null，用于继承父容器，给这个组件的所有实例设定颜色主题。接受从 a~z 的一个字母来映射你的主题。在默认情况下，它继承父容器的相同主题。这个选项也可以通过 data–theme="a" 属性来配置。例如

```
$('.selector').textinput({ theme: "a" });
```

接下来通过一个具体实例的实现过程，详细讲解在 jQuery Mobile 页面的表单中输入不同类型的文本的方法。

【范例 9-2】在表单中输入不同类型的文本（光盘 :\ 配套源码 \9\butongwenben. html）

实例文件 butongwenben.html 的具体实现代码如下。

```
<!DOCTYPE html>
<html>
    <head>
    <meta charset="utf-8">
    <title>Forms</title>
    <meta name="viewport" content="width=device-width, minimum-scale=1.0, maximum-scale=1.0;">
    <link rel="stylesheet" href="http://code.jquery.com/mobile/1.0/jquery.mobile-1.0.min.css" />
    <script src="http://code.jquery.com/jquery-1.6.4.min.js"></script>
    <script src="http://code.jquery.com/mobile/1.0/jquery.mobile-1.0.min.js"></script>
</head>
<body>
  <div data-role="page">
    <div data-role="header">
      <h1> 头部栏 </h1>
    </div>
    <div data-role="content">
      搜索: <input type="search" name="password" id="search" value="" />
      姓名: <input type="text" name="name" id="name" value="" />
      年龄: <input type="number" name="number" id="number" value="0"/>
    </div>
```

```
    <div data-role="footer"><h4> 页脚部分内容 </h4></div>
  </div>
</body>
</html>
```

【范例分析】

在上述实例代码中，分别创建了 3 种不同类型的文本框：search、text 和 number。

【运行结果】

本实例执行后的效果如图 9-4 所示。

图 9-4 执行效果

9.2.3 文本输入方法

在 jQuery Mobile 应用中，textinput 插件具有如下方法。

（1）enable，功能是设置一个输入框可用。例如

```
$('.selector').textinput('enable');
```

（2）disable，功能是设置一个输入框不可用。例如

```
$('.selector').textinput('disable');
```

接下来通过一个具体实例的实现过程，详细讲解在 jQuery Mobile 页面中实现在表单输入文本的方法。

【范例 9-3】实现在表单输入文本（光盘 :\ 配套源码 \9\text.html）

实例文件 text.html 的具体实现代码如下。

```
<!DOCTYPE html>
<html>
  <head>
  <meta charset="utf-8">
  <title>Forms</title>
  <meta name="viewport" content="width=device-width, minimum-scale=1.0, maximum-scale=1.0;">
  <link rel="stylesheet" href="http://code.jquery.com/mobile/1.0/jquery.mobile-1.0.min.css" />
  <style>
      label {
          float: left;
          width: 5em;
      }
      input.ui-input-text {
          display: inline !important;
          width: 12em !important;
      }
```

```
        form p {
            clear:left;
            margin:1px;
        }
    </style>
    <script src="http://code.jquery.com/jquery-1.6.4.min.js"></script>
    <script src="http://code.jquery.com/mobile/1.0/jquery.mobile-1.0.min.js"></script>
</head>
<body>

<div data-role="page" data-theme="b">
    <div data-role="header">
        <h1> 输入文本 </h1>
    </div>

    <div data-role="content">
     <form id="test" id="test" action="#" method="post">
        <p style="margin-bottom:8px;">
        <label for="search" class="ui-hidden-accessible">Search</label>
        <input type="search" name="search" id="search" value="" placeholder="Search" data-theme="d" />
        </p>
        <p>
        <label for="text"> 名字 :</label>
        <input type="text" name="text" id="text" value="" placeholder="Text" data-theme="d"/>
        </p>
        <p>
        <label for="number"> 编号 :</label>
        <input type="number" name="number" id="number" value="" placeholder="Number" data-theme="d" />
        </p>
        <p>
        <label for="email"> 邮箱 :</label>
        <input type="email" name="email" id="email" value="" placeholder="Email" data-theme="d" />
        </p>
        <p>
        <label for="url"> 网址 :</label>
        <input type="url" name="url" id="url" value="" placeholder="URL" data-theme="d" />
        </p>
        <p>
        <label for="tel"> 电话 :</label>
        <input type="tel" name="tel" id="tel" value="" placeholder="Telephone" data-theme="d" />
        </p>

        <!-- Future: http://www.w3.org/2011/02/mobile-web-app-state.html -->
        <!--
        <p>
        <label for="date">date:</label>
        <input type="date" name="date" id="date" value="" placeholder="Date" data-theme="d" />
        <p>
```

```
        -->

        <p>
        <label for="textarea"> 留言 :</label>
        <textarea cols="40" rows="8" name="textarea" id="textarea" placeholder="Textarea" data-
theme="d"></textarea>
        </p>
    </form>
   </div>
  </div>

 </body>
</html>
```

【范例分析】

在上述实例代码中，通过为输入元素添加属性 data-theme 的方法，为文本输入选择一个合适的主题，从而增强表单字段的对比。

【运行结果】

执行后，如果在"名字"文本框中输入信息，则自动弹出文字键盘，如图 9-5 所示。如果在"编号"文本框中输入信息，则自动弹出数字键盘，如图 9-6 所示。

另外，为了以一种可访问的方式来隐藏标签，可以为元素附加 ui-hidden- accessible 样式。例如，可以在上述代码中将该技术应用到搜索字段中。这样就可以在保留 508 兼容性的同时，将标签隐藏起来。

 搜索字段（type="search"）的样式和行为与其他输入类型略微不同。它包含一个左对齐的"搜索"图标，而且它的左右两个圆角呈胶囊形状。当用户输入文本时，会出现一个右对齐的"删除"图标，用于清除用户的输入。

图 9-5　自动弹出文字键盘

图 9-6　自动弹出数字键盘

9.2.4　文本输入事件

在 jQuery Mobile 应用中，可以给 input 元素直接绑定事件，使用 jQuery Mobile 的虚拟事件，或者绑定 JavaScript 的标准事件，如 change、focus 和 blur 等。例如：

```
$( ".selector" ).bind( "change", function(event, ui) {
  ...
});
```

在 jQuery Mobile 应用中，textinput 插件支持的事件是 create，当 input 被创建时触发。例如：

```
$( ".selector" ).textinput({
  create: function(event, ui) { ... }
});
```

接下来通过一个具体实例的实现过程，详细讲解在 jQuery Mobile 页面中使用 textinput 插件动态输入文本的方法。

【范例 9-4】使用 textinput 插件动态输入文本（光盘 :\ 配套源码 \9\dynamic-text.html）

实例文件 dynamic-text.html 的具体实现代码如下。

```
<div data-role="page" data-theme="b">
    <div data-role="header">
        <h1> 动态输入文本 </h1>
    </div>

    <div data-role="content">
     <form id="test" action="#" method="post">
        <a href="#" data-role="button" id="create-text1"> 创建文本输入框 1</a>
        <a href="#" data-role="button" id="create-text2"> 创建文本输入框 2</a>
        <br><br>
        <a href="#" data-role="button" id="disable-text1" data-theme="a"> 不可用输入框 1</a>
        <a href="#" data-role="button" id="enable-text1" data-theme="a"> 可用输入框 1</a>
     </form>
    </div>
        <script type="text/javascript">
        $( "#create-text1" ).bind( "click", function() {
            $( '<input type="text" name="text1" id="text1" value="" placeholder="text1" data-theme="c" />' )
                .insertAfter( "#create-text1" )
                .textinput();
        });

        $( "#create-text2" ).bind( "click", function() {
            $( '<input type="text" name="text2" id="text2" value="" placeholder="text2" />' )
                .insertAfter( "#create-text2" )
                .textinput({
                    theme: 'c',
                    create: function(event) {
```

```
                        console.log( "Creating text input..." );
                        for (prop in event) {
                            console.log(prop + ' = ' + event[prop]);
                        }
                    }
                });
            });

        $( "#disable-text1" ).bind( "click", function() {
            $( "#text1").textinput( "disable" );
        });

        $( "#enable-text1" ).bind( "click", function() {
            $( "#text1" ).textinput( "enable" );
        });
        </script>
    </div>
```

【运行结果】

执行后的初始效果如图 9-7 所示。触摸按下某个按钮后会自动创建一个文本输入框，例如触摸按下 " 创建文本输入框 1" 按钮后会创建如图 9-8 所示的输入框。

图 9-7　初始效果

图 9-8　自动创建一个文本输入框

▌9.3　选择菜单

本节教学录像：13 分钟

在无须添加额外标记的情况下，jQuery Mobile 框架就能够自动增强所有本地的选择元素。这种转变会使用 jQuery Mobile 风格的按钮来取代原始的选择，而且前者包含一个右对齐的下拉箭头图标。在默认情况下，轻敲该选择按钮，会为移动设备启动本地选择选择器。作为一种替换方法，可以配置 jQuery Mobile，使其显示自定义的选择菜单。本节详细讲解在 jQuery Mobile 页面中实现选择菜单的基本知识，为读者步入本书后面知识的学习打下基础。

9.3.1 使用基本的选择菜单

接下来通过一个具体实例的实现过程，详细讲解在 jQuery Mobile 页面中使用选择菜单的方法。

【范例 9-5】在 jQuery Mobile 页面中使用选择菜单（光盘 :\ 配套源码 \9\select.html）

实例文件 select.html 的具体实现代码如下。

```
<div data-role="page" data-theme="b">
    <div data-role="header">
        <h1> 使用选择菜单 </h1>
    </div>

    <div data-role="content">
     <form id="test" id="test" action="#" method="post">

        <p>
            <label for="genre"> 属性 :</label>
            <select name="genre" id="genre" multiple="multiple">
                <option value="action">Action</option>
                <option value="comedy">Comedy</option>
                <option value="drama">Drama</option>
                <option value="romance">Romance</option>
            </select>
        </p>
        <p>
            <label for="delivery"> 方式 :</label>
            <select name="delivery" id="delivery">
             <option value="barcode"> 电子客票 </option>
             <option value="nfc">NFC</option>
             <option value="overnight"> 晚上送 </option>
             <option value="express"> 快递 </option>
             <option value="ground"> 地面 </option>
             <option value="overnight"> 在晚上 </option>
             <option value="express"> 快递 </option>
             <option value="standard"> 地面 </option>
                <optgroup label="Digital">
                    <option value="barcode" selected>E-Ticket</option>
                    <option value="nfc">NFC</option>
                </optgroup>
                <optgroup label="FedEx">
                    <option value="overnight">Overnight</option>
                    <option value="express">Express</option>
                    <option value="ground">Ground</option>
                </optgroup>
                <optgroup label="US Mail">
```

```
                        <option value="overnight">Overnight</option>
                        <option value="express">Express</option>
                        <option value="standard">Standard</option>
                    </optgroup>
                </select>
            </p>
        </form>

        </div>
    </div>
```

【范例分析】

在用户进行选择之后，选择按钮会显示已选定选项的值。如果对按钮来说，文本值太长，则文本将会被截断，并在后面显示一个省略号。此外，在用户选择多个选项后，多选按钮会对已选中的选项显示计数泡或进行标记。这是一个可以用来突出显示已选择选项的数量的视觉效果。

【运行结果】

执行后的初始效果如图 9-9 所示。触摸按下某个选项后会自动弹出该选项下面的菜单。例如，触摸按下"方式"后面的 后，会弹出如图 9-10 所示的菜单框。

图 9-9　初始效果

图 9-10　弹出选项下的菜单框

注意　在使用 multiple="multiple" 属性创建选择菜单时，有些移动平台不支持多选特性。在需要使用多选菜单的时候，建议使用自定义菜单。

9.3.2　自定义选择菜单

在 jQuery Mobile 应用中，替代本机呈现选项列表的一个方法是，可以使用一个自定义的 HTML/CSS 视图来呈现选择菜单，并且为选择元素添加如下属性。

```
data-native-menu="false"
```

与本机呈现菜单相比，以自定义方式呈现选择菜单的优点如下。

- ❏ 在所有设备上提供了统一的用户体验。
- ❏ 自定义菜单普遍支持多选的选项列表。
- ❏ 增加了一种优雅的方式来处理占位符选项。(下一节会讲解占位符选项。)
- ❏ 自定义菜单是可主题化的。

与本机呈现菜单相比，以自定义方式呈现选择菜单的缺点是性能差一些。特别是当相比较的菜单中包含许多选项时，这种性能差距会表现得更加明显。

接下来通过一个具体实例的实现过程，详细讲解在 jQuery Mobile 页面中实现一个自定义选择菜单的方法。

【范例 9-6】在 jQuery Mobile 页面中实现一个自定义选择菜单（光盘 :\配套源码 \9\custom.html）

实例文件 custom.html 的具体实现代码如下。

```html
<div data-role="page" data-theme="b">
    <div data-role="header">
        <h1> 使用选择菜单 </h1>
    </div>

    <div data-role="content">
      <form id="test" id="test" action="#" method="post">

      <br><br>
      <p>
            <label for="genre"> 选择 :</label>
            <select name="genre" id="genre" data-native-menu="false" data-theme="a">
             <option value="null"> 选择一个 ...</option>
             <option value="action">qq</option>
             <option value="comedy">ww</option>
             <option value="drama">rr</option>
             <option value="romance">tt</option>
</select>
        </p>
        <br><br><br><br><br>
        <p>
            <label for="delivery"> 方式 :</label>
            <select name="delivery" id="delivery" data-native-menu="false" data-theme="d">
             <option value=""> 选择一个 ...</option>
             <option value="barcode">aa</option>
             <option value="nfc">bb</option>
             <option value="overnight">cc</option>
             <option value="express">dd</option>
             <option value="ground">ee</option>
             <option value="overnight">ff</option>
             <option value="express">gg</option>
```

```
                <option value="standard">hh</option>
                    <optgroup label="Digital">
                        <option value="barcode">E-Ticket</option>
                        <option value="nfc">NFC</option>
                    </optgroup>
                    <optgroup label="FedEx">
                        <option value="overnight">Overnight</option>
                        <option value="express">Express</option>
                        <option value="ground">Ground</option>
                    </optgroup>
                    <optgroup label="US Mail">
                        <option value="overnight">Overnight</option>
                        <option value="express">Express</option>
                        <option value="standard">Standard</option>
                    </optgroup>
                </select>
            </p>
        </form>

        </div>
    </div>
```

【运行结果】

执行后的初始效果如图 9-11 所示。触摸按下某个选项后会自动弹出该选项下面的菜单。例如，触摸按下"方式"后面的 ✔ 后，会弹出如图 9-12 所示的菜单框，这些菜单框是用自定义样式实现的。

图 9-11　初始效果

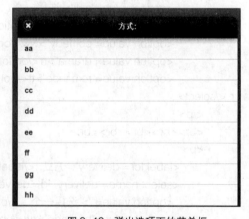

图 9-12　弹出选项下的菜单框

9.3.3　动态选择菜单

在 jQuery Mobile 应用中，selectmenu 是一个能自动增强选择菜单的插件。通过使用 selectmenu 插件，能够动态创建、启用、禁用、打开或关闭选择菜单。

例如，通过如下代码可以动态创建选择菜单。

```
$("#dynamic_selectmenu").bind('click',function(){
    if($("#your_choice_new").length < 1){
        var arr = ["<select id='your_choice_new' data-native-menu='false'>",
                    "<option>jquery</option>",
                    "<option>tangram</option>",
                    "<option>qwrap</option>",
                    "<option>kissy</option>",
                    "<option>YUI</option>",
                    "<option>JK</option>",
                    "<option>prototype</option>",
                    "</select>"
        ];
        // 插入到 dom 中
        $(arr.join("")).insertAfter("#test_checkbox");

        // 可以设置主题：
        $("#your_choice_new").selectmenu({
            theme:"e"
        });

    }
});
```

通过如下代码可以禁用选择菜单。

```
$("#disable_selectmenu").bind('click',function(){
    $("#your_choice_new").selectmenu("disable");
});
```

通过如下代码可以启用选择菜单。

```
$("#enable_selectmenu").bind('click',function(){
    $("#your_choice_new").selectmenu("enable");
});
```

9.3.4 选择菜单选项

在 jQuery Mobile 应用中，selectmenu 插件有如下选项。

（1）corners boolean，默认值为 true。

与其他按钮类型一样，选择菜单按钮在默认情况下也是圆角的。将该选项设置为 false，可以移除圆角。该选项还可以公开作为一个数据属性：data-corners="false"，例如：

```
$("#selecti1").selectmenu({corners: false});
```

（2）disabled boolean，默认值为 false，表示禁用该元素。

selectmenu 插件也有 enable 和 disable 方法，用来动态启用和禁用控件，例如：

```
$("#select1").selectmenu({ disabled: true});
```

（3）hidePlaceholderMenuItems boolean，默认值为 true。

在默认情况下，当选择菜单打开时，占位符菜单条目是隐藏不见的。为了让占位符条目是可选择的，将该值设置为 false，例如：

```
$("#select1").selectmenu({ hidePlaceholderMenuItems: false});
```

（4）icon string，默认值为 "arrow-d"。

该选项用于设置选择按钮的图标，还可以公开作为一个数据属性：data-icon="plus"，例如：

```
$("#select1").selectmenu({ icon:"plus"});
```

（5）iconpos string，默认值为 "right"。

该选项用于设置图标位置，可能的值为 "left"、"right"、"none" 和 "notext"。"notext" 值会将选择按钮 (select) 显示为一个只带有图标的按钮，而且该按钮没有占位符文本。"none" 值将会彻底移除图标。该选项还可以公开作为一个数据属性：data-iconpos="none"，例如：

```
$("#select1").selectmenu({iconpos: "notext"});
```

（6）iconshadow boolean，默认值为 true。

当该选项的值为 true 时，jQuery Mobile 框架会为图标添加阴影。该选项可以公开作为一个数据属性：data-iconshadow="false"，例如：

```
$("#select1").selectmenu({ iconshadow: false});
```

（7）initSelector，默认值为 "select:not(:jqmData(role='slider'))"。

这是一个 CSS 选项。initSelector 定义用来触发 widget 插件自动初始化的选择器（元素类型、数据角色 [data role] 等）。例如，由默认选择器匹配的所有元素都会被 selectmenu 插件增强。为了重写该选择器，可以绑定到 mobileinit 事件，并根据情况更新选择器，例如：

```
$( document ).bind("mobileinit",function(){
$.mobile.selectmenu.prototype.options.initSelector=".." ;
});
```

（8）inline boolean，默认值为 false。

如果该选项设置为 true，则会让选择按钮以内嵌 (inline) 按钮的形式显示。在默认情况下，选择按钮会占据其容器的整个宽度。与之相比，内嵌按钮只占据其占位符文本的宽度。该选项还可以公开作为一个数据属性：data-inline="true"，例如：

```
$("#select1").selectmenu({ inline: true});
```

（9）nativeMenu boolean，默认值为 true。

在默认情况下，选择按钮会为 OS 启动本地的选择选择器 (select picker)。要以自定义的 HTML/CSS 视图来呈现选择菜单，需要将该值设置为 false。该选项还可以公开作为一个数据属性：data–native="false"，例如：

```
$("#select1"):selectmenu({nativeMenu: false});
```

（10）shadow boolean，默认值为 true。

在默认情况下，选择按钮会应用阴影。将该选项设置为 false，则会移除阴影。该选项还可以公开作为一个数据属性：data–shadow="false"，例如：

```
$("#select1").selectmenu({ shadow:false});
```

（11）theme string，默认值为 null.Inherited from parent。

该选项用于为元素设置主题调色板配色方案。这是一个取值范围为 a ~ z 的字母，它映射到主题中所包含的调色板。默认情况下，元素会继承其父容器的同一个调色板颜色。该选项还可以公开作为一个数据属性：data–theme="a"，例如：

```
$("#select1").selectmenu({ theme:"a"}) ;
```

接下来通过一个具体实例的实现过程，详细讲解在 jQuery Mobile 页面中显示选择菜单值的方法。

【范例 9-7】在 jQuery Mobile 页面中显示选择菜单的值（光盘 :\ 配套源码 \9\ caidanzhi.html）

实例文件 caidanzhi.html 的具体实现代码如下。

```
<script type="text/javascript">
    $(function() {
        var strYearVal = "";
        var strMonthVal = "";
        var objSelY = $("#selY");
        var objSelM = $("#selM");
        // 设置复选框选择时的值
        objSelY.bind("change", function() {
            if (objSelY.val() != " 年份 ") {
                strYearVal = objSelY.val() + ",";
            }
            $("#pTip").html(strYearVal + strMonthVal);
        })
        objSelM.bind("change", function() {
            if (objSelM.val() != " 月份 ") {
                strMonthVal = objSelM.val() + ",";
            }
            $("#pTip").html(strYearVal + strMonthVal);
        })
    })
</script>
</head>
```

```
<body>
  <div data-role="page">
    <div data-role="header"><h1> 头部栏 </h1></div>
    <div data-role="content">
      <fieldset data-role="controlgroup" data-type="horizontal">
        <select name="selY" id="selY" data-native-menu="false">
            <option> 年份 </option>
            <option value="2011">2011</option>
            <option value="2012">2012</option>
        </select>
        <select name="selM" id="selM" data-native-menu="false">
            <option> 月份 </option>
            <option value="1">1</option>
            <option value="2">2</option>
            <option value="3">3</option>
            <option value="4">4</option>
            <option value="5">5</option>
            <option value="6">6</option>
            <option value="7">7</option>
            <option value="8">8</option>
            <option value="9">9</option>
            <option value="10">10</option>
            <option value="11">11</option>
            <option value="12">12</option>
        </select>
        <p id="pTip"></p>
      </fieldset>
    </div>
    <div data-role="footer"><h4>©2014 版权所有 </h4></div>
  </div>
</body>
```

【范例分析】

在上述实例代码中，创建两个 id 分别为 selY 和 selM 的选择菜单，其中前者提供年份选择选项，后者提供月份选择选项。当选择一个年份和一个月份之后，会在下方显示选择的值。

【运行结果】

执行后的效果如图 9-13 所示。

图 9-13　执行效果

9.3.5　选择菜单的方法

在 jQuery Mobile 应用中，selectmenu 插件具有如下方法。

（1）enable：用于启用一个被禁用的选择按钮，例如：

```
$( "#select1" ).selectmenu( "enable" );
```

（2）disable：用于禁用一个选择按钮，例如：

```
$( "#select1" ).selectmenu( "disable" );
```

（3）open：用于打开一个关闭的选择按钮。该方法只能用于自定义选择，例如：

```
$("#select1").selectmenu("open");
```

（4）close：用于关闭一个打开的选择按钮。该方法只能用于自定义选择，例如：

```
$("#select1").selectmenu("close");
```

（5）refresh：用于更新自定义的选择菜单。该方法会更新自定义的选择菜单，以反映本地的选择元素的值。例如，如果本地选择的 selectedIndex 被更新，可以调用"refresh"方法来重新构建自定义选择。如果传递了一个 true 参数，可以强制进行更新并重新构建自定义选择，例如：

```
var myselect=$("#selectl");
myselect[0].selectedIndex=2;
myselect.selectmenu("refresh");
myselect.selectmenu("refresh", true);
```

接下来通过一个具体实例的实现过程，详细讲解在 jQuery Mobile 页面中显示选择菜单值的方法。

【范例 9-8】在 jQuery Mobile 页面中显示选择菜单的值（光盘 :\ 配套源码 \9\ duocaidanzhi.html）

实例文件 duocaidanzhi.html 的具体实现代码如下。

```
<script src="Js/jquery.mobile-1.0.1.js"
    type="text/javascript"></script>
    <script
    type="text/javascript">
    $(function(){
    $("#selM ")[0].selectedIndex = 2;

$("#selM ").selectmenu("refresh");
})
</script>
</head>
<body>
  <div data-role="page">
    <div data-role="header"><h1> 头部栏 </h1></div>
    <div data-role="content">
      <fieldset data-role="controlgroup">
```

```
        <select name="selY" id="selY" data-native-menu="false" multiple="true">
            <option> 年份 </option>
            <option value="2011">2011</option>
            <option value="2010">2012</option>
        </select>
        <select name="selM" id="selM" data-native-menu="false" multiple="true">
            <option> 月份 </option>
            <option value="jan">1</option>
            <option value="feb">2</option>
            <option value="mar">3</option>
            <option value="apr">4</option>
            <option value="may">5</option>
            <option value="jun">6</option>
            <option value="jul">7</option>
            <option value="aug">8</option>
            <option value="sep">9</option>
            <option value="oct">10</option>
            <option value="nov">11</option>
            <option value="dec">12</option>
        </select>
        </fieldset>
    </div>
    <div data-role="footer"><h4>©2014 版权所有 </h4></div>
  </div>
  </body>
```

【范例分析】

在上述实例代码中，创建两个 id 分别为 selY 和 selM 的选择菜单，其中前者提供年份选择选项，后者提供月份选择选项。因为在创建选择菜单时，将 multiple 属性值设置为 true，所以可以同时选择多个年份选项和多个月份选项。当选择年份选项和月份选项后，会在下方显示选择的值。

【运行结果】

执行后的效果如图 9-14 所示。

图 9-14　执行效果

9.3.6　选择菜单事件

在 jQuery Mobile 应用中，selectmenu 插件支持事件 create，在创建一个选择菜单时会触发该事件。该事件在创建一个选择菜单时触发，它并不是用来创建一个自定义元素，例如：

```
$('<select name="select2" id="select2">…< / select>')
.insertAfter("#select1")
```

```
.selectmenu({
  create:function(event){
  console.log("Creating select menu...");
  }
  }) ;
```

接下来通过一个具体实例的实现过程，详细讲解在 jQuery Mobile 页面中实现动态选择菜单效果的方法。

【范例 9-9】在 jQuery Mobile 页面中实现动态选择菜单效果（光盘 :\ 配套源码 \9\dynamic-select.html）

实例文件 dynamic-select.html 的具体实现代码如下。

```
<div data-role="page" data-theme="b">
    <div data-role="header">
        <h1> 选择菜单 </h1>
    </div>

    <div data-role="content">
     <form id="test" id="test" action="#" method="post">
        <a href="#" id="create-select1" data-role="button"> 创建菜单 1</a>
        <a href="#" id="create-select2" data-role="button"> 创建菜单 2</a>
     <br>

        <p style="text-align:center;"><strong> 调用方法 :</strong></p>
        <a href="#" id="auto-select1" data-role="button" data-theme="a"> 刷新菜单 1</a>
        <a href="#" id="disable-select1" data-role="button" data-theme="a"> 不显示菜单 1</a>
        <a href="#" id="enable-select1" data-role="button" data-theme="a"> 显示菜单 1</a>
        <a href="#" id="open-select2" data-role="button" data-theme="a"> 打开菜单 2</a>
        <a href="#" id="close-select2" data-role="button" data-theme="a"> 关闭菜单 2</a>
     </form>

    </div>
    <script type="text/javascript">
        $( "#create-select1" ).bind( "click", function() {
            $( '<select name="select1" id="select1" data-theme="e"><option value="action">Action</option><option value="comedy">Comedy</option><option value="drama">Drama</option><option value="romance">Romance</option></select>' )
                .insertAfter( "#create-select1" )
                .selectmenu();
        });

        $( "#create-select2" ).bind( "click", function() {
            $( '<select name="select2" id="select2"><option value="">Select one...</option><option value="action">Action</option><option value="comedy">Comedy</option><option value="drama">Drama</option><option value="romance">Romance</option></select>' )
                .insertAfter( "#create-select2" )
```

```
            .selectmenu({
                corners: true,
                disabled: false,
                hidePlaceholderMenuItems: true,
                icon: "plus",
                iconpos: "right",
                iconshadow: true,
                inline: true,
                menuPageTheme: "a", // Not working
                nativeMenu: false,
                overlayTheme: "c", // Not working
                shadow: false,
                theme: "e",
                create: function(event) {
                    console.log( "Creating select control..." );
                    for (prop in event) {
                        console.log(prop + ' = ' + event[prop]);
                    }
                }
            });
    });

    $( "#auto-select1" ).bind( "click", function() {
        var myselect = $( "select#select1" );
        myselect[0].selectedIndex = 2;
        myselect.selectmenu( "refresh", true );
    });

    $( "#disable-select1" ).bind( "click", function() {
        $("select#select1").selectmenu( "disable" );
    });

    $( "#enable-select1" ).bind( "click", function() {
        $( "select#select1" ).selectmenu( "enable" );
    });

    $( "#open-select2" ).bind( "click", function() {
        $( "select#select2" ).selectmenu( "open" );
    });

    $( "#close-select2" ).bind( "click", function() {
        $( "select#select2" ).selectmenu( "close" );
    });
</script>
</div>
```

【运行结果】

执行后的初始效果如图 9-15 所示。触摸按下某个按钮后会执行对应的操作效果。例如，触摸按下"创建菜单 1"按钮后，会创建如图 9-16 所示的菜单。

图 9-15　初始效果

图 9-16　创建了一个菜单

▋ 9.4　单选按钮

 本节教学录像：7 分钟

在 jQuery Mobile 应用中，单选按钮只允许用户选择一个条目。例如，在从多个应用程序设置选项中选择一个设置时，通常会使用单选按钮来实现，原因是单选按钮比较简单且易于使用。用户可以通过轻敲单选按钮来完成选择，jQuery Mobile 会自动更新底层的表单控件。本节详细讲解在 jQuery Mobile 页面中使用单选按钮的基本知识。

9.4.1　使用简单的单选按钮

在默认情况下，单选按钮会继承其父控件的主题。但是如果想为单选按钮应用其他主题，需要为相应单选按钮的标签添加 data-theme 属性。接下来通过一个具体实例的实现过程，详细讲解在 jQuery Mobile 页面中使用单选按钮的方法。

【范例 9-10】在 jQuery Mobile 页面中使用单选按钮（光盘 :\ 配套源码 \9\radio. html）

实例文件 radio.html 的具体实现代码如下。

```
<div data-role="page">
    <div data-role="header">
```

```
        <h1> 使用单选按钮 </h1>
    </div>

    <div data-role="content">
      <form id="test" id="test" action="#" method="post">

            <fieldset data-role="controlgroup">
                <legend> 地图模式 :</legend>
                <input type="radio" name="map" id="map1" value="Map" checked="checked" />
                <label for="map1" data-theme="b"> 街道 </label>
                <input type="radio" name="map" id="map2" value="Satellite"  />
                <label for="map2" data-theme="b"> 卫星 </label>
                <input type="radio" name="map" id="map3" value="Hybrid"  />
                <label for="map3" data-theme="b"> 鸟瞰 </label></fieldset>

            <fieldset data-role="controlgroup" data-type="horizontal">
                <legend> 观看模式 :</legend>
                <input type="radio" name="map" id="map1" value="Map" checked="checked" />
                <label for="map1"> 城区 </label>

                <input type="radio" name="map" id="map2" value="Satellite" />
                <label for="map2"> 卫星 </label>

                <input type="radio" name="map" id="map3" value="Hybrid" />
                <label for="map3"> 俯视 </label></fieldset>

      </form>

    </div>
</div>
```

【范例分析】

上述实例代码中添加了如下 3 个额外的属性，以帮助设计和放置单选按钮。

- ❑ 第一个属性 data-role="controlgroup" 对按钮进行编组，而且编组后的按钮是圆角的。
- ❑ 第二个属性 data-type="horizontal" 重写按钮默认的垂直定位，以水平方式显示按钮。
- ❑ 第三个属性用来对按钮进行主题化。

【运行结果】

执行后的效果如图 9-17 所示。

如果水平放置的单选按钮的容器无法在一行内显示所有的单选按钮，则按钮会发生重叠现象。为了避免重叠，可以通过如下代码减小按钮的字体大小。

图 9-17　执行效果

```
ui- controlgroup- horizontal.ui- radio label{
 font-size:13px !important;
}
```

9.4.2 复选框和单选按钮的选项

在 jQuery Mobile 页面开发应用中，checkboxradio 是一个可重用的插件，能够自动增强单选按钮和复选框。通过 checkboxradio 插件，可以动态创建、启用、禁用和刷新单选按钮。

在 jQuery Mobile 应用中，checkboxradio 插件具有如下选项。

（1）initSelector，默认值为：

```
input[type='checkbox'],input[type='radio']
```

这是一个 CSS 选项。initSelector 用于定义用来触发 widget 插件自动初始化的选择器（元素类型、数据角色 [data role] 等）。例如，由默认选择器匹配的所有元素都会被 checkboxradio 插件增强。要重写该选择器，可以绑定到 mobileinit 事件，然后根据情况更新选择器。例如：

```
$(document).bind("mobileinit",function(){
$.mobile.checkboxradio.prototype.options.initSelector="…";
}) ;
```

（2）theme string，默认值为 null.Inherited from parent。

该选项能够为复选框或单选按钮设置主题调色板配色方案。这是一个取值范围为 a ~ z 的字母，它映射到主题中所包含的调色板。在默认情况下，它会继承其父容器的同一个调色板颜色。该选项还可以公开作为一个数据属性：data–theme="a"，例如：

```
$("#elementi").checkboxradio({ theme:"a"});
```

9.4.3 复选框和单选按钮的方法

在 jQuery Mobile 应用中，checkboxradio 插件有如下方法。

（1）enable：用于启用一个被禁用的复选框或单选按钮，例如：

```
$("#element1").checkboxradio("enable");
```

（2）disable：用于禁用一个复选框或单选按钮，例如：

```
$("#elementl").checkboxradio("disable");
```

（3）refresh：用于更新自定义的复选框或单选按钮。该方法用来更新自定义的复选框或单选按钮，以反映本地元素的值。例如，可以动态选中一个单选按钮，然后调用"refresh"方法来重建增强的控件。

```
$("#elem1").attr("checked",true).checkboxradio("refresh");
```

接下来通过一个具体实例的实现过程，详细讲解在 jQuery Mobile 页面中显示单选按钮值的方法。

【范例 9-11】在 jQuery Mobile 页面中显示单选按钮的值（光盘 :\ 配套源码 \9\ liangzhong.html）

实例文件 liangzhong.html 的具体实现代码如下。

```
<script type="text/javascript">
    $(function() {
        // 获取单选按钮选择时的值
        $("input[type='radio']").bind("change",
        function(event, ui) {
            $("#pTip").html(this.value);
        })
    })
</script>
</head>
<body>
  <div data-role="page">
    <div data-role="header"><h1> 创建按钮 </h1></div>
<div data-role="content">
    <fieldset data-role="controlgroup" data-type="horizontal">
        <input type="radio" name="rdoA" id="rdo1" value="1"
            checked="checked" />
        <label for="rdo1">A</label>
        <input type="radio" name="rdoA" id="rdo2" value="2" />
        <label for="rdo2">B</label>
        <input type="radio" name="rdoA" id="rdo3" value="3" />
        <label for="rdo3">C</label>
        </fieldset>
        <p id="pTip"></p>
        </div>
    <div data-role="footer"><h4>©2014 版权所有 </h4></div>
  </div>
</body>
```

【范例分析】

上述实例代码中创建了 3 个单选按钮的选项，并且设置这 3 个按钮的值分别是 A、B、C。

【运行结果】

单击某个单选按钮后，会在下方显示出这个按钮的值。执行后的效果如图 9-18 所示。

图 9-18 执行效果

9.4.4 复选框和单选按钮的事件

在 jQuery Mobile 应用中，checkboxradio 插件支持事件 create。当创建一个复选框或单选按钮时会触发该事件。在创建一个复选框或单选按钮时触发该事件，它不是用来创建一个自定义元素，例如：

```
$('#element1')
.checkboxradio({
    theme:"e",
    create:function(event){
    console.log("Creating new element... ");
    }
    });
```

接下来通过一个具体实例的实现过程，详细讲解在 jQuery Mobile 页面中使用动态单选按钮的方法。

【范例 9-12】在 jQuery Mobile 页面中使用动态单选按钮（光盘 :\ 配套源码 \9\ dynamic-radio.html）

实例文件 dynamic-radio.html 的具体实现代码如下。

```
<div data-role="page" data-theme="b">
    <div data-role="header">
        <h1> 使用单选按钮 </h1>
    </div>

    <div data-role="content">
      <form id="test" id="test" action="#" method="post">
        <a href="#" id="create-radio1" data-role="button"> 创建按钮 1</a>
        <a href="#" id="create-radio2" data-role="button"> 创建按钮 2</a>
        <br>

        <p style="text-align:center;"><strong> 调用方法 :</strong></p>
        <a href="#" id="auto" data-role="button" data-theme="a"> 选择选项 </a>
        <a href="#" id="disable" data-role="button" data-theme="a"> 选项不可用 </a>
        <a href="#" id="enable" data-role="button" data-theme="a"> 选项可用 </a>
      </form>

    </div>
    <script type="text/javascript">
        $( "#create-radio1" ).bind( "click", function() {
            $( '<fieldset data-role="controlgroup"><legend>Map view:</legend><input type="radio"
name="map" id="map1" value="Map" /><label for="map1" data-theme="c">Map</label><input
type="radio" name="map" id="map2" value="Satellite"  /><label for="map2" data-theme="c">Satellite</
label></fieldset>' )
```

```
                            .insertAfter( "#create-radio1" );
                $.mobile.pageContainer.trigger( "create" );
        });

        $( "#create-radio2" ).bind( "click", function() {
                $( '<fieldset data-role="controlgroup"><legend>Map view:</legend><input type="radio"
name="map" id="m1" value="Map" checked="checked" /><label for="m1">Map</label><input
type="radio" name="map" id="m2" value="Satellite" /><label for="m2">Satellite</label></fieldset>' )
                    .insertAfter( "#create-radio2" );
            $( "#m1" )
                .checkboxradio({
                    theme: "e",
                    create: function(event) {
                        console.log( "Creating radio buttons..." );
                    }
                });
            $( "#m2" )
                .checkboxradio({
                    theme: "e",
                    create: function(event) {
                        console.log( "Creating radio buttons..." );
                    }
                });
            $.mobile.pageContainer.trigger( "create" );
        });

        $( "#auto" ).bind( "click", function() {
            $( "#map2" ).attr( "checked", true ).checkboxradio( "refresh" );
        });

        $( "#disable" ).bind( "click", function() {
            $("#map2").checkboxradio( "disable" );
        });

        $( "#enable" ).bind( "click", function() {
            $( "#map2" ).checkboxradio( "enable" );
        });
    </script>
</div>
```

【运行结果】

执行后的初始效果如图 9-19 所示。触摸按下某个按钮后会执行对应的操作效果。例如，触摸按下"创建按钮"按钮后会创建如图 9-20 所示的单选按钮。

图 9-19　初始效果

图 9-20　创建了一个单选按钮

9.5　使用复选框

本节教学录像：5 分钟

在 jQuery Mobile 页面开发应用中，复选框是一个常见的表单控件，允许用户从一系列选项中选择多个值。用户可以轻敲复选框按钮完成自己的选择，jQuery Mobile 会自动更新底层的表单控件。

复选框和单选按钮相对，用于设计和定位复选框的标记与之前用于单选按钮的标记相同。复选框中添加了如下 3 个额外的属性，以帮助设计和放置复选框。

- ❏ 第一个属性 data-role="controlgroup" 将复选框元素进行编组，而且编组后的复选框是圆角的。
- ❏ 第二个属性 data-type="horizontal" 重写按钮默认的垂直定位，以水平方式显示按钮。
- ❏ 第三个属性用来对按钮进行主题化。默认情况下，复选框会继承其父控件的主题。但是，如果想为复选框应用其他主题，需要为相应复选框的标签添加 data-theme 属性。

本节详细讲解在移动 Web 中使用复选框的基本知识和具体用法。

9.5.1　动态复选框

在 jQuery Mobile 应用中，checkboxradio 插件是一个能够自动增强复选框和单选按钮的微件。通过该插件，可以动态创建、启用、禁用和刷新复选框。checkboxradio 插件的选项、方法、事件等详细内容请见"动态单选按钮"一节。在 jQuery Mobile 中，相同的 API 也可以多次用于单选按钮和复选框。

接下来通过一个具体实例的实现过程，详细讲解在 jQuery Mobile 页面中显示复选框值的方法。

【范例 9-13】在 jQuery Mobile 页面中显示复选框的值（光盘 :\ 配套源码 \9\ xianshizhi.html）

实例文件 xianshizhi.html 的具体实现代码如下。

```
<script type="text/javascript">
```

```
        $(function() {
            var strChangeVal = "";
            var objCheckBox = $("input[type='checkbox']");
            // 设置复选框选择时的值
            objCheckBox.bind("change", function(event, ui) {
                if (this.checked) {
                    strChangeVal += this.value + ",";
                } else {
                    strChangeVal = GetChangeValue(objCheckBox);
                }
                $("#pTip").html(strChangeVal);
            })
        })
        // 获取全部选择按钮的值
        function GetChangeValue(v) {
            var strS = "";
            v.each(function() {
                if (this.checked) {
                    strS += this.value + ",";
                }
            });
            return strS;
        }
    </script>
</head>
<body>
    <div data-role="page">
    <div data-role="header"><h1> 头部栏 </h1></div>
    <div data-role="content">
        <fieldset data-role="controlgroup" data-type="horizontal">
        <input type="checkbox" name="chkA" id="chk1" value="1" />
        <label for="chk1">A</label>
        <input type="checkbox" name="chkA" id="chk2" value="2"  />
        <label for="chk2">B</label>
        <input type="checkbox" name="chkA" id="chk3" value="3"  />
        <label for="chk3">C</label>
        </fieldset>
        <p id="pTip"></p>
    </div>
    <div data-role="footer"><h4>©2014 版权所有 </h4></div>
    </div>
</body>
```

【范例分析】

在上述实例代码中，以水平方向创建了一个有 3 个选项的复选框。

【运行结果】

当单击选中复选框的某个或多个选项时，会在下方显示这个选项的值。例如，选中选项 A 和 C 后，执行后效果如图 9-21 所示。

图 9-21　执行效果

9.5.2　水平放置复选框

接下来通过一个具体实例的实现过程，详细讲解在 jQuery Mobile 页面中水平放置复选框的方法。

【范例 9-14】在 jQuery Mobile 页面中水平放置复选框（光盘:\配套源码\9\check.html）

实例文件 check.html 的具体实现代码如下。

```
<div data-role="page">
    <div data-role="header">
        <h1> 使用复选框 </h1>
    </div>

    <div data-role="content">
      <form id="test" id="test" action="#" method="post">

        <fieldset data-role="controlgroup">
        <legend> 选择喜欢的类型 :</legend>
        <input type="checkbox" name="genre" id="c1" />
        <label for="c1"data-theme="c"> 古装 </label>

        <input type="checkbox" name="genre" id="c2" />
        <label for="c2" data-theme="c"> 言情 </label>

        <input type="checkbox" name="genre" id="c3" />
        <label for="c3" data-theme="c"> 警匪 </label>

        </fieldset>

        <fieldset data-role="controlgroup" data-type="horizontal">
        <legend> 类型 :</legend>
        <input type="checkbox" name="genre" id="c1" />
        <label for="c1" data-theme="b"> 古装 </label>
```

```
            <input type="checkbox" name="genre" id="c2" />
            <label for="c2" data-theme="b"> 言情 </label>

            <input type="checkbox" name="genre" id="c3" />
            <label for="c3" data-theme="b"> 警匪 </label>
        </fieldset>

        </form>
    </div>
</div>
```

【运行结果】

执行后的效果如图 9-22 所示。

图 9-22   执行效果

技 巧

解决复选框重叠的问题

如果水平放置的复选框的容器无法在一行内显示所有的复选框，则复选框会发生重叠现象。为了避免重叠，可以通过如下代码减小复选框的字体大小。

```
ui- controlgroup- horizontal.ui-checkbox label{
font-size:11px !important;
    }
```

9.5.3   使用动态复选框

接下来通过一个具体实例的实现过程，详细讲解在 jQuery Mobile 页面中使用动态复选框的方法。

【范例 9-15】在 jQuery Mobile 页面中使用动态复选框（光盘 :\ 配套源码 \9\dynamic-check.html）

实例文件 dynamic-check.html 的具体实现代码如下。

```
<div data-role="page" data-theme="b">
```

```
<div data-role="header">
    <h1> 使用复选框 </h1>
</div>

<div data-role="content">
  <form id="test" id="test" action="#" method="post">
    <a href="#" id="create-cb1" data-role="button"> 创建复选框 1</a>
    <a href="#" id="create-cb2" data-role="button"> 创建复选框 2</a>
    <br>

    <p style="text-align:center;"><strong> 调用方法 :</strong></p>
    <a href="#" id="auto" data-role="button" data-theme="a"> 选项 </a>
    <a href="#" id="disable" data-role="button" data-theme="a"> 不可用选项 </a>
    <a href="#" id="enable" data-role="button" data-theme="a"> 可用选项 </a>
  </form>
</div>
<script type="text/javascript">
    $( "#create-cb1" ).bind( "click", function() {
        $( '<fieldset data-role="controlgroup"><legend>Genre:</legend><input type="checkbox"
name="genre" id="c1" /><label for="c1" data-theme="c">Action</label><input type="checkbox" name="genre"
id="c2" /><label for="c2" data-theme="c">Comedy</label></fieldset>' )
                .insertAfter( "#create-cb1" );
        $.mobile.pageContainer.trigger( "create" );
    });

    $( "#create-cb2" ).bind( "click", function() {
        $( '<fieldset data-role="controlgroup"><legend>Genre:</legend><input type="checkbox"
name="genre" id="c3" /><label for="c3">Action</label><input type="checkbox" name="genre" id="c4"
/><label for="c4">Comedy</label></fieldset>' )
                .insertAfter( "#create-cb2" );
        $( '#c3' )
            .checkboxradio({
                theme: "e",
                create: function(event) {
                    console.log( "Creating checkbox1..." );
                }
            });
        $( '#c4' )
            .checkboxradio({
                theme: "e",
                create: function(event) {
                    console.log( "Creating checkbox2..." );
                }
            });
```

```
            $.mobile.pageContainer.trigger( "create" );
        });

        $( "#auto" ).bind( "click", function() {
            $( "#c2" ).attr( "checked", true ).checkboxradio( "refresh" );
        });

        $( "#disable" ).bind( "click", function() {
            $("#c2").checkboxradio( "disable" );
        });

        $( "#enable" ).bind( "click", function() {
            $( "#c2" ).checkboxradio( "enable" );
        });
    </script>
</div>
```

【运行结果】

执行后的初始效果如图 9-23 所示。触摸按下某个按钮后会执行对应的操作效果。例如，触摸按下"创建复选框"按钮后会创建如图 9-24 所示的复选框。

图 9-23 初始效果

图 9-24 创建了一个复选框

▌ 9.6 使用滑动条

 本节教学录像：6 分钟

在 jQuery Mobile 应用中，滑动条也被称为滑块。滑动条是一个常见的表单控件，允许用户在最小范围和最大范围之间选择一个值。本节详细讲解在 jQuery Mobile 应用中使用滑动条的基本知识，为读者步入本书后面知识的学习打下基础。

9.6.1 滑动条基础

在 jQuery Mobile 页面中，通过给标准的 input 输入框设置 type="range" 属性的方式，可以使之成为滑动条组件。输入框的 value 用来设置滑竿的起始位置（起始的位置是根据总大小和 value 值计算出的），min 和 max 属性的值是用来配置滑动条的数值范围。如果想指定滑动条的步进增量，则可以添加 step 属性。jQuery Mobile 会解析这些属性来配置滑动条。

当滑动滑动条时，input 会随之更新数值，反之亦然，使用户能够很简单地在表单里提交数值。读者注意要把 label 的 for 属性设为 input 的 id 值，使它们能够在语义上相关联，并且要用 div 容器包裹它们，并给它设定 data-role="fieldcontain" 属性。

jQuery Mobile 框架会自动初始化把页面上有 type="range " 属性的输入框，都渲染成为滑动条，而不需要 data-role 属性。如果要阻止将 input 输入框渲染为滑动条，可以给 input 输入框添加 data-role="none" 属性，然后放在 data-role="fieldcontain" 的容器中，例如：

```
<div data-role="fieldcontain">
    <label for="slider">Input slider:</label>
    <input type="range" name="slider" id="slider" value="0" min="0" max="100" />
</div>
```

接下来通过一个具体实例的实现过程，详细讲解在 jQuery Mobile 页面中使用滑动条的方法。

【范例 9-16】在 jQuery Mobile 页面中使用滑动条（光盘 :\ 配套源码 \9\slider. html）

实例文件 slider.html 的具体实现代码如下。

```
<div data-role="page" data-theme="b">
    <div data-role="header">
        <h1> 使用滑动条 </h1>
    </div>

    <div data-role="content">
      <form id="test" id="test" action="#" method="post">
      <p>
        <label for="volume"> 声音 :</label>
        <input type="range" name="volume" id="volume" value="5" min="0" max="10" />
      </p>
      <p>
        <label for="brightness"> 亮度 :</label>
        <input type="range" name="brightness" id="brightness" min="0" max="10" data-track-
theme="a" data-theme="d" />
        </p>
      </form>
    </div>
</div>
```

【范例分析】

在上述实例代码中，可以使用滑动条在最小和最大设置之间调整音量或屏幕亮度。可以调整滑动条的最小和最大边界，也可以设置滑动条的默认值。用户可以通过滑动控件的方式，或者是在滑动条相应的文本字段中输入一个值的方式，调整滑动条。对 jQuery Mobile 来说，没有必要添加任何标记就可以增强滑动条。带有 type="range" 的任何输入元素都会被自动优化。

【运行结果】

执行后的效果如图 9-25 所示。在滑动时，前面的数值会随之改变。
在 jQuery Mobile 应用中，滑动条包含如下两个可主题化的组件。

❑ 滑动条的前景组件
❑ 轨道的背景组件

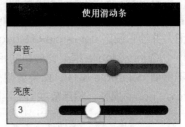

这两个组件可以分别进行主题化。为了对滑动条进行主题化，需要为 input 元素添加 data–theme="a" 属性。此外，要对轨道进行主题化，需要为 input 元素添加 data–track– theme="a" 属性。

图 9-25　执行效果

9.6.2　滑动条选项

在 jQuery Mobile 应用中，slider 插件是一个多用途的微件，能够自动增强滑动条和开关控件。通过该插件，可以动态创建、启用、禁用和开 / 关开关控件。slider 插件具有如下选项。

（1）disabled，是一个布尔值，默认为 false。
当设为 true 时会把滑动条禁用，例如：

```
$('.selector').slider({ disabled: true });
```

（2）highlight，是一个布尔值，默认为 false。
当设为 true 时会把滑动条划过的部分设为高亮，例如：

```
$('.selector').slider({ highlight: true });
```

（3）initSelector，是一个 CSS 选择符，默认为

```
"input[type='range'], :jqmData(type='range'), :jqmData(role='slider')"
```

此选项用来定义被初始化为表单按钮的选择符（通过元素类型、数据规则等）。要改变被初始化的元素，需要给 mobileinit event 事件绑定这个选项，例如：

```
$( document ).bind( "mobileinit", function(){
    $.mobile.slider.prototype.options.initSelector = ".myslider";
});
```

（4）mini，是一个布尔值，默认为 false。
当设为 true 时会使滑动条成为一个 mini 的版本，也可以通过给滑动条添加 data–mini="true" 来设置。例如

```
$('.selector').slider({ mini: true });
```

（5）theme，是一个字符串，默认为无，继承父元素。

此选项用于给滑动条设置主题样式。接受从 a~z 的主题样式，默认情况下继承父容器的主题样式。也可以通过 data-theme="a" 属性来设置，例如：

```
$( ".selector" ).dialog({ overlayTheme: "e" });
```

9.6.3　滑动条方法

在 jQuery Mobile 应用中，slider 插件具有如下方法。
（1）enable：用于启用一个被禁用的滑动条或开关控件，例如：

```
$('.selector').slider('enable');
```

（2）disable：使一个滑动条不可用，例如：

```
$('.selector').slider('disable');
```

（3）refresh：用于刷新一个滑动条。如果通过 js 手动修改了一个滑动条，必须使用 refresh 方法刷新滑动条，例如：

```
$('.selector').slider('disable');
```

接下来通过一个具体实例的实现过程，详细讲解在 jQuery Mobile 页面中使用滑动条改变背景色的方法。

【范例 9-17】使用滑动条改变背景色（光盘 :\ 配套源码 \9\beijingse.html）

实例文件 beijingse.html 的具体实现代码如下。

```
<link href="css.css" rel="Stylesheet" type="text/css" />
<link rel="stylesheet" href="http://code.jquery.com/mobile/1.0/jquery.mobile-1.0.min.css" />
<script src="http://code.jquery.com/jquery-1.6.4.min.js"></script>
<script src="http://code.jquery.com/mobile/1.0/jquery.mobile-1.0.min.js"></script>
<script type="text/javascript">
    function $$(id) {
        return document.getElementById(id);
    }
    // 动态改变区块背景色
    function setSpnColor() {
        var strColor = "rgb(" + $("#txtR").val() + ",233,244)";
        $$("spnPrev").style.backgroundColor = strColor;
    }
</script>
</head>
```

```
<body>
  <div data-role="page">
    <div data-role="header"><h1> 头部栏 </h1></div>
    <div data-role="content">
      <input type="range" id="txtR" value="0"
             min="0" max="255" onchange="setSpnColor()" />
      <span id="spnPrev"></span>
    </div>
    <div data-role="footer"><h4>© 版权所有 2014</h4></div>
  </div>
</body>
```

在上述实例代码中，设置一个 id 为 spnPrev 的块元素，在这个元素中将显示改变的背景颜色。不但可以拖动滑块来改变 spnPrev 的背景颜色，还可以通过在文本框中输入数值的方式来改变，也可以通过单击"+"或"−"图标的方式来改变。

再看样式文件 css.css，具体实现代码如下。

```
#spnPrev
{
    margin-top:10px;
    width:100px;
    height:70px;
    border:solid 1px #ccc;
    float:left
}
```

【运行结果】

本实例执行后的效果如图 9−26 所示。拖动滑动条或输入数字值后，可以改变下方块元素的背景颜色。改变后的效果如图 9−27 所示。

图 9−26 初始效果

图 9−27 改变后的效果

9.6.4 滑动条事件

在 jQuery Mobile 应用中，可以给 input 元素直接绑定事件，使用 jQuery Mobile 的虚拟事件，或者绑定 JavaScript 的标准事件，如 change、focus、blur 等。具体说明如下。

（1）create：当 slider 被创建时触发，例如：

```
$( ".selector" ).textinput({
    create: function(event, ui) { ... }
});
```

（2）slidestart：当 slider 的交互开始时触发，包括点击和拖动，例如：

```
$( ".selector" ).on( 'slidestart', function( event ) { ... });
```

（3）slidestop：当 slider 的交互结束时触发，包括点击和拖动，例如：

```
$( ".selector" ).on( 'slidestop', function( event ) { ... });
```

接下来通过一个具体实例的实现过程，详细讲解在 jQuery Mobile 页面中实现动态滑动条效果的方法。

【范例 9-18】在 jQuery Mobile 页面中实现动态滑动条效果（光盘 :\ 配套源码 \9\dynamic-slider.html）

实例文件 dynamic-slider.html 的具体实现代码如下。

```
<div data-role="page" data-theme="b">
    <div data-role="header">
        <h1> 实现滑动条 </h1>
    </div>

    <div data-role="content">
        <form id="test" id="test" action="#" method="post">
            <a href="#" id="create-s1" data-role="button"> 创建滑动条 1</a>
            <a href="#" id="create-s2" data-role="button"> 创建滑动条 2</a>
            <br>

            <p style="text-align:center;"><strong> 引用方法 :</strong></p>
            <a href="#" id="auto" data-role="button" data-theme="a"> 设置亮度 100%</a>
            <a href="#" id="disable" data-role="button" data-theme="a"> 禁用亮度 </a>
            <a href="#" id="enable" data-role="button" data-theme="a"> 亮度可用 </a>
        </form>

    </div>
    <script type="text/javascript">
        $( "#create-s1" ).bind( "click", function() {
            $( '<label for="brightness1">Brightness1:</label><input type="range" name="brightness1"
id="brightness1" min="0" max="10" data-track-theme="a" data-theme="d" />' )
                .insertAfter( "#create-s1" );
            $( "#brightness1" ).slider().textinput();
        });
```

```
$( "#create-s2" ).bind( "click", function() {
    $( '<label for="brightness2">Brightness2:</label><input type="range" name="brightness2"
id="brightness2" min="0" max="10" />' )
        .insertAfter( "#create-s2" );
    $( "#brightness2" ).slider({
        theme: "d",
        trackTheme: "a",
        disabled: false,
        create: function(event) {
            console.log( "Creating slider control..." );
        }
    }).textinput();
});

$( "#auto" ).bind( "click", function() {
    $( "#brightness1" ).val( 10 ).slider( "refresh" );
});

$( "#disable" ).bind( "click", function() {
    $( "#brightness1" ).slider( "disable" );
});

$( "#enable" ).bind( "click", function() {
    $( "#brightness1" ).slider( "enable" );
});
    </script>
</div>
```

【运行结果】

执行后的初始效果如图 9-28 所示。触摸按下某个按钮后会执行对应的操作效果。例如，触摸按下
"创建滑动条 1" 按钮后会创建如图 9-29 所示的滑动条。

图 9-28　初始效果

图 9-29　创建了一个滑动条

▌ 9.7　使用开关控件

 本节教学录像：5 分钟

在 jQuery Mobile 应用中，开关控件通常用来管理布尔值的 on/off 标记。开关在移动设备上是一个常用的 ui 元素，用来二元切换"开 / 关"或者输入"true/false"类型的数据。可以像滑动框一样拖动开关，或者点击开关任意一半进行操作。本节详细讲解在 jQuery Mobile 应用中使用开关控件的基本知识。

9.7.1　开关控件基础

在 jQuery Mobile 页面中，创建一个只有 2 个 option 的选择菜单就可以构造一个开关。第一个 option 会被样式化为开，第二个 option 会被样式化为关，所以请注意代码书写顺序。注意，要把 label 的 for 属性设为 input 的 id 值，使它们能够在语义上相关联，并且要用 div 容器包裹它们，并给它设定 data-role="fieldcontain" 属性。例如

```
<div data-role="fieldcontain">
    <label for="slider">Select slider:</label>
    <select name="slider" id="slider" data-role="slider">
        <option value="off">Off</option>
        <option value="on">On</option>
    </select>
</div>
```

如果想通过 js 手动控制开关，务必调用 refresh 方法刷新样式。例如

```
var myswitch = $("select#bar");
    myswitch[0].selectedIndex = 1;
    myswitch .slider("refresh");
```

例如，由于开关控件具备简单和易于使用的特点，用户在操作应用程序的设置时，会优先选用开关控件。要切换开关，可以轻敲该控件，也可以滑动开关控件。要创建一个开关控件，添加一个选择元素，而且该选择元素带有 data-role="slider" 属性，然后添加两个选项，用来管理 on/off 状态。

接下来通过一个具体实例的实现过程，详细讲解在 jQuery Mobile 页面中使用开关控件的方法。

【范例 9-19】在 jQuery Mobile 页面中使用开关控件（光盘 :\ 配套源码 \9\switch.html）

实例文件 switch.html 的具体实现代码如下。

```
<div data-role="page" data-theme="b">
    <div data-role="header">
        <h1> 使用开关控件 </h1>
    </div>

    <div data-role="content">
```

```
<form id="test" id="test" action="#" method="post">
    <p>
        <label for="sound"> 声音 :</label>
        <select name="slider" id="sound" data-role="slider">
                <option value="off">Off</option>
                <option value="on">On</option>
        </select>
    </p>
    <p>
        <label for="alerts"> 警报 :</label>
        <select name="slider" id="alerts" data-role="slider" data-track-theme="c" data-theme="b">
                <option value="off">Off</option>
                <option value="on">On</option>
        </select>
    </p>
</div>
</form>


</div>
<script type="text/javascript">
        var alertSwitch = $("select#alerts");

        alertSwitch[0].selectedIndex = 1;
        alertSwitch .slider("refresh");
</script>
</div>
```

【运行结果】

本实例执行后的效果如图 9-30 所示。

由此可见，开关控件也包含两个可主题化的组件。其中一个是名为滑动条的前景组件，另外一个是名为轨道的背景组件。这两个组件可以分别进行主题化。为了对滑动条进行主题化，需要为 select 元素添加 data-theme="a" 属性。此外，要对轨道进行主题化，需要为 select 元素添加 data-track-theme="a" 属性。

接下来通过一个具体实例的实现过程，详细讲解在 jQuery Mobile 页面中创建开关控件的方法。

【范例 9-20】在 jQuery Mobile 页面中创建开关控件（光盘 :\ 配套源码 \9\ chuangjian.html）

实例文件 chuangjian.html 的具体实现代码如下。

```
<script type="text/javascript">
    // 显示翻转切换开关当前的值
    function ChangeEvent() {
```

```
                $("#pTip").html($("#slider").val());
            }
        </script>
    </head>
    <body>
      <div data-role="page">
        <div data-role="header"><h1> 头部栏 </h1></div>
        <div data-role="content">
          <select id="slider" data-role="slider" onchange="ChangeEvent();">
            <option value="1"> 开 </option>
            <option value="0"> 关 </option>
          </select>
          <p id="pTip"></p>
          </div>
    <div data-role="footer"><h4>©2014 版权所有 </h4></div>
     </div>
    </body>
```

【范例分析】

　　上述实例代码中创建了一个 select 元素，并设置其 data-role 属性值为 "slider"，这样便创建了一个开关控件。然后为这个元素添加两个 option 元素，一个显示"开"，取值为 1，另外一个显示"关"，取值为 0。

【运行结果】

　　执行后将显示开关控件，并在下方显示对应的取值。执行效果如图 9-31 所示。

图 9-30　执行效果

图 9-31　执行效果

9.7.2　使用动态开关事件

　　在 jQuery Mobile 应用中，slider 插件是一个能够自动增强开关控件的微件。通过该控件，可以动态创建、启用、禁用和开 / 关开关控件。slider 插件的选项、方法、事件等详细内容，请参阅"动态滑动条"一节。jQuery Mobile 中，相同的 API 也可以多次用于滑动条和开关控件。

　　接下来通过一个具体实例的实现过程，详细讲解在 jQuery Mobile 页面中实现动态开关控件效果的方法。

【范例 9-21】在 jQuery Mobile 页面中实现动态开关控件效果（光盘 :\ 配套源码 \9\dynamic-slider.html）

实例文件 dynamic-slider.html 的具体实现代码如下。

```
<div data-role="page" data-theme="b">
    <div data-role="header">
        <h1> 动态开关 </h1>
    </div>

    <div data-role="content">
        <form id="test" id="test" action="#" method="post">
            <a href="#" id="create-switch1" data-role="button"> 创建开关 1</a>
            <a href="#" id="create-switch2" data-role="button"> 创建开关 2</a>
            <br>
            <a href="#" id="toggle-switch1-on" data-role="button" data-theme="a"> 切花开关 1</a>
        </form>
    </div>
    <script type="text/javascript">
        $( "#create-switch1" ).bind( "click", function() {
            $( '<select name="switch1" id="switch1" data-role="slider" data-theme="c"><option
value="off">Off</option><option value="on">On</option></select>' )
                .insertAfter( "#create-switch1" )
                .slider();
        });

        $( "#create-switch2" ).bind( "click", function() {
            $( '<select name="switch2" id="switch2"><option value="off">Off</option><option
value="on">On</option></select>' )
                .insertAfter( "#create-switch2" )
                .slider({
                    theme: "b",
                    trackTheme: "c",
                    disabled: false,
                    create: function(event) {
                        console.log( "Creating switch control..." );
                        for (prop in event) {
                            console.log(prop + ' = ' + event[prop]);
                        }
                    }
                });
        });

        $( "#toggle-switch1-on" ).bind( "click", function() {
            var switch1 = $( "select#switch1" );
```

```
        // Set switch1 to 'on'
        switch1[0].selectedIndex = 1;
        switch1.slider( "refresh" );

    });

    </script>
</div>
```

【运行结果】

执行后的初始效果如图 9–32 所示。触摸按下某个按钮后会执行对应的操作效果。例如，触摸按下 "创建开关 1" 按钮后会创建如图 9–33 所示的开关控件效果。

图 9-32 初始效果

图 9-33 创建了一个开关

■ 9.8 使用本地表单元素

本节教学录像：3 分钟

在移动 Web 应用中，jQuery Mobile 能够自动增强页面内的所有表单元素。然而，如果想回退到 （fall back to）本地控件，则可以在全局或者字段级别上进行配置。

为了分别设置表单字段，以显示其本地控件，可以为其元素添加 data–role="none" 属性。另外一种方法是，在 mobileinit 事件初始化时，通过设置 keepNative 选择器，以全局方式配置应该以本地方式呈现的表单元素。

接下来通过一个具体实例的实现过程，详细讲解在 jQuery Mobile 页面中使用本地表单元素的方法。

【范例 9-22 】在 jQuery Mobile 页面中使用本地表单元素（ 光盘 :\ 配套源码 \9\ native.html ）

实例文件 native.html 的具体实现代码如下。

```
<div data-role="page" data-theme="b">
    <div data-role="header">
        <h1> 使用本地元素 </h1>
    </div>
```

```
<div data-role="content">
    <form id="test" id="test" action="#" method="post">
        <p>
            <label for="name">
                输入文本：
            </label>
            <input type="text" name="name" id="name" value="" data-role="none" />
        </p>
        <p>
            <label for="slider2">
                反转开关：
            </label>
            <select name="slider2" id="slider2" data-role="none">
                <option value="off">Off</option>
                <option value="on">On</option>
            </select>
        </p>
        <p>
            <label for="slider">
                滑动条：
            </label>
            <input type="range" name="slider" id="slider" value="0" min="0" max="100"
data-role="none" />
        </p>
        <p>
            <label for="select-choice-1" class="select">
                Select:
            </label>
            <select name="genre" id="genre" data-native-menu="false" data-
theme="a" data-role="none">
                <option value="null" data-placeholder="true">Select one...</option>
                <option value="action">Action</option>
                <option value="comedy">Comedy</option>
                <option value="drama">Drama</option>
                <option value="romance">Romance</option>
            </select>
        </p>
        <p>
            <input type="checkbox" name="genre" id="c2" data-role="none" />
            <label for="c2" data-theme="c">
                复选框：
            </label>
        </p>
        <p>
            <input type="radio" name="map" id="map1" value="Map" checked="checked"
data-role="none" />
            <label for="c2" data-theme="c">
```

```
                单选按钮 :
            </label>
            </fieldset>
        </p>
        <p>
            <label for="textarea">
                文本域 :
            </label>
            <textarea cols="40" rows="5" name="textarea" id="textarea" placeholder="Native"
data-role="none">
            </textarea>
        </p>
        <p>
            <button data-role="none">
                Button
            </button>
        </p>
        </form>
    </div>
</div>
```

【范例分析】

上述实例代码中对选择器进行了配置，使其能够在本地外观中显示所有的 input 和 select 元素。

【运行结果】

执行后的效果如图 9-34 所示。

HTML5 新提供的输入类型

提 示　　HTML5 中提供了多个新的输入类型，以帮助收集数据和时间输入。其中常用的有 time、date、month、week、datetime 和 datetime-local 输入类型。是否支持这些新的 HTML5 输入类型，则取决于用户所使用的浏览器（见网站 http://www.quirksmode.org/html5/inputs.html ）。支持这些特性的较新的浏览器能够显示有用的日期选择器，而不支持这些特性的浏览器则会回退到文本输入。

接下来通过一个具体实例的实现过程，详细讲解在 jQuery Mobile 页面中使用 HTML5 的时间、日期类型的方法。

【范例 9-23】在 jQuery Mobile 页面中使用 HTML5 的时间、日期类型（光盘 :\ 配套源码 \9\dates.html）

实例文件 dates.html 的具体实现代码如下。

```
<div data-role="page">
    <div data-role="header">
        <h1>HTML5 的 Dates</h1>
```

```
    </div>

    <div data-role="content">
      <form id="test" id="test" action="#" method="post">

            <label for="time"> 时间 :</label>
            <input type="time" name="time" id="time"/>

            <label for="dtl"> 当地时间 :</label>
            <input type="datetime-local" name="dtl" id="dtl" />

            <label for="date"> 日期 :</label>
            <input type="date" name="date" id="date" />

            <label for="month"> 月 :</label>
            <input type="month" name="month" id="month" />

            <label for="week"> 周 :</label>
            <input type="week" name="week" id="week" />

            <label for="dt"> 时间 :</label>
            <input type="datetime" name="dt" id="dt" />

      </form>
    </div>
  </div>
```

【运行结果】

执行后的效果如图 9-35 所示。

图 9-34　执行效果

图 9-35　执行效果

9.9　综合应用——创建一个日期选择器

 本节教学录像：1 分钟

接下来通过一个综合实例的实现过程，详细讲解在 jQuery Mobile 页面中使用 Mobiscroll 日期选择器的方法。

【范例9-24】在jQuery Mobile页面中使用Mobiscroll日期选择器（光盘:\配套源码 \9\mobiscroll.html）

实例文件 mobiscroll.html 的具体实现代码如下。

```html
<head>
    <meta name="viewport" content="width=device-width, minimum-scale=1.0, maximum-scale=1.0;">
    <meta name="HandheldFriendly" content="true" />
    <title>MobiScroll Date Picker</title>
    <link rel="stylesheet" href="http://code.jquery.com/mobile/1.0/jquery.mobile-1.0.min.css" />
    <script src="http://code.jquery.com/jquery-1.6.4.min.js"></script>
    <script src="http://code.jquery.com/mobile/1.0/jquery.mobile-1.0.min.js"></script>
    <script type="text/javascript" src="jquery.scroller-1.0.2.js"></script>
    <link rel="stylesheet" type="text/css" href="jquery.scroller-1.0.2.css" />

    <script type="text/javascript">
        $(document).ready(function () {
            $( "#date1" ).scroller();
            $( "#date2" ).scroller({ preset: 'time' });
            $( "#date3" ).scroller({ preset: 'datetime',
                seconds: true,
                ampm : false,
                dateOrder: 'dMyy',
                theme: 'sense-ui'
            });

            wheels = [];
            wheels[0] = { 'Hours': {} };
wheels[1] = { 'Minutes': {} };
for (var i = 0; i < 60; i++) {
    if (i < 16) wheels[0]['Hours'][i] = (i < 10) ? ('0' + i) : i;
    wheels[1]['Minutes'][i] = (i < 10) ? ('0' + i) : i;
}

            $( "#custom" ).scroller({
                width: 90,
                wheels: wheels,
```

```
            formatResult: function (d) {
                return ((d[0] - 0) + ((d[1] - 0) / 60)).toFixed(1);
            },
            parseValue: function (s) {
                var d = s.split('.');
                d[0] = d[0] - 0;
                d[1] = d[1] ? ((('0.' + d[1]) - 0) * 60) : 0;
                return d;
            }
        });
        $( "#custom-movie" ).scroller({
            setText: 'Search',
            theme: 'sense-ui',
            wheels: [{
                    'Rating': { '9-star': '*****', '4-star': '****', '3-star': '***' },
                    'Genre': { 'action': 'Action', 'comedy': 'Comedy', 'drama': 'Drama' },
                    'Screen': { '3d': '3D', 'imax': 'IMAX', 'wide': 'Wide' }
                }]
        });

        $(" #get" ).click(function() {
            alert($('#date2').scroller('getDate'));
            return false;
        });

        $( "#set" ).click(function() {
            $('#date2').scroller('setDate', new Date(), true);
            return false;
        });
    });
    </script>


<body>
    <div data-role="page" data-theme="b">
        <div data-role="header" data-theme="a">
            <h1> 使用 Mobiscroll</h1>
        </div>

        <div data-role="content" data-theme="d">
            <form id="testform">
                <p>
                    <label for="date1">Date</label>
                    <input type="text" name="date1" id="date1" class="genField textEntry date"
readonly="readonly" value="1/01/2012" />
                </p>
```

```
        <p>
            <label for="date2">Time</label>
             <input type="text" name="date2" id="date2" class="genField textEntry date"
value="11:23 AM" />
        </p>
        <p>
            <label for="date3">Datetime</label>
             <input type="text" name="date3" id="date3" class="genField textEntry date" />
        </p>
        <p>
            <label for="custom-movie">Movie</label>
             <input type="text" name="custom-movie" id="custom-movie" class="genField
textEntry" value="" />
        </p>
        <p>
            <label for="custom">Custom</label>
             <input type="text" name="custom" id="custom" class="genField textEntry date"
value="" />
        </p>
        </form>
    </div>
 </div>
```

【运行结果】

执行后会显示输入时间表单。当触摸到文本框选项时，会自动弹出一个选择器，如图 9-36 所示。

【范例分析】

在 jQuery Mobile 应用中，Mobiscroll 是一个优化的日期选择器，用于触摸屏设备。Mobiscroll API 是可配置的，可以允许显示多个日期和时间的组合。此外，Mobiscroll 是可主题化的，也可以进行自定义，以显示任何需要的数据。例如，可以通过更新 Mobiscroll 选项的方式创建一个自定义的电影搜索。另外，Mobiscroll 插件也是一个非常灵活的控件，可以用于许多不同的使用案例。

图 9-36 执行效果

▌ 9.10 高手点拨

1. 在构建表单时请务必将输入字段与其语义类型关联起来

在构建表单时，一定要将输入字段与其语义类型关联起来，这种关联有如下两种优势。

（1）当输入字段接收到焦点时，它会为用户显示合适的键盘。例如，被指明为 type="number" 的字段会自动向用户显示一个数字键盘。

（2）当使用 type="tel" 进行关联的字段时，会显示一个特定的电话号码键盘。

并且，该规范允许浏览器针对字段类型应用验证规则。在用户填写表单期间，浏览器能够自动对每个字段类型进行实时验证。

所有移动浏览器都能够很好支持的另外一个特性是 placeholder 属性。该属性为文本输入添加一个提示或标签，而且能够在字段接收到焦点时自动消失。

2．深入理解"占位符选项"的概念

在 jQuery Mobile 页面开发应用中，对自定义选择菜单来说，占位符是一个独特的特性。它具有如下 3 种好处。

（1）占位符要求用户做出一个选择。默认情况下，如果没有配置占位符，则列表中的第一个选项会被选中。

（2）占位符可以为未选定的选择按钮显示提示文本。例如，未选定的 Ticket Delivery 字段将会与占位符文本 "Select one…" 一起显示。

（3）在显示选项列表时，占位符也可以作为页眉来显示。

在现实应用中，可以用如下 3 种方式来配置占位符。

（1）为选项添加不带有任何值的文本。

```
<option value="">Select one…</option>
```

（2）在选项包含文本和值的时候，可以为其添加 data–placeholder="true" 属性。

```
<option value="null" data-placeholder="true">Select one…</option>
```

（3）如果需要一个不带有提示文本和页眉的字段，可以使用一个空选项。

```
<option value=""></option>
```

▌ 9.11   实战练习

1．验证表单中的数据是否为网址格式

请编写一段程序，验证表单中的数据是否是网址格式。

2．自动设置表单中传递数字

请尝试在页面中显示一个数字域，该域接受介于 0 到 10 之间的值，且步进为 3。也就是说，合法的值为 0、3、6 和 9。

第 10 章

本章教学录像：36 分钟

列表

在 Web 应用中，列表是一种广受欢迎的用户界面组件，能够为用户提供简单且有效进行浏览的体验。本章详细讲解在 jQuery Mobile 中设计和配置列表的知识，为读者步入本书后面知识的学习打下基础。

本章要点（已掌握的在方框中打钩）

☐ 基本列表

☐ 内置列表

☐ 嵌套列表

☐ 列表分割

☐ 带有缩略图和图标的列表

☐ 内容格式化与计数器

☐ 使用拆分按钮列表

☐ 使用编号列表

☐ 使用只读列表

☐ 使用列表徽章

☐ 使用搜索栏过滤列表

☐ 实现动态列表效果

☐ 综合应用——多页面模板综合实战

10.1 基本列表

 本节教学录像：4 分钟

在网页设计领域中，列表是最常见的页面元素之一。本节详细讲解在 jQuery Mobile 页面中实现列表效果的方法，为读者步入本书后面知识的学习打下基础。

10.1.1 列表基础

在 jQuery Mobile 页面中，列表是由包含 data-role="listview" 属性的无序列表 ul 代码实现的。jQuery Mobile 会把所有必要的样式（在列表项右侧出现一个向右箭头，并使列表与屏幕同宽等）应用在列表上，使其成为易于触摸的控件。当点击列表项时，jQuery Mobile 会触发该列表项里的第一个链接，通过 Ajax 请求链接的 URL 地址，在 DOM 中创建一个新的页面并产生页面转场效果。

当为列表元素添加 data-role="list" 属性之后，jQuery Mobile 能够将任何本地 HTML 列表（<ul> 或 <ol>）自动增强为一个优化的移动视图。在默认情况下，增强后的列表在显示时会占据整个屏幕。如果列表条目包含链接，则会以易于触摸的按钮方式来显示，而且会带有一个右对齐的箭头图标。在默认情况下，列表会使用调色板颜色 "c"（灰色）来样式化。要应用其他主题，则需要为列表元素或列表条目（<li>）添加 data-theme 属性。

接下来通过一个具体实例的实现过程，详细讲解在 jQuery Mobile 页面中使用列表的方法。

【范例 10-1】在 jQuery Mobile 页面中使用列表（光盘 :\配套源码 \10\basic.html）

实例文件 basic.html 的具体实现代码如下。

```
<!DOCTYPE html>
<html>
    <head>
    <meta charset="utf-8">
    <title>Lists</title>
    <meta name="viewport" content="width=device-width, minimum-scale=1.0, maximum-scale=1.0">
    <link rel="stylesheet" href="http://code.jquery.com/mobile/1.0/jquery.mobile-1.0.min.css" />
    <script src="http://code.jquery.com/jquery-1.10.4.min.js"></script>
    <script src="http://code.jquery.com/mobile/1.0/jquery.mobile-1.0.min.js"></script>
    </head>
<body>

<div data-role="page">
    <div data-role="header">
        <h1> 使用列表 </h1>
    </div>

    <div data-role="content">
        <ul data-role="listview" data-theme="c">
            <li><a href="#">AAA</a></li>
            <li><a href="#">BBB</a></li>
```

```
            <li><a href="#">CCC</a></li>
            <li><a href="#">DDD</a></li>
            <li><a href="#">EEE</a></li>
            <li><a href="#">FFF</a></li>
            <li><a href="#">GGG</a></li>
            <li><a href="#">HHH</a></li>
            <li><a href="#">IIIIII</a></li>
        </ul>
    </div>
</div>

</body>
</html>
```

【范例分析】

在上述实例代码中，使用"ul"和"ui"标记简单实现了一个列表效果。

【运行结果】

执行后的效果如图 10-1 所示。

图 10-1　执行效果

10.1.2　创建一个基本列表

在 jQuery Mobile 页面中，通过将 data-role 属性设置为"listview"的方式可以创建一个基本的列表。接下来通过一个具体实例，讲解在 jQuery Mobile 页面中创建基本列表的方法。

【范例 10-2】在 jQuery Mobile 页面中创建基本列表（光盘 :\ 配套源码 \10\ jiben.html）

实例文件 jiben.html 的具体实现代码如下。

```
<head>
```

```
    <meta charset="utf-8">
    <title>List Example</title>
    <meta name="viewport" content="width=device-width, initial-scale=1">
    <link rel="stylesheet" href="http://code.jquery.com/mobile/1.0/jquery.mobile-1.0.min.css" />
    <script src="http://code.jquery.com/jquery-1.6.4.min.js"></script>
    <script src="http://code.jquery.com/mobile/1.0/jquery.mobile-1.0.min.js"></script>
  </head>
  <body>
   <div data-role="page">
     <div data-role="header"><h1> 头部栏 </h1></div>
     <ul data-role="listview">
       <li><a href="#"> 图书 </a></li>
       <li><a href="#"> 音乐 </a></li>
     </ul>
     <div data-role="footer"><h4>©2014@ 版权所有 </h4></div>
   </div>
  </body>
  </html>
```

【范例分析】

在上述实例代码中，使用 ul 元素创建了一个容器，并将 ul 的
data-role 属性设置为 "listview" 以生成一个列表。然后在容器中添加了两个选项，这两个选项的值分别是 "图书" 和 "音乐"。

【运行结果】

本实例执行后的效果如图 10-2 所示。

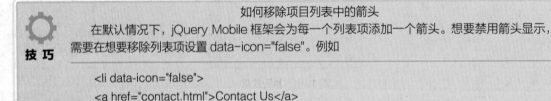

图 10-2　执行效果

> **技 巧**
>
> **如何移除项目列表中的箭头**
>
> 在默认情况下，jQuery Mobile 框架会为每一个列表项添加一个箭头。想要禁用箭头显示，需要在想要移除列表项设置 data-icon="false"。例如
>
> ```
> <li data-icon="false">
> <a href="contact.html">Contact Us</a>
> </li>
> ```

10.2　内置列表

 本节教学录像：2 分钟

在 jQuery Mobile 应用中，在显示内置列表（inset list）时不会占据整个屏幕。相反，它会自动存在于带有圆角的区域块内部，而且具有额外空间的边距设置。要创建一个内置列表，需要为列表元素添加 data-inset="true" 属性。

如果列表需要嵌入在有其他内容的页面中，内嵌列表会将列表设为边缘圆角，周围留有 magin 的块级元素。给列表（ul 或 ol）添加 data-inset="true" 属性即可，例如下面的代码。

```
<ul data-role="listview" data-filter="true" >
  <li><a href="index.html">Acura</a></li>
  <li><a href="index.html">Audi</a></li>
</ul>
```

上述代码的执行效果如图 10-3 所示。

接下来通过一个具体实例的实现过程，详细讲解在 jQuery Mobile 页面中使用内置列表的方法。

【范例10-3】在 jQuery Mobile 页面中使用内置列表（光盘:\配套源码\10\inset.html）

实例文件 inset.html 的具体实现代码如下。

```
<div data-role="page" data-add-back-btn="true">
    <div data-role="header">
        <h1> 联系亲们 </h1>
    </div>

    <div data-role="content">
        <ul data-role="listview" data-inset="true">
            <li data-role="list-divider"> 选择联系方式 </li>
            <li><a href="#"><img src="images/75-phone.png" alt="Call" class="ui-li-icon"> 电话 </a></li>
            <li><a href="#"><img src="images/18-envelope.png" alt="Email" class="ui-li-icon"> 邮件 </a></li>
            <li><a href="#"><img src="images/09-chat-2.png" alt="SMS" class="ui-li-icon"> 短信 </a></li>
            <li><a href="#"><img src="images/103-map.png" alt="Directions" class="ui-li-icon"> 腹语术 </a></li>
        </ul>
    </div>
</div>
```

【运行结果】

上述代码的执行效果如图 10-4 所示。

图 10-3　内嵌的列表

图 10-4　执行效果

10.3 嵌套列表

 本节教学录像：2 分钟

在网页设计过程中，可以在 ul、ol 元素中再次嵌入 ul 和 ol 元素，这样可以生成嵌套列表。例如，下面代码可以实现嵌套列表效果。

```
<ul data-role="listview">
    <li> 老师
        <ul>
            <li><a href="#home"> 老师 A</a></li>
            <li><a href="#home"> 老师 B</a></li>
        </ul>
    </li>
    <li> 学生
        <ul>
            <li><a href="#home"> 学生 A</a></li>
            <li><a href="#home"> 学生 B</a></li>
        </ul>
    </li>
</ul>
```

上述代码的执行效果如图 10-5 所示。

在 jQuery Mobile 页面中，会以最高级的列表项内容生成列表，单击某列表项后会生成一个新的页面。该页面以被单击项的文字内容生成一个 header，并显示子列表内容。

接下来通过一个具体实例，讲解在 jQuery Mobile 页面中使用嵌套列表的方法。

图 10-5 嵌套列表

【范例 10-4 】在 jQuery Mobile 页面中使用嵌套列表（光盘 :\ 配套源码 \10\ qiantao.html ）

实例文件 qiantao.html 的具体实现代码如下。

```
<body>
  <div data-role="page">
      <div data-role="header"><h1> 头部栏 </h1></div>
      <ul data-role="listview">
        <li>
          <h3> 图书 </h3>
        <p> 一本好书，就是一个良师益友。</p>
          <ul>
              <li><a href="#"> 计算机 </a></li>
              <li><a href="#"> 社科 </a></li>
          </ul>
        </li>
```

```
    <li>
        <h3> 音乐 </h3>
            <p> 好的音乐可以陶冶人的情操。</p>
        <ul>
            <li><a href="#"> 流行 </a></li>
            <li><a href="#"> 通俗 </a></li>
        </ul>
    </li>
    </ul>
    <div data-role="footer"><h4>©2014 版权所有 </h4></div>
</div>
</body>
```

【运行结果】

本实例执行后的效果如图 10-6 所示。单击"图书"列表后会显示嵌套在里面的内容，如图 10-7 所示。

图 10-6　执行效果

图 10-7　嵌套的内容

10.4　列表分割

本节教学录像：4 分钟

在 jQuery Mobile 应用中，列表分割线（List Divider，也被称为列表分割项）可以用作一组列表条目的页眉。例如有一个日历列表应用程序，可以选择按照日期对日历事件进行分组。列表分割线也可以用作内置列表的页眉。在上一个例子中，使用列表分割线设置了内置列表的页眉。本节详细讲解实现列表分割的基本知识，为读者步入本书后面知识的学习打下基础。

10.4.1　创建列表分割线

为了创建列表分割线，需要为任何列表条目添加如下属性。

data-role= "list-divider"

这样，列表分割线的默认文本在显示时是左对齐的。

列表项也可以转化为列表分割项，用来组织列表，使列表项成组。给任意列表项添加 data-role="list-divider" 属性即可。默认情况下，列表项的主题样式为"b"（浅灰），但给列表（ul 或 ol）添加 data-divider-theme 属性可以设置列表分割项的主题样式。

在默认情况下，列表分割线使用调色板颜色"b"（浅蓝色）进行样式化。要应用其他主题，则需要为列表元素添加 data-divider-theme= "a" 属性。例如下面的代码。

```
<ul data-role="listview">
<li data-role="list-divider">A</li>
<li><a href="index.html">Adam Kinkaid</a></li>
<li><a href="index.html">Alex Wickerham</a></li>
<li><a href="index.html">Avery Johnson</a></li>
<li data-role="list-divider">B</li>
<li><a href="index.html">Bob Cabot</a></li>
</ul>
```

上述代码的效果如图 10-8 所示。

图 10-8 效果图

10.4.2 使用列表分割线

接下来通过一个具体实例的实现过程，详细讲解在 jQuery Mobile 页面中使用列表分割线的方法。

【范例 10-5】在 jQuery Mobile 页面中使用列表分割线（光盘:\配套源码\10\dividers.html）

实例文件 dividers.html 的具体实现代码如下。

```
<link rel="stylesheet" href="http://code.jquery.com/mobile/1.0/jquery.mobile-1.0.min.css" />
    <style>
        .segmented-control { text-align:center;}
        .segmented-control .ui-controlgroup { margin: 0.2em; }
        .ui-control-active, .ui-control-inactive { border-style: solid; border-color: gray; }
        .ui-control-active { background: #BBB; }
        .ui-control-inactive { background: #DDD; }
    </style>
    <script src="http://code.jquery.com/jquery-1.10.4.min.js"></script>
    <script src="http://code.jquery.com/mobile/1.0/jquery.mobile-1.0.min.js"></script>
</head>
<body>
```

```
<div data-role="page">
    <div data-role="header">
        <h1> 宝贵的时间啊 </h1>
    </div>

    <div data-role="content">
        <ul data-role="listview" data-filter="true" data-divider-theme="b">
            <li data-role="list-divider"> 周一
              <p class="ui-li-aside"><strong>Feb 6 2012</strong></p></li>
            <li><a href="#">
            <p><strong> 上 午 6 点 </strong><span class="ui-li-aside"><strong> 生 日 聚 会 </strong></span></p></a></li>
            <li data-role="list-divider"> 周二
              <p class="ui-li-aside"><strong>Feb 8 2012</strong></p></li>
            <li><a href="#">
            <p><strong> 上午 6 点 </strong><span class="ui-li-aside"><strong> 开会 </strong></span></p></a></li>
            <li data-role="list-divider"> 周三
              <p class="ui-li-aside"><strong>Feb 10 2012</strong></p></li>
            <li><a href="#">
            <p><strong> 上 午 8 点 </strong><span class="ui-li-aside"><strong> 约 会 网 友 </strong></span></p></a></li>
            <li><a href="#">
            <p><strong> 下午 5 点 </strong><span class="ui-li-aside"><strong> 看球 </strong></span></p></a></li>
        </ul>
    </div>

    <div data-role="footer" data-position="fixed" data-theme="d" class="segmented-control">
        <div data-role="controlgroup" data-type="horizontal">
            <a href="#" data-role="button" class="ui-control-active">List</a>
            <a href="#" data-role="button" class="ui-control-inactive">Day</a>
            <a href="#" data-role="button" class="ui-control-inactive">Month</a>
        </div>
    </div>
</div>
```

【运行结果】

上述代码的执行效果如图 10-9 所示。

在图 10-9 所示的执行效果中，列表条目同时包含左对齐和右对齐的文本。要让文本以右对齐方式放置，需要使用一个包含类 ui-li-aside 的元素对其进行包装。

接下来通过一个具体实例的实现过程，详细讲解在 jQuery Mobile 页面中使用列表分割项的方法。

【范例 10-6】在 jQuery Mobile 页面中使用列表分割项（光盘 :\ 配套源码 \10\fengexiang.html）

实例文件 fengexiang.html 的具体实现代码如下。

```html
<body>
<div data-role="page">
<div data-role="header"><h1> 头部栏 </h1></div>
<ul data-role="listview">
     <li data-role="list-divider"> 图书 </li>
     <li><a href="#"> 计算机 </a></li>
     <li><a href="#"> 社科 </a></li>
     <li><a href="#"> 文艺 </a></li>
     <li data-role="list-divider"> 音乐 </li>
     <li><a href="#"> 流行 </a></li>
     <li><a href="#"> 通俗 </a></li>
     </ul>
<div data-role="footer"><h4>©2014 版权所有 </h4></div>
</div>
</body>
```

【范例分析】

上述实例代码中设置了一个 <ul> 列表元素，并设置了两个 <li> 元素作为分割列表项，其中一个用于显示 "图书" 分类，另一个用于显示 "音乐" 分类，最后设置了每个分类下显示的信息。由此可见，通过为属性 data-role 设置 "listview" 值的方式，实现了一个不同主题色的分割列表项。

【运行结果】

本实例执行后的效果如图 10-10 所示。

图 10-9　执行效果

图 10-10　执行效果

10.5 带有缩略图和图标的列表

 本节教学录像：4 分钟

在 jQuery Mobile 应用中，将一个图像作为列表条目的第一个子元素添加到列表条目中，可以在屏幕左方为列表条目添加缩略图，jQuery Mobile 框架会将图像缩放为 80 像素的正方形。本节详细讲解在页面中实现带有缩略图和图标的列表的基本方法。

10.5.1 缩略图和图标列表基础

要在列表项左侧添加缩略图，只需在列表项中添加一幅图片作为第一个子元素即可。jQuery Mobile 会自动缩放图片为大小 80px 的正方形。而要使用标准 16*16 的图标作为缩略图的话，为图片元素添加 ui-li-icon class 即可。例如下面的代码。

```
<ul data-role="listview">
 <li>
  <img src="images/album-bb.jpg" />
  <h3><a href="index.html">Broken Bells</a></h3>
  <p>Broken Bells</p>
 </li>
 <li>
  <img src="images/album-hc.jpg" />
 <h3><a href="index.html">Warning</a></h3>
  <p>Hot Chip</p>
 </li>
</ul>
```

上述代码的执行效果如图 10-11 所示。

图 10-11 执行效果

10.5.2 实现缩略图列表

接下来通过一个具体实例的实现过程，详细讲解在 jQuery Mobile 页面中实现缩略图列表效果的方法。

【范例10-7】在jQuery Mobile页面中实现缩略图列表效果（光盘:\配套源码\10\suolue.html）

实例文件 suolue.html 的具体实现代码如下。

```
<!DOCTYPE html>
<html>
    <head>
    <meta charset="utf-8">
    <title>List Example</title>
    <meta name="viewport" content="width=device-width, initial-scale=1">
    <link rel="stylesheet" href="http://code.jquery.com/mobile/1.0/jquery.mobile-1.0.min.css" />
    <style>
            .tabbar .ui-btn .ui-btn-inner { font-size: 11px!important; padding-top: 24px!important;
padding-bottom: 0px!important; }
            .tabbar .ui-btn .ui-icon { width: 30px!important; height: 20px!important; margin-left:
-15px!important; box-shadow: none!important; -moz-box-shadow: none!important; -webkit-box-shadow:
none!important; -webkit-border-radius: none !important; border-radius: none !important; }
            #home .ui-icon { background:  url(../images/53-house-w.png) 50% 50% no-repeat;
background-size: 22px 20px; }
            #movies .ui-icon { background:  url(../images/107-widescreen-w.png) 50% 50% no-repeat;
background-size: 25px 17px; }
            #theatres .ui-icon { background:  url(../images/15-tags-w.png) 50% 50% no-repeat;
background-size: 20px 20px; }

            .segmented-control { text-align:center;}
            .segmented-control .ui-controlgroup { margin: 0.2em; }
            .ui-control-active, .ui-control-inactive { border-style: solid; border-color: gray; }
            .ui-control-active { background: #BBB; }
            .ui-control-inactive { background: #DDD; }
    </style>
    <script src="http://code.jquery.com/jquery-1.6.4.min.js"></script>
    <script src="http://code.jquery.com/mobile/1.0/jquery.mobile-1.0.min.js"></script>
</head>
<body>

<div data-role="page">
    <div data-role="header" data-theme="b" data-position="fixed">
        <div class="segmented-control ui-bar-d">
            <div data-role="controlgroup" data-type="horizontal">
                <a href="#" data-role="button" class="ui-control-active"> 歌曲 </a>
                <a href="#" data-role="button" class="ui-control-inactive"> 影视 </a>
                <a href="#" data-role="button" class="ui-control-inactive"> 小品 </a>
            </div>
        </div>
    </div>

    <div data-role="content">
        <ul data-role="listview">
```

```
<li>
  <a href="#">
      <img src="images/111.jpg" />
  <h3> 战神老管 </h3>
      <p> 评级 : PG</p>
      <p> 时长 : 95 min.</p>
  </a>
</li>
<li>
  <a href="#">
      <img src="images/222.jpg" />
  <h3> 新警察故事 </h3>
      <p> 评级 : PG-13</p>
      <p> 时长 : 137 min.</p>
  </a>
</li>
<li>
  <a href="#">
      <img src="images/333.jpg" />
  <h3> 十二生肖 </h3>
      <p> 评级 : PG-13</p>
      <p> 时长 : 131 min.</p>
  </a>
</li>
<li>
  <a href="#">
      <img src="images/444.jpg" />
  <h3> 狂风暴雨 </h3>
      <p> 评级 : PG</p>
      <p> 时长 : 95 min.</p>
  </a>
</li>
<li>
  <a href="#">
      <img src="images/111.jpg" />
  <h3> 风雨交加 </h3>
      <p> 评级 : PG-13</p>
      <p> 时长 : 131 min.</p>
  </a>
</li>
      </ul>
  </div>
```

```
    <div data-role="footer" class="tabbar" data-position="fixed">
        <div data-role="navbar" class="tabbar">
        <ul>
            <li><a href="#" id="home" data-icon="custom"> 主页 </a></li>
            <li><a href="#" id="movies" data-icon="custom" class="ui-btn-active">Movies</a></li>
            <li><a href="#" id="theatres" data-icon="custom"> 音乐 </a></li>
        </ul>
        </div>
    </div>
</div>

</body>
</html>
```

【 运行结果 】

上述实例代码的执行效果如图 10-12 所示。

图 10-12 执行效果

另外，也可以使用更小的图标来取代缩略图。要在列表条目中使用 16×16 像素的图标，需要为图像元素添加 ui-li-icon 类。

10.5.3 实现带有图标的列表

接下来通过一个具体实例的实现过程，详细讲解在 jQuery Mobile 页面中实现带有图标的列表效果的方法。

【范例 10-8】在 jQuery Mobile 页面中实现带有图标的列表效果（光盘 :\ 配套源码 \10\icons.html）

实例文件 icons.html 的具体实现代码如下。

```html
<div data-role="page" data-theme="b">
    <div data-role="header">
        <h1> 评论 </h1>
        <a href="#" data-icon="plus" data-iconpos="notext" class="ui-btn-right"></a>
    </div>

    <div data-role="content">
        <ul data-role="listview" data-inset="true" data-theme="e">
            <li data-role="list-divider"> 查看评论 </li>
            <li>
                <img src="images/111.jpg">
                <h3> 警察故事 </h3>
                <p><span class="ui-li-rating">90%</span><strong> 喜欢看 !</strong></p>
                <p> 评论数 : <em>1,588</em></p>
            </li>
        </ul>

        <ul data-role="listview" data-inset="true" data-theme="d">
            <li data-role="list-divider"> 用户评论 </li>
            <li>
             <a href="#">
                <img src="images/111-user.png" class="ui-li-icon">
                <p><strong> 好看 !</strong></p>
                <p> 真精彩，真精彩!　.</p>
             </a>
            </li>
            <li>
             <a href="#">
                <img src="images/111-user.png" class="ui-li-icon">
                <p><strong> 快来看 !</strong></p>
                <p> 效果震撼!　</p>
             </a>
            </li>
            <li>
              <a href="#">
                <img src="images/111-user.png" class="ui-li-icon">
                <p><strong> 快看吧 !</strong></p>
                <p> 主角很美!　.</p>
              </a>
            </li>
```

```
        <li>
            <p><a href="#"> 查看更多评论 ..</a></p>
            <p>1-3 of 15 total</p>
        </li>
    </ul>
  </div>
</div>
```

【运行结果】

上述实例代码的执行效果如图 10-13 所示。

图 10-13　执行效果

10.5.4　实现带有图标和计数器的列表

要想在 jQuery Mobile 页面中的列表右侧显示一个计数器，只需添加一个 <span> 元素，并在此元素中增加一个 "ui-li-count" 类别属性即可。

接下来通过一个具体实例的实现过程，详细讲解在 jQuery Mobile 页面中实现带有图标和计数器的列表的方法。

【范例 10-9】实现带有图标和计数器的列表效果（光盘:\ 配套源码 \10\ shuanggongneng.html）

实例文件 shuanggongneng.html 的具体实现代码如下。

```
<body>
  <div data-role="page">
    <div data-role="header"><h1> 头部栏 </h1></div>
    <ul data-role="listview">
        <li>
            <a href="#">
```

```
                <img src="images/1.png" alt=" 图书 " class="ui-li-icon" /> 图书
                <span class="ui-li-count">3</span>
            </a>
        </li>
        <li>
            <a href="#">
                <img src="images/2.png" alt=" 音乐 " class="ui-li-icon" /> 音乐
                <span class="ui-li-count">2</span>
            </a>
        </li>
    </ul>
        <div data-role="footer"><h4>©2014  版权所有 </h4></div>
</div>
</body>
```

【运行结果】

　　本实例执行后的效果如图 10-14 所示。

图 10-14　执行效果

■ 10.6　内容格式化与计数器

 本节教学录像：2 分钟

　　在 jQuery Mobile 页面应用中，支持以 HTML 语义化的元素，例如 <span>、<h>、<p>，这样可以灵活地显示列表中所需要的内容格式。使用 <span> 元素并添加一个名为 ui-li-count 的类别，可以在列表的右侧生成一个计数器。使用 <h> 元素来突出列表中显示的内容，<p> 元素用于减弱列表项中显示的内容。两者结合，可以使列表中显示的内容具有层次关系。如果要增加补充信息，可以在显示的 <p> 元素中添加一个名为 ui-li-aside 的类别。

　　接下来通过一个具体实例讲解在 jQuery Mobile 页面中实现内容格式化与计数器列表效果的方法。

【范例10-10】实现内容格式化与计数器列表效果（ 光盘 :\配套源码 \10\geshihua.html ）

　　实例文件 geshihua.html 的具体实现代码如下。

```
<body>
  <div data-role="page">
```

```
<div data-role="header"><h1> 头部栏 </h1></div>
<ul data-role="listview">
<li data-role="list-divider">2013 年、2014 年作品集
    <span class="ui-li-count">2</span></li>
 <li>
    <a href="#"><h3>2013 年作品 </h3>
        <p><strong>Android 实战 </strong></p>
        <p> 一本全面介绍 Android 新增特征与 API 的原创图书。</p>
        <p class="ui-li-aside"><strong>2013.01</strong> 出版 </p>
    </a></li>
 <li>
    <a href="#"><h3>2014 年作品 </h3>
        <p><strong>Android 权威指南 </strong></p>
        <p> 通过一个个精选的实例详细完整地介绍 Android 的方方面面。</p>
        <p class="ui-li-aside"><strong>2010.01</strong> 出版 </p>
    </a>
  </li>
 </ul>
 <div data-role="footer"><h4>©2014  版权所有 </h4></div>
</div>
</body>
```

【运行结果】

本实例执行后的效果如图 10-15 所示。

图 10-15　执行效果

▌10.7　使用拆分按钮列表

 本节教学录像：3 分钟

在某些情况下，需要让每个列表条目支持多个动作。为此，可以创建具有主（primary）按钮和附属（secondary）按钮的拆分按钮列表（也被称为分割按钮列表）。本节详细讲解使用拆分按钮列表的基本知识。

10.7.1　拆分按钮列表基础

在 jQuery Mobile 应用中，有时每个列表项会有多于一个操作，这时拆分按钮用来提供如下两个独立的可点击的部分。

❑ 列表项本身

❑ 列表项右边的小 icon

要创建这种拆分按钮，在 li 插入第二个链接即可，框架会创建一个竖直的分割线，并把链接样式化为一个只有 icon 的按钮，记得设置 title 属性以保证可访问性。可以通过指定 data-split-icon 属性来设置位于右边的分隔项的图标，图标分隔项的主题样式可以通过 data-split-theme 属性来设置。

在 jQuery Mobile 应用中，要创建一个拆分按钮，需要在列表条目内添加一个附属链接，jQuery Mobile 框架会添加一条垂直的线，以分割主动作和附属动作。如果要为所有的附属按钮设置图标，则需要为列表元素添加 data-split-icon 属性，并将其值设置为标准的或自定义的图标。默认情况下，附属按钮使用调色板颜色 "b"（浅蓝色）来样式化。要应用其他主题，可以为列表元素添加 data-split-theme 属性，例如下面的代码。

```
<ul data-role="listview" data-split-icon="gear" data-split-theme="d">
<li>
  <img src="images/album-bb.jpg" />
  <h3><a href="index.html">Broken Bells</a></h3>
  <p>Broken Bells</p>
  <a href="lists-split-purchase.html" data-rel="dialog" data-transition="slideup">Purchase album</a>
</li>
<li>
  <img src="images/album-hc.jpg" />
  <h3><a href="index.html">Warning</a></h3>
  <p>Hot Chip</p>
  <a href="lists-split-purchase.html" data-rel="dialog" data-transition="slideup">Purchase album</a>
</li>
</ul>
```

上述代码的执行效果如图 10-16 所示。

图 10-16　执行效果

接下来通过一个具体实例，讲解在 jQuery Mobile 页面中实现分割按钮列表的方法。

【范例10-11】在jQuery Mobile 页面中实现分割按钮列表（光盘:\配套源码\10\fenge.html）

实例文件 fenge.html 的具体实现代码如下。

```
<body>
    <div data-role="page"><div data-role="header"><h1> 头部栏 </h1></div>
    <ul data-role="listview" data-split-icon="gear" data-split-theme="d">
      <li>
       <a href="#">
          <img src="images/333.jpg" />
          <h3>Android 实战 </h3>
          <p> 一本全面介绍 Android 新增特征与 API 的原创图书。</p>
       </a>
       <a href="#" data-rel="dialog" data-transition="slideup">
           2011 年作品
        </a>
      </li>
      <li>
       <a href="#">
          <img src="images/222.jpg" />
          <h3>Android 权威指南 </h3>
          <p> 通过一个个精选的实例详细完整地介绍 Android 的方方面面。</p>
        </a>
        <a href="#" data-rel="dialog" data-transition="slideup">
          2013 年作品
         </a>
      </li>
    </ul>
    <div data-role="footer"><h4>©2014 版权所有 </h4></div>
  </div>
</body>
```

【范例分析】

上述实例代码中添加了一个 <ul> 元素，然后在里面添加了两个 <li> 元素。在 <li> 元素中使用分割按钮的方式，以图文并茂的方式显示了两本书的基本资料。由此可见，在 <li> 元素中添加一个 <a> 元素之后，便可以形成一条分割线，这条分割线将列表中的链接按钮分割成两个部分。

【运行结果】

本实例执行后的效果如图 10-17 所示。

图 10-17　执行效果

10.7.2　实现带有图标按钮的分割列表

在如下实例中，可以修改最初的电影列表实例，使其支持多个动作。主按钮会继续显示电影详情，而新的附属按钮可以用来购买电影票。

【范例 10-12】在 jQuery Mobile 页面中实现带有图标按钮的分割列表效果（光盘 :\ 配套源码 \10\split.html）

实例文件 split.html 的具体实现代码如下。

```
<!DOCTYPE html>
<html>
    <head>
    <meta charset="utf-8">
    <title>List Example</title>
    <meta name="viewport" content="width=device-width, initial-scale=1">
    <link rel="stylesheet" href="http://code.jquery.com/mobile/1.0/jquery.mobile-1.0.min.css" />
    <style>
        .tabbar .ui-btn .ui-btn-inner { font-size: 11px!important; padding-top: 24px!important;
padding-bottom: 0px!important; }
        .tabbar .ui-btn .ui-icon { width: 30px!important; height: 20px!important; margin-left:
-15px!important; box-shadow: none!important; -moz-box-shadow: none!important; -webkit-box-shadow:
none!important; -webkit-border-radius: none !important; border-radius: none !important; }
        #home .ui-icon { background:  url(../images/53-house-w.png) 50% 50% no-repeat;
background-size: 22px 20px; }
        #movies .ui-icon { background:  url(../images/107-widescreen-w.png) 50% 50% no-repeat;
background-size: 25px 17px; }
        #theatres .ui-icon { background:  url(../images/15-tags-w.png) 50% 50% no-repeat;
background-size: 20px 20px; }


        .segmented-control { text-align:center;}
        .segmented-control .ui-controlgroup { margin: 0.2em; }
        .ui-control-active, .ui-control-inactive { border-style: solid; border-color: gray; }
        .ui-control-active { background: #BBB; }
        .ui-control-inactive { background: #DDD; }
    </style>
    <script src="http://code.jquery.com/jquery-1.6.4.min.js"></script>
    <script src="http://code.jquery.com/mobile/1.0/jquery.mobile-1.0.min.js"></script>
    </head>
    <body>


<div data-role="page">
    <div data-role="header" data-theme="b" data-position="fixed">
        <div class="segmented-control ui-bar-d">
            <div data-role="controlgroup" data-type="horizontal">
                <a href="#" data-role="button" class="ui-control-active"> 电影 </a>
                <a href="#" data-role="button" class="ui-control-inactive"> 金曲 </a>
                <a href="#" data-role="button" class="ui-control-inactive"> 连续剧 </a>
            </div>
        </div>
```

```
        </div>

        <div data-role="content">
            <ul data-role="listview" data-split-icon="star" data-split-theme="d">
                <li>
                    <a href="#">
                        <img src="images/111.jpg" />
                        <h3> 金刚狼 2</h3>
                            <p> 评论 : PG</p>
                            <p> 时长 : 95 min.</p>
                    </a>
                    <a href="#"> 购票 </a>
                </li>
                <li>
                    <a href="#">
                        <img src="images/222.jpg" />
                        <h3> 私人定制 </h3>
                            <p> 评论 : PG-13</p>
                            <p> 时长 : 137 min.</p>
                    </a>
                    <a href="#"> 购票 </a>
                </li>
                <li>
                    <a href="#">
                        <img src="images/333.jpg" />
                        <h3> 新警察故事 </h3>
                            <p> 评论 : PG-13</p>
                            <p> 时长 : 131 min.</p>
                    </a>
                    <a href="#"> 购票 </a>
                </li>
                <li>
                    <a href="#">
                        <img src="images/444.jpg" />
                        <h3> 屌丝碎贞操 </h3>
                            <p> 评论 : PG</p>
                            <p> 时长 : 95 min.</p>
                    </a>
                    <a href="#"> 购票 </a>
                </li>
                <li>
                    <a href="#">
                        <img src="images/111.jpg" />
                        <h3> 无悔青春 </h3>
```

```
                <p> 评论 : PG-13</p>
                <p> 时长 : 131 min.</p>
            </a>
             <a href="#"> 购票 </a>
           </li>
       </ul>
    </div>

    <div data-role="footer" class="tabbar" data-position="fixed">
        <div data-role="navbar" class="tabbar">
        <ul>
            <li><a href="#" id="home" data-icon="custom"> 主页 </a></li>
            <li><a href="#" id="movies" data-icon="custom" class="ui-btn-active">Movies</a></li>
            <li><a href="#" id="theatres" data-icon="custom"> 评论 </a></li>
        </ul>
        </div>
    </div>
</div>

</body>
</html>
```

【运行结果】

上述实例代码的执行效果如图 10-18 所示。

图 10-18　执行效果

▌ 10.8 使用编号列表

 本节教学录像：3 分钟

在 jQuery Mobile 应用中，在使用有序列表（<ol>）时，需要创建编号列表（numbered list），也叫有序列表。在默认情况下，jQuery Mobile 框架会在每一个列表条目的左边添加数字索引。本节详细讲解在 jQuery Mobile 页面中使用编号列表的基本知识。

10.8.1 编号列表基础

在显示按顺序排列的一系列条目时，编号列表会很有用。在 jQuery Mobile 页面中，通过有序列表 ol 可以创建数字排序的列表来表现顺序序列。比如，搜索结果排序或电影排行榜等应用经常用到这个功能。当增强效果应用到列表时，jQuery Mobile 优先使用 css 的方式给列表添加编号。当浏览器不支持这种方式时，框架会采用 JavaScript 将编号写入列表中。例如下面的代码。

```
<ol data-role="listview">
  <li><a href="index.html">The Godfather</a></li>
  <li><a href="index.html">Inception</a></li>
</ol>
```

上述代码的执行效果如图 10-19 所示。

接下来通过一个具体实例的实现过程，详细讲解在 jQuery Mobile 页面中使用编号列表的方法。

【范例 10-13】在 jQuery Mobile 页面中使用编号列表（光盘 :\ 配套源码 \10\ numbered.html）

实例文件 numbered.html 的具体实现代码如下。

```
<div data-role="page">
    <div data-role="header" data-theme="b" data-position="fixed">
        <div class="segmented-control ui-bar-d">
            <div data-role="controlgroup" data-type="horizontal">
                <a href="#" data-role="button" class="ui-control-inactive"> 影视 </a>
                <a href="#" data-role="button" class="ui-control-inactive"> 电视剧 </a>
                <a href="#" data-role="button" class="ui-control-active"> 音乐 </a>
            </div>
        </div>
    </div>

    <div data-role="content">
        <ol data-role="listview">
            <li><a href="#">AAA</a></li>
            <li><a href="#">BBB</a></li>
            <li><a href="#">CCC</a></li>
```

```
            <li><a href="#">DDD</a></li>
            <li><a href="#">EEE</a></li>
            <li><a href="#">FFF</a></li>
            <li><a href="#">GGG</a></li>
            <li><a href="#">HHH</a></li>
            <li><a href="#">IIIII </a></li>

        </ol>
    </div>

    <div data-role="footer" class="tabbar" data-position="fixed">
        <div data-role="navbar" class="tabbar">
        <ul>
            <li><a href="#" id="home" data-icon="custom"> 主页 </a></li>
            <li><a href="#" id="movies" data-icon="custom" class="ui-btn-active">Movies</a></li>
            <li><a href="#" id="theatres" data-icon="custom"> 评论 </a></li>
        </ul>
        </div>
    </div>
</div>
```

【 运行结果 】

上述代码的执行效果如图 10-20 所示。

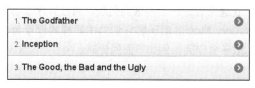

图 10-19　执行效果

图 10-20　执行效果

10.8.2　实现一个有序列表效果

接下来通过一个具体实例，讲解在 jQuery Mobile 页面中实现有序列表的方法。

【范例 10-14】在 jQuery Mobile 页面中实现有序列表（光盘 :\ 配套源码 \10\ youxu.html）

实例文件 youxu.html 的具体实现代码如下。

```
<body>
  <div data-role="page">
  <div data-role="header"><h1> 头部栏 </h1></div>
    <ol data-role="listview" start="5" type="a">
    <li><a href="#"> 计算机 </a></li>
      <li><a href="#"> 文艺 </a></li>
      <li><a href="#"> 社科 </a></li>
    </ol>
      <div data-role="footer"><h4>©2014  页脚版权 </h4></div>
    </div>
</body>
```

【范例分析】

在上述实例代码中，设置了一个 <ol> 元素作为有序列表的容器，然后在容器中通过 <li> 元素显示不同类型图书的排行状况。

【运行结果】

执行后的效果如图 10-21 所示。

图 10-21　执行效果

10.9　使用只读列表

 本节教学录像：2 分钟

在 jQuery Mobile 应用中，列表视图也可以显示只读的数据视图，而且用户界面看起来与前面出现的交互式界面非常相似，只不过纯图标的右箭头图像被移除，而且字体大小和内边距要略小一些。要创建一个只读的列表，只需移除前面例子中使用的锚标签即可。

由此可见，列表也可以用来展示没有交互的条目，这通常会是一个内嵌的列表。通过有序或者无序列表都可以创建只读列表，列表项内没有链接即可，jQuery Mobile 默认将它们的主题样式设置为 "c" 白色无渐变色，并把字号设为比可点击的列表项的小，以节省空间，例如下面的代码。

```
<ul data-role="listview" data-inset="true">
  <li>Acura</li>
```

```
    <li>Audi</li>
  </ul>
```

上述代码的执行效果如图 10-22 所示。

接下来通过一个具体实例的实现过程，详细讲解在 jQuery Mobile 页面中使用带有只读条目的列表的方法。

【范例 10-15】在 jQuery Mobile 页面中使用带有只读条目的列表（光盘 :\ 配套源码 \10\readonly.html）

实例文件 readonly.html 的具体实现代码如下。

```
<link rel="stylesheet" href="http://code.jquery.com/mobile/1.0/jquery.mobile-1.0.min.css" />
<style>
      .tabbar .ui-btn .ui-btn-inner { font-size: 11px!important; padding-top: 24px!important;
padding-bottom: 0px!important; }
      .tabbar .ui-btn .ui-icon { width: 30px!important; height: 20px!important; margin-left:
-15px!important; box-shadow: none!important; -moz-box-shadow: none!important; -webkit-box-shadow:
none!important; -webkit-border-radius: none !important; border-radius: none !important; }
      #home .ui-icon { background:  url(../images/53-house-w.png) 50% 50% no-repeat;
background-size: 22px 20px; }
      #movies .ui-icon { background:  url(../images/107-widescreen-w.png) 50% 50% no-repeat;
background-size: 25px 17px; }
      #theatres .ui-icon { background:  url(../images/15-tags-w.png) 50% 50% no-repeat;
background-size: 20px 20px; }


      .segmented-control { text-align:center;}
      .segmented-control .ui-controlgroup { margin: 0.2em; }
      .ui-control-active, .ui-control-inactive { border-style: solid; border-color: gray; }
      .ui-control-active { background: #BBB; }
      .ui-control-inactive { background: #DDD; }
  </style>
  <script src="http://code.jquery.com/jquery-1.6.4.min.js"></script>
  <script src="http://code.jquery.com/mobile/1.0/jquery.mobile-1.0.min.js"></script>
</head>
<body>

<div data-role="page">
    <div data-role="header" data-theme="b" data-position="fixed">
        <div class="segmented-control ui-bar-d">
            <div data-role="controlgroup" data-type="horizontal">
                <a href="#" data-role="button" class="ui-control-active"> 电影 </a>
                <a href="#" data-role="button" class="ui-control-inactive"> 音乐 </a>
                <a href="#" data-role="button" class="ui-control-inactive"> 舞蹈 </a>
            </div>
        </div>
    </div>
```

```
<div data-role="content">
    <ul data-role="listview">
        <li>
            <img src="images/111.jpg" />
            <h3> 霍比特人 1</h3>
                <p> 评论 : PG</p>
                <p> 时长 : 95 min.</p>
        </li>
        <li>
            <img src="images/222.jpg" />
            <h3> 私人定制 </h3>
                <p> 评论 : PG-13</p>
                <p> 时长 : 137 min.</p>
        </li>
        <li>
            <img src="images/333.jpg" />
            <h3> 风暴 --- 刘德华 </h3>
                <p> 评论 : PG-13</p>
                <p> 时长 : 131 min.</p>
        </li>
        <li>
            <img src="images/444.jpg" />
            <h3> 无人区 </h3>
                <p> 评论 : PG</p>
                <p> 时长 : 95 min.</p>
        </li>
        <li>
            <img src="images/222.jpg" />
            <h3> 北京爱情故事 </h3>
                <p> 评论 : PG-13</p>
                <p> 时长 : 131 min.</p>
        </li>
    </ul>
</div>

<div data-role="footer" class="tabbar" data-position="fixed">
    <div data-role="navbar" class="tabbar">
    <ul>
        <li><a href="#" id="home" data-icon="custom"> 主页 </a></li>
        <li><a href="#" id="movies" data-icon="custom" class="ui-btn-active">Movies</a></li>
        <li><a href="#" id="theatres" data-icon="custom"> 评论 </a></li>
    </ul>
    </div>
</div>
```

```
</div>
```

【运行结果】

上述实例代码的执行效果如图 10-23 所示。

图 10-22 执行效果

图 10-23 执行效果

10.10 使用列表徽章

 本节教学录像：2 分钟

在 jQuery Mobile 页面开发应用中，支持通过 HTML 语义化的标签来显示列表项中常见的文本格式，比如标题 / 描述、二级信息、计数等，具体说明如下。

- ❏ 将数字用一个元素包裹，并添加 ui-li-count 的 class，放置于列表项内，可以给列表项右侧增加一个计数气泡。
- ❏ 要添加有层次关系的文本，可以使用标题来强调，用段落文本来减少强调。
- ❏ 补充信息（比如日期）可以通过包裹在 class="ui-li-aside" 的容器中来添加到列表项的右侧，例如下面的代码。

```
<ul data-role="listview">
 <li data-role="list-divider">Friday, October 8, 2010 <span class="ui-li-count">2</span></li>
 <li>
   <h3><a href="index.html">Stephen Weber</a></h3>
   <p><strong>You've been invited to a meeting at Filament Group in Boston, MA</strong></p>
```

```
    <p>Hey Stephen, if you're available at 10am tomorrow, we've got a meeting with the Jquery team.</p>
    <p class="ui-li-aside"><strong>6:24</strong>PM</p>
    </li>
    <li>
    <h3><a href="index.html">Jquery Team</a></h3>
    <p><strong>Boston Conference Planning</strong></p>
    <p>In preparation for the upcoming conference in Boston, we need to start gathering a list of
sponsors and speakers.</p>
    <p class="ui-li-aside"><strong>9:18</strong>AM</p>
    </li>
</ul>
```

上述代码的执行效果如图 10-24 所示。

在 jQuery Mobile 应用中，列表徽章（list badge）或计数泡（count bubble）是一个突出显示的椭圆，通常用来表示有多少个新的条目可供查看。例如，通常在邮件应用程序中使用的徽章用来指示用户有多少封未读邮件。

要在 jQuery Mobile 应用中创建一个徽章，需要使用一个包含 ui-li-count 类的元素对徽章中的文本进行包装。默认情况下，徽章使用调色板颜色 "c"（灰色）来样式化。要应用其他主题，可以为列表元素添加 data-count-theme 属性。

例如，在下面的实例中，徽章用来指示在几天前添加的某个电影的评论。徽章可以用来表达任何类型的元数据。

【范例 10-16】在 jQuery Mobile 页面中使用带有只读条目的列表（光盘 :\ 配套源码 \10\badges.html）

实例文件 badges.html 的具体实现代码如下。

```
<div data-role="page">
    <div data-role="header">
        <h1> 电影评论 </h1>
    </div>

    <div data-role="content">
        <ul data-role="listview" data-inset="true" data-theme="e">
            <li data-role="list-divider">X- 战警
            <p class="ui-li-aside"> 评论数：<em>1,588</em></p></li>
            <li>
                <img src="images/thumbs-up.png" class="ui-li-icon">
                <p> 快来看吧，非常好看，效果好！ </p>
            </li>
        </ul>

        <ul data-role="listview" data-inset="true" data-theme="e" data-count-theme="e">
            <li data-role="list-divider"> 内容 </li>
            <li>
                <img src="images/111-user.png" class="ui-li-icon">
```

```
        <p> 好的，我马上去看看！.</p>
            <span class="ui-li-count">1 天前 </span>
        </li>
        <li>
            <img src="images/111-user.png" class="ui-li-icon">
        <p> 票好买吗，我怕排队！!</p>
            <span class="ui-li-count">3 天前 </span>
        </li>
    </ul>
</div>

<div data-role="footer" data-position="fixed">
    <div data-role="navbar">
        <ul>
            <li><a href="#" data-icon="arrow-l"></a></li>
            <li><a href="#" data-icon="back"></a></li>
            <li><a href="#" data-icon="star"></a></li>
            <li><a href="#" data-icon="plus"></a></li>
            <li><a href="#" data-icon="arrow-r"></a></li>
        </ul>
    </div>
</div>
</div>
```

【运行结果】

上述实例代码的执行效果如图 10-25 所示。

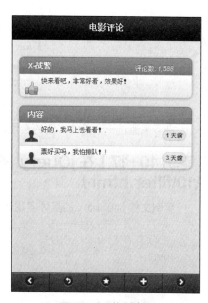

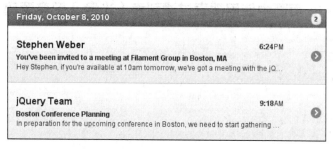

图 10-24　执行效果

图 10-25　执行效果

10.11 使用搜索栏过滤列表

 本节教学录像：2 分钟

在 jQuery Mobile 应用中有一个非常方便的客户端搜索特性，用于过滤列表。要创建一个搜索栏，需要为列表添加 data-filter="true" 属性。jQuery Mobile 框架会在列表的上方添加一个搜索过滤器，而且其默认的占位符文本会显示 "Filter items…"。

在 jQuery Mobile 应用中，有如下两种方法可以用于配置占位符文本。

（1）通过为列表元素添加 data-filter-placeholder 属性，可以配置占位符文本。

（2）通过绑定 mobileinit 事件，并将 filterPlaceholder 选项设置为任何自定义的占位符的值，可以以全局方式将占位符的文本设置为 jQuery Mobile 的配置选项，例如：

```
$ (document).bind('mobileinit ',function(){
    $.mobile.listview.prototype.options.filterPlaceholder="Search.." ;
    }) ;
```

搜索输入框默认的字符为 "Filter items..."。通过设置 mobileinit 事件的绑定程序或者给 $.mobile.listview.prototype.options.filterPlaceholder 选项设置一个字符串，或者给列表设置 data-filter-placeholder 属性，可以设置搜索输入框的默认字符，例如：

```
<ul data-role="listview" data-filter="true" >
  <li><a href="index.html">Acura</a></li>
  <li><a href="index.html">Audi</a></li>
</ul>
```

上述代码的执行效果如图 10-26 所示。

图 10-26　执行效果

接下来通过一个具体实例的实现过程，详细讲解在 jQuery Mobile 页面中使用搜索过滤列表的方法。

【范例 10-17】在 jQuery Mobile 页面中使用搜索过滤列表（光盘 :\ 配套源码 \10\filter.html）

实例文件 filter.html 的具体实现代码如下。

```
<!DOCTYPE html>
<html>
    <head>
    <meta charset="utf-8">
    <title>List Filter</title>
```

```html
<meta name="viewport" content="width=device-width, initial-scale=1">
<link rel="stylesheet" href="http://code.jquery.com/mobile/1.0/jquery.mobile-1.0.min.css" />
<style>
        .segmented-control { text-align:center;}
        .segmented-control .ui-controlgroup { margin: 0.2em; }
        .ui-control-active, .ui-control-inactive { border-style: solid; border-color: gray; }
        .ui-control-active { background: #BBB; }
        .ui-control-inactive { background: #DDD; }
</style>
<script src="http://code.jquery.com/jquery-1.10.4.min.js"></script>
<script>
    $(document).bind('mobileinit',function(){
        //$.mobile.listview.prototype.options.filterPlaceholder = "Search me...";

        //$.mobile.listview.prototype.options.filterCallback = function( text, searchValue ){
            //return !(text.toLowerCase().indexOf( searchValue ) === 0);
        //};
    });


    /*
    $('#calendar-page').live("pagebeforeshow", function(){
      $("#calendar-list").listview('option', 'filterCallback',
            function( text, searchValue ){
                    return !(text.toLowerCase().indexOf( searchValue ) === 0);
            }
        );
    });*/
</script>
<script src="http://code.jquery.com/mobile/1.0/jquery.mobile-1.0.min.js"></script>
</head>
<body>

<div data-role="page" id="calendar-page">
    <div data-role="header">
        <h1> 查找日期 </h1>
    </div>

    <div data-role="content">
        <ul data-role="listview" id="calendar-list" data-filter="true" data-filter-placeholder="Search...">
            <li data-role="list-divider"> 周一
              <p class="ui-li-aside"><strong>Feb 6 2012</strong></p></li>
            <li><a href="#">
              <p><strong>6:00</strong><span class="ui-li-aside"><strong> 生 日 聚 会 </strong></span></p></a></li>
            <li data-role="list-divider"> 周二
              <p class="ui-li-aside"><strong>Feb 8 2012</strong></p></li>
```

```
        <li><a href="#">
        <p><strong>8:00</strong><span class="ui-li-aside"><strong> 见网友 </strong></span></
p></a></li>
        <li data-role="list-divider"> 周三
          <p class="ui-li-aside"><strong>Feb 10 2012</strong></p></li>
        <li><a href="#">
        <p><strong>14:00</strong><span class="ui-li-aside"><strong> 听课 </strong></span></
p></a></li>
        <li><a href="#">
        <p><strong>18:00</strong><span class="ui-li-aside"><strong> 看球赛 !</strong></span></
p></a></li>
        </ul>
      </div>

      <div data-role="footer" data-position="fixed" data-theme="d" class="segmented-control">
        <div data-role="controlgroup" data-type="horizontal">
          <a href="#" data-role="button" class="ui-control-active">List</a>
          <a href="#" data-role="button" class="ui-control-inactive">Day</a>
          <a href="#" data-role="button" class="ui-control-inactive">Month</a>
        </div>
      </div>
    </div>

  </body>
  </html>
```

【运行结果】

上述实例代码的初始执行效果如图 10-27 所示。当开始在搜索过滤器中输入文本时，客户端的过滤器会只显示与通配符搜索相匹配的条目。例如，输入"看"后，会自动显示有"看"字的活动安排"看球"，如图 10-28 所示。

图 10-27　初始执行效果

图 10-28　过滤后的效果

10.12 实现动态列表效果

 本节教学录像：4 分钟

在 jQuery Mobile 应用中，listview 插件是一个能自动增强列表的微件。可以使用该插件来动态创建、更新列表。有两种方法可以用来创建动态列表：通过标记驱动的方法动态创建列表；通过显式设置listview 插件的选项来动态创建列表。

10.12.1 列表选项

在 jQuery Mobile 应用中，listview 有如下选项。

（1）countTheme，是一个字符串。

默认："c"

设置列表项的计数泡泡的主题样式。 接受从 a~z 的字母的主题样式。如果想给项目所有的 listview 统一设置主题样式，需要给 mobileinit event 绑定设置，例如：

```
$( document ).bind( "mobileinit", function(){
$.mobile.listview.prototype.options.countTheme = "a";
});
```

也可以通过 data-count-theme="a" 属性来单独设置。

（2）dividerTheme，是一个字符串。

默认："b"

设置列表分割项的主题样式。接受从 a~z 的字母的主题样式。如果想给项目所有的列表分割项统一设置主题样式，需要给 mobileinit event 绑定设置，例如：

```
$( document ).bind( "mobileinit", function(){
    $.mobile.listview.prototype.options.dividerTheme = "a";
});
```

也可以通过 data-divider-theme="a" 属性来单独设置。

（3）filtere，是一个布尔值。

默认："false"

给列表添加搜索过滤框。如果想给项目所有的搜索过滤框统一设置，需要给 mobileinit event 绑定设置。例如：

```
$( document ).bind( "mobileinit", function(){
    $.mobile.listview.prototype.options.filter = true;
});
```

也可以通过 data-filter="true" 属性来单独设置。

（4）filterCallback，是一个 function 过程。

这个搜索过滤的回调函数用来设置当搜索过滤条中输入的文字发生改变时，列表中的哪些列表项隐藏。这个函数接受两个参数：-1，即列表项中的文字；2，即搜索的字符串。返回 true，则隐藏这些列项；返回 false，则不隐藏。如果想给项目所有的搜索过滤框统一设置，需要给 mobileinit event 绑定设置，例如：

```
$( document ).bind( "mobileinit", function(){
    $.mobile.listview.prototype.options.filterCallback = function( text, searchValue ) {
        // 只显示已搜索字符串开头的列表项
        return text.toLowerCase().substring( 0, searchValue.length ) !== searchValue;
    };
});
```

（5）filterPlaceholdere，是一个字符串。

默认："Filter items..."

Placeholder 是 HTML5 新加入的 input 的属性，为输入框的文字占位符，作用等同于默认的 value，在输入自己的文字时会消失，删掉自己输入的文字时会自动出现，也不会随着按钮默认的提交。设置搜索输入框的 Placeholder，如果想给项目所有的搜索过滤框统一设置，需要给 mobileinit event 绑定设置，例如：

```
$( document ).bind( "mobileinit", function(){
    $.mobile.listview.prototype.options.filterPlaceholder = "Search...";
});
```

也可以通过 data-filter-placeholder="Search..." 属性来单独设置。

（6）filterThemee，是一个字符串。

默认："c"

设置列表项的搜索输入框的主题样式。 接受从 a~z 的字母的主题样式。如果想给项目所有的搜索输入框统一设置主题样式，需要给 mobileinit event 绑定设置，例如：

```
$( document ).bind( "mobileinit", function(){
    $.mobile.listview.prototype.options.filterTheme = "a";
});
```

也可以通过 data-filter-theme="a" 属性来单独设置。

（7）headerThemee，是一个字符串。

默认："b"

设置嵌套的列表项的子页面的 header 的主题样式。 接受从 a~z 的字母的主题样式。如果想给项目所有的搜索输入框统一设置主题样式，需要给 mobileinit event 绑定设置，例如：

```
$( document ).bind( "mobileinit", function(){
    $.mobile.listview.prototype.options.headerTheme = "a";
});
```

也可以通过 data-header-theme="a" 属性来单独设置。

（8）initSelectore，是一个 CSS 选择器字符串。

默认：" :jqmData(role='listview') "

被 CSS 选择器选择的容器会被自动初始化为 listview。想改变自动初始化为 list 的 dom, 可以给 mobileinit event 绑定设置，例如：

```
$( document ).bind( "mobileinit", function(){
    $.mobile.listview.prototype.options.initSelector = ".mylistview";
});
```

（9）insete，是一个布尔值。

默认：" false "

将列表设置为内嵌的形式。 如果想给项目所有的列表统一设置是否为内嵌，需要给 mobileinit event 绑定设置，例如：

```
$( document ).bind( "mobileinit", function(){
    $.mobile.listview.prototype.options.inset = true;
});
```

也可以通过 data-inset="true" 属性来单独设置。

（10）splitIcone，是一个字符串。

默认："arrow-r"

设置所有的拆分的按钮的图标。如果想给项目所有拆分的按钮的图标统一设置主题样式，需要给 mobileinit event 绑定设置，例如：

```
$( document ).bind( "mobileinit", function(){
    $.mobile.listview.prototype.options.splitIcon = "star";
});
```

也可以通过 data-split-icon="star" 属性来单独设置。

（11）splitThemee，是一个字符串。

默认：" b "

设置所有的拆分的按钮的主题样式。接受从 a~z 的字母的主题样式。如果想给项目所有拆分的按钮统一设置主题样式，需要给 mobileinit event 绑定设置，例如：

```
$( document ).bind( "mobileinit", function(){
    $.mobile.listview.prototype.options.splitTheme = "a";
});
```

也可以通过 data-split-theme="a" 属性来单独设置。

（12）themee，是一个字符串。

默认：null, 继承父容器

设置所有的 listview 的主题样式。接受从 a~z 的字母的主题样式。默认情况下，会继承父容器的主题样式的设置。如果想给项目所有 listview 统一设置主题样式，需要给 mobileinit event 绑定设置，例如：

```
$( document ).bind( "mobileinit", function(){
    $.mobile.listview.prototype.options.theme = "a";
});
```

也可以通过 data-theme="a" 属性来单独设置。

10.12.2 列表方法

在 jQuery Mobile 应用中，listview 有如下方法。

（1）childPages

其功能是取得列表的子页面。此方法返回一个 jquery 对象，为嵌套页面的子页面，例如：

$('.selector').listview('childPages');

（2）refresh

其功能是刷新 listview。如果用 js 手动修改了一个 listview，必须调用 refresh 方法刷新 listview 的外观。例如：

$('.selector').listview('refresh');

10.12.3 列表事件

在 jQuery Mobile 应用中，可以给 OL 元素或者 ul 元素直接绑定事件，可以使用 jQuery Mobile 的虚拟事件或者绑定 JavaScript 的标准事件，如 change、focus、blur 等，例如：

```
$( ".selector" ).bind( "change", function(event, ui) {
  ...
});
```

listview 拥有自定义事件 reate，当 listview 被创建时触发，例如：

```
$( ".selector" ).listview({
    create: function(event, ui) { ... }
});
```

接下来通过一个具体实例的实现过程，详细讲解在 jQuery Mobile 页面中创建动态列表的方法。

【范例 10-18】在 jQuery Mobile 页面中创建动态列表（光盘 :\ 配套源码 \10\ dynamic.html）

实例文件 dynamic.html 的具体实现代码如下。

```
<div data-role="page" data-theme="b">
    <div data-role="header">
        <h1> 创建动态列表 </h1>
    </div>

    <div data-role="content">
        <a href="#" id="create-list1" data-role="button"> 创建列表 1</a>
        <a href="#" id="create-list2" data-role="button"> 创建列表 2</a>
```

```
        <br>
            <a href="#" id="update-list1" data-role="button" data-theme="a"> 更新列表 1</a>
    </div>
    <script type="text/javascript">
        $( "#create-list1" ).bind( "click", function() {
            $( '<ul data-inset="true" id="list1"><li data-role="list-divider">Genres</li><li><a
href="#">Action</a></li><li><a href="#">Comedy</a></li></ul>' )
                .insertAfter( "#create-list1" )
                .listview();
        });


        $( "#create-list2" ).bind( "click", function() {
            $( '<ul><li data-role="list-divider">Genres</li><li><a href="#">Action</a></li><li><a
href="#">Comedy</a></li></ul>' )
                .insertAfter( "#create-list2" )
                .listview({
                    theme: "d",
                    dividerTheme: "a",
                    inset: true,
                    create: function(event) {
                        console.log( "Creating list..." );
                        for (prop in event) {
                            console.log(prop + ' = ' + event[prop]);
                        }
                    }
                });
        });

        $( "#update-list1" ).bind( "click", function() {
            $( "#list1" )
                .append('<li><a href="#">Drama</a></li>')
                .listview('refresh');
        });

    </script>
</div>
```

【 运行结果 】

执行后的初始效果如图 10–29 所示。触摸按下某个按钮后会自动创建一个列表。例如，触摸按下
"创建列表 1" 按钮后会创建如图 10–30 所示的新列表。

图 10-29　初始效果

图 10-30　自动创建一个新列表

10.13　综合应用——多页面模板综合实战

 本节教学录像：2 分钟

经过对本章前面内容的学习，读者应该已经了解在 jQuery Mobile 页面中创建各种列表效果的基本知识。本节通过一个综合实例的实现过程，演示在 jQuery Mobile 页面中使用多页面模板的技巧。

【范例 10-19】在 jQuery Mobile 页面中使用多页面模板（光盘 :\ 配套源码 \10\ zonghe.html）

实例文件 zonghe.html 的功能是演示本章前面讲解的各种类型列表的实现过程，具体实现流程如下。

（1）在 ul 和 ol 标记中使用 data-role="listview" 属性创建基本列表，具体代码如下。

```
<ul data-role="listview">
    <li><a href="#"> 列表项 A</a></li>
    <li><a href="#"> 列表项 B</a></li>
</ul>
```

（2）在 ul 和 ol 标记中再次嵌入 ul 和 ol 以生成嵌套列表，具体代码如下。

```
<ul data-role="listview">
    <li> 老师
        <ul>
            <li><a href="#home"> 老师 A</a></li>
            <li><a href="#home"> 老师 B</a></li>
        </ul>
    </li>
    <li> 学生
        <ul>
            <li><a href="#home"> 学生 A</a></li>
            <li><a href="#home"> 学生 B</a></li>
        </ul>
    </li>
</ul>
```

（3）在 jQuery Mobile 中，默认将列表样式设置为"c"主题样式（纯白无渐变），并把字体字号设置成比可点击的列表较小，以减小列表项大小，具体代码如下。

```
<ul data-role="listview">
    <li> 列表项 A</li>
    <li> 列表项 B</li>
</ul>
```

（4）jQuery Mobile 列表支持在列表项左侧加入一幅图片，只要在 li 标签中添加一幅图片并且作为第一子元素即可。图片大小没有限制，jQuery Mobile 会自动把图片大小缩放为 80px 的正方形（当然实际上所用的图片最好本身大小为 80px 的正方形）。例如，为一个移动版的论坛制作评论列表，正好适合使用这种结构，这时列表项的缩略图是评论者的头像，具体代码如下。

```
<ul data-role="listview" data-split-icon="delete">
    <li>
        <img src="images/1.png " />
        <h3>Reviewer A</h3>
        <p>jQuery Mobile 很方便地把这类结构调整为你看到的这个样式 </p>
    </li>
    <li>
        <img src="images/2.png " />
        <h3>Reviewer B</h3>
        <p>jQuery Mobile 很方便地把这类结构调整为你看到的这个样式 </p>
    </li>
    <li>
        <img src="images/3.png " />
        <h3>Reviewer B</h3>
        <p>jQuery Mobile 很方便地把这类结构调整为你看到的这个样式 </p>
    </li>
</ul>
```

（5）在前面的代码中，因为列表项中带有链接，所以单击链接能触发一个事件。若实际的项目中需要一个列表项带有两个操作，则需要另一种结构的列表，也就是侧分列表。这时习惯 PC Web 前端开发的开发者可能会觉得有点奇怪：为什么一个列表项需要多个操作交互？实际上，列表这种结构在 Web App 类网页中具有很多方面的用途，而不是只作为简单的信息呈现。比如上面的"评论列表"示例，可以在每条评论的右侧添加一个删除评论按钮，这时则需要两个交互按钮——单击左侧为打开评论者链接（评论者主页），单击右侧删除评论。jQuery Mobile 为这种结构提供了一种很方便的处理方式——在 li（或 ol）中加入第二个链接，jQuery Mobile 会创建一个竖直的分割线把第二个链接分隔开，具体代码如下。

```
<ul data-role="listview" data-split-icon="delete">
    <li>
        <a href="#page2">
            <img src="images/1.png" />
            <h3>Reviewer A</h3>
            <p>jQuery Mobile 很方便地把这类结构调整为你看到的这个样式 </p>
        </a>
        <a href="#" data-rel="dialog">Delete</a>
```

```
        </li>
        <li>
            <a href="#page2">
                <img src="images/2.png " />
                <h3>Reviewer B</h3>
                <p>jQuery Mobile 很方便地把这类结构调整为你看到的这个样式 </p>
            </a>
            <a href="#" data-rel="dialog">Delete</a>
        </li>
        <li>
            <a href="#page2">
                <img src="images/3.png " />
                <h3>Reviewer C</h3>
                <p>jQuery Mobile 很方便地把这类结构调整为你看到的这个样式 </p>
            </a>
            <a href="#" data-rel="dialog">Delete</a>
        </li>
    </ul>
```

（6）通过 data-role="list-divider" 属性把基本列表转化为分割列表，具体代码如下。

```
<ul data-role="listview">
    <li data-role="list-divider"> 老师 </li>
    <li><a href="#page2"> 老师 A</a></li>
    <li><a href="#page2"> 老师 B</a></li>
    <li data-role="list-divider"> 学生 </li>
    <li><a href="#page2"> 学生 A</a></li>
    <li><a href="#page2"> 学生 B</a></li>
</ul>
```

（7）jQuery Mobile 给开发者提供了一种简便的过滤列表方式。若需要过滤列表，只需在 ul 或 ol 标签上添加 data-filter="true" 属性即可。jQuery Mobile 会自动在列表顶部添加一个搜索框，当用户在搜索框中输入字符时，jQuery Mobile 会自动过滤掉不包含这些字符的列表项。值得注意的是，这个过滤是 Ajax 模式的过滤方式，它不需要等待整个输入完成才开始过滤。每当用户输入字符时，jQuery Mobile 会即时过滤掉不包含这些字符的列表项，具体代码如下。

```
<ul data-role="listview" data-filter="true">
    <li><a href="#page2"> 你 </a></li>
    <li><a href="#page2"> 你好 </a></li>
    <li><a href="#page2"> 你好啊 </a></li>
</ul>
```

（8）因为 jQuery Mobile 支持通过使用语义化的标签来显示列表项中一些常用的信息，如上面的"列表项的缩略图与图标"和"侧分列表"中，列表项中除了描述外还有标题，jQuery Mobile 会按照标题的标签语义处理成不同的文字样式，具体代码如下。

```
<ul data-role="listview" data-split-icon="delete">
    <li data-role="list-divider"> 评论列表 <span class="ui-li-count">3</span></li>
```

```
<li>
    <img src="images/album-hc.jpg" />
    <h3><a href="#page2">Reviewer A</a></h3>
    <p>jQuery Mobile 很方便地把这类结构调整为你看到的这个样式 </p>
    <p class="ui-li-aside">2012-02-25 21:37</p>
</li>
<li>
    <img src="images/album-p.jpg" />
    <h3><a href="#page2">Reviewer B</a></h3>
    <p>jQuery Mobile 很方便地把这类结构调整为你看到的这个样式 </p>
    <p class="ui-li-aside">2012-02-25 21:45</p>
</li>
<li>
    <img src="images/album-ok.jpg" />
    <h3><a href="#page2">Reviewer B</a></h3>
    <p>jQuery Mobile 很方便地把这类结构调整为你看到的这个样式 </p>
    <p class="ui-li-aside">2012-02-26 11:55</p>
</li>
</ul>
```

【运行结果】

本实例执行后的效果如图 10-31 所示。

图 10-31　执行效果

10.14　高手点拨

在 jQuery Mobile 应用中，如果需要更改默认的搜索函数，可以用如下两种方法重写用于过滤的 callback（回调）函数。

（1）第一种方法是通过绑定 mobileinit 事件，并将 filterCallback 选项设置为任何自定义的搜索函数，从而以全局方式将搜索函数更新为 jQuery Mobile 的配置选项。例如，这里将 callback 函数进行设置，使其使用一个 "starts with" 搜索，例如：

```
$(document).bind('mobileinit',function(){
$.mobile.listview.prototype.options.filterCallback=
    function( text, searchValue){
    return!(text.toLowerCase().indexOf(searchValue)===0);
} ;
}) ;
```

callback 函数提供了两个参数：text 和 searchValue。text 参数包含列表条目的文本，而 searchValue 参数包含搜索过滤器的值。用于通配符搜索的默认行为以如下方式进行编码实现。

```
return text.toLowerCase().indexOf(searchValue)===1
```

如果 callback 函数针对某个列表条目返回了一个真（truthy）值，则该列表条目不会在搜索结果中显示（该列表条目与搜索的内容不匹配）。

（2）第二种方法是在创建列表之后，可以动态配置搜索函数。例如，在页面载入之后，可以为某个特定的列表应用新的搜索行为。

```
$("#calendar-list").1istview('option','filterCallback',
    function( text, searchValue){
    return !(text.toLowerCase().indexOf( searchValue)===0);
    }
) ;
```

在默认情况下，搜索框会继承其父容器的主题。要配置其他主题，则需要为列表元素添加 data-filter-theme 属性。

▌ 10.15　实战练习

1．在表单中选择多个上传文件

请在页面中设置一个查询表单，单击"浏览 ..."按钮后弹出文件选择对话框，在此可以选择多个上传文件。

2．在表单中自动提示输入文本

尝试在页面的表单中新增一个 ID 号为 "lstWork" 的 <datalist> 元素，然后创建一个文本输入框，并将文本框的 "list" 属性设置为 "lstWork"，即将文本框与 <datalist> 元素进行绑定。当单击输入框时，将显示 <datalist> 元素中的列表项。

第 3 篇

知识进阶

万丈高楼平地起，打好基础不费力！

本篇是学习 jQuery Mobile 的进阶部分。通过本篇的学习，读者将了解到 jQuery Mobile 程序设计的高级应用知识，为后面深入学习并进入实战阶段奠定根基。

下面，就让我们进入精彩的 jQuery Mobile 编程世界吧！

第 **11** 章

 本章教学录像：24 分钟

内容格式化

　　jQuery Mobile 页面的内容是完全开放的，jQuery Mobile 框架提供了一些有用的工具及组件，如可折叠的面板、多列网格布局等。通过这些工具和组件可以方便地为移动设备格式化指定的内容。本章详细讲解在 jQuery Mobile 中格式化内容的知识，为读者步入本书后面知识的学习打下基础。

本章要点（已掌握的在方框中打钩）

- ☐ 使用基本的 HTML 样式

- ☐ 使用表格布局

- ☐ 可折叠的内容块

- ☐ 折叠组标记

- ☐ 使用 CSS 实现设置样式

- ☐ 综合应用——实现页眉渐变效果

■ 11.1　使用基本的 HTML 样式

 本节教学录像: 2 分钟

在移动 Web 设计应用中，默认的 HTML 标记样式是 Default HTML markup styling。在默认情况下，jQuery Mobile 的主题样式为标准的 HTML 元素使用标准的 HTML 样式和字号，如 header、p、block quotos、a、ul、ol、dl 和 dt。

■ 11.2　使用表格布局

 本节教学录像: 11 分钟

在移动 Web 应用中，因为移动设备屏幕通常都比较窄，所以使用多栏布局的方法在移动设备上不是推荐的方法。但是总有时候会想要把一些小的元素并排放置（比如按钮或导航标签）。jQuery Mobile 框架提供了一种简单的方法构建基于 CSS 的分栏布局，叫作 ui-grid。

jQuery Mobile 提供了两种预设的配置布局，分别是两列布局（class 含有 ui-grid-a）和三列布局（class 含有 ui-grid-b）。通过这两种布局方式几乎可满足需要列布局的任何情况。网格是 100% 宽的，不可见（没有背景或边框），也没有 padding 和 margin，所以它们不会影响内部元素的样式。

jQuery Mobile 的表格是可配置的，它可以支持 2 ~ 5 列的表格布局。从 HTML 的角度来看，表格是使用 CSS 属性配置的 div 元素。表格相当灵活，而且会占据显示屏幕的整个宽度。表格不包含边界、内间距 (padding)、边距（margin），这样就不会对其内部包含的元素的样式形成干扰。在查看示例之前，首先来讲解标准的表格模板。

11.2.1　表格模板

在创建多列表格时，表格模板将是一个非常有用的参考。在创建表格时，需要创建具有两个或更多个内层块（inner block）的外层表格容器。

（1）表格容器（grid container）

表格容器需要 CSS 属性 ui-grid-* 来配置表格中列的数量，如表 11-1 所示。例如，要创建一个两列的表格，需要将表格 CSS 属性设置为 ui-grid-a。

表 11-1　表格 CSS 属性说明

列 的 数 量	表格 CSS 属性
2	ui-grid-a
3	ui-grid-b
4	ui-grid-c
5	ui-grid-d

（2）块（block）

块包含在表格内。块需要 CSS 属性 ui-block-* 来识别其列的位置，如表 11-2 所示。假如有一个两列的表格，则第一个块会用 CSS 属性 ui-block-a 来样式化，而第二个块会用 CSS 属性 ui-block-b 来样式化。

表 11-2　块 CSS 属性说明

列 的 数 量	表格 CSS 属性
1	ui-grid-a
2	ui-grid-b
3	ui-grid-c
4	ui-grid-d
5	ui-grid-e

11.2.2　两列表格

在 jQuery Mobile 应用中，要构建两栏的布局（50%/50%），需要先构建一个父容器，添加一个 class 名字为 ui-grid-a，内部设置两个子容器，分别给第一个子容器添加 class:ui-block-a，第二个子容器添加 class:ui-block-b。例如：

```
<div class="ui-grid-a">
  <div class="ui-block-a"><strong>I'm Block A</strong> and text inside will wrap</div>
  <div class="ui-block-b"><strong>I'm Block B</strong> and text inside will wrap</div>
</div><!-- /grid-a -->
```

上述代码的执行效果如图 11-1 所示。

图 11-1　执行效果

在图 11-1 所示的执行效果中，默认的两栏没有样式，并行排列。分栏的 class 可以应用到任何类型的容器上。而在图 11-2 所示的效果中，给表单的 fieldset 添加 class="ui-grid-a"，然后给两个 button 所在的子容器添加属性 class="ui-block-a" 和 class="ui-block-b"，设置使两个容器各自占 50% 的宽。

图 11-2　执行效果

在图 11-3 所示的区块中增加了两个 class，增加 ui-bar 的 class 给默认的 bar padding，增加的 ui-bar-e 的 class 应用背景渐变以及工具栏的主题 e 的字体样式。然后在每个网格的标签内增加 style="height:120px" 属性来设置高度。

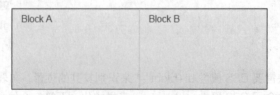

图 11-3　执行效果

接下来通过一个具体实例的实现过程，详细讲解在 jQuery Mobile 页面中使用两列表格的方法。

【范例11-1】在jQuery Mobile页面中使用两列表格（光盘:\配套源码\11\2col.html）

实例文件 2col.html 的具体实现代码如下。

```
<!DOCTYPE html>
<html>
    <head>
    <meta charset="utf-8">
    <title>Grid Example</title>
    <!--<meta name="viewport" content="width=device-width, initial-scale=1">-->
    <meta name="viewport" content="width=device-width, maximum-scale=1">
    <link rel="stylesheet" href="http://code.jquery.com/mobile/1.0/jquery.mobile-1.0.min.css" />
    <script src="http://code.jquery.com/jquery-1.6.4.min.js"></script>
    <script src="http://code.jquery.com/mobile/1.0/jquery.mobile-1.0.min.js"></script>
    </head>
    <body>

    <div data-role="page" id="home">
        <div data-role="header">
            <h1> 两列的表格 </h1>
        </div>

        <div data-role="content" >
            <div class="ui-grid-a">
                <div class="ui-block-a"><strong> 块 A</strong><br>The text will wrap within the grid.</div>
                <div class="ui-block-b"><strong> 块 B</strong><br>More text.</div>
            </div>
        </div>
    </div>
    </body>
</html>
```

【范例分析】

在上述实例代码中，外层表格（outer grid）使用 CSS 表格属性 ui-grid-a 进行配置。然后添加了两个内层块，第一个块被分配一个 CSS 属性 ui-block-a，第二个块被分配一个 CSS 属性 ui-block-b。

【运行结果】

执行效果如图 11-4 所示。列是等间距、无边界的，而且每个块内的文本在必要时会换行显示。作为一个额外的优点，jQuery Mobile 内的表格相当灵活，而且会根据相同的屏幕显示尺寸以自适应的方式进行呈现。

图 11-4　执行效果

11.2.3　三列表格

在 jQuery Mobile 应用中，另一种布局的方式是三栏布局，给父容器添加 class="ui-grid-b"，然后分别给三个子容器添加 class="ui-block-a"，"class="ui-block-b"，" class="ui-block-c"，例如：

```
<div class="ui-grid-b">
 <div class="ui-block-a">Block A</div>
 <div class="ui-block-b">Block B</div>
 <div class="ui-block-c">Block C</div>
</div><!-- /grid-a -->
```

上述代码运行后会生成一个 33%/33%/33% 的分栏布局，如图 11-5 所示。

图 11-6 所示的是一个三列网格布局示例。

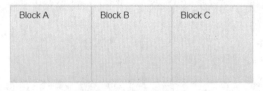

图 11-5　执行效果

图 11-6　三列网格布局

一个三列表格的区域划分比例是 33%，33%，33%，以此类推，如果是 4 栏布局，则给父容器添加 class="ui-grid-c"（2 栏为 a, 3 栏为 b, 4 栏为 c, 5 栏为 d,…），子容器分别添加 class="ui-block-a"，class="ui-block-b"，class="ui-block-c"，…

接下来通过一个具体实例的实现过程，详细讲解在 jQuery Mobile 页面中使用三列表格的方法。

【范例 11-2】在 jQuery Mobile 页面中使用三列表格（光盘:\ 配套源码 \11\ 3col.html）

实例文件 3col.html 的具体实现代码如下。

```
<div data-role="page" id="home">
    <div data-role="header">
        <h1> 使用三列表格布局 </h1>
    </div>

    <div data-role="content">
        <div class="ui-grid-b">
```

```
        <div class="ui-block-a">
            <div class="ui-bar ui-bar-e" style="height:100px;">Block A</div>
        </div>
        <div class="ui-block-b">
            <div class="ui-bar ui-bar-e" style="height:100px;">Block B</div>
        </div>
        <div class="ui-block-c">
            <div class="ui-bar ui-bar-e" style="height:100px;">Block C</div>
        </div>
    </div>
    </div>
</div>
```

【运行结果】

上述实例代码执行后的效果如图 11-7 所示。

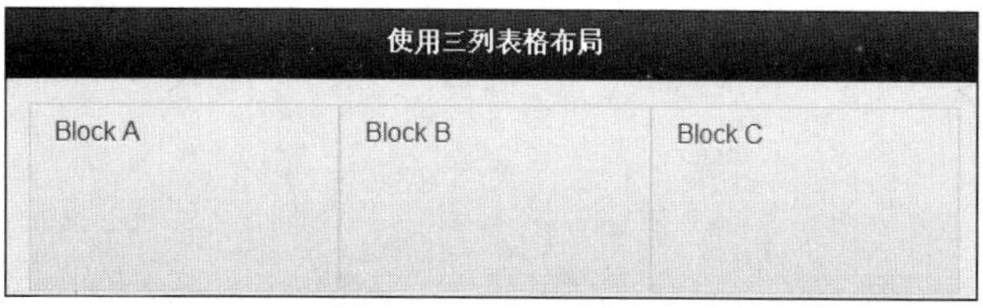

图 11-7 执行效果

【范例分析】

由此可见，三列表格与前面介绍的两列表格非常相似，但是它配置了 CSS 属性 (ui-grid-b) 以支持三个列，而且这里为第三列 (ui-block-c) 添加了一个额外的块。这里还使用可主题化的类（可以添加到包含表格的任何元素上）对块进行了样式化。在上述实例中，添加了 ui-bar 以应用 CSS 内间距，还添加了 ui-bar-e 以便为 "e" 工具栏主题调色板应用背景渐变和字体样式。可以使用范围为 a ~ e 内的任何工具栏主题（ui-bar-*）来样式化块。最后，为了创建一致的块高度，这里还对高度以内嵌方式进行了样式化（style= "height:100px"）。从视觉上看，这些增强都是使用线性的背景渐变来样式化表格，现在块与块之间使用边界进行隔离。

11.2.4 带有 App 图标的四列表格

在 jQuery Mobile 应用中，一个四列表格的区域比例是 25%，25%，25%，25%。

接下来通过一个具体实例的实现过程，详细讲解在 jQuery Mobile 页面中使用四列表格的方法。

【范例 11-3】在 jQuery Mobile 页面中使用四列表格（光盘 :\ 配套源码 \11\ 4col.html）

实例文件 4col.html 的具体实现代码如下。

```
<div data-role="page" id="home" data-theme="d">
```

```
<div data-role="header" data-theme="a">
    <h1> 使用四列表格布局 </h1>
</div>

<div data-role="content">
    <div class="ui-grid-c" style="text-align: center;">
        <div class="ui-block-a">
            <img src="images/cloud-default.png" height="44" width="44">
        </div>
        <div class="ui-block-b">
            <img src="images/cloud-bright.png" height="57" width="57">
        </div>
        <div class="ui-block-c">
            <img src="images/cloud-ripple.png" height="57" width="57">
        </div>
        <div class="ui-block-d">
            <img src="images/cloud-sparkle.png" height="57" width="57">
        </div>
    </div>
</div>
</div>
```

【运行结果】

上述实例代码执行后的效果如图 11-8 所示。

图 11-8　执行效果

提示

四列表格与三列表格的区别

四列表格与三列表格相似，只不过为该表格配置了 CSS 属性（ui-grid-c），以支持 4 个列，而且这里为第四列 (ui-block-d) 添加了一个额外的块。此外，出于平衡和一致性考虑，将 App 图标放置在表格的中央位置（style="text-align:center:"）。从视觉上看，这个表格具有 3 个大小相等的 App 图标。

11.2.5　五列表格

在 jQuery Mobile 应用中，一个五列表格的布局比例为 20%，20%，20%，20%，20%。
接下来通过一个具体实例的实现过程，详细讲解在 jQuery Mobile 页面中使用五列表格的方法。

【范例 11-4】在 jQuery Mobile 页面中使用五列表格（光盘 :\ 配套源码 \11\ 5col.html）

实例文件 5col.html 的具体实现代码如下。

```
<div data-role="page" id="home">
    <div data-role="header">
        <h1> 使用五列表格布局 </h1>
    </div>

    <div data-role="content">
        <div class="ui-grid-d" style="text-align: center;">
            <div class="ui-block-a">&#xe21c;</div>
            <div class="ui-block-b">&#xe21d;</div>
            <div class="ui-block-c">&#xe21e;</div>
            <div class="ui-block-d">&#xe21f;</div>
            <div class="ui-block-e">&#xe220;</div>
        </div>
    </div>
</div>
```

通过上述实例代码可知，五列表格与前面讲解的四列表格非常相似，只不过为该表格配置了 CSS 属性 (ui-grid-d) 以支持 5 个列，而且为第五列 (ui-block-e) 添加了一个额外的块，每一个块都包含独特的 Emoji 图标。

注意　　Emoji 图标目前只支持 iOS 系统。

11.2.6　多行表格

到目前为止，学习的表格都只有一行。为了添加其他行，只需为其简单地重复第一行的块模式即可。例如，下面的实例中最终生成了一个三行五列的表格。其中，列的宽度都是相等的，而且在块组件上可以手动调整行的高度。

【范例 11-5】在 jQuery Mobile 页面中使用多行表格（光盘 :\ 配套源码 \11\multi. html）

实例文件 multi.html 的具体实现代码如下。

```
<div data-role="page" id="home">
  <div data-role="header">
        <h1> 多行表格 </h1>
```

```
        </div>

        <div data-role="content">
            <div class="ui-grid-d" style="text-align: center;">
                <!-- First row -->
                <div class="ui-block-a"><img src="images/cloud-default.png" height="44" width="44"></div>
                <div class="ui-block-b"><img src="images/cloud-default.png" height="44" width="44"></div>
                <div class="ui-block-c"><img src="images/cloud-default.png" height="44" width="44"></div>
                <div class="ui-block-d"><img src="images/cloud-default.png" height="44" width="44"></div>
                <div class="ui-block-e"><img src="images/cloud-default.png" height="44" width="44"></div>

                <!-- Second row -->
                <div class="ui-block-a"><img src="images/cloud-default.png" height="44" width="44"></div>
                <div class="ui-block-b"><img src="images/cloud-default.png" height="44" width="44"></div>
                <div class="ui-block-c"><img src="images/cloud-default.png" height="44" width="44"></div>
                <div class="ui-block-d"><img src="images/cloud-default.png" height="44" width="44"></div>
                <div class="ui-block-e"><img src="images/cloud-default.png" height="44" width="44"></div>

                <!-- Third row -->
                <div class="ui-block-a"><img src="images/cloud-default.png" height="44" width="44"></div>
                <div class="ui-block-b"><img src="images/cloud-default.png" height="44" width="44"></div>
                <div class="ui-block-c"><img src="images/cloud-default.png" height="44" width="44"></div>
                <div class="ui-block-d"><img src="images/cloud-default.png" height="44" width="44"></div>
                <div class="ui-block-e"><img src="images/cloud-default.png" height="44" width="44"></div>

            </div>
        </div>
    </div>
```

【运行结果】

上述实例代码执行后的效果如图 11-9 所示。

图 11-9　执行效果

11.2.7　不规则的表格

到目前为止看到的每一个表格，列的宽度都是相等的，这是因为 jQuery Mobile 在默认情况下会平均地来划分所有的列。但是如果需要自定义列的尺寸，可以在 CSS 中调整其宽度。例如，通过设置每一个块的自定义宽度，可以将两列表格的宽度修改为一个 25%：75% 的表格。因此可以修改这里的表格，以支持各种尺寸。

接下来通过一个具体实例的实现过程，详细讲解在 jQuery Mobile 页面中使用不规则的表格的方法。

【范例 11-6】在 jQuery Mobile 页面中使用不规则的表格（光盘 :\ 配套源码 \11\ uneven.html）

实例文件 uneven.html 的具体实现代码如下。

```
<!DOCTYPE html>
<html>
    <head>
    <meta charset="utf-8">
    <title>Grid Example</title>
    <meta name="viewport" content="width=device-width, initial-scale=1">
    <link rel="stylesheet" href="http://code.jquery.com/mobile/1.0/jquery.mobile-1.0.min.css" />
    <style>
        /* Original 2-column grid set to 50/50%
        .ui-grid-a .ui-block-a, .ui-grid-a .ui-block-b {
            width: 50%;
        }*/

        .ui-grid-a .ui-block-a {
            width: 25%;
        }
        .ui-grid-a .ui-block-b {
            width: 75%;
        }

        .ui-grid-b .ui-block-a {
            width: 25%;
        }
        .ui-grid-b .ui-block-b {
            width: 50%;
        }
        .ui-grid-b .ui-block-c {
            width: 25%;
        }
    </style>
    <script src="http://code.jquery.com/jquery-1.6.4.min.js"></script>
    <script src="http://code.jquery.com/mobile/1.0/jquery.mobile-1.0.min.js"></script>
    </head>
<body>
```

```
<div data-role="page" id="home">
    <div data-role="header">
        <h1> 下面是不规则的表格 </h1>
    </div>

    <div data-role="content" >
        <div class="ui-grid-a">
            <div class="ui-block-a">
                <div class="ui-bar ui-bar-e" style="text-align:center; height:100px;">25%</div>
            </div>
            <div class="ui-block-b">
                <div class="ui-bar ui-bar-e" style="text-align:center; height:100px;">75%</div>
            </div>
        </div>
        <div class="ui-grid-b">
            <div class="ui-block-a">
                <div class="ui-bar ui-bar-e" style="text-align:center; height:100px;">25%</div>
            </div>
            <div class="ui-block-b">
                <div class="ui-bar ui-bar-e" style="text-align:center; height:100px;">50%</div>
            </div>
            <div class="ui-block-c">
                <div class="ui-bar ui-bar-e" style="text-align:center; height:100px;">25%</div>
            </div>
        </div>
    </div>
</div>
</body>
</html>
```

【运行结果】

上述实例代码执行后的效果如图 11-10 所示。

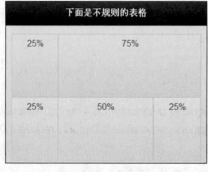

图 11-10　执行效果

11.2.8 Springboard

所谓 Springboard，通俗来讲就是苹果 iDevice 的桌面，属于 Dock 式结构。Springboard 包括 iDevice 的解锁后主菜单界面、Spotlight 搜索界面（主菜单第一页左划出现）和多任务切换菜单（连按两次 Home 键之后出现），如图 11-11 所示。

Springboard 存在于 iDevice 的进程中，不可清除。它的运行原理与 Windows 中的 explorer.exe 系统进程相类似。一旦 Springboard 崩溃，越狱用户就可以用安装的 Substrate.Safemode 插件进入安全模式，否则会一直停留在开机界面（"白苹果"）或者关机、重启 Springboard 界面（"白菊花"）。

到现在为止，Springboard 仍然是唯一一个不能通过苹果产品自带的 Home 键和电源键重启的系统进程，只有越狱用户才可以使用插件 SBSettings 或 Activator 上的按钮 Respring 来重启 Springboard。

在 jQuery Mobile 应用中，通常会使用如下两种类型的 Springboard。

❑ 使用 app 图标进行样式化的 Springboard。

❑ 使用 Glyphish 图标进行样式化的 Springboard。

接下来通过一个具体实例的实现过程，详细讲解在 jQuery Mobile 页面中使用 app 图标样式化方法实现一个 Springboard 的方法。

【范例 11-7】使用 app 图标样式化方法实现一个 Springboard（光盘 :\ 配套源码 \11\springboard1.html）

实例文件 springboard1.html 的具体实现代码如下。

```
<!DOCTYPE html>
<html>
    <head>
    <meta charset="utf-8">
    <title>Springboard Example</title>
    <meta name="viewport" content="width=device-width, initial-scale=1">
    <link rel="stylesheet" href="http://code.jquery.com/mobile/1.0/jquery.mobile-1.0.min.css" />
    <style>
        .ui-grid-a { text-align: center; }

        .ui-block-a, .ui-block-b { height: 100px; }

        .icon-label { color: #000; display: block; font-size:12px; }
        a:link,        a:visited, a:hover, a:active { text-decoration:none; }

        .background-gradient {
            background-image: -webkit-linear-gradient(top, #3c3c3c, #111); /* Chrome 10+, Saf5.1+ */
            background-image:    -moz-linear-gradient(top, #3c3c3c, #111); /* FF3.6 */
            background-image:     -ms-linear-gradient(top, #3c3c3c, #111); /* IE10 */
            background-image:      -o-linear-gradient(top, #3c3c3c, #111); /* Opera 11.10+ */
            background-image:         linear-gradient(top, #3c3c3c, #111); /* Standard, non-prefixed */
        }
```

```
        </style>
        <script src="http://code.jquery.com/jquery-1.6.4.min.js"></script>
        <script src="http://code.jquery.com/mobile/1.0/jquery.mobile-1.0.min.js"></script>
    </head>
    <body>


    <div data-role="page" id="home" data-theme="d" class="background-gradient">
        <div data-role="header" data-theme="b">
            <h1> 用 app 图标样式化实现 Springboard</h1>
    </div>

        <div data-role="content">
            <div class="ui-grid-a">
                <div class="ui-block-a">
                    <a href="#">
                        <img src="images/cloud-default.png" height="57" width="57">
                        <span class="icon-label">App AAA</span>
                    </a>
                </div>
                <div class="ui-block-b">
                    <a href="#">
                        <img src="images/cloud-bright.png" height="57" width="57">
                        <span class="icon-label">App BBB</span>
                    </a>
                </div>
                <div class="ui-block-a">
                    <a href="#">
                        <img src="images/cloud-ripple.png" height="57" width="57">
                        <span class="icon-label">App CCC</span>
                    </a>
                </div>
                <div class="ui-block-b">
                    <a href="#">
                        <img src="images/cloud-sparkle.png" height="57" width="57">
                        <span class="icon-label">App DDD</span>
                    </a>
                </div>
            </div>
        </div>
    </div>
    </body>
    </html>
```

【运行结果】

上述实例代码执行后的效果如图 11-12 所示。

图 11-11　iPhone 的 Springboard 效果

图 11-12　执行效果

11.2.9　使用 Glyphish 图标样式化方法

接下来通过一个具体实例的实现过程，详细讲解在 jQuery Mobile 页面中使用 Glyphish 图标样式化方法实现一个 Springboard 的方法。

【范例 11-8】使用 Glyphish 图标样式化方法（ 光盘 :\ 配套源码 \11\springboard2.html ）

实例文件 springboard2.html 的具体实现代码如下。

```
<!DOCTYPE html>
<html>
    <head>
    <meta charset="utf-8">
    <title>jMovies</title>
    <meta name="viewport" content="width=device-width, initial-scale=1">
    <link rel="stylesheet" href="http://code.jquery.com/mobile/1.0/jquery.mobile-1.0.min.css" />
    <style>
        .ui-grid-a { text-align: center; }
```

```
            .ui-block-a, .ui-block-b { height: 100px; position: relative; }

            .icon-label { color: #FFF; display: block; font-size:12px; }

            .icon-springboard { position: absolute; bottom: 0; width: 100%; }

        a:link,        a:visited, a:hover, a:active { text-decoration:none; }
    </style>
    <script src="http://code.jquery.com/jquery-1.6.4.min.js"></script>
    <script src="http://code.jquery.com/mobile/1.0/jquery.mobile-1.0.min.js"></script>
</head>
<body>

<div data-role="page" id="home" style="background:grey;">
    <div data-role="header" data-theme="b">
        <h1> 看下面的排列 </h1>
    </div>

    <div data-role="content" >
        <div class="ui-grid-a">
            <div class="ui-block-a">
                <div class="icon-springboard">
                    <a href="#">
                        <img src="images/movie-1-lg.png" alt="Now Playing">
                        <span class="icon-label">Now Playing</span>
                    </a>
                </div>
            </div>

            <div class="ui-block-b">
                <div class="icon-springboard">
                    <a href="#">
                        <img src="images/eye-lg.png" alt="Coming Soon">
                        <span class="icon-label">Coming Soon</span>
                    </a>
                </div>
            </div>

            <div class="ui-block-a">
                <div style="position: absolute; bottom: 0; width:100%;">
                    <a href="#">
```

```
                    <img src="images/tags-lg.png" alt="Tickets">
                    <span class="icon-label">Tickets</span>
              </a>
          </div>
       </div>

       <div class="ui-block-b">
            <div style="position: absolute; bottom: 0; width:100%;">
                 <a href="../ch4/contact-us.html">
                      <img src="images/group-lg.png" alt="Contact Us">
                      <span class="icon-label">Contact Us</span>
                 </a>
            </div>
       </div>
     </div>
  </div>
</div>
</body>
</html>
```

【运行结果】

上述实例代码执行后的效果如图 11-13 所示。

图 11-13　执行效果

 技巧
　　　　　　　　　　使用 jQuery 表格响应式插件 FooTable
　　　　FooTable 是一个 jQuery 插件，主要的目的是将 HTML 的表格变成支持各种尺寸的设备，特别是在小屏幕设备上显示也是很棒的效果，而无须担心该表格拥有太多的列。

11.2.10　使用多类型的表格布局

接下来通过一个具体实例，讲解在 jQuery Mobile 页面中使用多类型表格布局的方法。

【范例 11-9 】在 jQuery Mobile 页面中使用多类型表格布局（光盘 :\ 配套源码 \11\wangge.html ）

实例文件 wangge.html 的具体实现流程如下。

（1）新建一个 HTML5 页面，然后在内容区域中添加 4 种预设的表格布局方式。

（2）通过不同的颜色来区分这 4 种表格，并设置以块状的样式显示在网页中。

实例文件 wangge.html 的具体实现代码如下。

```
<body>
  <div data-role="page"><div data-role="header">
    <h1> 头部栏标题 </h1></div>
    <div class="ui-grid-a">
    <div class="ui-block-a">
        <div class="ui-bar ui-bar-b h60">A</div>
    </div>
     <div class="ui-block-b">
        <div class="ui-bar ui-bar-b h60">B</div>
     </div>
    </div>
    <div class="ui-grid-b">
     <div class="ui-block-a">
        <div class="ui-bar ui-bar-c h60">A</div>
     </div>
     <div class="ui-block-b">
        <div class="ui-bar ui-bar-c h60">B</div>
     </div>
     <div class="ui-block-c">
        <div class="ui-bar ui-bar-c h60">C</div>
     </div>
    </div>
    <div class="ui-grid-c">
     <div class="ui-block-a">
        <div class="ui-bar ui-bar-d h60">A</div>
     </div>
     <div class="ui-block-b">
        <div class="ui-bar ui-bar-d h60">B</div>
     </div>
     <div class="ui-block-c">
        <div class="ui-bar ui-bar-d h60">C</div>
     </div>
     <div class="ui-block-d">
        <div class="ui-bar ui-bar-d h60">D</div>
     </div>
    </div>
    <div class="ui-grid-d">
     <div class="ui-block-a">
```

```
            <div class="ui-bar ui-bar-e h60">A</div>
        </div>
        <div class="ui-block-b">
            <div class="ui-bar ui-bar-e h60">B</div>
        </div>
        <div class="ui-block-c">
            <div class="ui-bar ui-bar-e h60">C</div>
        </div>
        <div class="ui-block-d">
            <div class="ui-bar ui-bar-e h60">D</div>
        </div>
        <div class="ui-block-e">
            <div class="ui-bar ui-bar-e h60">E</div>
        </div>
    </div>
    <div data-role="footer"><h4>©2014@@@ 页脚版权说明 </h4></div>
  </div>
</body>
```

【运行结果】

本实例执行后的效果如图 11-14 所示。

图 11-14　执行效果

▍ 11.3　可折叠的内容块

 本节教学录像：6 分钟

在本书前面所讲解的演示实例中，当阅读整个移动页面的内容时需要反复滚动页面。由于用户必须反复滚动页面，所以用户体验相当糟糕。假如正在查找某种替换方式，则可能会考虑将内容编组到可折叠的内容块中。

在 jQuery Mobile 应用中，要创建一个可折叠的区块，需要先创建一个容器，然后给容器添加 data-role="collapsible" 属性，在容器内直接的标题（h1-h6）子结点，jQuery Mobile 会将之表现为可点击的按钮，并在左侧添加一个"＋"按钮，这表示是可以展开的。在头部后面可以添加任何想要折叠的 HTML 标记，框架会自动把这些标记包裹在一个容器里用以折叠或显示，例如：

```
<div data-role="collapsible">
    <h3>I'm a header</h3>
    <p>I'm the collapsible content. By default I'm open and displayed on the page, but you can click
the header to hide me.</p>
    </div>
```

上述代码的执行效果如图 11-15 所示。

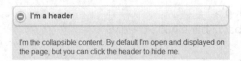

图 11-15　执行效果

如上述代码所示，在默认情况下，可折叠容器是展开的，可以通过单击头部收缩。给折叠的容器添加 data-collapsed="true" 属性，可以设为默认收缩，例如：

```
<div data-role="collapsible" data-collapsed="true">
```

可折叠的内容采用了精简的样式，这里仅仅在内容和标题间添加了一些 margin，标题则采用它所在容器的默认主题。

注　意　　　　与内嵌的页面结构相比，可折叠的内容块具有很多优势。首先，可以将内容折叠到分段的组中，以让它们在单个视图中都是可见的。另外，因为淘汰了滚动操作，所以用户的体验也会提升。

11.3.1　嵌套折叠和折叠组

图 11-16 显示了一个嵌套折叠效果。

通过给父容器添加 data-role="collapsible-set" 属性，然后给每一个子容器添加 data-role="collapsible" 属性，可以实现容器展开时其他容器被折叠的效果，类似手风琴组件，效果如图 11-17 所示。

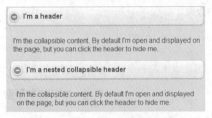

图 11-16　嵌套折叠效果

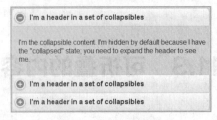

图 11-17　折叠组效果

接下来通过一个具体实例，讲解在 jQuery Mobile 页面中显示可折叠的区域块的方法。

【范例 11-10】在 jQuery Mobile 页面中显示可折叠的区域块（光盘 :\配套源码 \11\zhedie.html）

实例文件 zhedie.html 的具体实现流程如下。

（1）新建一个 HTML5 页面，然后添加 3 个 data-role="collapsible" 可折叠区域块，并以嵌套的方式进行组合显示。

（2）当单击"第一层"标题时会显示第二层折叠区的内容，当单击"第二层"标题时会显示第三层折叠区的内容。

实例文件 zhedie.html 的具体实现代码如下。

```
<body>
<div data-role="page">
<div data-role="header"><h1> 头部栏标题 </h1></div>
    <div data-role="collapsible">
     <h3> 第一层 </h3>
     <p> 这是第一层中的内容 </p>
      <div data-role="collapsible">
          <h3> 第二层 </h3>
          <p> 这是第二层中的内容 </p>
            <div data-role="collapsible">
            <h3> 第三层 </h3>
             <p> 这是第三层中的内容 </p>
            </div>
        </div>
    </div>
    <div data-role="footer"><h4>©2014@@@ 页脚版权 </h4></div>
  </div>
</body>
```

【运行结果】

本实例执行后的效果如图 11-18 所示。

接下来通过一个具体实例，讲解在 jQuery Mobile 页面中显示折叠组标记的方法。

【范例 11-11】在 jQuery Mobile 页面中显示折叠组标记（光盘 :\ 配套源码 \11\ zhediezu.html）

实例文件 zhediezu.html 的具体实现流程如下。

（1）新建一个 HTML5 页面，然后添加一个 data-role="collapsible-set" 折叠组容器。

（2）在折叠组容器中添加 3 个折叠区块，当打开其他的折叠区块时会自动关闭其他"组成员"。

实例文件 zhediezu.html 的具体实现代码如下。

```
<body>
  <div data-role="page">
    <div data-role="header"><h1> 头部栏标题 </h1></div>
    <div data-role="collapsible-set">
      <div data-role="collapsible">
        <h3> 图书 </h3>
        <p><a href="#"> 文艺 </a></p>
        <p><a href="#"> 少儿 </a></p>
```

```
        <p><a href="#"> 社科 </a></p>
    </div>
    <div data-role="collapsible" data-collapsed="false">
        <h3> 音乐 </h3>
        <p><a href="#"> 流行 </a></p>
        <p><a href="#"> 民族 </a></p>
        <p><a href="#"> 通俗 </a></p>
    </div>
    <div data-role="collapsible">
        <h3> 影视 </h3>
        <p><a href="#"> 欧美 </a></p>
        <p><a href="#"> 怀旧 </a></p>
        <p><a href="#"> 娱乐 </a></p>
    </div>
    </div>
    <div data-role="footer"><h4>©2014@@@ 页脚版权 </h4></div>
    </div>
    </body>
```

【运行结果】

本实例执行后的效果如图 11-19 所示。

图 11-18　执行效果

图 11-19　执行效果

11.3.2　创建可折叠的内容块

在 jQuery Mobile 应用中，在创建可折叠的内容块时需要如下两个元素。

（1）创建一个容器并添加 data-role="collapsible" 属性。也可以通过添加 data-collapsed 属性将容器配置为折叠的或展开的。默认情况下，可折叠的区域块将会以展开方式显示（data-collpased="false"）。为了在最初以折叠方式显示区域块，需要为容器添加 data-collpased="true" 属性。

（2）在容器内，添加任意的页眉元素（H1 ~ H6）。jQuery Mobile 框架会对页眉进行样式化，使其看起来就像是一个带有左对齐的加号图标或减号图标的可单击按钮，其中加号图标或减号图标用来指示该容器是否是展开的。

在页眉之后，可以为可折叠的区域块添加任何 HTML 标记。jQuery Mobile 框架会将该标记包含在容器内，当用户轻敲页眉时，该容器或者是展开，或者是折叠。通过为可折叠的容器添加 data-theme 和 data-content-theme 属性，可以分别主题化可折叠的块和与其相关联的按钮。

接下来通过一个具体实例的实现过程，详细讲解在 jQuery Mobile 页面中使用可折叠内容块效果的方法。

【范例 11-12】在 jQuery Mobile 页面中使用可折叠内容块效果（光盘 :\ 配套源码 \11\block.html）

实例文件 block.html 的具体实现代码如下。

```
<div data-role="page" id="home" data-theme="b">
    <div data-role="header" data-theme="a">
        <h1> 设置 </h1>
    </div>

    <div data-role="content">

        <div data-role="collapsible" data-collapsed="true" data-theme="a" data-content-theme="b">
            <h3> 无线 </h3>
            <ul data-role="listview" data-inset="true">
                <li><a href="#"><img src="images/cloud-default.png" height="22" width="22">MM</a></li>
                <li><a href="#"><img src="images/cloud-default.png" height="22" width="22">NN</a></li>
            </ul>
        </div>

        <div data-role="collapsible" data-theme="a" data-content-theme="b">
            <h3> 程序应用 </h3>
            <ul data-role="listview" data-inset="true">
                <li><a href="#"><img src="images/cloud-default.png" height="22" width="22">AA</a></li>
                <li><a href="#"><img src="images/cloud-default.png" height="22" width="22">BB</a></li>
                <li><a href="#"><img src="images/cloud-default.png" height="22" width="22">CC</a></li>
            </ul>
        </div>

        <div data-role="collapsible" data-collapsed="true" data-theme="a" data-content-theme="b">
            <h3> 显示 </h3>
            <ul data-role="listview" data-inset="true">
                <li><a href="#">DD</a></li>
                <li><a href="#">EE</a></li>
```

```
            </ul>
        </div>

        <div data-role="collapsible" data-collapsed="true" data-theme="a" data-content-theme="b">
            <h3> 声音 </h3>
            <ul data-role="listview" data-inset="true">
                <li><a href="#">FF</a></li>
                <li><a href="#">GG</a></li>
            </ul>
        </div>

        <div data-role="collapsible" data-collapsed="true" data-theme="a" data-content-theme="b">
            <h3> 安全 </h3>
            <ul data-role="listview" data-inset="true">
                <li><a href="#">HH</a></li>
                <li><a href="#">XX</a></li>
            </ul>
        </div>
    </div>
</div>
```

在上述实例代码中，除了默认情况下为展开状态的"程序应用"区域块之外，其他所有的内容块都已经显式设置为折叠状态。

【运行结果】

执行后的效果如图 11-20 所示。

图 11-20　执行效果

11.3.3　在正文中显示可折叠的区块

接下来通过一个具体实例，讲解在 jQuery Mobile 页面的正文中显示可折叠的区块的方法。

【范例 11-13】在页面的正文中显示可折叠的区块（光盘 :\ 配套源码 \11\qukuai. html）

实例文件 qukuai.html 的具体实现流程如下。

（1）新建一个 HTML5 页面，然后在内容区域中添加一个可折叠区域块。

（2）当单击区域块中的标题时，如果是 "+"，则显示标题下的内容，如果是 "−"，则隐藏标题下的内容。

实例文件 qukuai.html 的具体实现代码如下。

```html
<body>
  <div data-role="page">
    <div data-role="header">
      <h1> 头部栏标题 </h1></div>
      <div data-role="collapsible" data-collapsed="false">
       <h3> 点击查看更多 </h3>
       <p> 一位优秀演员，不仅会演戏，而且要会做人。</p>
      </div>
       <div data-role="footer"><h4>©2014@ 页脚版权 </h4></div>
    </div>
</body>
```

【运行结果】

执行后的效果如图 11-21 所示。

图 11-21　执行效果

11.4　折叠组标记

　本节教学录像：2 分钟

在 jQuery Mobile 应用中，可折叠的设置与可折叠的块相似，只不过它的可折叠的区域在视觉上是组合在一起的，而且一次只能展开一个区域，这使得可折叠的设置的外观就像手风琴那样。效果如前面的图 11-16 所示。

在设置内打开一个新的区域时，之前展开的任何区域都会自动折叠起来。用于可折叠设置的标记与构建可折叠块时使用的标记相同。然而，为了创建手风琴样式的行为和编组，需要使用 data-role="collapsible-set" 添加一个父包装 (parentwrapper)。通过为可折叠的设置添加 data-theme 和 data-content-theme 属性，可以分别主题化可折叠的区域和与其相关联的按钮。

11.4.1 折叠组标记基础

在 jQuery Mobile 应用中，折叠组的标记和单个的折叠区域的标记的开头是一样的，能够将若干可折叠区域用一个容器包裹，再给此容器增加 data-role="collapsible-set" 属性，框架会自动将这些可折叠的部件组合成为一个视觉上成组的部件，使它们看上去像手风琴，并且在同一个时间只会有一个容器是展开的。

在默认情况下，手风琴中所有的部件都是收缩起来的。如果想设置某个部件是打开的，可以给这个部件的标题容器添加 data-collapsed="false" 属性。例如

```
<div data-role="collapsible-set">
    <div data-role="collapsible" data-collapsed="false">
    <h3>Section 1</h3>
    <p>I'm the collapsible set content for section B.</p>
    </div>
    <div data-role="collapsible">
    <h3>Section 2</h3>
    <p>I'm the collapsible set content for section B.</p>
    </div>
</div>
```

如上述代码所示，在默认情况下，可折叠容器是展开的，可以通过单击头部收缩。给折叠的容器添加 data-collapsed="true" 属性，可以设为默认收缩。上述代码的执行效果如图 11-22 所示。

另外，普通的 data-theme 属性可以加在手风琴组上来设定主题样式。如果想让手风琴组的标题单独设计主题样式，可以添加 data-content-theme 属性。例如

```
<div data-role="collapsible-set" data-theme="c" data-content-theme="d">
```

如果想给组内的每个部件不同的主题样式，可以给每个部件单独添加 data-theme 和 data-content-theme，例如图 11-23 所示的效果。

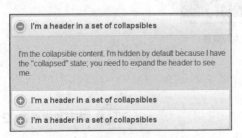

图 11-22　执行效果

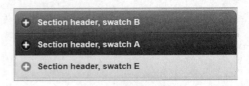

图 11-23　执行效果

11.4.2 实战演练

接下来通过一个具体实例的实现过程，详细讲解在 jQuery Mobile 页面中使用可折叠设置效果的方法。

【范例 11-14】在 jQuery Mobile 页面中使用可折叠设置效果（光盘 :\ 配套源码 \11\set.html）

实例文件 set.html 的具体实现代码如下。

```
<div data-role="page" id="home" data-theme="b">
    <div data-role="header" data-theme="a">
        <h1> 设置 </h1>
    </div>
    <div data-role="content">

        <div data-role="collapsible-set" data-theme="a" data-content-theme="b">
            <div data-role="collapsible" data-collapsed="true">
                <h3> 无线 </h3>
                <ul data-role="listview" data-inset="true">
                    <li><a href="#">&#xe117;AA</a></li>
                    <li><a href="#">&#xe01d;BB</a></li>
                </ul>
            </div>

            <div data-role="collapsible">
                <h3> 应用 </h3>
                <ul data-role="listview" data-inset="true">
                    <li><a href="#">&#xe001;CC</a></li>
                    <li><a href="#">&#xe428;DD</a></li>
                    <li><a href="#">&#xe03d;EE</a></li>
                </ul>
            </div>

            <div data-role="collapsible" data-collapsed="true">
                <h3> 显示 </h3>
                <ul data-role="listview" data-inset="true">
                    <li><a href="#">FF</a></li>
                    <li><a href="#">GG</a></li>
                </ul>
            </div>

            <div data-role="collapsible" data-collapsed="true">
                <h3> 声音 </h3>
                <ul data-role="listview" data-inset="true">
```

```
                    <li><a href="#">HH</a></li>
                    <li><a href="#">III</a></li>
                </ul>
            </div>


            <div data-role="collapsible" data-collapsed="true">
                <h3> 安全 </h3>
                <ul data-role="listview" data-inset="true">
                    <li><a href="#">GG</a></li>
                    <li><a href="#">HH</a></li>
                </ul>
            </div>
        </div>


        <!--
        <div data-role="collapsible-set">
            <div data-role="collapsible" data-collapsed="true">
                <h3>Section A</h3>
                <p>I'm the collapsible content in a set so this feels like an accordion. I'm hidden
by default because I have the "collapsed" state; you need to expand the header to see me.</p>
            </div>
            <div data-role="collapsible" data-collapsed="true">
                <h3>Section B</h3>
                <p>I'm the collapsible content in a set so this feels like an accordion. I'm hidden
by default because I have the "collapsed" state; you need to expand the header to see me.</p>


            </div>
            <div data-role="collapsible" data-collapsed="true">
                <h3>Section C</h3>
                <p>I'm the collapsible content in a set so this feels like an accordion. I'm hidden
by default because I have the "collapsed" state; you need to expand the header to see me.</p>


            </div>
            <div data-role="collapsible" data-collapsed="true">
                <h3>Section D</h3>
                <p>I'm the collapsible content in a set so this feels like an accordion. I'm hidden
by default because I have the "collapsed" state; you need to expand the header to see me.</p>


            </div>
            <div data-role="collapsible" data-collapsed="true">
                <h3>Section E</h3>
                <p>I'm the collapsible content in a set so this feels like an accordion. I'm hidden
by default because I have the "collapsed" state; you need to expand the header to see me.</p>
            </div>
```

```
        </div>-->
      </div>
    </div>
```

【运行结果】

上述实例代码的执行效果如图 11-24 所示。

图 11-24 执行效果

▮ 11.5 使用 CSS 实现设置样式

 本节教学录像：2 分钟

在 jQuery Mobile 应用中，可以使用 CSS 设置屏幕中元素的样式。在 jQuery Mobile 应用中，通常在使用背景图像的地方使用 CSS 渐变。将 CSS 渐变替代图片的做法，能够很好地适用于灵活的布局，而且当浏览器不提供支持时，也可以优雅地降级。例如，通过添加渐变，可以将一个原始的背景图像以一种更为优雅的方式显示出来。

但凡使用背景图像的地方，就可以使用渐变。例如，渐变通常用于样式化页眉、内容和按钮的背景。此外，有两种类型的 CSS 渐变：线性渐变和放射性渐变。其中生成背景线性渐变 CSS 的方法最为简单。

11.5.1 实现背景渐变

接下来通过一个具体实例的实现过程，详细讲解在 jQuery Mobile 页面中实现背景渐变效果的方法。

【范例 11-15】在 jQuery Mobile 页面中实现背景渐变效果（光盘 :\ 配套源码 \11\jianbian1.html）

实例文件 jianbian1.html 的具体实现代码如下。

```
<!DOCTYPE html>
```

```
<html>
    <head>
    <meta charset="utf-8">
    <title>jMovies</title>
    <meta name="viewport" content="width=device-width, initial-scale=1">
    <link rel="stylesheet" href="http://code.jquery.com/mobile/1.0/jquery.mobile-1.0.min.css" />
    <style>
            a:link,        a:visited, a:hover, a:active { text-decoration:none; }
            .ui-block-a, .ui-block-b { height: 100px; position: relative; }
            .ui-grid-a { text-align: center; }
            .icon-label { color: #FFF; display: block; font-size:12px; }
            .icon-springboard { position: absolute; bottom: 0; width: 100%; }

            .background-gradient {
                background-image: -webkit-gradient(
                    linear,
                    left bottom,
                    left top,
                    color-stop(0.22, rgb(92,92,92)),
                    color-stop(0.57, rgb(158,153,158)),
                    color-stop(0.84, rgb(92,92,92))
                );
            }
    </style>
    <script src="http://code.jquery.com/jquery-1.6.4.min.js"></script>
    <script src="http://code.jquery.com/mobile/1.0/jquery.mobile-1.0.min.js"></script>
</head>
<body>

<div data-role="page" id="home" class="background-gradient">
    <div data-role="header" class="header-gradient">
            <h1> 渐变 </h1>
    </div>

    <div data-role="content">
        <div class="ui-grid-a">

            <div class="ui-block-a">
                <div class="icon-springboard">
                    <a href="#" >
                        <img src="images/movie-1-lg.png" alt="Now Playing">
                        <span class="icon-label">Now Playing</span>
                    </a>
                </div>
            </div>
```

```
                <div class="ui-block-b">
                    <div class="icon-springboard">
                        <a href="#">
                            <img src="images/eye-lg.png" alt="Coming Soon">
                            <span class="icon-label">Coming Soon</span>
                        </a>
                    </div>
                </div>

                <div class="ui-block-a">
                    <div style="position: absolute; bottom: 0; width:100%;">
                        <a href="#">
                            <img src="images/tags-lg.png" alt="Tickets">
                             <span class="icon-label">Tickets</span>
                        </a>
                    </div>
                </div>

                <div class="ui-block-b">
                    <div style="position: absolute; bottom: 0; width:100%;">
                        <a href="../ch4/contact-us.html">
                            <img src="images/group-lg.png" alt="Contact Us">
                            <span class="icon-label">Contact Us</span>
                        </a>
                    </div>
                </div>
            </div>
        </div>
    </div>
    </body>
    </html>
```

【 运行结果 】

上述实例代码的执行效果如图 11-25 所示。

图 11-25 执行效果

在上述实例中，CSS 渐变针对的是最流行的 WebKit 布局引擎。

11.5.2 在 Mozilla 浏览器实现背景渐变

在现实的 jQuery Mobile 开发应用中，通过包含其厂商特定的前缀的方式也可以添加对其他浏览器的支持。接下来通过一个具体实例的实现过程，详细讲解在 Mozilla 浏览器中实现背景渐变效果的方法。

【范例 11-16】在 Mozilla 浏览器中实现背景渐变效果（光盘 :\ 配套源码 \11\ jianbian2.html）

实例文件 jianbian2.html 的具体实现代码如下。

```html
<!DOCTYPE html>
<html>
    <head>
    <meta charset="utf-8">
    <title>jMovies</title>
    <meta name="viewport" content="width=device-width, initial-scale=1">
    <link rel="stylesheet" href="http://code.jquery.com/mobile/1.0/jquery.mobile-1.0.min.css" />
    <style>
        a:link,  a:visited, a:hover, a:active { text-decoration:none; }
        .ui-block-a, .ui-block-b { height: 100px; position: relative; }
        .ui-grid-a { text-align: center; }
        .icon-label { color: #FFF; display: block; font-size:12px; }
        .icon-springboard { position: absolute; bottom: 0; width: 100%; }

        .background-gradient {
           background-image: -webkit-gradient(
               linear,
               left bottom,
               left top,
               color-stop(0.22, rgb(92,92,92)),
               color-stop(0.57, rgb(158,153,158)),
               color-stop(0.84, rgb(92,92,92))
           );
           background-image:  -moz-linear-gradient (90deg, rgb (92,92,92),  rgb (158,153,158), rgb (92,92,92));
        }

    </style>
    <script src="http://code.jquery.com/jquery-1.6.4.min.js"></script>
    <script src="http://code.jquery.com/mobile/1.0/jquery.mobile-1.0.min.js"></script>
    </head>
    <body>
```

```
<div data-role="page" id="home" class="background-gradient">
    <div data-role="header" class="header-gradient">
        <h1> 渐变 </h1>
    </div>

    <div data-role="content">
        <div class="ui-grid-a">

            <div class="ui-block-a">
                <div class="icon-springboard">
                    <a href="#" >
                        <img src="images/movie-1-lg.png" alt="Now Playing">
                        <span class="icon-label">Now Playing</span>
                    </a>
                </div>
            </div>

            <div class="ui-block-b">
                <div class="icon-springboard">
                    <a href="#">
                        <img src="images/eye-lg.png" alt="Coming Soon">
                        <span class="icon-label">Coming Soon</span>
                    </a>
                </div>
            </div>

            <div class="ui-block-a">
                <div style="position: absolute; bottom: 0; width:100%;">
                    <a href="#">
                        <img src="images/tags-lg.png" alt="Tickets">
                        <span class="icon-label">Tickets</span>
                    </a>
                </div>
            </div>

            <div class="ui-block-b">
                <div style="position: absolute; bottom: 0; width:100%;">
                    <a href="../ch4/contact-us.html">
                        <img src="images/group-lg.png" alt="Contact Us">
                        <span class="icon-label">Contact Us</span>
                    </a>
                </div>
            </div>
```

```
                </div>
            </div>
        </div>
    </body>
</html>
```

【运行结果】

上述实例代码的执行效果如图 11-26 所示。

图 11-26　执行效果

■ 11.6　综合应用——实现页眉渐变效果

 本节教学录像：1 分钟

接下来通过一个具体实例的实现过程，详细讲解实现页眉渐变效果的方法。

【范例 11-17】实现页眉渐变效果（光盘 :\ 配套源码 \11\jianbian3.html）

在 jQuery Mobile 应用中，用于实现页眉渐变的原理是实现三个独立渐变的叠加，其中包含一个线性渐变和两个放射性渐变，放射性渐变会创建一个圆形的渐变效果。

实例文件 jianbian3.html 的具体实现代码如下。

```
<!DOCTYPE html>
<html>
    <head>
    <meta charset="utf-8">
    <title>jMovies</title>
    <meta name="viewport" content="width=device-width, initial-scale=1">
    <link rel="stylesheet" href="http://code.jquery.com/mobile/1.0/jquery.mobile-1.0.min.css" />
    <style>
        a:link,  a:visited, a:hover, a:active { text-decoration:none; }
        .ui-block-a, .ui-block-b { height: 100px; position: relative; }
        .ui-grid-a { text-align: center; }
```

```
        .icon-label { color: #FFF; display: block; font-size:12px; }
        .icon-springboard { position: absolute; bottom: 0; width: 100%; }

        .background-gradient {
            background-image: -webkit-gradient(
                linear,
                left bottom,
                left top,
                color-stop(0.22, rgb(92,92,92)),
                color-stop(0.57, rgb(158,153,158)),
                color-stop(0.84, rgb(92,92,92))
            );
            background-image: -moz-linear-gradient(90deg, rgb(92,92,92), rgb(158,153,158),
rgb(92,92,92));
        }

        .header-gradient {
            background-image:
              -webkit-gradient(
                linear,
                left top,
                left bottom,
                from( rgba( 068,213,254,0 )),
                color-stop(.43, rgba( 068,213,254,0 )),
                to( rgba( 068,213,254,1 ))),
                -webkit-gradient(
                    radial,
                50% 700, 690,
                50% 700, 689,
                    from( rgba( 049,123,220,0 )),
                      to( rgba( 049,123,220,1 ))),
                -webkit-gradient(
                radial,
                20 -43, 60,
                20 -43, 40,
                from( rgba( 125,170,231,1 )),
                to( rgba( 230,238,250,1 )));
        }
    </style>
    <script src="http://code.jquery.com/jquery-1.6.4.min.js"></script>
    <script src="http://code.jquery.com/mobile/1.0/jquery.mobile-1.0.min.js"></script>
</head>
<body>
```

```
<div data-role="page" id="home" class="background-gradient">
    <div data-role="header" class="header-gradient">
        <h1> 渐变 </h1>
    </div>

    <div data-role="content">
        <div class="ui-grid-a">

            <div class="ui-block-a">
                <div class="icon-springboard">
                    <a href="#" >
                        <img src="images/movie-1-lg.png" alt="Now Playing">
                        <span class="icon-label">Now Playing</span>
                    </a>
                </div>
            </div>

            <div class="ui-block-b">
                <div class="icon-springboard">
                    <a href="#">
                        <img src="images/eye-lg.png" alt="Coming Soon">
                        <span class="icon-label">Coming Soon</span>
                    </a>
                </div>
            </div>

            <div class="ui-block-a">
                <div style="position: absolute; bottom: 0; width:100%;">
                    <a href="#">
                        <img src="images/tags-lg.png" alt="Tickets">
                        <span class="icon-label">Tickets</span>
                    </a>
                </div>
            </div>

            <div class="ui-block-b">
                <div style="position: absolute; bottom: 0; width:100%;">
                    <a href="../ch4/contact-us.html">
                        <img src="images/group-lg.png" alt="Contact Us">
                        <span class="icon-label">Contact Us</span>
                    </a>
                </div>
            </div>
```

```
            </div>
        </div>
    </div>
</body>
</html>
```

【运行结果】

上述实例代码的执行效果如图 11-27 所示。

图 11-27 执行效果

▌ 11.7 高手点拨

1. 给内容添加主题的方法

页面的主题内容区域（标有 data-role="content" 属性的容器）应该通过给 data-role="page" 属性的容器增加 data-theme 属性，确保不管页面多高，背景色都能够在整个页面应用到 。如果只为 data-role="content" 容器添加 data-theme 属性，则背景色会在内容结束部分停止，可能会造成固定尾部栏和内容之间产生留白。

```
<div data-role="page" data-theme="a">
```

2. 给折叠区块添加主题的方法

通过给可折叠区块的容器添加 data-theme 属性的方法，就可以给折叠块的标题设置主题。图标和折叠的内容则通过 data-content-theme 设置主题。

```
<p> 主题样式 data-theme='b'</p>
<div class="ui-body ui-body-b">
    <h1> 标题 </h1>
    <p> 这里是一个段落 p 窗口, <strong> 加粗 </strong>, <em> 倾斜 </em> 和 <a href="index.html"> 超链接 </a>。你可以看到它们的表现形式 </p>
    <div data-role="collapsible" data-collapsed="true" data-theme="b">
        <h3> 可折叠区域的标题 data-theme="b"</h3>
```

　　　　<p> 这个可折叠区域的容器已经设置了 <code> data-theme</code> 属性。但是没有对内容区域的样式进行设置 </p>

　　</div><!-- /collapsible -->

　　<div data-role="collapsible" data-theme="b" data-content-theme="b">

　　　　<h3> 可折叠区域的标题 data-theme="b"</h3>

　　　　<p> 这个可折叠区域的容器已经设置了 <code> data-theme</code> 属性。并且为内容区域指定了 data-content-theme='b'</p>

　　</div>

</div>

上述代码的执行效果如图 11-28 所示。

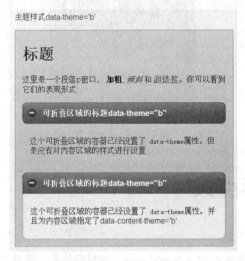

图 11-28　执行效果

11.8　实战练习

1. 在网页中生成一个密钥

　　尝试在表单中新建一个 "name" 值为 "keyUserInfo" 的 <keygen> 元素，通过此元素可以在页面中创建一个选择密钥位数的下拉列表框。当选择列表框中某选项值，单击表单的 "提交" 按钮时，可以将根据所选密钥的位数生成对应密钥提交给服务器。

2. 验证输入的密码是否合法

　　在表单中创建一个用于输入 "密码" 的文本框，并使用 "pattem" 属性自定义相应的 "密码" 验证规则。然后用 JavaScript 代码编写一个表单提交时触发的函数 chkPassWord()，该函数将显式地检测 "密码" 输入文本框的内容是否与自定义的验证规则匹配。如果不符合，则在文本输入框的右边显示一个 "×"，否则，显示一个 "√"。

第 12 章

 本章教学录像：34 分钟

主题化设计

　　jQuery Mobile 应用中提供了一个内置的主题框架，允许设计人员迅速地自定义和重新样式化用户界面。本章详细讲解主题框架的基础知识及 jQuery Mobile 包含的默认主题，并详细讲解为组件分配主题的三种方式，以及创建自定义主题的方法。

本章要点（已掌握的在方框中打钩）

☐ 主题设计基础　　　　　☐ 组件主题

☐ 主题和调色板　　　　　☐ ThemeRoller

☐ 主题的默认值　　　　　☐ 综合应用——使用 ThemeRoller 创建样式

☐ 主题的继承

☐ 自定义主题

■ 12.1 主题设计基础

 本节教学录像：4 分钟

在 jQuery Mobile 应用中，通过默认方法给内容添加样式是很简单的。我们的目标是让浏览器的默认渲染优先进行，然后加一点小小的 padding 让页面看起来更有可读性，然后应用主题样式系统来分配字体和颜色。

给可折叠区块的容器添加 data-theme 属性，就可以给折叠块的标题设置主题。图标和折叠的内容目前还不能通过 data-theme 属性设置，但是可以通过自定义的 css 设置。例如：

```
<div data-role="collapsible" data-collapsed="true" data-theme="a">
```

图 12-1 ~ 图 12-5 分别演示了主题 a、主题 b、主题 c、主题 d 和主题 e 五种样式的效果。

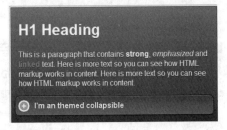

图 12-1 主题 a

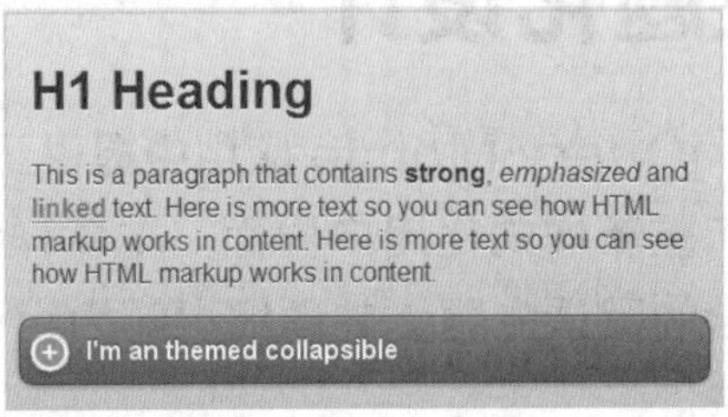

图 12-2 主题 b

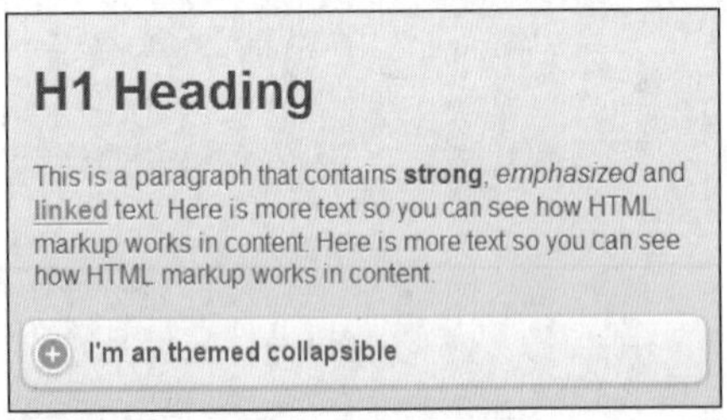

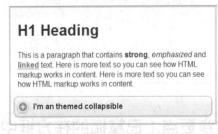

图 12-3 主题 c

图 12-4 主题 d

在本书前面的演示实例中，读者已经学习了如何使用 data-theme 属性为页面容器（页面、页眉、内容、页脚）和表单元素应用其他主题。其实可以使用一个未主题化的页面，然后使用不同的页眉和列表主题（添加了简单的 data-theme 属性）对其重新样式化处理。

接下来通过一个具体实例的实现过程，详细讲解在 jQuery Mobile 页面中使用主题设置显示样式的方法。

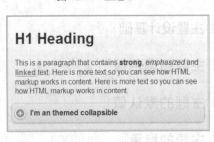

图 12-5 主题 e

【范例 12-1】在 jQuery Mobile 页面中使用主题设置显示样式（光盘 :\配套源码\12\theme-list.html）

实例文件 theme-list.html 的具体实现代码如下。

```
<!DOCTYPE html>
<html>
```

```
    <head>
    <meta charset="utf-8">
    <title>jMovies</title>
    <meta name="viewport" content="width=device-width, minimum-scale=1, maximum-scale=1">
    <link rel="stylesheet" href="http://code.jquery.com/mobile/1.0/jquery.mobile-1.0.min.css" />
    <style>
        .ui-li-heading { overflow: auto; white-space:normal; }
        img { margin:10px; }
    </style>
    <script src="http://code.jquery.com/jquery-1.6.4.min.js"></script>
    <script src="http://code.jquery.com/mobile/1.0/jquery.mobile-1.0.min.js"></script>
    </head>
<body>

<div data-role="page">
    <div data-role="header" data-theme="b">
        <h1> 精彩电影 </h1>
    </div>

    <div data-role="content">
        <ul data-role="listview" data-inset="true" data-theme="a">
            <li data-role="list-divider"> 正在播放 </li>
            <li>
              <a href="#">
                 <img src="images/111.jpg" />
              <h3> 变形金刚 </h3>
                    <p> 评论 : PG</p>
                    <p> 时长 : 95 min.</p>
              </a>
            </li>
            <li>
              <a href="#">
                 <img src="images/222.jpg" />
              <h3>X 战警 </h3>
                    <p> 评论 : PG-13</p>
                    <p> 时长 : 137 min.</p>
              </a>
            </li>
            <li>
              <a href="#">
                 <img src="images/333.jpg" />
              <h3> 雷雨 </h3>
                    <p> 评论 : PG-13</p>
                    <p> 时长 : 131 min.</p>
              </a>
            </li>
```

```
        </ul>
    </div>
</div>
</body>
</html>
```

在上述代码中，通过如下代码调用了 CSS 样式文件。

```
<link rel="stylesheet" href="http://code.jquery.com/mobile/1.0/jquery.mobile-1.0.min.css" />
```

【运行结果】

上述实例代码的执行效果如图 12-6 所示。

图 12-6　执行效果

12.2　主题和调色板

 本节教学录像：2 分钟

在 jQuery Mobile 应用中，CSS 文件 "jquery.mobile-x.xx.min.js"（xx.x 表示版本号）总是最先导入到页眉元素中的资源（asset）。该文件包含用于 jQuery Mobile 应用程序的默认结构和主题。建议广大读者花一些时间，使用自己最喜欢的编辑器来研究一下该文件的内容。jQuery Mobile CSS 文档包含两个部分，分别是主题部分和结构部分。

12.2.1　主题设置

文档前半部分包含默认的主题设置，主题设置管理所有组件的可视化样式（背景、边界、颜色、字体和阴影）。在设置 data-theme 主题时，有 5 个不同的可选项 (a、b、c、d、e)。从技术角度上，这些字母 (a ~ z) 被称为调色板。在查看 jQuery Mobile CSS 文件时可能会注意到，CSS 文件内出现的第一个调色板是调色板 "a"。例如，下面是 jQuery Mobile 主题设置的部分代码。

```
.ui-bar-a{
```

```
    border:1px solid #333;
    background:#111;
    color:#fff;
    font-weight:700;
    text-shadow:0 -1px 0 #000;
    background-image:-webkit-gradient(linear,left top,left bottom,from(#3c3c3c),to(#111));
    background-image:-webkit-linear-gradient(#3c3c3c,#111);
    background-image:-moz-linear-gradient(#3c3c3c,#111);
    background-image:-ms-linear-gradient(#3c3c3c,#111);
    background-image:-o-linear-gradient(#3c3c3c,#111);
    background-image:linear-gradient(#3c3c3c,#111)
}
.ui-bar-a,.ui-bar-a input,.ui-bar-a select,.ui-bar-a textarea,.ui-bar-a button{
    font-family:Helvetica,Arial,sans-serif
}
.ui-bar-a .ui-link-inherit{
    color:#fff
}.
ui-bar-a a.ui-link{
    color:#7cc4e7;
    font-weight:700
}
.ui-bar-a a.ui-link:visited{
    color:#2489ce
}
.ui-bar-a a.ui-link:hover{
    color:#2489ce
}
.ui-bar-a a.ui-link:active{
    color:#2489ce
}
.ui-body-a,.ui-overlay-a{
    border:1px solid #444;
    background:#222;
    color:#fff;
    text-shadow:0 1px 0 #111;
    font-weight:400;
    background-image:-webkit-gradient(linear,left top,left bottom,from(#444),to(#222));
    background-image:-webkit-linear-gradient(#444,#222);
    background-image:-moz-linear-gradient(#444,#222);
    background-image:-ms-linear-gradient(#444,#222);
    background-image:-o-linear-gradient(#444,#222);
    background-image:linear-gradient(#444,#222)
}
```

12.2.2　全局主题设置

全局主题设置是在调色板之后配置的，这些设置为按钮添加了视觉上的样式增强，比如圆角、图标、叠加（overlay）和阴影。由于这些设置是全局的，因此会被所有的调色板配置继承。例如，下面是jQuery Mobile 全局主题设置的部分代码。

```
.ui-btn-active{
  border:1px solid #2373a5;
  background:#5393c5;
  font-weight:700;color:#fff;
  cursor:pointer;
  text-shadow:0 1px 0 #3373a5;
  text-decoration:none;
  background-image:-webkit-gradient(linear,left top,left bottom,from(#5393c5),to(#6facd5));
  background-image:-webkit-linear-gradient(#5393c5,#6facd5);
  background-image:-moz-linear-gradient(#5393c5,#6facd5);
  background-image:-ms-linear-gradient(#5393c5,#6facd5);
  background-image:-o-linear-gradient(#5393c5,#6facd5);
  background-image:linear-gradient(#5393c5,#6facd5);
  font-family:Helvetica,Arial,sans-serif
}
.ui-btn-active:visited,.ui-btn-active:hover,.ui-btn-active a.ui-link-inherit{
  color:#fff
}
```

12.2.3　结构

jQuery Mobile CSS 文件的后半部分包含结构样式，其中主要包含定位、内间距、边距、高度和宽度设置。例如，下面是 jQuery Mobile 结构样式的部分代码。

```
ui-mobile,.ui-mobile body{
  height:99.9%
}
  .ui-mobile fieldset,.ui-page{
  padding:0;margin:0
}
.ui-mobile a img,.ui-mobile fieldset{
  border-width:0
}
.ui-mobile-viewport{
  margin:0;
  overflow-x:visible;
```

```
    -webkit-text-size-adjust:100%;
    -ms-text-size-adjust:none;
    -webkit-tap-highlight-color:rgba(0,0,0,0)
  }
  body.ui-mobile-viewport,div.ui-mobile-viewport{
    overflow-x:hidden
  }
```

确保调色板的样式在所有的组件上保持一致

jQuery Mobile 的主 CSS 文件中包含 5 个调色板。为了让调色板的样式在所有的组件上保持一致，需要为每个调色板应用视觉优先级约定，具体的约定如下。

- ☐ a：黑色，视觉优先级的最高级别。
- ☐ b：蓝色，第二级。
- ☐ c：灰色，基线。
- ☐ d：白 / 灰，另外一个（altemate）第二级。
- ☐ e：黄色，重色（accent color）。

12.3　主题的默认值

 本节教学录像：5 分钟

在移动 Web 设计应用中，如果没有为页面添加 data–theme 属性，jQuery Mobile 会为所有的页面容器和表单元素应用默认的主题。本节详细讲解使用主题的默认值的基本知识。

12.3.1　使用主题的默认值

如果创建了一个基本的 jQuery Mobile 页面，而且没有显式设置其主题，则元素会退回到它们的默认主题，或者是继承它们的父容器的主题。在默认情况下，内容组件会应用 data–theme="c" 主题样式。如果按钮组件没有默认主题，则继承其父容器的默认主题。

例如，下面所示的实例中，页面、页眉、页脚、内容和列表元素使用的是默认主题，而表单元素使用的是继承的主题。

【范例 12-2】在 jQuery Mobile 页面中使用默认的主题样式（光盘 :\ 配套源码 \12\defaults.html）

实例文件 defaults.html 的具体实现代码如下。

```
<!DOCTYPE html>
<html>
    <head>
    <meta charset="utf-8">
    <title>Themes</title>
```

```
        <meta name="viewport" content="width=device-width, minimum-scale=1, maximum-scale=1">
        <link rel="stylesheet" href="http://code.jquery.com/mobile/1.0/jquery.mobile-1.0.min.css" />
        <style>
            label {
                float: left;
                width: 5em;
            }
            input.ui-input-text {
                display: inline !important;
                width: 10em !important;
            }
            form p {
                clear:left;
                margin:1px;
            }
        </style>
        <script src="http://code.jquery.com/jquery-1.6.4.min.js"></script>
        <script src="http://code.jquery.com/mobile/1.0/jquery.mobile-1.0.min.js"></script>
        </head>
    <body>

    <div data-role="page">
        <div data-role="header">
            <h1>default = "a"</h1>
        </div>

        <div data-role="content" style="text-align:center; margin-top:5px;">
            default = "c"

            <ul data-role="listview" data-inset="true">
                <li data-role="list-divider">default = "b"</li>
                <li>default = "c"</li>
                <li>default = "c"</li>
            </ul>

            <form id="test" id="test" action="#" method="post">
                <p>
                <label for="text">inherits "c":</label>
                <input type="text" name="text" id="text" value="" placeholder="Text input"/>
                </p>
                <p>
                    <label for="sound">inherits "c":</label>
                    <select name="slider" id="sound" data-role="slider">
                        <option value="off">Off</option>
                        <option value="on">On</option>
                    </select>
                </p>
```

```
                <a href="#" data-role="button">Button (inherits "c")</a>
            </form>
        </div>

        <div data-role="footer" data-position="fixed">
            <h3>default = "a"</h3>
        </div>
    </div>
    </body>
    </html>
```

在上述代码中，因为按钮的父容器是内容组件，所以此按钮会继承主题"c"。如果按钮在页眉容器的内部，则会继承页眉容器的主题。

【运行结果】

上述实例代码的执行效果如图 12-7 所示。

图 12-7　执行效果

12.3.2　通过下拉框选择并保存主题

接下来通过一个具体实例，讲解在 jQuery Mobile 页面中使用下拉框选择并保存主题的方法。

【范例 12-3】使用下拉框选择并保存主题（光盘 :\ 配套源码 \12\xiala.html）

实例文件 xiala.html 的具体实现流程如下。

（1）新建一个 HTML5 页面，然后使用 select 元素创建一个下拉列表框。

（2）在下拉列表框中设置 5 个样式选项供用户选择。

（3）当用户选择一个下拉框中的选项时，使用 cookie 方式来保存所选的主题值。在更新页面时，会更新下拉框区域的主题变为所选的主题值。

实例文件 xiala.html 的具体实现代码如下。

```html
<!DOCTYPE html>
    <head>
    <meta charset="utf-8">
    <title>Themes</title>
    <meta name="viewport" content="width=device-width,
        initial-scale=1" />
    <link  href="Css/jquery.mobile-1.0.1.min.css"
        rel="Stylesheet" type="text/css" />
    <script src="Js/jquery-1.6.4.js"
        type="text/javascript"></script>
    <script src="Js/jquery.cookie.js"
        type="text/javascript"></script>
    <script src="Js/jquery.mobile-1.0.1.js"
        type="text/javascript"></script>
    <script type="text/javascript">
        $(function() {
            var objSelTheme = $("#selTheme");
            objSelTheme.bind("change", function() {
                // 如果选择的值不为空
                if (objSelTheme.val() != "") {
                    // 使用 cookie 保存所选择的主题
                    $.cookie("StrTheme", objSelTheme.val(), {
                        path: "/", expires: 7
                    })
                    // 重新刷新一次页面，运用主题
                    window.location.reload();
                }
            })
        })
        // 如果主题不为空，则运用主题
        if ($.cookie("StrTheme")) {
            $.mobile.page.prototype.options.theme = $.cookie("StrTheme");
        }
    </script>
</head>
<body>
  <div data-role="page">
    <div data-role="header"><h1> 头部栏 </h1></div>
        <div data-role="content">
        <select name="selTheme" id="selTheme" data-native-menu="false">
            <option value=""> 选择主题 </option>
```

```
                <option value="a"> 主题 a</option>
                <option value="b"> 主题 b</option>
                <option value="c"> 主题 c</option>
                <option value="d"> 主题 d</option>
                <option value="e"> 主题 e</option>
            </select>
            </div>
            <div data-role="footer"><h4>©2014 版权所有 </h4></div>
        </div>
    </body>
</html>
```

【运行结果】

执行后的效果如图 12-8 所示，选择一个下拉框值时的效果如图 12-9 所示。

图 12-8　执行效果

图 12-9　选择主题界面

12.3.3　修改默认的主题

在移动页面开发应用中，虽然 jQuery Mobile 提供了 5 种默认的主题，但是有时还是不能满足开发者的开发需求。在这个时候，可以修改默认主题的样式。在具体修改时，只需修改样式文件 jquery.mobile-1.0.1.min.css 的代码即可。在样式文件 jquery.mobile-1.0.1.min.css 中，几乎所有的内容都是一样的代码结构，在每种样式前面都注释指明了它是哪一种调板。例如，下面是 a 调板的部分代码。

```
.ui-bar-a {
  border: 1px solid #2A2A2A;
  background:#111111;
  color:#ffffff;
  font-weight: bold;
  text-shadow: 0 -1px 1px #000000;
  background-image: -moz-linear-gradient(top, #3c3c3c, #111111);
  background-image: -webkit-gradient(linear,left top,left bottom,color-stop(0,#3c3c3c),color-stop(1,#111111));
  -ms-filter: "progid:DXImageTransform.Microsoft.gradient(startColorStr='#3c3c3c', EndColorStr='#111111')"; }
```

由此可以看出，类名（ui-bar-a）拥有特定的结构，后缀（a）指明了其所属调板，类 ui-bar 则控制着 footer 和 header 的显示。由于并没有使用图片，因此该类依赖于 css3 的文本阴影、渐变等效果。同理，b 调板的类名为 ui-bar-b。用户可以创建自己的调板，并且只需命名为类似 ui-bar-x 的结构即可。

如果直接引用自己服务器上的 CSS 文件，则可以直接在原始文件上修改（当然，最好还是留下一个备份）。例如，下面的代码将默认 a 调板中的文字颜色修改成了红色。

```css
.ui-bar-a {
  border: 1px solid #2A2A2A;
  background:#111111;
  color:red;
  font-weight: bold;
  text-shadow: 0 -1px 1px #000000;
  background-image: -moz-linear-gradient(top, #3c3c3c, #111111);
  background-image: -webkit-gradient(linear,left top,left bottom,color-stop(0,#3c3c3c),color-stop(1,#111111));
  -ms-filter: "progid:DXImageTransform.Microsoft.gradient(startColorStr='#3c3c3c', EndColorStr='#111111')"; }
```

接下来通过一个具体实例，讲解在 jQuery Mobile 页面中修改默认主题的方法。

【范例 12-4】在 jQuery Mobile 页面中修改默认的主题（光盘 :\ 配套源码 \12\ xiugai.html）

实例文件 xiugai.html 的具体实现流程如下。

（1）打开 CSS 样式文件 jquery.mobile-1.0.1.min.css，将 "ui-bar-a" 的 color 属性修改为 blue。

（2）创建一个 HTML5 页面，分别添加头部栏、内容栏和底部页脚，此时显示的文字将按照修改的样式进行显示。

实例文件 xiugai.html 的具体实现代码如下。

```html
<!DOCTYPE html>
<html>
<head>
    <title>jQuery Mobile 修改默认主题 </title>
    <meta name="viewport" content="width=device-width,
        initial-scale=1" />
    <link  href="Css/jquery.mobile-1.0.1.min.css"
        rel="Stylesheet" type="text/css" />
    <script src="Js/jquery-1.6.4.js"
        type="text/javascript"></script>
    <script src="Js/jquery.mobile-1.0.1.js"
        type="text/javascript"></script>
</head>
<body>
  <div data-role="page">
    <div data-role="header"><h1> 头部栏 </h1></div>
```

```
<div data-role="content">
    <p> 导航条的字体颜色发生了变化 </p>
</div>
<div data-role="footer"><h4>©2014@ 版权所有 </h4></div>
    </div>
</body>
</html>
```

【运行结果】

执行后的效果如图 12-10 所示。

图 12-10　执行效果

12.4　主题的继承

 本节教学录像: 3 分钟

在 jQuery Mobile 应用中，组件可以继承其父容器的主题。在 jQuery Mobile 页面中，使用主题继承的好处如下。

- ❑ 对设计员来说，主题继承会让样式化的过程更为高效。这是因为可以在一个很高的层级（页面容器）设置一个主题，该主题会级联 (cascade) 到所有的子组件，从而节省宝贵的时间。
- ❑ 可以保证组件在整个应用程序中具有一致的样式。

本节详细讲解主题继承的基本知识，为读者步入本书后面知识的学习打下基础。

12.4.1　继承主题 e 的显示样式

例如，下面的实例中使用 data=theme="e" 属性对页面容器进行了样式化，内容会从它的父容器那里继承主题 "e"。

【范例 12-5】继承主题 e 的显示样式（光盘 :\ 配套源码 \12\jicheng.html）

实例文件 jicheng.html 的具体实现代码如下。

```
<!DOCTYPE html>
<html>
```

```
        <head>
        <meta charset="utf-8">
        <title>Themes</title>
        <meta name="viewport" content="width=device-width, minimum-scale=1, maximum-scale=1">
        <link rel="stylesheet" href="http://code.jquery.com/mobile/1.0/jquery.mobile-1.0.min.css" />
        <style>
            label {
                float: left;
                width: 5em;
            }
            input.ui-input-text {
                display: inline !important;
                width: 10em !important;
            }
            form p {
                clear:left;
                margin:1px;
            }
        </style>
        <script src="http://code.jquery.com/jquery-1.6.4.min.js"></script>
        <script src="http://code.jquery.com/mobile/1.0/jquery.mobile-1.0.min.js"></script>
        </head>
    <body>

    <div data-role="page" data-theme="e">
        <div data-role="header">
            <h1> 没有继承 </h1>
        </div>

        <div data-role="content" style="text-align:center; margin-top:5px;">
            继承 "e"

            <ul data-role="listview" data-inset="true">
                <li data-role="list-divider"> 没有继承 </li>
                <li> 没有继承 </li>
                <li> 没有继承 </li>
            </ul>

            <form id="test" id="test" action="#" method="post">
                <p>
                <label for="text"> 继承 "e"</label>
                <input type="text" name="text" id="text" value="" placeholder="Text input"/>
                </p>
```

```
            <p>
                <label for="sound"> 继承 "e"</label>
                <select name="slider" id="sound" data-role="slider">
                        <option value="off"> 关 </option>
                        <option value="on"> 开 </option>
                 </select>
            </p>

                <a href="#" data-role="button">Button (Inherits "e")</a>
            </form>
        </div>

        <div data-role="footer" data-position="fixed">
                <h3> 没有继承 </h3>
        </div>
    </div>
    </body>
    </html>
```

【运行结果】

上述实例代码的执行效果如图 12-11 所示。

图 12-11 执行效果

12.4.2 使用显式主题

在 jQuery Mobile 应用中，还可以为每个组件显式设计主题。当设计人员在对站点进行样式化时，采取这种方式会给应用程序带来极大的灵活性，而且能够构建更为丰富的设计应用。接下来通过一个具体实例的实现过程，详细讲解在 jQuery Mobile 页面中使用显式主题的方法。

【范例12-6】在jQuery Mobile页面中使用显式主题（光盘:\配套源码\12\explicit.html）

实例文件 explicit.html 的具体实现代码如下。

```
<!DOCTYPE html>
<html>
    <head>
    <meta charset="utf-8">
    <title>Themes</title>
    <meta name="viewport" content="width=device-width, minimum-scale=1, maximum-scale=1">
    <link rel="stylesheet" href="http://code.jquery.com/mobile/1.0/jquery.mobile-1.0.min.css" />
    <style>
        label {
            float: left;
            width: 5em;
        }
        input.ui-input-text {
            display: inline !important;
            width: 10em !important;
        }
        form p {
            clear:left;
            margin:1px;
        }
    </style>
    <script src="http://code.jquery.com/jquery-1.6.4.min.js"></script>
    <script src="http://code.jquery.com/mobile/1.0/jquery.mobile-1.0.min.js"></script>
    </head>
<body>

<div data-role="page" data-theme="e">
    <div data-role="header" data-theme="b">
        <h1> 主题 = "b"</h1>
    </div>

    <div data-role="content" data-theme="d" style="text-align:center; margin-top:5px;">
        主题 = "d"

        <ul data-role="listview" data-inset="true" data-theme="e" data-divider-theme="e">
            <li data-role="list-divider"> 主题 = "e"</li>
            <li> 主题 "e" 来自 list</li>
            <li data-theme="b"> 主题 = "b"</li>
        </ul>
```

```
<form id="test" id="test" action="#" method="post">
    <p>
    <label for="text"> 主题 "d"</label>
    <input type="text" name="text" id="text" value="" data-theme="d" placeholder="Text input"/>
     </p>
     <p>
        <label for="sound"> 主题 "b"</label>
        <select name="slider" id="sound" data-role="slider" data-theme="b">
            <option value="off"> 关 </option>
            <option value="on"> 开 </option>
        </select>
    </p>

        <a href="#" data-role="button" data-theme="a">Button (Theme = "a")</a>
    </form>
    </div>

    <div data-role="footer" data-position="fixed" data-theme="b">
        <h3> 主题 = "b"</h3>
    </div>
    </div>
</body>
</html>
```

【运行结果】

上述实例代码的执行效果如图 12-12 所示。

图 12-12　执行效果

12.5 自定义主题

jQuery Mobile 主题框架允许设计人员迅速地自定义或重新样式化他们的用户界面。jQuery Mobile CSS 文档被分为两个部分，分别是主题部分和结构部分。在 jQuery Mobile 中，可以创建一个自定义调色板，用来管理能够引发危险动作的图标和 / 或按钮的视觉样式（背景、边界、颜色、字体和阴影）。本节详细讲解使用自定义主题的基本知识。

12.5.1 手动创建自定义调色板

在 jQuery Mobile 应用中，手动创建一个自定义调色板的步骤如下。

（1）首先为自定义主题创建一个独立的 CSS 文件（css/theme/custom-theme.cass），这可以保持自定义文件与主 jQuery Mobile CSS 文件的隔离，而且会简化日后的更新。

 如果计划用自定义主题对整个 jQuery Mobile 应用程序进行样式化，推荐使用从 jQuery Mobile 的下载站点 2 下载的只包含结构的 CSS 文件。这对不需要默认主题的应用程序来说，只是一个轻量级的替换方案，而且能够简化自定义主题的管理。

注意

（2）寻找一个现有的调色板作为参考的基础。在研究了现有的调色板之后，从中复制与你的新调色板样式最为相似的那个。这可以在最大程度上降低为了创建新调色板而不得不做出的修改次数。对于新调色板，可以复制"e"调色板作为基础。这是因为"e"调色板是一个重色调色板，而新调色板要用于潜在的危险动作，因此可以将新调色板归类到重色类别中。

（3）复制基础调色板并粘贴到 custom-theme.css 文件中，然后重命名该调色板，以便与一个独特的字母（f ~ z）相关联。例如，将所有带"-e"的 CSS 后缀替换为"-V"。现在，需要执行危险动作的任何组件，都可以通过 data-theme='V' 来引用这个新的调色板。例如，下面的代码在调色板"e"之后自定义调色板"v"。

```
.ui-bar-v {
  font-weight: bold;
  border: 1px solid        #999;
  background:             #dedede;
  color:                  #000;
  text-shadow: 0 1px 0px  #fff;
  ......
}
.ui-btn-up-v {
  border: 1px solid       #999;
  background:             #e79696;
  color:                  #fff;
  text-shadow: 0 1px 0px  #fff;
  ......
}
```

（4）为新调色板更新 CSS 的视觉设置（背景、边界、颜色、字体和阴影）。此时这个新的"v"调色板对所有的按钮进行了更新，使其具备一个带白色文本的红色渐变背景。例如，下面的代码使用红色背景渐变和白色文本来更新"v"调色板。

```
.ui-btn-up-v {
  border: 1px solid        #999;
  background:              #e79696;
  color:                   #fff;
  text-shadow: 0 1px 0px  #fff;
   background-image: -webkit-gradient(linear, 0% 0%, 0% 100%, from(#E79696), to(#ce2021), color-
stop(.4,#E79696)); /* Saf4+, Chrome */
   background-image: -webkit-linear-gradient(0% 56% 90deg,#CE2021, #E79696, #E79696 100%); /*
Chrome 10+, Saf5.1+ */
   background-image:   -moz-linear-gradient(0% 56% 90deg,#CE2021, #E79696, #E79696 100%); /* FF3.6 */
   background-image:   -ms-linear-gradient(0% 56% 90deg,#CE2021, #E79696, #E79696 100%); /* IE10 */
   background-image:   -o-linear-gradient(0% 56% 90deg,#CE2021, #E79696, #E79696 100%); /* Opera 11.10+ */
   background-image:        linear-gradient(0% 56% 90deg,#CE2021, #E79696, #E79696 100%);
}
```

（5）通过如下代码，在页面中设置每个选项的显示元素，包括图片、文字和图示信息。

```
<link rel="stylesheet" type="text/css" href="css/theme/custom-theme1.css" />
<link rel="stylesheet" href="http://code.jquery.com/mobile/1.0/jquery.mobile-1.0.min.css" />
……
                <a href="#">
                   <img src="../images/pirates.jpg" />
                   <h3>Pirates</h3>
                   <p>Rated: PG-13</p>
                   <p>Runtime: 137 min.</p>
                </a>
                <a href="#delete" data-transition="slidedown">Delete</a>
             </li>
```

12.5.2　使用自定义主题

接下来的实例是对 12.5.1 中讲解的步骤的总结，功能是演示在 jQuery Mobile 页面中使用自定义主题的方法。

【范例 12-7】在 jQuery Mobile 页面中使用自定义的主题（光盘 :\配套源码 \12\ custom1.html）

实例文件 custom1.html 的具体实现代码如下。

```
<link rel="stylesheet" href="http://code.jquery.com/mobile/1.0/jquery.mobile-1.0.min.css" />
<style>
        .tabbar .ui-btn .ui-btn-inner { font-size: 11px!important; padding-top: 24px!important;
padding-bottom: 0px!important; }
```

```
            .tabbar .ui-btn .ui-icon { width: 30px!important; height: 20px!important; margin-left:
-15px!important; box-shadow: none!important; -moz-box-shadow: none!important; -webkit-box-shadow:
none!important; -webkit-border-radius: none !important; border-radius: none !important; }
            #home .ui-icon { background:  url(../images/53-house-w.png) 50% 50% no-repeat;
background-size: 22px 20px; }
            #movies .ui-icon { background:  url(../images/107-widescreen-w.png) 50% 50% no-repeat;
background-size: 25px 17px; }
            #theatres .ui-icon { background:  url(../images/15-tags-w.png) 50% 50% no-repeat;
background-size: 20px 20px; }

            .segmented-control { text-align:center;}
            .segmented-control .ui-controlgroup { margin: 0.2em; }
            .ui-control-active, .ui-control-inactive { border-style: solid; border-color: gray; }
            .ui-control-active { background: #BBB; }
            .ui-control-inactive { background: #DDD; }
        </style>
        <script src="http://code.jquery.com/jquery-1.6.4.min.js"></script>
        <script src="http://code.jquery.com/mobile/1.0/jquery.mobile-1.0.min.js"></script>
    </head>
    <body>

    <div data-role="page">
        <div data-role="header" data-theme="d" data-position="fixed">
            <div class="segmented-control ui-bar-d">
                <div data-role="controlgroup" data-type="horizontal">
                    <a href="#" data-role="button" class="ui-control-active"> 电影 </a>
                    <a href="#" data-role="button" class="ui-control-inactive"> 音乐 </a>
                    <a href="#" data-role="button" class="ui-control-inactive"> 舞蹈 </a>
                </div>
            </div>
        </div>

        <div data-role="content">
        <ul data-role="listview" data-split-icon="delete" data-split-theme="v">
            <li>
            <a href="#">
                <img src="images/111.jpg" />
            <h3> 私人定制 </h3>
                <p> 评论 : PG</p>
                <p> 时长 : 95 min.</p>
            </a>
            <a href="#delete" data-transition="slidedown"> 删除 </a>
            </li>
            <li>
```

```
            <a href="#">
                <img src="images/222.jpg" />
            <h3> 警察故事 </h3>
                <p> 评论 : PG-13</p>
                <p> 时长 : 137 min.</p>
            </a>
            <a href="#delete" data-transition="slidedown"> 删除 </a>
        </li>
        <li>
            <a href="#">
                <img src="images/333.jpg" />
            <h3> 十二生肖 </h3>
                <p> 评论 : PG-13</p>
                <p> 时长 : 131 min.</p>
            </a>
            <a href="#delete" data-transition="slidedown"> 删除 </a>、
        </li>
        <li>
            <a href="#">
                <img src="images/444.jpg" />
            <h3> 西游降魔篇 3D</h3>
                <p> 评论 : PG</p>
                <p> 时长 : 95 min.</p>
            </a>
            <a href="#delete" data-transition="slidedown"> 删除 </a>
        </li>
        <li>
            <a href="#">
                <img src="images/111.jpg" />
            <h3> 变形金刚（3D）</h3>
                <p> 评论 : PG-13</p>
                <p> 时长 : 131 min.</p>
            </a>
            <a href="#delete" data-transition="slidedown"> 删除 </a>
        </li>
    </ul>
</div>

<div data-role="footer" class="tabbar" data-position="fixed">
    <div data-role="navbar" class="tabbar">
    <ul>
        <li><a href="#" id="home" data-icon="custom"> 主页 </a></li>
        <li><a href="#" id="movies" data-icon="custom" class="ui-btn-active">Movies</a></li>
```

```
            <li><a href="#" id="theatres" data-icon="custom"> 评论 </a></li>
        </ul>
        </div>
    </div>
</div>

<div data-role="dialog" id="delete">
    <div data-role="content" data-theme="c">
        <span class="title"> 确定删除吗 ?</span>

        <a href="#home" data-role="button" data-theme="v"> 删除 </a>
        <a href="#home" data-role="button" data-theme="c" data-rel="back"> 取消 </a>
    </div>
    <style>
        span.title { display:block; text-align:center; margin-top:10px; margin-bottom:20px; }
    </style>
</div>


</body>
```

然后编写自定义 CSS 文件 custom-theme1.css，具体实现代码如下。

```
.ui-bar-v {
  font-weight: bold;
  border: 1px solid        #999;
  background:              #dedede;
  color:                   #000;
  text-shadow: 0 1px 0px  #fff;
  background-image: -webkit-gradient(linear, left top, left bottom, from(#fff), color-stop(50%, #ccc), color-stop(50%, #b5b5b5), to(#eee)); /* Saf4+, Chrome */
  background-image: -webkit-linear-gradient(top, #fff 0%, #ccc 50%, #b5b5b5 50%, #eee 100%); /* Chrome 10+, Saf5.1+ */
  background-image:    -moz-linear-gradient(top, #fff 0%, #ccc 50%, #ce2021 50%, #eee 100%); /* FF3.6 */
  background-image:    -ms-linear-gradient(top, #fff 0%, #ccc 50%, #b5b5b5 50%, #eee 100%); /* IE10 */
  background-image:    -o-linear-gradient(top, #fff 0%, #ccc 50%, #b5b5b5 50%, #eee 100%); /* Opera 11.10+ */
  background-image:       linear-gradient(top, #fff 0%, #ccc 50%, #b5b5b5 50%, #eee 100%);
}
.ui-bar-v,
.ui-bar-v input,
.ui-bar-v select,
.ui-bar-v textarea,
.ui-bar-v button {
  font-vamily: Helvetica, Arial, sans-serif;
}
.ui-bar-v .ui-link-inherit {
  color:                #333;
```

```
    }
    .ui-bar-v .ui-link {
      color:                #2489CE;
      font-weight: bold;
    }
    .ui-btn-up-v {
      border: 1px solid     #999;
      background:           #e79696;
      color:                #fff;
      text-shadow: 0 1px 0px  #fff;
      background-image: -webkit-gradient(linear, 0% 0%, 0% 100%, from(#E79696), to(#ce2021), color-
stop(.4,#E79696)); /* Saf4+, Chrome */
      background-image: -webkit-linear-gradient(0% 56% 90deg,#CE2021, #E79696, #E79696 100%); /*
Chrome 10+, Saf5.1+ */
      background-image:  -moz-linear-gradient(0% 56% 90deg,#CE2021, #E79696, #E79696 100%); /* FF3.6 */
      background-image:   -ms-linear-gradient(0% 56% 90deg,#CE2021, #E79696, #E79696 100%); /* IE10 */
      background-image:    -o-linear-gradient(0% 56% 90deg,#CE2021, #E79696, #E79696 100%); /* Opera 11.10+ */
      background-image:       linear-gradient(0% 56% 90deg,#CE2021, #E79696, #E79696 100%);
    }
    .ui-btn-up-v a.ui-link-inherit {
      color:                #333;
    }
    .ui-btn-hover-v {
      border: 1px solid     #777;
      background:           #e5e5e5;
      color:                #fff;
      text-shadow: 0 1px 0px  #fff;
      background-image: -webkit-gradient(linear, 0% 0%, 0% 100%, from(#E79696), to(#ce2021), color-
stop(.4,#E79696)); /* Saf4+, Chrome */
      background-image: -webkit-linear-gradient(0% 56% 90deg,#CE2021, #E79696, #E79696 100%); /*
Chrome 10+, Saf5.1+ */
      background-image:  -moz-linear-gradient(0% 56% 90deg,#CE2021, #E79696, #E79696 100%); /* FF3.6 */
      background-image:   -ms-linear-gradient(0% 56% 90deg,#CE2021, #E79696, #E79696 100%); /* IE10 */
      background-image:    -o-linear-gradient(0% 56% 90deg,#CE2021, #E79696, #E79696 100%); /* Opera 11.10+ */
      background-image:       linear-gradient(0% 56% 90deg,#CE2021, #E79696, #E79696 100%);
    }
    .ui-btn-hover-v a.ui-link-inherit {
      color:                #fff;
    }
    .ui-btn-down-v {
      border: 1px solid     #888;
      background:           #ccc;
      color:                #fff;
      background-image: -webkit-gradient(linear, 0% 0%, 0% 100%, from(#E79696), to(#ce2021), color-
stop(.4,#E79696)); /* Saf4+, Chrome */
      background-image: -webkit-linear-gradient(0% 56% 90deg,#CE2021, #E79696, #E79696 100%); /*
```

Chrome 10+, Saf5.1+ */
    background-image: -moz-linear-gradient(0% 56% 90deg,#CE2021, #E79696, #E79696 100%); /* FF3.6 */
    background-image: -ms-linear-gradient(0% 56% 90deg,#CE2021, #E79696, #E79696 100%); /* IE10 */
     background-image: -o-linear-gradient(0% 56% 90deg,#CE2021, #E79696, #E79696 100%); /*
Opera 11.10+ */
    background-image: linear-gradient(0% 56% 90deg,#CE2021, #E79696, #E79696 100%);
  }
  .ui-btn-down-v a.ui-link-inherit {
  color: #fff;
  }
  .ui-btn-up-v,
  .ui-btn-hover-v,
  .ui-btn-down-v {
  font-vamily: Helvetica, Arial, sans-serif;
  cursor: pointer;
  font-weight: bold;
  text-decoration: none;
  text-shadow: 0 1px 0px #fff;
  }
  .ui-body-v {
  font-weight: normal;
  border: 1px solid   #aaa;
  background: #ccc;
  color: #111;
  text-shadow: 0 1px 0px #fff;
  background-image: url(images/texture_075.png);
  }
  .ui-body-v,
  .ui-body-v input,
  .ui-body-v select,
  .ui-body-v textarea,
  .ui-body-v button {
  font-vamily: Helvetica, Arial, sans-serif;
  }
  .ui-body-v .ui-link-inherit {
  color: #333333;
  }
  .ui-body-v .ui-link {
  font-weight: bold;
  color: #e98a15;
  }

【运行结果】

上述实例代码的执行效果如图 12-13 所示。

图 12-13　执行效果

12.5.3　自定义一个主题

接下来通过一个具体实例，讲解在 jQuery Mobile 页面中自定义一个主题的方法。

【范例 12-8】在 jQuery Mobile 页面中自定义一个主题（光盘 :\ 配套源码 \12\ zidingyizhuti.html）

实例文件 zidingyizhuti.html 的具体实现流程如下。

（1）创建一个名为 jquery.mobile-f.css 的样式文件，并在容器 page 中将属性 data-theme 设置为 "f"，这表示使用自定义的主题。

（2）创建一个 HTML5 页面，在容器中添加一个名为 collapsible 的容器，最后调用自定义样式显示页面元素。

实例文件 zidingyizhuti.html 的具体实现代码如下。

```
<!DOCTYPE html>
<head>
    <title>jQuery Mobile 自定义主题 </title>
    <meta name="viewport" content="width=device-width,
        initial-scale=1" />
    <link  href="Css/jquery.mobile-1.0.1.min.css"
        rel="Stylesheet" type="text/css" />
    <link  href="Css/jquery.mobile-f.css"
        rel="Stylesheet" type="text/css" />
    <script src="Js/jquery-1.6.4.js"
        type="text/javascript"></script>
```

```
        <script src="Js/jquery.mobile-1.0.1.js"
            type="text/javascript"></script>
    </head>
    <body>
      <div data-role="page" data-theme="f">
        <div data-role="header"><h1> 头部栏标题 </h1></div>
        <div data-role="collapsible" data-collapsed="false">
          <h3> 点击查看更多 </h3>
          <p>XX 出道多年，对后起之秀呵护有加 .....</p>
        </div>
        <div data-role="footer"><h4>©2014@ 版权所有 </h4></div>
      </div>
    </body>
    </html>
```

样式文件 jquery.mobile-f.css 的具体实现代码如下。

```
.ui-btn-up-f {
    border: 1px solid              #222;
    background:                              #02BA19;
    font-weight: bold;
    color:                              #fff;
    text-shadow: 0 -1px 1px #000;
    background-image: -moz-linear-gradient(top,
                              #0E5D90,
                              #02A3EF);
    background-image: -webkit-gradient(linear,left top,left bottom,
            color-stop(0,              #0E5D90),
            color-stop(1,              #02A3EF));
    -ms-filter: "progid:DXImageTransform.Microsoft.gradient(startColorStr='#0E5D90',
EndColorStr='#02A3EF')";
}
.ui-btn-up-crush a.ui-link-inherit {
    color:                              #fff;
}
.ui-btn-hover-f {
    border: 1px solid              #000;
    background:                              #444444;
    font-weight: bold;
    color:                              #000;
    text-shadow: 0 -1px 1px #fff;
    background-image: -moz-linear-gradient(top,
                              #FFFFFF,
                              #778899);
    background-image: -webkit-gradient(linear,left top,left bottom,
            color-stop(0,              #FFFFFF),
```

```
                color-stop(1,                              #778899));
        -ms-filter: "progid:DXImageTransform.Microsoft.gradient(startColorStr='#FFFFFF',
EndColorStr='#778899')";
    }
    .ui-btn-hover-f a.ui-link-inherit {
        color:                                  #fff;
    }
    .ui-btn-down-f {
        border: 1px solid                       #000;
        background:                             #02BA19;
        font-weight: bold;
        color:                                  #fff;
        text-shadow: 0 -1px 1px #000;
        background-image: -moz-linear-gradient(top,
                                        #778899,
                                        #FFFFFF);
        background-image: -webkit-gradient(linear,left top,left bottom,
                color-stop(0,                   #778899),
                color-stop(1,                   #FFFFFF));
        -ms-filter: "progid:DXImageTransform.Microsoft.gradient(startColorStr='#778899',
EndColorStr='#FFFFFF')";
    }
    .ui-btn-down-f a.ui-link-inherit {
        color:                                  #000;
    }
    .ui-btn-up-f,
    .ui-btn-hover-f,
    .ui-btn-down-f {
        font-family: CandelaBookItalic, Helvetica, Arial, sans-serif;
        text-decoration: none;
    }
```

【运行结果】

本实例执行后的效果如图 12-14 所示。

图 12-14　执行效果

12.6 组件主题

 本节教学录像：9 分钟

本书前面已经讲解了在 jQuery Mobile 页面中实现列表、按钮、表单等组件的基本知识，其实完全可以使用主题来修饰页面中的组件。本节详细讲解组件主题的基本知识，为读者步入本书后面知识的学习打下基础。

12.6.1 列表主题

在 jQuery Mobile 页面中，列表默认的框架主题是"c"，默认的分割选项主题也是"b"。在 jQuery Mobile 页面开发应用中，可以通过 data–theme 属性和 data–divider–theme 属性来修改列表和分割选项的默认主题。

接下来通过一个具体实例，讲解在 jQuery Mobile 页面中设置列表主题的方法。

【范例 12-9】在 jQuery Mobile 页面中设置列表主题（光盘 :\ 配套源码 \12\liezhu.html）

实例文件 liezhu.html 的具体实现流程如下。

（1）新建一个 HTML5 页面，在里面通过 listview 元素创建一个列表容器。

（2）在列表容器中创建两个分割选项，在每个分割选项下分别设置两个和三个子选项。

（3）在每个子选项中添加计数器效果的图标。

实例文件 liezhu.html 的具体实现代码如下。

```
<!DOCTYPE html>
<html>
<head>
      <title>jQuery Mobile 列表主题 </title>
      <meta name="viewport" content="width=device-width,
            initial-scale=1" />
      <link href="Css/jquery.mobile-1.0.1.min.css"
            rel="Stylesheet" type="text/css" />
      <script src="Js/jquery-1.6.4.js"
            type="text/javascript"></script>
      <script src="Js/jquery.mobile-1.0.1.js"
            type="text/javascript"></script>
</head>
<body>
   <div data-role="page">
      <div data-role="header"><h1> 头部栏 </h1></div>
      <ul data-role="listview" data-theme="c"
            data-divider-theme="b" data-count-theme="e">
        <li data-role="list-divider"> 图书 </li>
        <li><a href="#"> 计算机 <span class="ui-li-count">100</span></a></li>
```

```
    <li data-theme="d"><a href="#"> 社科 <span class="ui-li-count">101</span></a></li>
    <li><a href="#"> 文艺 <span class="ui-li-count">102</span></a></li>
    <li data-role="list-divider"> 音乐 </li>
    <li><a href="#"> 流行 <span class="ui-li-count">103</span></a></li>
    <li><a href="#"> 通俗 <span class="ui-li-count">104</span></a></li>
  </ul>
    <div data-role="footer"><h4>©2014 @ 版权所有 </h4></div>
  </div>
 </body>
</html>
```

【运行结果】

执行后的效果如图 12–15 所示。

图 12–15　执行效果

创建自定义主题

技 巧　　jQuery Mobile 本身提供了 A ~ E 五种不同的主题，但可以自定义主题，步骤如下。

（1）从 jQuery Mobile 的任意一个定义主题的 CSS 文件中，复制其内容到自己定义的 CSS 文件中。

（2）给要自定义的 CSS 主题一个恰当的名称并且重新命名 CSS 文件，注意命名必须是 a ~ z 英文字母。比如用户是从 jQuery Mobile 的主题 c 的样式文件中复制的，则可以将主题命名为 Z，则复制过来的内容中，比如要将 .ui-btn-up-c 改为 .ui-btn-up-z,.ui-body-c 改为 .ui-body-z，以此类推。

（3）改变新建立的自定义主题的颜色和 CSS 文件。

（4）最后，需要在页面中应用新定义的主题样式，如下。

```
<div data-role="page" data-theme="z"></div>
```

12.6.2　表单主题

　　jQuery Mobile 页面中提供了丰富的主题来修饰表单元素。另外，开发者也可以根据自己的需求来定制自己的主题样式。并且表单中的单个元素，可以通过修改 data-theme 属性的方式来实现。

　　接下来通过一个具体实例，讲解在 jQuery Mobile 页面中改变表单主题的方法。

【范例 12-10 】在 jQuery Mobile 页面中改变表单的主题（ 光盘 :\ 配套源码 \12\ biaozhu.html ）

　　实例文件 biaozhu.html 的具体实现流程如下。

　　（1）新建一个 HTML5 页面，在里面分别设置一个 text、select 表单元素和 checkbox 复选框按钮。

　　（2）设置在页面中使用同一主题来修饰表单中的元素。

　　实例文件 biaozhu.html 的具体实现流程如下。

```html
<body>
  <div data-role="page">
    <div data-role="header"><h1> 头部栏 </h1></div>
    <div data-role="content" data-theme="a">
        <label for="txta"> 文本输出框 :</label>
        <input type="text" name="txta" id="txta" value=""/>
      <label for="sela"> 滑动开关 :</label>
      <select name="sela" id="sela" data-role="slider">
        <option value="off"> 关 </option>
        <option value="on"> 开 </option>
      </select>
      <fieldset data-role="controlgroup" data-type="horizontal">
        <legend> 多项复选框 :</legend>
        <input type="checkbox" name="chka" id="chka" class="custom" />
        <label for="chka">b</label>
        <input type="checkbox" name="chkb" id="chkb" class="custom" />
        <label for="chkb"><em>i</em></label>
        <input type="checkbox" name="chkc" id="chkc" class="custom" />
        <label for="chkc">u</label>
      </fieldset>
    </div>
    <div data-role="footer"><h4>©2014 @ 版权所有 </h4></div>
  </div>
</body>
```

【 运行结果 】

　　本实例执行后的效果如图 12-16 所示。

图 12-16　执行效果

12.6.3　按钮主题

jQuery Mobile 页面中提供了丰富的主题来修饰按钮元素。在具体实现按钮时，需要将任意一个链接的 data–role 属性设置为 button。当将一个按钮放置在任意一个容器中时，按钮将自动继承这个容器的主题样式，以实现与容器的自动匹配。

接下来通过一个具体实例，讲解在 jQuery Mobile 页面中显示 5 种按钮主题风格的方法。

【范例 12-11】在 jQuery Mobile 页面中显示 5 种按钮主题风格（光盘 :\ 配套源码 \12\wuzhong.html）

实例文件 wuzhong.html 的具体实现流程如下。

（1）新建一个 HTML5 页面，在里面添加两个三列容器。

（2）将按钮元素自带的五种主题风格显示在页面中。

实例文件 wuzhong.html 的具体实现代码如下。

```
<body>
  <div data-role="page">
    <div data-role="header"><h1> 头部栏 </h1></div>
    <div class="ui-grid-b">
     <div class="ui-block-a">
        <a href="#" data-role="button"
             data-theme="a" data-icon="arrow-l">a</a>
      </div><div class="ui-block-b">
        <a href="#" data-role="button"
             data-theme="b" data-icon="arrow-l">b</a>
      </div><div class="ui-block-c">
        <a href="#" data-role="button"
             data-theme="c" data-icon="arrow-l">c</a>
      </div>
    </div>
    <div class="ui-grid-b">
     <div class="ui-block-a">
```

```
        <a href="#" data-role="button"
              data-theme="d" data-icon="arrow-l">d</a>
      </div><div class="ui-block-b">
        <a href="#" data-role="button"
              data-theme="e" data-icon="arrow-l">e</a>
      </div>
    </div>
    <div data-role="footer"><h4>©2014@ 版权所有 </h4></div>
  </div>
</body>
```

【运行结果】

本实例执行后的效果如图 12-17 所示。

图 12-17　执行效果

12.6.4　激活状态主题

jQuery Mobile 应用中有一种名为"激活状态主题"的特殊主题，此主题通过在元素属性中增加 "ui-btn-active"的类别属性来实现。激活状态主题不会受任何其他框架或组件主题影响，始终使用蓝色作为主题样式。

接下来通过一个具体实例，讲解在 jQuery Mobile 页面中使用激活状态主题的方法。

【范例 12-12】在 jQuery Mobile 页面中使用激活状态主题（光盘 :\ 配套源码 \12\jihuo.html）

实例文件 jihuo.html 的具体实现流程如下。

（1）新建一个 HTML5 页面，在里面添加两个按钮。

（2）设置第一个按钮显示跟内容区域相关的主题，设置第二个按钮显示为激活状态的主题。

实例文件 jihuo.html 的具体实现代码如下。

```
<body>
<div data-role="page">
  <div data-role="header"><h1> 头部栏 </h1></div>
    <div data-role="content" data-theme="a">
  <a href="#" data-role="button"
```

```
            data-icon="arrow-l"> 默认状态 </a>
        <a href="#" data-role="button"
                data-icon="arrow-l" class="ui-btn-active"> 选中状态 </a>
      </div>
      <div data-role="footer"><h4>©2014#@ 版权所有 </h4></div>
    </div>
  </body>
```

【运行结果】

本实例执行后的效果如图 12-18 所示。

图 12-18　执行效果

12.6.5　工具栏主题

在 jQuery Mobile 页面中，因为工具栏默认的框架主题是 "a"，所以在工具栏中，页眉元素和页脚元素之间的按钮也会自动适应为 "a" 主题。当然，开发人员可以通过修改 data-theme 属性的方式来单独设置按钮的样式。

接下来通过一个具体实例，讲解在 jQuery Mobile 页面中使用工具栏主题的方法。

【范例 12-13 】在 jQuery Mobile 页面中使用工具栏主题（光盘 :\ 配套源码 \12\ gongjulan.html ）

实例文件 gongjulan.html 的具体实现流程如下。

（1）新建一个 HTML5 页面，在里面添加两个页眉栏和页脚栏。

（2）在第一个页眉栏中设置两个默认主题的按钮，在第二个页眉栏中设置一个自定义主题的按钮。

（3）在页脚栏中增加两个默认主题样式的按钮。

实例文件 gongjulan.html 的具体实现代码如下。

```
<body>
  <div data-role="page">
    <div data-role="header" data-position="inline">
      <a href="#" data-icon="delete" iconpos="notext"> 取消 </a>
      <h1> 头部栏 A</h1>
      <a href="#" data-icon="arrow-r" data-iconpos="right"> 保存 </a>
    </div>
```

```
    <div data-role="header" data-position="inline" data-theme="b">
      <h1> 头部栏 B</h1>
      <a href="#" data-icon="plus" data-theme="c"> 新建 </a>
    </div>
    <div data-role="content" data-theme="e">
         <p> 这是正文部分 </p>
    </div>
     <div data-role="footer" data-theme="a">
       <a href="#" data-role="button" data-icon="arrow-l"> 前进 </a>
       <a href="#" data-role="button" data-icon="arrow-r"> 后退 </a>
     </div>
    <div data-role="footer" data-theme="b">
       <a href="#" data-role="button" data-icon="arrow-l" data-theme="c"> 前进 </a>
       <a href="#" data-role="button" data-icon="arrow-r" data-theme="c"> 后退 </a>
     </div>
  </div>
   </body>
```

【运行结果】

本实例执行后的效果如图 12-19 所示。

图 12-19　执行效果

12.6.6　页眉主题

在 jQuery Mobile 页面中，当设置页面主题时，需要修改容器 page 的 data-theme 属性值，这样能够确保所选择的主题覆盖整体页面的 <div> 或容器。但是，与此同时，页眉栏和页脚栏的主题依然是默认值 "a"。这种多色版混合模式的主题风格，可以在页面中形成极佳的对比度，提高用户体验。

接下来通过一个具体实例，讲解在 jQuery Mobile 页面中改变页面主题的方法。

【范例 12-14】在 jQuery Mobile 页面中改变页面主题（光盘 :\ 配套源码 \12\ yemianzhuti.html）

实例文件 yemianzhuti.html 的具体实现流程如下。

（1）新建一个 HTML5 页面，将容器 page 的主题设置为 "e"。

（2）在内容区域中分别添加 <h>、<p>、<a> 页面元素，为这些元素提供有视觉差异的主题样式，提高用户体验。

实例文件 yemianzhuti.html 的具体实现代码如下。

```
<!DOCTYPE html>
<html>
<head>
    <title>jQuery Mobile 页面主题 </title>
    <meta name="viewport" content="width=device-width,
        initial-scale=1" />
    <link  href="Css/jquery.mobile-1.0.1.min.css"
        rel="Stylesheet" type="text/css" />
    <script src="Js/jquery-1.6.4.js"
        type="text/javascript"></script>
    <script src="Js/jquery.mobile-1.0.1.js"
        type="text/javascript"></script>
</head>
<body>
  <div data-role="page" data-theme="e">
    <div data-role="header"><h1> 头部栏 </h1></div>
    <div data-role="content">
    <h3>jQuery Mobile 主题 </h3>
    <p>jQuery Mobile 主题提供了页面、工具栏、内容、表单主题、列表、按钮等多方面的主题定制
功能 <a href="#" class="ui-link"> 详细 </a>。</p>
    <a href="#" data-role="button" data-inline="true"> 进入 </a>
    </div>
    <div data-role="footer"><h4>©2014@@@ 版权所有 </h4></div>
  </div>
  </body>
  </html>
```

【运行结果】

本实例执行后的效果如图 12-20 所示。

图 12-20　执行效果

12.6.7 内容主题

在 jQuery Mobile 页面中，内容主题的作用范围是 content 容器，这个容器之外的元素和背景色将不会受到影响。正因如此，才会出现内容区域中色调跟页脚栏之外色调不一致的情况发生。在日常开发应用中，可以在 content 容器中通过 data-content-theme 属性来设置折叠块中显示区域的主题。这部分主题是独立并自定义的，不被 content 容器主题所左右。

接下来通过一个具体实例，讲解在 jQuery Mobile 页面中改变内容主题的方法。

【范例 12-15】在 jQuery Mobile 页面中改变内容主题（光盘 :\ 配套源码 \12\neirongzhuti.html）

实例文件 neirongzhuti.html 的具体实现流程如下。

（1）新建一个 HTML5 页面，在 content 容器中分别添加两个内容折叠区。

（2）设置页面中显示区域的不同主题。

实例文件 neirongzhuti.html 的具体实现代码如下。

```
</head>
<body>
  <div data-role="page">
  <div data-role="header"><h1> 头部栏 </h1></div>
    <div data-role="content" data-theme="e">
      <div data-role="collapsible" data-content-theme="c">
        <h3> 今天天气 </h3>
        <p> 晴，气温 <code> 18 ~ 4℃ </code> 西风 <em> 3-4</em> 级 </p>
      </div>
      <div data-role="collapsible" data-content-theme="b">
        <h3> 明天天气 </h3>
        <p> 晴，气温 <code> 17 ~ 6℃ </code> 西风 <em> 4-5</em> 级 </p>
      </div>
      </div>
      <div data-role="footer"><h4>©2014@@@ 版权所有 </h4></div>
    </div>
</body>
</html>
```

【运行结果】

本实例执行后的效果如图 12-21 所示。

图 12-21 执行效果

12.7 ThemeRoller

 本节教学录像: 4 分钟

jQuery Mobile 网站中包含以一款在线工具主题创建工具，称作 ThemeRoller。这是一种基于 Web 的工具，允许开发者设计配色方案以便与自定义 jQuery 移动网站搭配使用。 jQuery Mobile 框架构建于主题概念基础之上，这是移动网站的预定义外观样式。 每个主题均包含一系列样式组（称作色板）。用户可以将其应用至整个 jQuery Mobile 页面，也可以仅应用至部分页面。 虽然可以理所当然地覆盖色板内包含的许多 CSS 规则，但使用 ThemeRoller 创建全新主题会更加有效。ThemeRoller 工具的地址是 http://jquerymobile.com/themeroller/，读者可以在线试用这个工具。界面截图如图 12-22 所示。

ThemeRoller 在线设计工具允许用户创建、修改及保存主题，以便在项目中使用。 在下载并解压主题后，将文件复制到项目文件夹内，然后链接 CSS。 ThemeRoller 网站甚至可以在下载窗口内提供某些 HTML。本节简要介绍使用 ThemeRoller 工具的方法。

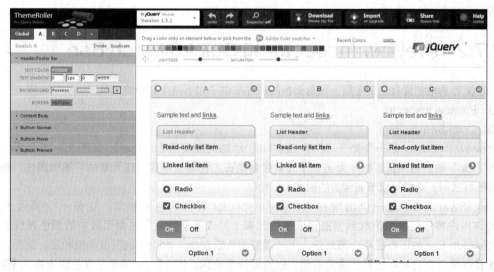

图 12-22 ThemeRoller 在线工具的截图效果

12.7.1 调色板和全局设置

如图 12-22 所示，在 ThemeRoller 左侧面板中的"Global"选项卡下可以迅速调整以全局方式应用到所有调色板的 CSS 属性。在此可以调整字体集（font family）、活动状态的颜色（active state color）、圆角半径（corner radii）、图标（icon）和阴影（shadow）。例如，在左侧调色板中设置 A 的值，如图 12-23 所示，会在右侧面板中自动显示对应设置的效果图，如图 12-24 所示。

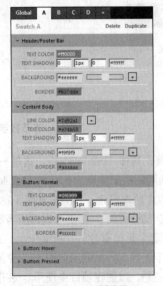

图 12-23　左侧设置 A

图 12-24　右侧显示对应效果

同理，通过设置"Global"选项卡中的调色板选项卡 (a ~ z)，可以为主题添加、编辑或删除一个调色板。

12.7.2　Preview Inspector 和 QuickSwatch Bar

为了更容易地创建自定义主题，预览面板的顶部提供了如下两个独特的工具。

❑ Preview Inspector
❑ QuickSwatch Bar

Preview Inspector 是一个处于"On"或"Off"状态的触发器（toggle），如图 12-25 所示。当触发器为"On"时，在预览面板中单击一个元素会自动在左侧面板中显示该元素的可编辑属性。当需要快速编辑样式时，这样可以节省宝贵的时间。

QuickSwatch Bar 是一个出现在 Preview Inspector 右侧的色彩频谱。这是一个很强大的工具，允许用户将任何颜色拖放到预览页面中的元素上，或者是拖放到左侧面板中的颜色属性上。在QuickSwatch Bar 的下面是两个滚动条，用来调整调色板 (color pallet) 的亮度和饱和度。此外，用户最近选择的颜色会显示在色彩频谱的右侧，以方便快速重用。图 12-26 演示了在按钮上拖入 ■ 颜色块的效果。

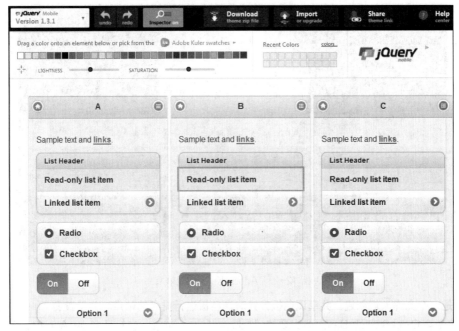

图 12-25 在"On"状态下可以编辑某元素的样式

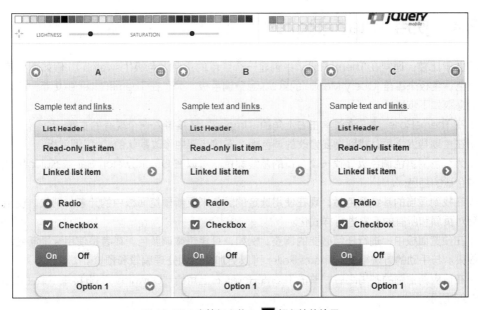

图 12-26 在按钮上拖入 ■ 颜色块的效果

12.7.3 使用 Adobe Kuler 集成工具

当用户需要从零开始创建调色板时，可能会遇到麻烦。为了简化该过程，ThemeRoller 内置了 Adobe 的 Kuler 集成工具，其在线地址是 https://kuler.adobe.com/create/color-wheel/，如图 12-27 所示。

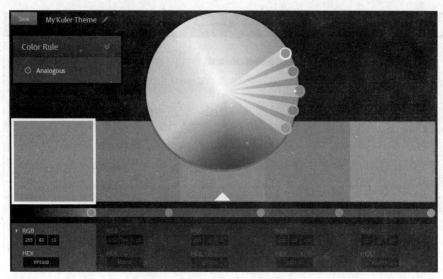

图 12-27   Adobe Kuler 在线效果

Kuler 是一个允许人们创建、共享调色板，并对调色板进行排名的站点。为了查看 Kuler 中可用的调色板，可单击在 QuickSwatch Bar 上方出现的 "Adobe Kuler" 链接。当打开 Kuler App 时，会在左侧面板中显示一个搜索过滤器。它允许用户按照最近使用的调色板、最流行的调色板，以及调色板排名进行过滤。用户也可以自定义搜索。当找到感兴趣的一种颜色时，只需将其拖放到预览面板中的元素上即可。

12.7.4   使用 ThemeRoller

为了便于比较，通常在 ThemeRoller 中创建一个红色的重色调色板（swatch）。假如需要使用这个红色的重色调色板来覆盖 jQuery Mobile 的默认 "e" 调色板。为了在 ThemeRoller 中更新一个现有的主题，需要采取如下步骤。

（1）在 ThemeRoller 中，通过单击右上角的 "Import" 链接导入一个现有的主题。

（2）在主题导入之后，找到需要修改的调色板。在该步骤中修改默认的 "e" 调色板。

（3）为红色的重色调色板寻找一个合适的基线颜色。可以在 QuickSwatch Bar 或 Kuler 集成工具中找到一种合适的红色。

（4）在找到适当的基线颜色后，现在使用选定的颜色来更新预览面板中的元素。例如，使用一个深红的重色对页眉和所有的元素进行样式化。

（5）在预览面板中，进行任何必要的调整。例如，可能想微调颜色，或者是使用背景渐变添加一些奇妙的效果。与手动的方法相比，ThemeRoller 可以更加高效地处理编辑和预览。

（6）在适应新主题的布局之后，单击 ThemeRoller 右上角的 "Download" 链接来下载主题的 CSS，如图 12-28 所示。

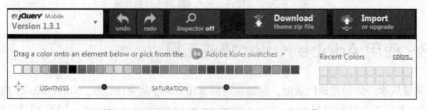

图 12-28   "Import" 导入和 "Download" 下载

（7）此时就可以在应用程序中应用新的主题。为了简化自定义主题的管理，建议读者在使用时分别载入结构文件和自定义主题。

▍ 12.8 综合应用——使用 ThemeRoller 创建样式

 本节教学录像：2 分钟

接下来通过一个具体实例的实现过程，讲解在 jQuery Mobile 应用中使用 ThemeRoller 创建样式的方法。

【范例 12-16】在 jQuery Mobile 应用中使用 ThemeRoller 创建样式（光盘 :\ 配套源码 \12\custom2.html）

实例文件 custom2.html 的具体实现代码如下。

```
<!DOCTYPE html>
<html>
    <head>
    <meta charset="utf-8">
    <title>Swatch "w"</title>
    <meta name="viewport" content="width=device-width, initial-scale=1">
    <link rel="stylesheet" type="text/css" href="css/theme/custom-theme2.css" />
    <link rel="stylesheet" type="text/css" href="css/structure/jquery.mobile.structure.css" />
    <style>
        .tabbar .ui-btn .ui-btn-inner { font-size: 11px!important; padding-top: 24px!important;
padding-bottom: 0px!important; }
        .tabbar .ui-btn .ui-icon { width: 30px!important; height: 20px!important; margin-left:
-15px!important; box-shadow: none!important; -moz-box-shadow: none!important; -webkit-box-shadow:
none!important; -webkit-border-radius: none !important; border-radius: none !important; }
        #home .ui-icon { background:  url(../images/53-house-w.png) 50% 50% no-repeat;
background-size: 22px 20px; }
        #movies .ui-icon { background:  url(../images/107-widescreen-w.png) 50% 50% no-repeat;
background-size: 25px 17px; }
        #theatres .ui-icon { background:  url(../images/15-tags-w.png) 50% 50% no-repeat;
background-size: 20px 20px; }

        .segmented-control { text-align:center;}
        .segmented-control .ui-controlgroup { margin: 0.2em; }
        .ui-control-active, .ui-control-inactive { border-style: solid; border-color: gray; }
        .ui-control-active { background: #BBB; }
        .ui-control-inactive { background: #DDD; }
    </style>
```

```
    <script src="http://code.jquery.com/jquery-1.6.4.min.js"></script>
    <script src="http://code.jquery.com/mobile/1.0/jquery.mobile-1.0.min.js"></script>
</head>
<body>

<div data-role="page">
    <div data-role="header" data-theme="d" data-position="fixed">
        <div class="segmented-control ui-bar-d">
            <div data-role="controlgroup" data-type="horizontal">
                <a href="#" data-role="button" class="ui-control-active"> 电影 </a>
                <a href="#" data-role="button" class="ui-control-inactive"> 音乐 </a>
                <a href="#" data-role="button" class="ui-control-inactive"> 歌剧 </a>
            </div>
        </div>
    </div>

    <div data-role="content">
        <ul data-role="listview" data-split-icon="delete" data-split-theme="e">
            <li>
            <a href="#">
                <img src="images/111.jpg" />
            <h3> 私人定制 </h3>
                <p> 评论 : PG</p>
                <p> 时长 : 95 min.</p>
            </a>
            <a href="#delete" data-transition="slidedown"> 删除 </a>
            </li>
            <li>
            <a href="#">
                <img src="images/222.jpg" />
            <h3> 警察故事 2013</h3>
                <p> 评论 : PG-13</p>
                <p> 时长 : 137 min.</p>
            </a>
            <a href="#delete" data-transition="slidedown"> 删除 </a>
            </li>
            <li>
            <a href="#">
                <img src="images/333.jpg" />
            <h3> 霍比特人 </h3>
                <p> 评论 : PG-13</p>
```

```
                <p> 时长 : 131 min.</p>
          </a>
          <a href="#delete" data-transition="slidedown"> 删除 </a>
        </li>
        <li>
          <a href="#">
              <img src="images/444.jpg" />
          <h3> 北京青年 </h3>
              <p> 评论 : PG</p>
              <p> 时长 : 95 min.</p>
          </a>
          <a href="#delete" data-transition="slidedown"> 删除 </a>
        </li>
        <li>
          <a href="#">
              <img src="images/111.jpg" />
          <h3> 一米阳光 3D</h3>
              <p> 评论 : PG-13</p>
              <p> 时长 : 131 min.</p>
          </a>
          <a href="#delete" data-transition="slidedown"> 删除 </a>
        </li>
      </ul>
    </div>


    <!-- tab bar with custom icons -->
    <div data-role="footer" class="tabbar" data-position="fixed">
        <div data-role="navbar" class="tabbar">
         <ul>
            <li><a href="#" id="home" data-icon="custom">Home</a></li>
            <li><a href="#" id="movies" data-icon="custom" class="ui-btn-active">Movies</a></li>
            <li><a href="#" id="theatres" data-icon="custom">Theatres</a></li>
         </ul>
        </div>
    </div>
</div>

<div data-role="dialog" id="delete">
    <div data-role="content" data-theme="c">
        <span class="title"> 确定删除吗 ?</span>
```

```
            <a href="#home" data-role="button" data-theme="e"> 删除 </a>
            <a href="#home" data-role="button" data-theme="c" data-rel="back"> 取消 </a>
        </div>
        <style>
            span.title { display:block; text-align:center; margin-top:10px; margin-bottom:20px; }
        </style>
    </div>


</body>
```

【运行结果】

上述实例代码的初始执行效果如图 12-29 所示。如果单击后面的删除图标 ，则会弹出一个如图 12-30 所示的"确认删除"新界面。

图 12-29 初始效果

图 12-30 确认删除界面

图 12-30 所示的新界面样式是由 ThemeRoller 工具创建实现的，样式文件名为 custom-theme2. css，主要代码如下。

```
.ui-bar-a {
    border: 1px solid                        #2A2A2A /*{a-bar-border}*/;
    background:                              #111111 /*{a-bar-background-color}*/;
    color:                                   #ffffff /*{a-bar-color}*/;
    font-weight: bold;
    text-shadow: 0 /*{a-bar-shadow-x}*/ -1px /*{a-bar-shadow-y}*/ 1px /*{a-bar-shadow-radius}*/
#000000 /*{a-bar-shadow-color}*/;
    background-image: -webkit-gradient(linear, left top, left bottom, from(#3c3c3c /*{a-bar-
background-start}*/), to(#111 /*{a-bar-background-end}*/)); /* Saf4+, Chrome */
```

```
        background-image: -webkit-linear-gradient(top, #3c3c3c /*{a-bar-background-start}*/, #111
/*{a-bar-background-end}*/); /* Chrome 10+, Saf5.1+ */
        background-image:    -moz-linear-gradient(top, #3c3c3c /*{a-bar-background-start}*/, #111
/*{a-bar-background-end}*/); /* FF3.6 */
        background-image:    -ms-linear-gradient(top, #3c3c3c /*{a-bar-background-start}*/, #111
/*{a-bar-background-end}*/); /* IE10 */
        background-image:     -o-linear-gradient(top, #3c3c3c /*{a-bar-background-start}*/, #111
/*{a-bar-background-end}*/); /* Opera 11.10+ */
        background-image:        linear-gradient(top, #3c3c3c /*{a-bar-background-start}*/, #111 /*{a-bar-
background-end}*/);
    }
    .ui-bar-a,
    .ui-bar-a input,
    .ui-bar-a select,
    .ui-bar-a textarea,
    .ui-bar-a button {
        font-eamily: Helvetica, Arial, sans-serif /*{a-bar-eont}*/;
    }
    .ui-bar-a .ui-link-inherit {
        color: #fff /*{a-bar-color}*/;
    }


    .ui-bar-a .ui-link {
        color: #7cc4e7 /*{a-bar-link-color}*/;
        font-weight: bold;
    }
```

▌12.9　高手点拨

1．jQuery Mobile 中 5 个调色板的作用

在默认情况下，jQuery Mobile 有 5 个调色板（a、b、c、d、e）可供选择，可以根据需要添加多个独特的调色板。调色板允许用户为所有的组件配置独特的背景、边界、颜色、字体和阴影。为方便起见，用于新调色板的命名约定是基于字母 a ~ z 的。但是，调色板名字的长度没有任何限制。

2．总结 jQuery Mobile 主题的优先级

在 jQuery Mobile 应用中，当为组件应用主题时需要遵循如下优先级顺序。

（1）显式的主题

如果为任何组件设置了 data–theme 属性，该主题会覆盖任何继承的或默认的主题。

（2）继承的主题

继承的主题会覆盖所有默认的主题。

（3）默认的主题

在没有显式设置主题也没有继承主题时，会应用默认主题。

在默认情况下，内容容器的最小高度只会拉伸（stretch）其内部部件的高度。当内容的主题与其页面容器的主题不同时，会造成非 100% 内容高度的问题，此时可以使用 CSS 来修复这个问题。例如，可以用如下代码将内容容器的最小高度设置为屏幕的高度。

```
.ui-content {
    min-height:inherit;
}
```

12.10　实战练习

1.　验证两次输入的密码是否一致

先创建两个"text"类型的 <input> 元素，用于输入两次"密码"值。在提交表单时，调用一个用 JavaScript 编写的自定义函数 setErrorInfo()，该函数先获取两次输入的"密码"值，然后检测两次输入是否一致，最后调用元素的 setCustomValidity() 方法修改系统验证的错误信息。

2.　取消表单元素的所有验证规则

在页面表单中先创建一个用户登录界面，其中包括两个"text"类型的输入文本框，一个用于输入"用户名"，另一个用于输入"密码"，并都通过"pattern"属性设置相应的输入框验证规则。然后将表单的"novalidate"属性设置为"true"，单击表单"提交"按钮后，表单中的元素将不会进行内置的验证，而是直接进行数据提交操作。

第 **13** 章

jQuery Mobile API

 本章教学录像：43 分钟

jQuery Mobile API

　　jQuery Mobile 包含一个相当强大的 API，这个 API 包含所有简便的特性。本章首先讲解如何配置 jQuery Mobile，以及 jQuery Mobile 内的每一个特性，重点讲解它的默认设置，并演示如何使用 API 来配置每一个选项。然后讲解 jQuery Mobile 所具有的最受欢迎的方法、页面事件和属性。最后讲解一个列出所有 jQuery Mobile 数据属性的已排序表格，对每个属性都会给出简单描述、示例和它增强的组件示意图。在讲解过程中通过具体的实例进行演示，为读者步入本书后面知识的学习打下基础。

本章要点（已掌握的在方框中打钩）

☐ 配置 jQuery Mobile

☐ 方法

☐ 事件

☐ 属性

☐ 数据属性

☐ 有响应的布局助手

☐ 综合应用——实现页面跳转

13.1　配置 jQuery Mobile

 本节教学录像：11 分钟

在 jQuery Mobile 应用中，当初始化 jQuery Mobile 时会在 document 对象上触发一个 mobileinit 事件。可以绑定到 mobileinit 事件，然后应用对 jQuery Mobile 的（$.mobile）默认配置设置的覆盖。此外，可以使用额外的行为和属性来扩展 jQuery Mobile。在开发过程中有两种配置 jQuery Mobile 的方式。例如，在下面的代码中，可以通过 jQuery 的 extend 方法来覆盖属性，也可以单独进行覆盖。

```
$(document).bind("mobileinit",function(){
  $.extend($.mobile,{
  loadingMessage: "Loading…",
  defaultTransition:"pop"
});
}) ;
$( document).bind("mobileinit",function(){
  $.mobile.10adingMessage="Initializing" ;
  $.mobile.defaultTransition="slideup" ;
}) ;
```

本节详细讲解配置 jQuery Mobile 的知识，以及主要配置选项的具体用法。

13.1.1　mobileinit 事件

当 jQuery Mobile 开始执行时，会在 document 对象上触发 mobileinit 事件，所以可以绑定别的行为来覆盖默认配置，例如：

```
$(document).bind("mobileinit", function(){
// 覆盖的代码
});
```

因为 mobileinit 事件是在执行后马上触发的，所以需要在加载 jQuery Mobile 之前绑定事件处理函数。建议按照如下格式安排 js 引用顺序。

```
<script src="Jquery.js"></script>
<script src="custom-scripting.js"></script>
<script src="Jquery-mobile.js"></script>
```

在事件绑定内部可以设置默认配置，或者是使用 jq 的 $.extend 方法扩展 $.mobile 对象，例如：

```
$(document).bind("mobileinit", function(){
 $.extend( $.mobile , {
 foo: bar
});
 });
```

或者单独设置它，例如：

```
$(document).bind("mobileinit", function(){
 $.mobile.foo = bar;
});
```

接下来通过一个具体实例，讲解在 jQuery Mobile 页面中自定义页面加载和出错提示信息的方法。

【范例 13-1】自定义页面加载和出错提示信息（光盘 :\ 配套源码 \13\zijidingyi. html）

实例文件 zijidingyi.html 的具体实现代码如下。

```
<!DOCTYPE html>
<html>
    <head>
    <meta charset="utf-8">
    <title>Collapsible Block Example</title>
    <meta name="viewport" content="width=device-width, initial-scale=1">
    <link rel="stylesheet" href="http://code.jquery.com/mobile/1.0/jquery.mobile-1.0.min.css" />
    <script src="http://code.jquery.com/jquery-1.6.4.min.js"></script>
    <script src="http://code.jquery.com/mobile/1.0/jquery.mobile-1.0.min.js"></script>
</head>
<body>
  <div data-role="page">
    <div data-role="header">
     <h1> 头部栏 </h1>
    </div>
    <div data-role="content">
       <h3> 修改默认配置值 </h3>
       <p><a href="error.html"> 点击我 </a></p>
    </div>
    <div data-role="footer"><h4>©2014@ 版权所有 </h4></div>
  </div>
</body>
</html>
```

JS 脚本文件 1.js 的具体实现代码如下。

```
$(document).bind("mobileinit", function() {
    //$.mobile.loadingMessage = ' 努力加载中 ...';
    //$.mobile.pageLoadErrorMessage = ' 找不到对应页面！ ';
    $.extend($.mobile, {
        loadingMessage: ' 努力加载中 ...',
        pageLoadErrorMessage: ' 找不到对应页面！ '
    });
});
```

【运行结果】

本实例执行后的效果如图 13-1 所示，单击"点击我"链接后的效果如图 13-2 所示。

图 13-1　执行效果

图 13-2　出错提示信息

【范例分析】

上述代码的具体实现流程如下。

（1）新建一个 HTML5 页面，然后设置一个 <a> 元素，并将该元素的"href"属性目标设置为一个并不存在的文件 error.html。

（2）当用户单击 <a> 元素时，会显示自定义的出错信息。

（3）编写 JS 文件 1.js，通过 mobileinit 修改配置信息。

13.1.2　可配置的 jQuery Mobile 选项

在 jQuery Mobile 应用中，下面是可配置的 $.mobile 选项，可以在自定义 JavaScript 内对其进行覆盖。

（1）ns

字符，默认：" "

按照 data- 属性格式安排的命名空间。例如，data-role 可以设置为任何东西，默认为空字符串。在 HTML5 内，数据属性属于新特性。例如，"data-role"是 role 属性的默认名称空间。如果想要以全局方式覆盖默认的名称空间，则需要覆盖 $.mobile.ns 选项，例如：

```
$.mobile.ns="jqm-";
```

如果使用了 data- 命名空间，需要在主题的 css 中手动更新 / 覆盖一个选择器。按照以下
注　意　格式把命名空间并入命名空间中。

```
ui-mobile[data-mynamespace-role=page]
ui-mobile[data-mynamespace-role=dialog]
```

这样做的结果是，所有的 jQuery Mobile data- 属性都需要前缀"data-jqm-"。例如，"data-role"属性现在变成"data-jqm-role"。

（2）autoInitializePage

布尔值，默认：true

当 DOM 加载完成时，JQM 框架会自动调用 $.mobile.initializePage 方法。如果设为 False，page 则不会自动初始化，在视觉上就会是隐藏的，直到 $.mobile.initializePage 方法被手动调用。对于想要完全控制页面初始化顺序的高级开发人员来说，可以将该配置选项设置为 false，这会禁用所有页面组件的自动初始化。这使得开发人员能够根据需要手动增强每一个组件。

（3）subPageUrlKey

字符串，默认："ui-page"

URL 参数用来指向那些由组件生成的子页面（比如嵌套的列表），会被解释成下面的代码。

```
example.html&ui-page=subpageIdentifier
```

在 "&ui-page=" 之前的哈希值会被框架向此 URL 地址做 Ajax 请求。

（4）activePageClass

字符串，默认："ui-page-active"

给当前页面（包括转场中的）分配 class，即这个 CSS 类分配给当前可见和活动的页面或对话框。例如，当多个页面载入到 DOM 中时，活动的页面会应用这个 CSS 属性。

（5）activeBtnClass

字符串，默认："ui-btn-active"

给活动状态的按钮分配 class 值，该 class 值必须在 css 框架中存在，即用来识别和样式化"活动"按钮的 CSS 类。这个 CSS 属性通常用来样式化和识别标签栏中的活动按钮。

（6）ajaxEnabled

布尔值，默认：true

jQuery Mobile 会自动通过 Ajax 处理链接点击以及表单提交。如果无法处理，url hash 监听将会被禁用，url 也会像常规那样发出 HTTP 请求。在可能的情况下，通过 Ajax 动态载入页面。在默认情况下，所有页面的 Ajax 载入都是打开的，但是外部 URL、使用 rel="external" 或 target="_blank" 属性标记的链接除外。如果禁用 Ajax，页面链接会使用普通的 HTTP 请求载入，而且不会用到 CSS 转换。

（7）hashListeningEnabled

布尔值，默认：true

jQuery Mobile 会自动监听与处理 location.hash 的改变，禁用它会防止 jQuery Mobile 处理 location.hash 的改变，使用户可以自己处理它们，或者在文档中用完整的链接地址指到一个特定的 id 值上。这是基于 location.hash 自动载入和显示页面，jQuery Mobile 监听 location.hash 的改变，以载入 DOM 内的内部页面。可以禁用该选项，通过手动方式来处理 hash 的改变；也可以禁用该选项，以访问作为深链接的锚的书签。

（8）pushStateEnabled

布尔值，默认：true

在支持的浏览器上使用 history.replaceState 这个增强特性，把基于哈希值的 Ajax 请求转化为完整的地址。注意，笔者建议在 Ajax 不可用或者是使用外部链接的情况下，关闭这个特性。

（9）defaultPageTransition

字符串，默认："slide"

设定使用 Ajax 进行页面转场的默认的转场效果。设为 "NONE" 的话，则默认没有转场的动画。在转换到一个页面时使用的是默认转换，如果不需要转换，可以将该转换设置为"none"。

（10）minScrollBack

字符串，默认："150"

返回一个页面的最小的卷动距离，即设置最小的滚动距离，而且在返回页面时，该值也能被记住。在返回一个页面时，如果链接的滚动位置超出了 minSrollBack 的设置，则框架会自动滚动到启动转换的位置或链接。在默认情况下，滚动阈值是 250 像素，如果希望删除这个最小的设置，以便框架在滚动时能够无视滚动的位置，则可以将该值设置为 0。如果想要禁用该特性，则将其值设置为"infinity"。

（11）loadingMessage

字符串，默认："loading"

页面加载的时候默认显示的文字。设为 false 的话，提示信息将不显示。loadingMessage 用于设置载入消息，使其在基于 Ajax 的请求期间出现。此外，可以指派一个 false(boolean) 来禁用该消息。如果想在运行时基于每个页面来更新载入消息，则可以在页面内对其进行更新。例如

```
$.mobile.loadingMessage="My custom message!";
    $.mobile.showPageLoadIngMsg();
```

（12）pageLoadErrorMessage

字符串，默认："Error Loading Page"

设置在 Ajax 加载错误的情况下显示的信息。

（13）gradeA

返回一个布尔值，默认：返回 $.support.mediaquery 的值

浏览器必须符合所有支持的条件才会返回 true。jQuery Mobile 会调用该方法来确定框架是否应用了动态的 CSS 页面增强。在默认情况下，该方法会为支持媒体查询的所有浏览器应用增强。但是，jQuery Mobile 只会增强 A 级浏览器的页面。IE 7 以及更高版本属于 A 级浏览器，因此它们的显示也会被增强。例如，$.mobile.gradeA 的当前函数如下。

```
$.mobile.gradeA:
$.mobile.gradeA:function(){
return $.support.mediaquery 11
    $.mobile.browser.ie & &$.mobile.browser.ie>=7;
}
```

（14）allowCrossDomainPages(boolean,default:false)

在使用 PhoneGap 进行开发时，建议将该配置选项设置为 true。这会允许 jQuery Mobile 管理 PhoneGap 中跨域 (cross-domain) 请求的页面载入逻辑。

（15）defaultDialogTransition(string, default:"pop")

在转换到一个对话框时，使用的默认转换。如果不需要转换，可以将该转换设置为"none"。

（16）nonHistorySelectorS(string, default:"dialog")

用于指定将哪个页面组件排除在浏览器的历史记录栈之外。在默认情况下，带有 data-rel="dialog" 的任何链接，或者是带有 data-role="dialog" 的任何页面都不会出现在历史记录中。此外，在导航到相应的页面时，这些非历史的选择器组件也不会更新它们的 URL，这样做的结果是无法为这些页面添加书签。

（17）page.prototype.options.addBackBtn(Boolean,default:false)

如果希望某个应用程序上显示回退按钮，则将该选项设置为 true。jQuery Mobile 内的回退按钮是

一个智能的微件。只有当要回退的页面处于历史记录栈中时，回退按钮才会显示，例如：

```
$.mobile.page.prototype.options.addBackBtn=true;
```

（18）page.prototype.options.keepNative(string. default::jqmData(role='none');:jqmData(role='nojs')

如果希望在无须为标记添加 data–role="none" 的情况下阻止自动初始化，可以自定义用来阻止自动初始化的 keepNative 选择器。例如，为了阻止框架初始化所有的选择和输入元素，可以更新该选择器，例如：

```
$.mobile.page.prototype.options.keepNative="select, input" ;
```

（19）pageLoadErrorMessage(string, default:"Error Loading Page")

当一个 Ajax 页面请求载入失败时，会出现该错误响应消息。

（20）touchOverflowEnabled(boolean,default:false)

为了使用本地的惯性滚动（momentum scrolling）来实现真正固定的工具栏，浏览器需要支持两种定位：fixed 或 overflow:auto。幸运的是，新发布的 WebKit 开始支持该行为，该选项很有可能在将来成为默认启用的。不过在该事实发生之前，可以通过将该配置选项设置为 true 的方式来启用该行为。

接下来通过一个具体实例，讲解在 jQuery Mobile 页面中修改 gradeA 配置值的方法。

【范例 13-2】在 jQuery Mobile 页面中修改 gradeA 配置值（光盘 :\ 配套源码 \13\gaibian.html）

实例文件 gaibian.html 的具体实现代码如下。

```html
<!DOCTYPE html>
<html>
    <head>
    <meta charset="utf-8">
    <title>Collapsible Block Example</title>
    <meta name="viewport" content="width=device-width, initial-scale=1">
    <link rel="stylesheet" href="http://code.jquery.com/mobile/1.0/jquery.mobile-1.0.min.css" />
    <script src="http://code.jquery.com/jquery-1.6.4.min.js"></script>
    <script src="Js/2.js" type="text/javascript"></script>
    <script src="http://code.jquery.com/mobile/1.0/jquery.mobile-1.0.min.js"></script>
    <script type="text/javascript">
        $(function() {
            var strTmp = ' 浏览器是否为 "A" 类级别: ';
            $("#pTip").html(strTmp + $.mobile.gradeA());
        })
    </script>
    </head>
<body>
    <div data-role="page">
        <div data-role="header">
         <h1> 头部栏 </h1>
        </div>
```

```
        <div data-role="content">
            <h3> 修改默认配置 gradeA 的值 </h3>
            <p id="pTip"></p>
        </div>
        <div data-role="footer"><h4>©2014@ 页脚版权说明 </h4></div>
    </div>
</body>
</html>
```

脚本文件 2.js 的具体实现代码如下。

```
$(document).bind("mobileinit", function() {
    $.extend($.mobile, {
        gradeA: function() {
            // 创建一个临时的 div 元素
            var divTmp = document.createElement("div");
            // 设置元素的内容
            divTmp.innerHTML = '<div style="-webkit-transform:rotate(360deg);-moz-
transform:rotate(360deg);"></div>';
            // 定义一个初始值
            var btnSupport = false;
            btnSupport = (divTmp.firstChild.style.webkitTransform != undefined) || (divTmp.firstChild.
style.MozTransform != undefined);
            return btnSupport;
        }
    });
});
```

【运行结果】

本实例执行后的效果如图 13-3 所示。

图 13-3　执行效果

【范例分析】

上述实例文件 gaibian.html 的具体实现流程如下。

（1）新建一个 HTML5 页面，然后增加一个 id 为 pTip 的 <p> 元素。

（2）当执行程序的浏览器为"A"类支持级别时显示"true"的提示，否则显示"false"的字样。

（3）编写 JS 脚本文件 2.js，通过函数的方式创建一个 div 元素，然后检测浏览器对 CSS 3 的支持状况，将函数的返回值作为"gradeA"配置项的新值。

技巧

继承扩展 jQuery Mobile 的初始化事件

jQuery Mobile 中包含一个初始化的事件，该事件在 jQuery 框架的 document.ready 事件加载前就能被加载，名字叫 mobileinit。这就允许开发者继承和扩展 jQuery Mobile 的默认全局选项。为了继承和扩展 mobileinit 事件，只需要将自定义的 JavaScript 事件处理程序脚本放在 jQuery Mobile 库加载前进行加载即可，但要注意放在 jQuery 框架本身后进行加载。

然后，为了扩展 mobileinit 事件，必须首先使用 jQuery 的 bind 事件将自定义方法和 mobileinit 事件绑定，代码如下 。

```
$(document).bind("mobileinit", function() {
// 在这里编写新的全局选项代码
});
```

接下来，就可以使用 jQuery 的 extend 方法去继承 $mobile 对象，然后可以简单地通过属性 = 值的方法重新设置 jQuery Mobile 的新的全局属性，代码如下。

```
$(document).bind("mobileinit", function() {
$.extend( $.mobile , {
property = value
});
});
```

如果仅是设置一个属性值，也可以使用如下代码实现，而不需要继承 $mobile 对象。

```
$(document).bind（"mobileinit", function() {
$.mobile.property = value;
});
```

可以看到，$.mobile 对象为设置所有属性的入口点。

▍13.2　方法

 本节教学录像：13 分钟

在 jQuery Mobile 应用中，jQuery Mobile API 在 $.mobile 对象中提供了多个可用的方法。其中最为常用的有如下几种。

（1）$.mobile.changePage

通过程序跳转一个页面到另一个页面，以单击一个链接或者提交表单的形式出现（当那些特性被启用时）。

方法 $.mobile.changePage 中的参数如下。

❏ to(字符串或对象 , 不可缺省)。

❏ 字符串：绝对或相对 URL 地址 ("about/us.html")。

- 对象：jQuery 选择器对象 ($("#about"))。
- options（对象，可选）。
- 字符串：绝对或相对 URL 地址（"about/us.html"）。
- 对象：jQuery 选择器对象（$("#about")）。
- 属性
- allowSamePageTransition（布尔值，默认：false）：默认情况下，changePage() 会忽略跳转到已活动的页面的请求。如果把这项设为 true，会使之执行。开发者应该注意有些页面的转场会假定一个跳转页面的请求中来自的页面和目标的页面是不同的，所以不会有转场动画。
- changeHash（布尔值，默认：true）：判断地址栏的哈希值是否应被更新。
- data（字符串或对象，默认：undefined）：要通过 ajax 请求发送的数据，只在 changePage() 的 to 参数是一个地址的时候可用。
- data-url（字符串，默认：undefined）：完成页面转换时要更新浏览器地址的 URL 地址。如不特别指定，则使用页面的 data-url 属性值。
- pageContainer（jQuery 选择器，默认：$.mobile.pageContainer）：指定应该包含页面的容器。
- reloadPage（布尔值，默认：false）：强制刷新页面，即使当页面容器中的 dom 元素已经准备好，也强制刷新。只在 changePage() 的 to 参数是一个地址的时候可用。
- reverse（布尔值，默认：false）：设定页面转场动画的方向，设置为 true 时将导致反方向的转场。
- showLoadMsg（布尔值，默认：true）：设定加载外部页面时是否显示 loading 信息。
- role（字符串，默认：undefined）：显示页面的时候使用 data-role 值。默认情况下，此参数为 undefined，意为取决于元素的 @data-role 属性。
- type（字符串，默认："get"）：指定页面请求的时候使用的方法（"get" 或者 "post"）。只在 changePage() 的 to 参数是一个地址的时候可用。
- Transition：字符串类型，如 "pop" "slide" " "none"。
- Reverse：字符串类型，默认为 alse，设置为 true 时将导致一个反方向的旋转。
- changeHash：布尔类型，默认为 true，页面改变完成时更新页面 url 的哈希值。

例如下面的演示代码。

```
// 使用 slideup( 上滑 ) 的转场效果转到 about/us.html 页面
$.mobile.changePage("about/us.html", "slideup");
// 转到 searchresults 页面，使用来自 id 为 search 的表单数
$.mobile.changePage({
 url: "searchresults.php",
 type: "get",
 data: $("form#search").serialize()
});
// 使用 pop 的转场效果，不记录进历史记录
$.mobile.changePage("../alerts/confirm.html", "pop", false, false);
```

（2）jqmData()、jqmRemoveData()、jqmHasData()

在 jQuery Mobile 中，jqmData、jqmRemoveData 应该用在 jQuery Mobile 核心的 data 和 removeData 方法，因为它们会自动获取，设置命名空间的属性（即使当前没有命名空间被使用的情况下）。

提 示

> **建议使用自定义的选择方法 jqmData()**
> 当通过 jQuery Mobile 的 data 属性寻找元素时，请使用自定义的选择 jqmData()，因为它在查询元素时会自动合并命名空间的 data 属性。例如，应该使用 $("div:jqmData(role='page')")，而不是使用（"div[data-role='page']"）选择元素，因为前者会自动映射（"div[data-"+$.mobile.ns +"role='page']"），用户不需要把命名手动的连接成选择器。

（3）$.mobile.pageLoading (method)

显示或隐藏页面加载消息，该消息由 .mobile.loadingMessage 进行配置。

参数 done：布尔，默认为 false，意味着加载已经开始。设为 True 会隐藏 loading 消息。例如：

```
// 显示页面加载消息
$.mobile.pageLoading();
// 隐藏页面加载消息
$.mobile.pageLoading(true);
```

接下来通过一个具体实例的实现过程，详细讲解加载外部页面的方法。

【范例 13-3】加载外部页面（光盘 :\ 配套源码 \13\jiazai.html 和 jiazai2.html）

实例文件 jiazai.html 的具体实现代码如下。

```
<!DOCTYPE html>
<html lang="en">
<head>
<meta charset="utf-8">
<meta name="viewport" content="width=device-width, initial-scale=1">
<title>jQuery.mobile.loadPage demo</title>
<link rel="stylesheet" href="http://code.jquery.com/mobile/1.3.0/jquery.mobile-1.3.0.min.css">
<script src="http://code.jquery.com/jquery-1.13.1.min.js"></script>
<!-- The script below can be omitted -->
<script src="/resources/turnOffPushState.js"></script>
<script src="http://code.jquery.com/mobile/1.3.0/jquery.mobile-1.3.0.min.js"></script>
</head>
<body>
<div data-role="page">
<div></div>
</div>
<script>
$.mobile.loadPage( "us.html" );
</script>
</body>
</html>
```

实例文件 jiazai2.html 的具体实现代码如下。

```
<!DOCTYPE html>
<html lang="en">
<head>
<meta charset="utf-8">
<meta name="viewport" content="width=device-width, initial-scale=1">
<title>jQuery.mobile.loadPage demo</title>
<link rel="stylesheet" href="http://code.jquery.com/mobile/1.3.0/jquery.mobile-1.3.0.min.css">
<script src="http://code.jquery.com/jquery-1.13.1.min.js"></script>
<!-- The script below can be omitted -->
<script src="/resources/turnOffPushState.js"></script>
<script src="http://code.jquery.com/mobile/1.3.0/jquery.mobile-1.3.0.min.js"></script>
</head>
<body>
<div data-role="page">
<div></div>
</div>
<script>
$.mobile.loadPage( "searchresults.php", {
type: "post",
data: $( "form#search" ).serialize()
});
</script>
</body>
</html>
```

【范例分析】

加载一个外部页面，提高其内容，并将其插入到 DOM。这种方法被称为内部的 changepage() 功能时，它的第一个参数是一个 URL。这个函数不影响当前页面，可以在后台加载页面。该函数返回一个对象，获取延期承诺在该页被增强，插入到文档中解决。在文件 jiazai.html 的实现代码中，加载了外部文件 us.html 的页面到 DOM。

而在文件 jiazai2.html 的实现代码中，加载一个 PHP 文件 searchresults.php，设置要发送的表单数据是"search"字符。

（4）$.mobile.path (methods, properties)

用来取得、设置、操作 url 地址。

（5）mobile.base (methods, properties)

用来生成的根元素。

（6）$.mobile.silentScroll (method)

不会触发任何事件，静默滚屏到特定的文档的 Y 值处。

参数 yPos：数字类型，默认为 0。例如

```
// 滚屏到 y 100px 处
$.mobile.silentScroll(100);
```

接下来通过一个具体实例的实现过程，详细演示使用方法 silentScroll (method) 的过程。

【范例 13-4】使用方法 silentScroll (method)（光盘 :\ 配套源码 \13\gun.html）

实例文件 gun.html 的具体实现代码如下。

```html
<!DOCTYPE html>
    <html lang="en">
    <head>
     <meta charset="utf-8">
     <meta name="viewport" content="width=device-width, initial-scale=1">
     <title>jQuery.mobile.silentScroll demo</title>
     <link rel="stylesheet" href="http://code.jquery.com/mobile/1.3.0/jquery.mobile-1.3.0.min.css">
     <script src="http://code.jquery.com/jquery-1.13.1.min.js"></script>
     <!-- The script below can be omitted -->
     <script src="/resources/turnOffPushState.js"></script>
     <script src="http://code.jquery.com/mobile/1.3.0/jquery.mobile-1.3.0.min.js"></script>
    </head>
    <body>

    <div data-role="page">

     <div data-role="header">
       <h1>silentScroll() example</h1>
     </div>
     <div data-role="content">
       <a href="#" onclick="$.mobile.silentScroll(100)" data-role="button">Go down 100 pixels</a>
       <p> <br /><br />Here, we have some text so that we can have <br />
       some vertical space in order to demonstrate <br />
       the silentScroll() method.<br /><br /></p>
       <a href="#" onclick="$.mobile.silentScroll(0)" data-role="button">Back to Top</a>
     </div>
     <div data-role="footer">
       <h4> </h4>
     </div>

    </div>

    </body>
    </html>
```

【运行结果】

上述实例代码执行后的效果如图 13-4 所示。

接下来通过一个具体实例的实现过程，详细演示使用方法 silentScroll (method) 的过程。

【范例 13-5】使用方法 silentScroll (method)（光盘 :\ 配套源码 \13\zongxiang. html）

实例文件 zongxiang.html 的具体实现代码如下。

```
<body>
  <div data-role="page" id="page1">
    <div data-role="header">
      <h1> 纵向滚动 </h1>
    </div>
    <div data-role="content">
      <div class="dchange">
        <div>
            正在向上滚动距离是：
            <span id="page1-a1" class="dtip"> 开始 </span>
        </div>
      </div>
    </div>
    <div data-role="footer"><h4>©2014@@ 版权所有 </h4></div>
  </div>
</body>
```

脚本文件 10.js 的功能是编写自动滚动函数 AutoScroll()，通过调用函数 silentScroll 来实现滚屏功能。在滚屏时，使用了定时器方法使屏幕往上滚动。

```
var $intInterval;
var $intHeight = 0;
var $p1 = "#page1-";
$("#page1").live("pagecreate", function() {
    $($p1 + "a1").live("click", function() {
        $intInterval = window.setInterval("AutoScroll()", 1000);
    })
})
// 编写自动滚动函数
function AutoScroll() {
    if ($intHeight < 30) {
        $.mobile.silentScroll($intHeight);
        $($p1 + "a1").html($intHeight);
        $intHeight = $intHeight + 2;
    } else {
        window.clearInterval($intInterval);
    }
}
```

【运行结果】

本实例执行后的效果如图 13-5 所示。

图 13-4　执行效果　　　　　　　图 13-5　执行效果

（7）$.mobile.addResolutionBreakpoints (method)

表示值（数字或数组），给分辨率 class 类添加任意的数字或数字数组。例如

```
// 添加 400px 的分辨率断点
$.mobile.addResolutionBreakpoints(400);
// 添加 2 个分辨率断点
$.mobile.addResolutionBreakpoints([600,800]);
```

（8）jQuery.mobile.path.get(url)

方法 path.get() 的功能是确定 URL 中的目录部分，其中 url 只有一个参数。类型：字符串。确定 URL 中的目录部分的实用方法。如果 URL 没有斜线，URL 的一部分被认为是一个文件。这个函数返回一个给定的 URL 目录部分。

接下来通过一个具体实例的实现过程，详细讲解使用方法 path.get() 的过程。

【范例 13-6】使用方法 path.get()（光盘 :\ 配套源码 \13\huo.html）

实例文件 huo.html 的具体实现代码如下。

```html
<!DOCTYPE html>
<html lang="en">
<head>
  <meta charset="utf-8">
  <meta name="viewport" content="width=device-width, initial-scale=1">
  <title>jQuery.mobile.path.get demo</title>
  <link rel="stylesheet" href="http://code.jquery.com/mobile/1.3.0/jquery.mobile-1.3.0.min.css">
  <script src="http://code.jquery.com/jquery-1.13.1.min.js"></script>
  <!-- The script below can be omitted -->
  <script src="/resources/turnOffPushState.js"></script>
  <script src="http://code.jquery.com/mobile/1.3.0/jquery.mobile-1.3.0.min.js"></script>
```

```
    <style>
    #myResult{
       border: 1px solid;
       border-color: #108040;
       padding: 10px;
       }
    </style>
</head>
<body>

<div data-role="page">
  <div data-role="content">
    <input type="button" value="http://foo.com/a/file.html" id="button1" class="myButton" data-inline="true" />
    <input type="button" value="http://foo.com/a/" id="button2" class="myButton" data-inline="true" />
    <input type="button" value="http://foo.com/a" id="button3" class="myButton" data-inline="true" />
    <input type="button" value="//foo.com/a/file.html" id="button4" class="myButton" data-inline="true" />
    <input type="button" value="/a/file.html" id="button5" class="myButton" data-inline="true" />
    <input type="button" value="file.html" id="button6" class="myButton" data-inline="true" />
    <input type="button" value="/file.html" id="button7" class="myButton" data-inline="true" />
    <input type="button" value="?a=1&b=2" id="button8" class="myButton" data-inline="true" />
    <input type="button" value="#foo" id="button9" class="myButton" data-inline="true" />
    <div id="myResult">The result will be displayed here</div>
  </div>
</div>
<script>
$(document).ready(function() {
  $( ".myButton" ).on( "click", function() {
     var dirName = $.mobile.path.get( $( this ).attr( "value" ) );
     $( "#myResult" ).html( String( dirName ) );
  })
});
</script>

</body>
</html>
```

【运行结果】

上述实例代码执行后的效果如图 13-6 所示。

（9）path.isAbsoluteUrl()

在 jQuery Mobile 应用中，方法 path.isAbsoluteUrl() 的功能是检测绝对网址，原型是 jQuery. mobile.path.isAbsoluteUrl(url)。如果 URL 是绝对的，这个函数返回一个布尔值 true，否则返回 false。

接下来通过一个具体实例的实现过程，详细演示使用方法 path.isAbsoluteUrl() 的过程。

【范例 13-7】使用方法 path.isAbsoluteUrl()（光盘 :\ 配套源码 \13\jue.html）

实例文件 jue.html 的具体实现代码如下。

```
<!DOCTYPE html>
<html lang="en">
<head>
  <meta charset="utf-8">
  <meta name="viewport" content="width=device-width, initial-scale=1">
  <title>jQuery.mobile.path.isAbsoluteUrl demo</title>
  <link rel="stylesheet" href="http://code.jquery.com/mobile/1.3.0/jquery.mobile-1.3.0.min.css">
  <script src="http://code.jquery.com/jquery-1.13.1.min.js"></script>
  <script src="/resources/turnOffPushState.js"></script>
  <script src="http://code.jquery.com/mobile/1.3.0/jquery.mobile-1.3.0.min.js"></script>
  <style>
  #myResult{
    border: 1px solid;
    border-color: #108040;
    padding: 10px;
    }
  </style>
</head>
<body>

<div data-role="page">

  <div data-role="content">
    <input type="button" value="http://foo.com/a/file.html" id="button1" class="myButton" data-inline="true" />
    <input type="button" value="//foo.com/a/file.html" id="button2" class="myButton" data-inline="true" />
    <input type="button" value="/a/file.html" id="button3" class="myButton" data-inline="true" />
    <input type="button" value="file.html" id="button4" class="myButton" data-inline="true" />
    <input type="button" value="?a=1&b=2" id="button5" class="myButton" data-inline="true" />
    <input type="button" value="#foo" id="button6" class="myButton" data-inline="true" />
    <div id="myResult">The result will be displayed here</div>
    </div>
</div>
<script>
$(document).ready(function() {
  $( ".myButton" ).on( "click", function() {
    var isAbs = $.mobile.path.isAbsoluteUrl( $( this ).attr( "value" ) );
    $( "#myResult" ).html( String( isAbs ) );
  })
});
```

```
  </script>

  </body>
  </html>
```

【运行结果】

上述实例代码执行后的效果如图 13-7 所示。

图 13-6　执行效果

图 13-7　执行效果

（10）path.isRelativeUrl()

在 jQuery Mobile 应用中，方法 path.isRelativeUrl() 的功能是检查相对网址，其原型如下。

jQuery.mobile.path.isRelativeUrl(url)

如果 URL 是相对的网址，这个函数返回一个布尔值 true，否则返回 false。

接下来通过一个具体实例的实现过程，详细演示使用方法 path.isRelativeUrl() 的过程。

【范例 13-8】使用方法 path.isRelativeUrl()（光盘:\配套源码\13\xiang.html）

实例文件 xiang.html 的具体实现代码如下。

```
<!DOCTYPE html>
<html lang="en">
<head>
    <meta charset="utf-8">
    <meta name="viewport" content="width=device-width, initial-scale=1">
    <title>jQuery.mobile.path.isRelativeUrl demo</title>
    <link rel="stylesheet" href="http://code.jquery.com/mobile/1.3.0/jquery.mobile-1.3.0.min.css">
    <script src="http://code.jquery.com/jquery-1.13.1.min.js"></script>
    <script src="/resources/turnOffPushState.js"></script>
    <script src="http://code.jquery.com/mobile/1.3.0/jquery.mobile-1.3.0.min.js"></script>
    <style>
```

```
#myResult{
    border: 1px solid;
    border-color: #108040;
    padding: 10px;
    }
  </style>
</head>
<body>

<div data-role="page">

  <div data-role="content">
    <input type="button" value="http://foo.com/a/file.html" id="button1" class="myButton" data-inline="true" />
    <input type="button" value="//foo.com/a/file.html" id="button2" class="myButton" data-inline="true" />
    <input type="button" value="/a/file.html" id="button3" class="myButton" data-inline="true" />
    <input type="button" value="file.html" id="button4" class="myButton" data-inline="true" />
    <input type="button" value="?a=1&b=2" id="button5" class="myButton" data-inline="true" />
    <input type="button" value="#foo" id="button6" class="myButton" data-inline="true" />
    <div id="myResult">The result will be displayed here</div>
  </div>
</div>
<script>
$(document).ready(function() {
    $( ".myButton" ).on( "click", function() {
      var isRel = $.mobile.path.isRelativeUrl( $( this ).attr( "value" ) );
      $( "#myResult" ).html( String( isRel ) );
 })
});
</script>

</body>
</html>
```

【运行结果】

上述实例代码执行后的效果如图 13-8 所示。

接下来通过一个具体实例，讲解在 jQuery Mobile 页面中联合使用 isAbsoluteUrl 和 isRelativeUrl 方法的过程。

【范例 13-9】在页面中联合使用 isAbsoluteUrl 和 isRelativeUrl 方法（光盘 :\ 配套源码 \13\lianhe.html）

实例文件 lianhe.html 的具体实现代码如下。

```
<body>
    <div data-role="page" id="page1">
```

```
    <div data-role="header">
     <div data-role="navbar">
      <ul>
        <li><a href="#page1"
              class="ui-btn-active"> 相对 Url</a></li>
        <li><a href="#page2"> 绝对 Url</a></li>
       </ul>
      </div>
    </div>
    <div class="dchange">
        <div> 相对 Url：</div><input id="page1-txt" type="text"/>
        <div> 验证结果：</div><div class="dtip" id="page1-b'"></div>
    </div>
    <div data-role="footer"><h4>©2014#@ 版权所有 </h4></div>
  </div>
  <div data-role="page" id="page2">
    <div data-role="header">
      <div data-role="navbar">
       <ul>
        <li><a href="#page1"> 相对 Url</a></li>
        <li><a href="#page2"
              class="ui-btn-active"> 绝对 Url</a></li>
        </ul>
       </div>
     </div>
     <div class="dchange">
        <div> 绝对 Url：</div><input id="page2-txt" type="text"/>
        <div> 转换结果：</div><div class="dtip" id="page2-b"></div>
     </div>
     <div data-role="footer"><h4>©2014@ 版权所有 </h4></div>
   </div>
</body>
```

JS 脚本文件 8.js 的具体实现代码如下。

```
$("#page1").live("pagecreate", function() {
    var $p1 = "#page1-";
    $($p1 + "txt").bind("change", function() {
        var blnResult = $.mobile.path.isRelativeUrl($(this).val()) ? " 是 " : " 否 ";
        $($p1 + "b").html(blnResult)
    })
});
$("#page2").live("pagecreate", function() {
```

```
var $p2 = "#page2-";
$($p2 + "txt").bind("change", function() {
    var blnResult = $.mobile.path.isAbsoluteUrl($(this).val()) ? " 是 " : " 否 ";
    $($p2 + "b").html(blnResult)
})
});
```

【运行结果】

执行后的效果如图 13-9 所示。

图 13-8　执行效果

图 13-9　执行效果

【范例分析】

实例文件 lianhe.html 的具体实现流程如下。

❏ 新建一个 HTML5 页面，分别添加"相对 URL"和"绝对 URL"这两个 page 容器。

❏ 在第一个容器的文本框中输入一个 URL 地址，如果是相对地址，则显示"是"，否则显示"否"。

❏ 在第二个容器的文本框中输入一个 URL 地址，如果是绝对地址，则显示"是"，否则显示"否"。

❏ 编写脚本文件 8.js，功能是调用 isAbsoluteUrl 方法和 isRelativeUrl 方法来验证输入的地址。

（11）$.mobile.path.makePathAbsolute()

方法 makePathAbsolute 的功能是把一个相对的文件或目录路径转化为绝对路径。此方法有两个参数：relPath (string, 必须) 和 absPath (string, 必须)，具体说明如下。

❏ relPath (string, 必须)：其值为一个相对的文件或目录路径。

❏ absPath (string, 必须)：用于解析的一个绝对的文件或相对的路径。

例如，下面是一段使用 makePathAbsolute 方法的演示代码。

$.mobile.path.makePathAbsolute() 会返回一个包含相对路径的绝对路径版本的字符串。

```
// 返回：/a/b/c/file.html
var absPath = $.mobile.path.makePathAbsolute("file.html", "/a/b/c/bar.html");
// 返回：/a/foo/file.html
var absPath = $.mobile.path.makePathAbsolute("../../foo/file.html", "/a/b/c/bar
```

（12）$.mobile.path.makeUrlAbsolute()

方法 makeUrlAbsolute 的功能是把一个相对 URL 转化为绝对 URL。此方法具有两个参数：relUrl（string, 必选）和 absUrl（string, 必选），具体说明如下。

❏ relUrl（string, 必选）：一个相对形式的 URL。

❏ absUrl（string, 必选）：用于解析的一个绝对的文件或相对的路径。

例如，下面是一段使用 makeUrlAbsolute 的演示代码。

$.mobile.path.makeUrlAbsolute() 会返回一个包含相对 URL 的绝对 URL 版本的字符串。

// 返回：http://foo.com/a/b/c/file.html

var absUrl = $.mobile.path.makeUrlAbsolute("file.html", "http://foo.com/a/b/c/test.html");

// 返回：http://foo.com/a/foo/file.html

var absUrl = $.mobile.path.makeUrlAbsolute("../../foo/file.html", "http://foo.com/a/b/c/test.html");

// 返回：http://foo.com/bar/file.html

var absUrl = $.mobile.path.makeUrlAbsolute("//foo.com/bar/file.html", "http://foo.com/a/b/c/test.html");

// 返回：http://foo.com/a/b/c/test.html?a=1&b=2

var absUrl = $.mobile.path.makeUrlAbsolute("?a=1&b=2", "http://foo.com/a/b/c/test.html");

// 返回：http://foo.com/a/b/c/test.html#bar

var absUrl = $.mobile.path.makeUrlAbsolute("#bar", "http://foo.com/a/b/c/test.ht

---

接下来通过一个具体实例，讲解在 jQuery Mobile 页面中使用 makePathAbsolute() 和 makeUrlAbsolute() 的方法。

【范例 13-10】使用 makePathAbsolute() 和 makeUrlAbsolute()（光盘:\配套源码\13\shuang.html）

实例文件 shuang.html 的具体实现代码如下。

```
<!DOCTYPE html>
<html>
    <head>
    <meta charset="utf-8">
    <title>Collapsible Block Example</title>
    <meta name="viewport" content="width=device-width, initial-scale=1">
    <link rel="stylesheet" href="http://code.jquery.com/mobile/1.0/jquery.mobile-1.0.min.css" />
    <link href="Css/7.css" rel="Stylesheet" type="text/css" />
    <script src="http://code.jquery.com/jquery-1.6.4.min.js"></script>
    <script src="Js/7.js" type="text/javascript"></script>
    <script src="http://code.jquery.com/mobile/1.0/jquery.mobile-1.0.min.js"></script>
</head>
<body>
  <div data-role="page" id="page1">
   <div data-role="header">
    <div data-role="navbar">
      <ul>
```

```
        <li><a href="#page1" class="ui-btn-active"> 转换路径 </a></li>
        <li><a href="#page2"> 转换 Url</a></li>
      </ul>
    </div>
  </div>
  <div class="dchange">
      <div> 绝对路径: </div><div class="dtip" id="page1-a">/a/b/c/index.htm</div>
      <div> 相对路径: </div><input id="page1-txt" type="text"/>
      <div> 转换结果: </div><div class="dtip" id="page1-b""></div>
  </div>
  <div data-role="footer"><h4>©2014@ 版权所有 </h4></div>
</div>
<div data-role="page" id="page2">
  <div data-role="header">
    <div data-role="navbar">
      <ul>
        <li><a href="#page1"> 转换路径 </a></li>
        <li><a href="#page2" class="ui-btn-active"> 转换 Url</a></li>
      </ul>
    </div>
  </div>
  <div class="dchange">
      <div> 绝对 Url : </div><div class="dtip" id="page2-a">http://rttop.cn/a/b/c/index.htm</div>
      <div> 相对 Url : </div><input id="page2-txt" type="text"/>
      <div> 转换结果: </div><div class="dtip" id="page2-b"></div>
  </div>
  <div data-role="footer"><h4>©2014 版权所有 </h4></div>
</div>
</body>
</html>
```

CSS 样式文件 7.css 的具体实现代码如下。

```
/* 设置示例区的样式 */
.dchange
{
    float:left;padding:5px
}
.dchange .dtip
{
    border:solid 1px #ccc;color:#666;
    background-color:#eee; padding:3px;
```

```
    height:23px; line-height:23px
  }
```

JS 脚本文件 7.js 的具体实现代码如下。

```
$("#page1").live("pagecreate", function() {
    var $p1 = "#page1-";
    $($p1 + "txt").bind("change", function() {
        var strPath = $($p1 + "a").html();
        var absPath = $.mobile.path.makePathAbsolute($(this).val(), strPath);
        $($p1 + "b").html(absPath)
    })
})
$("#page2").live("pagecreate", function() {
    var $p2 = "#page2-";
    $($p2 + "txt").bind("change", function() {
        var strPath = $($p2 + "a").html();
        var absPath = $.mobile.path.makeUrlAbsolute($(this).val(), strPath);
        $($p2 + "b").html(absPath)
    })
})
```

【运行结果】

执行后的效果如图 13-10 所示。

【范例分析】

实例文件 shuang.html 的具体实现流程如下。

□ 新建一个 HTML5 页面，分别添加"路径转换"和"转换
Url"这两个 page 容器。

□ 在第一个容器的文本框中输入一个文件的相对路径后，会返
回一个转换后的绝对路径。

□ 在第二个容器的文本框中输入一个相对文件的 URL 地址后，
会返回一个转换后的绝对 URL 地址。

图 13-10　执行效果

□ 定义样式文件 7.css 来修饰页面元素。

□ 定义 JS 脚本文件 7.js，调用 makePathAbsolute() 和 makeUrlAbsolute() 将相对路径和 URL 地
址转换成绝对字符串。

（13）$.mobile.path.isSameDomain()

方法 isSameDomain() 的功能是比较两个 URL 的域。此方法具有两个参数：url1 (string, 可选) 和
url2 (string, 可选)，具体说明如下。

□ url1 (string, 可选)：一个相对 URL。

□ url2 (string, 可选)：格式是 url2 (string, required)，表示一个需要解析的绝对 URL。

方法 isSameDomain() 的返回值是一个 boolean 型变量，如果两个域匹配，则返回 "true"，否则返回 "false"。例如，下面是一段使用 isSameDomain() 的演示代码。

```
// 返回 : true
var same = $.mobile.path.isSameDomain("http://foo.com/a/file.html", "http://foo.com/a/b/c/test.html");
// 返回 : false
var same = $.mobile.path.isSameDomain("file://foo.com/a/file.html", "http://foo.com/a/b/c/test.html");
// 返回 : false
var same = $.mobile.path.isSameDomain("https://foo.com/a/file.html", "http://foo.com/a/b/c/test.html");
// 返回 : false
var same = $.mobile.path.isSameDomain("http://foo.com/a/file.html", "http://bar.com
```

接下来通过一个具体实例，讲解在 jQuery Mobile 页面中使用域名比较方法的过程。

【范例 13-11】在 jQuery Mobile 页面中使用域名比较方法（光盘 :\ 配套源码 \13\yuming.html）

实例文件 yuming.html 的具体实现代码如下。

```
<!DOCTYPE html>
<html>
    <head>
    <meta charset="utf-8">
    <title>Collapsible Block Example</title>
    <meta name="viewport" content="width=device-width, initial-scale=1">
    <link rel="stylesheet" href="http://code.jquery.com/mobile/1.0/jquery.mobile-1.0.min.css" />
    <link  href="Css/7.css" rel="Stylesheet" type="text/css" />
    <script src="http://code.jquery.com/jquery-1.6.4.min.js"></script>
    <script src="Js/9.js" type="text/javascript"></script>
    <script src="http://code.jquery.com/mobile/1.0/jquery.mobile-1.0.min.js"></script>
</head>
<body>
  <div data-role="page" id="page1">
  <div data-role="header">
    <h1> 域名比较 </h1>
  </div>
  <div class="dchange">
      <div> 地址 1: </div><input id="page1-txt1" type="text"/>
      <div> 地址 2: </div><input id="page1-txt2" type="text"/>
      <div> 验证结果: </div><div class="dtip" id="page1-b"></div>
  </div>
  <div data-role="footer"><h4>©2014 版权所有 </h4></div>
 </div>
</body>
```

```
</html>
```

脚本文件 9.js 的具体实现代码如下。

```
$("#page1").live("pagecreate", function() {
    var $p1 = "#page1-";
    $("#page1-txt1,#page1-txt2").live("change", function() {
        var $txt1 = $($p1 + "txt1").val();
        var $txt2 = $($p1 + "txt2").val();
        if ($txt1 != "" && $txt2 != "") {
            var blnResult = $.mobile.path.isSameDomain($txt1, $txt2) ? " 是 " : " 否 ";
            $($p1 + "b").html(blnResult)
        }
    })
});
```

【运行结果】

本实例执行后的效果如图 13–11 所示。

【范例分析】

实例文件 yuming.html 的具体实现流程如下。

❑ 新建一个 HTML5 页面，然后添加一个 page 容器，并在容器
中设置两个文本框。

❑ 当在文本框中输入不同的 URL 地址时，会对这两个地址
进行比较。如果是相同的域名，则显示"是"，否则显示
"否"。

❑ 编写 JS 脚本文件 9.js，功能是调用 isSameDomain() 方法来
验证输入的两个 URL 是否是同一个域名。

图 13–11　执行效果

jQuery Mobile 创建自定义命名空间

技 巧　在 jQuery Mobile 中，可以自定义像 HTML5 中的 data-attribute 等系列属性，比如
data-role 等。这通过自定义命名空间即可实现。比如可以实现自定义一个名字，变成 data-
自定义名 -role 这样的形式。这可以通过 $.mobile 对象中增加 ns 属性来指定，代码如下。

```
$(document).bind("mobileinit", function() {
    $.mobile.ns = "my-custom-ns";
});
```

通过上面的代码，建立了一个 data-my-customer-ns-role 属性，而不是传统
jQuery Mobile 中指定的 data-role。通过设置自定义的命名空间，可以方便开发者在
CSS 选择器中进行指定。同时，如果要自定义 mobile 小插件的主题，则必须使用自定义命
名空间，以示区别。

▌13.3　事件

 本节教学录像：12 分钟

　　jQuery Mobile 中提供了多个有用的事件。开发人员可以通过编程方式来使用这些事件，以便在移动 Web 应用程序内的页面变化期间，应用预处理过程或事后处理过程。本节详细讲解可以在自己的代码中使用的所有 jQuery Mobile 页面事件。

13.3.1　触摸事件

　　在 jQuery Mobile 应用中，可以使用如下触摸事件。

　　（1）tap（轻击）：一次快速完整的轻击后触发。

　　（2）taphold（轻击不放）：轻击并不放（大约 1 秒）后触发。

　　（3）swipe（划动）：1 秒内水平拖拽大于 30px，同时纵向拖曳小于 20px 的事件发生时触发，但是这些是可以设置的。具体设置选项如下。

　　❑ scrollSupressionThreshold（默认：10px）：大于这个值的水平位移就会抑制滚动。

　　❑ durationThreshold（默认：1000ms）：滑动时间超过这个数值就不会产生滑动事件。

　　❑ horizontalDistanceThreshold（默认：30px）：水平划动距离超过这个数值才会产生滑动事件。

　　❑ verticalDistanceThreshold（默认：75px）：竖直划动距离小于这个数值才会产生滑动事件。

　　（4）swipeleft（左划）：划动事件为向左的方向时触发。

　　（5）swiperight（右划）：划动事件为向右的方向时触发。

　　❑ swipe（划动）：1 秒内水平拖拽大于 30px，同时纵向拖曳小于 30px 的事件发生时触发。

　　❑ swipeleft（左划）：划动事件为向左的方向时触发。

　　❑ swiperight（右划）：划动事件为向右的方向时触发。

　　接下来通过一个具体实例的实现过程，详细讲解触发 taphold 事件的方法。

【范例 13-12】触发 taphold 事件（光盘：\ 配套源码 \13\chufa.html）

　　实例文件 chufa.html 的具体实现代码如下。

```
<!DOCTYPE HTML>
<html>
<head>
  <title>Understanding the jQuery Mobile API</title>
  <link rel="stylesheet" href="jquery.mobile.css" />
  <script src="jquery.js"></script>
  <script type="text/javascript">
    $(document).ready(function(){
      $(".tap-hold-test").bind("taphold", function(event) {
        $(this).html("Tapped and held");
      });
    });
  </script>
  <script src="jquery.mobile.js"></script>
```

```
    </head>

    <body>
      <div data-role="page" id="my-page">
        <div data-role="header">
              <h1>Header</h1>
          </div>
          <div data-role="content">
            <ul data-role="listview" id="my-list">
                <li class="tap-hold-test">Tap and hold test</li>
            </ul>
        </div>
      </div>
    </body>
    </html>
```

【范例分析】

在上述代码中，将一个 list 列表跟 taphold 事件进行绑定。当 DOM 加载完毕，触发 taphold 事件后，就会显示 Tapped and held 的提示信息。

【运行结果】

上述实例代码执行后的效果如图 13-12 所示。

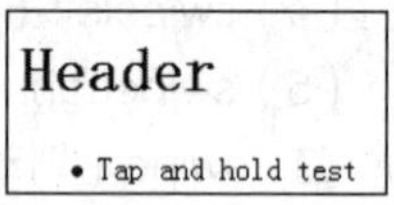

接下来通过一个具体实例，讲解在 jQuery Mobile 页面中使用触摸事件滑动图片的方法。

Header

• Tap and hold test

图 13-12　执行效果

【范例 13-13】使用触摸事件滑动图片（光盘 :\ 配套源码 \13\huadong.html）

实例文件 huadong.html 的具体实现代码如下。

```
<!DOCTYPE html>
<html>
    <head>
    <meta charset="utf-8">
    <title>Collapsible Block Example</title>
    <meta name="viewport" content="width=device-width, initial-scale=1">
    <link rel="stylesheet" href="http://code.jquery.com/mobile/1.0/jquery.mobile-1.0.min.css" />
    <link  href="Css/3.css" rel="Stylesheet" type="text/css" />
    <script src="http://code.jquery.com/jquery-1.6.4.min.js"></script>
    <script src="Js/2.js" type="text/javascript"></script>
    <script src="http://code.jquery.com/mobile/1.0/jquery.mobile-1.0.min.js"></script>
</head>
<body>
  <div data-role="page">
```

```
   <div data-role="header">
     <h1> 头部栏 </h1>
   </div>
   <div data-role="content">
     <div class="ifrswipt" >
       <div class="inner">
         <ul id="ifrswipt">
             <li><img src="111.jpg" class="imgswipt" alt=""/></li>
             <li><img src="222.jpg" class="imgswipt" alt=""/></li>
             <li><img src="333.jpg" class="imgswipt" alt=""/></li>
             <li><img src="444.jpg" class="imgswipt" alt=""/></li>
         </ul>
       </div>
     </div>
   </div>
   <div data-role="footer"><h4>©2014#@ 页脚版权 </h4></div>
  </div>
</body>
<script src="Js/3.js" type="text/javascript"></script>
</html>
```

样式文件 3.css 的具体实现代码如下。

```
/* 滑动截图 */
.ifrswipt
{
    width:223px;height:168px;
    margin:0 auto;position:relative;
    padding:3px 20px 3px 20px
}
.ifrswipt .inner
{
    width:223px;height:168px;
    overflow:visible;position:relative
}
.ifrswipt ul
{
    width:920px;list-style:none;
    overflow:hidden;position:absolute;
    top:0px;left:0;margin:0;padding:0
}
.ifrswipt li
```

```
{
    width:120px;height:168px;
    display:inline;line-height:168px;
    float:left;position:relative;
    margin-right:15px
}
.ifrswipt li .imgswipt
{
    width:120px;height:160px;
    cursor:pointer;padding:3px;
    border:solid 1px #eee
}
```

JS 脚本文件 3.js 的具体实现代码如下。

```
// 全局命名空间
var swiptimg = {
    $index: 0,
    $width: 120,
    $swipt: 0,
    $legth: 3
}
var $imgul = $("#ifrswipt");
$(".imgswipt").each(function() {
    $(this).swipeleft(function() {
        if (swiptimg.$index < swiptimg.$legth) {
            swiptimg.$index++;
            swiptimg.$swipt = -swiptimg.$index * swiptimg.$width;
            //alert(swiptimg.$swipt + "/" + swiptimg.$index);
            $imgul.animate({ left: swiptimg.$swipt }, "slow");
        }
    }).swiperight(function() {
        if (swiptimg.$index > 0) {
            swiptimg.$index--;
            swiptimg.$swipt = -swiptimg.$index * swiptimg.$width;
            //alert(swiptimg.$swipt + "/" + swiptimg.$index);
            $imgul.animate({ left: swiptimg.$swipt }, "slow");
        }
    })
})
```

【运行结果】

执行后的效果如图 13-13 所示。

图 13-13 执行效果

【范例分析】

实例文件 huadong.html 的具体实现流程如下。

（1）新建一个 HTML5 页面，然后通过 <ui> 列表中的 <li> 元素添加 4 幅图片。

（2）当页面加载完成后，可以向左或向右滑动并行显示的图片。

（3）编写样式文件 3.css 来修饰页面。

（4）编写脚本文件 3.js，功能是分别定义向右和向左滑动的事件 swiperight 和 swipeleft。

13.3.2　虚拟鼠标事件

jQuery Mobile 提供了一系列"虚拟"的鼠标事件，试图把鼠标和触摸事件抽象出来。这使得开发者能够给一些基础的鼠标事件，如 mousedown、mousemove、mouseup 和 click 来注册监听。插件会在触摸环境中保持在传统鼠标环境下触发的顺序。例如，vmouseup 总是在 vmousedown 之前被触发，vmousedown 总是在 vmouseup 之前等。虚拟鼠标事件也会把事件中放出的坐标信息标准化。所以在基于触摸的设备中，事件对象的 pageX、pageY、screenX、screenY、clientX 和 clientY 这些属性的坐标都可以用。

（1）vmouseover：处理 touch 或者 mouseover 的正规化的事件。

（2）vmousedown：处理 touchstart 或者 mousedown 的正规化的事件。

（3）vmousemove：处理 touchmove 或者 mousemove 的正规化的事件。

（4）vmouseup：处理 touchend 或者 mouseup 的正规化的事件。

（5）vclick：处理 touchend 或者鼠标点击的正规化的事件。在基于触摸的设备上，这个事件是在 vmouseup 事件之后触发的。

（6）vmousecancel：处理 touch 或者 mouse 的 mousecancel 的正规化的事件。

13.3.3　设备方向变化事件

在 jQuery Mobile 应用中，设备方向变化事件是 orientationchange，也被称为翻转事件。当设备的方向变化（设备横向持或纵向持），此事件被触发。绑定此事件时，回调函数可以加入第二个参数，作用为描述设备横或纵向的属性："portrait" 或 "landscape"。这些值也会作为 class 值加入到 html 的元素中，使用户可以通过 css 中的选择器改变它们的样式。注意，现在当浏览器不支持 orientationChange 事件的时候绑定了 resize 事件。

手持设备方向改变时执行

```
$(window).bind( 'orientationchange', function(e){
    var height=document.body.clientHeight - 195;
    $("#content").css("min-height",height);
```

```
$("#thumb").css("margin",height/4.2 + "px auto");
});
```

上述演示代码是笔者用于在手持设备改变方向时填充整个页面，避免出现空白，可以根据自己的需求扩展。

绑定到 orientationchange 事件要求用户定位 body 元素，然后使用 bind 方法来绑定事件。将 orientationchange 事件绑定到 body，但是要等待元素在文档就绪后，再绑定事件，这也很重要。否则，用户会获得不一致的结果，因为 body 元素可能在绑定时不可用。用户也可以进一步增强该代码，当文档就绪时触发 orientationchange 事件。

接下来通过一个具体实例的实现过程，详细讲解使用方向改变事件的方法。

【范例13-14】使用方向改变事件（光盘 :\ 配套源码 \13\fangxiang.html）

实例文件 fangxiang.html 的具体实现代码如下。

```
<!DOCTYPE HTML>
<html>
<head>
<title>Understanding the jQuery Mobile API</title>
<link rel="stylesheet" href="jquery.mobile.css" />
<script src="jquery.js"></script>
<script type="text/java script">
$(document).ready(function(){
    $('body').bind('orientationchange', function(event) {
      alert('orientationchange: '+ event.orientation);
    });
});
</script>
<script src="jquery.mobile.js"></script>
</head>
<body>
<div data-role="page" id="my-page">
<div data-role="header">
<h1>Header</h1>
</div>
<div data-role="content">
<ul data-role="listview" id="my-list">
<li class="tap-hold-test">Tap and hold test</li>
</ul>
</div>
</div>
</body>
</html>
```

【范例分析】

在上述实例代码中，当文档就绪时会触发事件，这使我们可以确定 Web 页面初始加载时的方向。当需要在用设备的当前方向显示内容时，这特别有用。另外也可以通过 CSS 访问方向值，因为它们被添加到 Web 页面中的 HTML 元素。这些强大的特性使用户可以设备的方向修改内容布局。

接下来通过一个具体实例，讲解检测设备手持方向的方法。

【范例 13-15】检测设备的手持方向（光盘 :\ 配套源码 \13\fangxiang1.html）

实例文件 fangxiang1.html 的具体实现流程如下。

（1）新建一个 HTML5 页面，然后在页面中添加一个 <p> 元素。

（2）当移动手持设备方向时，在 <p> 中显示的文字和背景样式会随之发生变化。

（3）编写样式文件 4.css 来修饰 <p> 元素的变化样式。

（4）编写 JS 脚本文件 4.js，功能是通过 orientationchange 事件控制 <p> 元素的内容和样式。

实例文件 fangxiang1.html 的具体实现代码如下。

```html
<html>
    <head>
    <meta charset="utf-8">
    <title>Collapsible Block Example</title>
    <meta name="viewport" content="width=device-width, initial-scale=1">
    <link rel="stylesheet" href="http://code.jquery.com/mobile/1.0/jquery.mobile-1.0.min.css" />
    <link  href="Css/4.css" rel="Stylesheet" type="text/css" />
    <script src="http://code.jquery.com/jquery-1.6.4.min.js"></script>
    <script src="Js/4.js" type="text/javascript"></script>
    <script src="http://code.jquery.com/mobile/1.0/jquery.mobile-1.0.min.js"></script>
</head>
<body>
  <div data-role="page">
    <div data-role="header">
      <h1> 头部栏 </h1>
    </div>
    <div data-role="content">
        <p />
    </div>
    <div data-role="footer"><h4>©2014@@@ 版权所有 </h4></div>
  </div>
</body>
</html>
```

样式文件 4.css 的具体实现代码如下。

```css
/* 纵向垂直时的样式 */
.p-portrait
{
    width:75px;height:150px;
```

```
        line-height:150px;text-align:center;
        background-color:#eee;border:solid 2px #666
    }
    /* 横向水平时的样式 */
    .p-landscape
    {
        width:150px;height:75px;
        line-height:75px;text-align:center;
        background-color:#ccc;border:solid 2px #666
    }
```

JS 文件 4.js 的具体实现代码如下。

```
$(function() {
    var $p = $("p");
    $('body').bind('orientationchange', function(event) {
        var $oVal = event.orientation;
        if ($oVal == 'portrait') {
            $p.html(" 垂直方向 ");
            $p.attr("class", "p-portrait");
        } else {
            $p.html(" 水平方向 ");
            $p.attr("class", "p-landscape");
        }
    })
})
```

【运行结果】

本实例执行后的效果如图 13-14 所示。

图 13-14　执行效果

注 意　　本实例需要在真机中运行，否则不会得到正确的执行效果。

13.3.4　滚屏事件

在滚屏应用过程中，有如下两个事件被触发。

（1）scrollstart

当屏幕滚动开始的时候触发。苹果的设备会在滚屏时冻结 DOM 的操作。当滚屏结束时，按队列执行这些 dom 操作。

（2）scrollstop

滚屏结束时触发。

接下来通过一个具体实例的实现过程，详细讲解使用滚屏事件的方法。

【范例 13-16】使用滚屏事件（光盘 :\ 配套源码 \13\gunping.html）

实例文件 gunping.html 的具体实现代码如下。

```
<!DOCTYPE html>
<html>
    <head>
        <title>Ajax 测试 </title>
        <meta name="viewport" content="width=device-width, initial-scale=1">
        <meta charset="utf-8">
        <link rel="stylesheet" href="jquery-mobile/jquery.mobile-1.2.0.min.css"/>
        <link rel="stylesheet" href="jquery-mobile/jquery.mobile.structure-1.2.0.min.css"/>
        <script src="jquery-mobile/jquery-1.8.2.min.js"></script>
        <script src="jquery-mobile/jquery.mobile-1.2.0.min.js"></script>
    </head>
    <body>
        <div data-role="page" data-theme="b">
        <div data-role="header"></div>
        <div data-role="content">
            <script>
                //scrollstart 事件
                function scrollstartFunc(evt) {
                    try
                    {
                        var target = $(evt.target);
                        while (target.attr("id") == undefined) {
                            target = target.parent();
                        }
                        // 获取触点目标 id 属性值
                        var targetId = target.attr("id");
                        alert("targetId: " + targetId);
                    }
                    catch (e) {
```

```
                    alert('myscrollfunc : ' + e.message);
                }
            }
            function myinit() {
                    // 绑定上下滑动事件
                    $("#myul").bind('scrollstart', function () { scrollstartFunc(event); });
            }
            window.onload = myinit;
        </script>
        <!-- listview 测试 -->
        <ul id="myul" data-role="listview" data-inset="true">
                <li data-role="list-divider"> 信息列表 </li>
                <li id="li1" data-role="fieldcontain"> 信息 1</li>
                <li id="li2" data-role="fieldcontain"> 信息 2</li>
                <li id="li3" data-role="fieldcontain"> 信息 3</li>
                <li id="li4" data-role="fieldcontain"> 信息 4</li>
                <li id="li5" data-role="fieldcontain"> 信息 5</li>
                <li id="li6" data-role="fieldcontain"> 信息 6</li>
                <li id="li7" data-role="fieldcontain"> 信息 7</li>
                <li id="li8" data-role="fieldcontain"> 信息 8</li>
                <li id="li9" data-role="fieldcontain"> 信息 9</li>
                <li id="li10" data-role="fieldcontain"> 信息 10</li>
        </ul>
    </div>
    </body>
</html>
```

【运行结果】

上述实例代码执行后的效果如图 13-15 所示。

快速设置默认页面和对话框的动画效果

技 巧 　　默认的 jQuery Mobile 的页面和对话框的效果都是通过 Ajax 实现的。默认的页面切换效果是幻灯片切换，默认的对话框出现的效果是弹出。如果需要改变这些效果的话，同样是如下代码所示，设置 $.mobile 对象的 defaultPageTransition 和 defaultDialogTransition 属性就可以了。

```
$(document).bind( "mobileinit", function() {
  $.mobile.defaultPageTransition = "fade";
  $.mobile.defaultDialogTransition = "fade";
});
```

jQuery Mobile 提供了 6 种效果供用户选择，分别是 slide, slideup, slidedown, pop, fade, 和 flip。用户可以按照上面的方法进行设置。

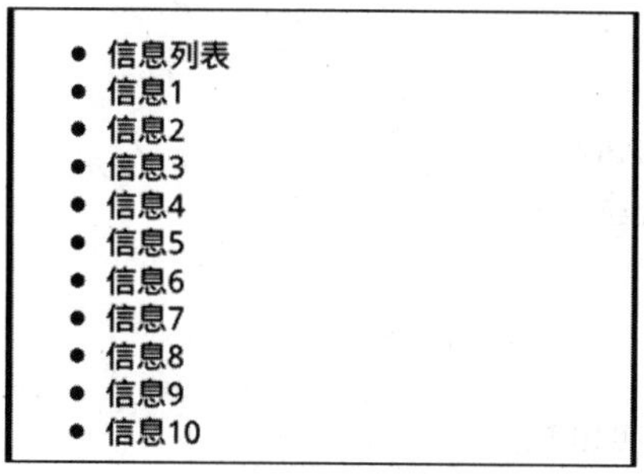

- 信息列表
- 信息1
- 信息2
- 信息3
- 信息4
- 信息5
- 信息6
- 信息7
- 信息8
- 信息9
- 信息10

图 13-15　执行效果

接下来通过一个具体实例，讲解在 jQuery Mobile 页面中使用滚屏事件控制页面的文字和样式的方法。

【范例 13-17】使用滚屏事件控制页面的文字和样式（光盘 :\ 配套源码 \13\kongzhi. html）

实例文件 kongzhi.html 的具体实现代码如下。

```html
<!DOCTYPE html>
<html>
    <head>
    <meta charset="utf-8">
    <title>Collapsible Block Example</title>
    <meta name="viewport" content="width=device-width, initial-scale=1">
    <link rel="stylesheet" href="http://code.jquery.com/mobile/1.0/jquery.mobile-1.0.min.css" />
    <link  href="Css/5.css" rel="Stylesheet" type="text/css" />
    <script src="http://code.jquery.com/jquery-1.6.4.min.js"></script>
    <script src="Js/5.js" type="text/javascript"></script>
    <script src="http://code.jquery.com/mobile/1.0/jquery.mobile-1.0.min.js"></script>
</head>
<body>
  <div data-role="page">
    <div data-role="header">
      <h1> 头部栏 </h1>
    </div>
    <div data-role="content">
        <p />
    </div>
    <div data-role="footer"><h4>©2014@ 页脚版权所有 </h4></div>
  </div>
</body>
</html>
```

样式文件 5.css 的具体实现代码如下。

```css
/* 设置提示元素的样式 */
```

```
p
{
    height:23px; line-height:23px;
    padding:5px; text-align:center;
    border:solid 2px #666
}
```

脚本文件 5.js 的具体实现代码如下。

```
$('div[data-role="page"]').live('pageinit', function(event, ui) {
    var eventsElement = $('p');
    $(window).bind('scrollstart', function() {
        eventsElement.html(" 开始滚动 ");
        eventsElement.css('background', 'green');
    })
    $(window).bind('scrollstop', function() {
        eventsElement.html(" 滚动停止 ");
        eventsElement.css('background', 'red');
    })
})
```

【运行结果】

滚屏停止时的执行效果如图 13-16 所示，滚屏时的执行效果如图 13-17 所示。

图 13-16 执行效果

图 13-17 滚屏时的执行效果

【范例分析】

实例文件 kongzhi.html 的具体实现流程如下。

❑ 新建一个 HTML5 页面，然后添加一个 <p> 元素。

❑ 当滚屏和停止滚屏时会分别触发不同的事件。

❑ 编写样式文件 5.css，用于定义滚屏和停止滚屏时的样式。

❑ 编写脚本文件 5.js，分别定义滚屏事件和停止滚屏事件。

13.3.5　页面加载事件

在 jQuery Mobile 页面中，当外部的页面加载到 dom 中时会触发两个事件。第一个是 pagebeforeload，第二个是 pageload 或者 pageloadfailed。在导航到另外一个页面时，会自动在文档上触发页面改变事件。从内部运行机制来看，当调用 $.mobile.changePage 方法时，会触发这些事件。在该进程期间会发生两个事件：第一个触发的事件是 pageforechange，第二个事件则依赖于页面改变的状态。当页面改变成功时，pagechange 事件会被触发，如果页面改变失败，则 pagechangefailed 事件被触发。

（1）pagebeforeload

在加载请求发出之前触发，绑定到这个事件的回调函数可以对该事件调用 preventDefault()，表明由它们来处理加载的请求。这样做的话，回调函数必须对通过数据对象传到回调函数的对象调用 resolve() 或者 reject()。

通过第二个参数传到回调函数的对象中，包含如下属性。

❑ url（字符串）：通过回调传到 $.mobile.loadPage() 的绝对或者相对地址。

❑ absUrl（字符串）：url 的绝对地址版本。

❑ dataUrl（字符串）：绝对地址的当识别页面或者更新浏览器地址的时候使用的绝对地址经过过滤的版本。

❑ deferred（对象）：针对此事件调用 preventDefault() 的回调函数必须针对此事件调用 resolve() 或者 reject() 方法，使得 changePage() 的请求恢复。例如

```
$( document ).bind( "pagebeforeload", function( event,data ){
// 让 jqm 框架知道由我们来处理 load 事件
event.preventDefault();
//... 加载文档，然后插入 DOM 中
// 在这个回调中，或者通过其他异步加载手段，
// 调用 resolve, 转入到下面的参数中，加上一个包含页面 dom 元素的 jquery 选择器
data.deferred.resolve( data.absUrl, data.options,
page );
});
```

（2）pageload

在页面已成功加载并插入 DOM 后触发。绑定这个事件的回调函数会被作为一个数据对象，作为第二个参数。这个对象包含如下信息。

❑ url（字符串）：URL 地址。

❑ absUrl（字符串）：url 的绝对地址版本。

接下来通过一个具体实例的实现过程，详细讲解使用方法 $.mobile.loadPage() 预加载页面的方法。

【范例13-18】使用方法 $.mobile.loadPage() 预加载页面（光盘：\配套源码\13\yujia.html）

实例文件 yujia.html 的具体实现代码如下。

```
<!DOCTYPE HTML >
<!DOCTYPE HTML PUBLIC "-//W3C//DTD HTML 4.0 Transitional//EN">
<HTML>
```

```
<HEAD>
 <TITLE> New Document </TITLE>
 <meta name="viewport" content="width=device-width,initial-scale=1"/>
 <meta charset="utf-8">
 <link href="Css/jquery.mobile-1.2.0.min.css" rel="Stylesheet" type="text/css"/>
 <script src="Js/jquery-1.8.3.min.js" type"text/javascript"></script>
 <script src="Js/jquery.mobile-1.2.0.min.js" type="text/javascript"></script>
</HEAD>
<BODY>
 <div data-role="page">
   <div data-role="header"><h1> 预加载页 </h1></div>
<div data-role="content">
 <p><a href="about.html"rel="external" data-prefetch="ture"> 点击进入 </a></p>
</div>
<div data-role="footer"><h1>@2013 3i studio</h1></div>
  </div>
 </BODY>
</HTML>
```

【运行结果】

上述实例代码执行后的效果如图 13–18 所示。

从图 13–18 可以很清楚地看到，<a> 元素链接的目标页面 "about. htm" 中，page 容器的内容已经通过预加载的方式注入当前文档中。

（3）pagebeforechange

这是在页面改变期间触发的第一个事件。回调该事件时，会传递两个参数。第一个参数是事件，第二个参数是一个数据对象。通过调用事件的 preventDefault，可以取消页面改变。此外，通过检查和更新数据对象，可以覆盖页面改变。作为第二个参数传递的数据对象包含如下属性。

图 13-18　执行效果

- ❏ toPage（string）：一个文件 URL 或一个 jQuery 集对象。这与传递给 $.mobile.changePage() 的参数相同。
- ❏ options (object)。这与传递给 $.mobile.changePage 的选项相同。

例如

```
$(document).bind("pagebeforechange",function(e,data){
console*log("Change page starting...");
e.preventDefault() ;
}) ;
```

（4）pagechange

这是在页面成功改变之后触发的最后一个事件。回调该事件时，会传递两个参数。第一个参数是事件，第二个参数是数据对象。作为第二个参数传递的数据对象包含如下属性。

- ❏ toPage(string)：一个文件 URL 或一个 jQuery 集对象。这与传递给 $.mobile.changePage() 的参数相同。
- ❏ options(object)：这与传递给 $.mobile.changePage 的选项相同。

（5）pagechangefailed

在页面更改失败时会触发该事件。回调该事件时，会传递两个参数。第一个参数是事件，第二个参数是数据对象。作为第二个参数传递的数据对象包含如下属性。

- ❑ toPage(string)：一个文件 URL 或一个 jQuery 集对象。这与传递给 $.mobile.changePage() 的参数相同。
- ❑ options(object)：这与传递给 $.mobile.changePage 的选项相同。

13.3.6　页面显示 / 隐藏事件

在 jQuery Mobile 中，无论是页面显示还是隐藏，都在该页面触发两个事件。哪个事件被触发取决于页面被显示还是隐藏，所以当页面转场发生时，实际上每个事件被触发了，每个页面有两个。

（1）pagebeforeshow：转场之前，页面被显示时触发。

在页面被增强之后，并且在页面转换开始之前，该事件在"to"页面上触发，回调该事件时会传递两个参数。第一个参数是事件，第二个参数是数据对象。作为第二个参数传递的数据对象包含属性 prePage (object)，此属性表示一个包含转换之前的页面元素的 jQuery 集对象。例如

```
$("#to-page-id").live("pagebeforeshow",function(e,data ){
    :onsole.log("The page transition is just starting…");
    });
```

（2）pagebeforehide：转场之前，页面被隐藏时触发。

在转换开始时，在"from"页面上触发。该事件在 pagebef；Dreshow 事件之前发生，而且只有当页面更改请求具有相关联的"from"页面时才能触发。回调该事件时会传递两个参数，第一个参数是事件，第二个参数是数据对象。作为第二个参数传递的数据对象包含如下属性。

- ❑ nextPage(object)：一个包含要转换到的页面元素的 jQuery 集对象。

例如

```
$("#from-page-id").live("pagebeforehide",function(e,data){
    console.log("aaaaa");
    }) ;
```

（3）pageshow：转场之后，页面被显示时触发。

在页面转换完成之后，并且在"from"页面被隐藏之后，该事件在"to"页面上触发。回调该事件时会传递两个参数，第一个参数是事件，第二个参数是数据对象。作为第二个参数传递的数据对象包含如下属性。

- ❑ prevPage (object)：一个包含转换之前的页面元素的 jQuery 集对象。

例如

```
$( "#to-page-id").live( "pageshow", function(e,data){
    conso1e.log("The page transition is complete! ");
    }) ;
```

（4）pagehide：转场之后，页面被隐藏时触发。

在页面转换完成之后，并且在 pageshow 事件之前，该事件在"from"页面上触发，而且只有当页面更改请求具有相关联的"from"页面时才能触发。回调该事件时会传递两个参数，第一个参数是事件，

第二个参数是数据对象，作为第二个参数传递的数据对象包含如下属性。

　□　nextPage (object)：一个包含要转换到的页面元素的 jQuery 集对象。

注意　上述 4 个事件都引用了"上一页"或"下一页"，这取决于哪一页被显示或者隐藏，以及"上一页"或者"下一页"是否存在。第一个被显示的 page 并没有被上一个可以引用，但是同样会引用一个空的 jQuery 对象。可以通过将第二个参数作为一个绑定的回调函数的方式访问这一引用。

```
$('div').live('pageshow',function(event, ui){
alert('This page was just hidden: '+ ui.prevPage);
  });
$('div').live('pagehide',function(event, ui){
alert('This page was just shown: '+ ui.nextPage);
  });
```

而且，务必在 jQuery Mobile 执行前绑定这些函数，以使它们在初始化页面加载时被调用。在 mobileinit 事件的处理函数中使用它们既可。

13.3.7　页面初始化事件

在 jQuery Mobile 增强页面之前和之后，会触发页面初始化事件。可以绑定到这些事件，以便在框架增强页面之前对标记进行预解析，或者是在框架增强页面之后设置 DOM ready 事件处理程序。在页面的生命周期之内，这些事件只被触发一次。jQuery Mobile 会自动基于 page 内增强的约定自动初始化一些插件。例如，给一个 input 输入框约定 type=range 属性时，会自动生成一个自定义滑动条。

这些自动初始化的行为是受"page"插件控制的。它在执行前后部署事件，允许用户在初始化前后操作页面，甚至自己提供初始化行为，禁止自动初始化。下面介绍的页面初始化事件在每个"page"只被触发一次，而显示 / 隐藏事件则不同，在页面显示或者隐藏的每次都会被触发。

（1）pagebeforecreate：页面初始化时，初始化之前触发。

在页面改变期间，该事件在正在进行初始化的页面上触发。当页面容器已经被插入到 DOM 中之后，但是在页面被增强之前，该事件才发生。在框架增强页面之前，这是预解析标记的首选位置。例如，在该事件中，能够动态创建和添加虚拟的页面事件，或者是修改现有的数据属性。

例如

```
$("#to-page_id").live("pagebeForecreate",Function(){
console.log("Pre-parse the markup before the framework enhances the widgets");
  });
```

（2）pagecreate：页面初始化时，初始化之后触发。

在页面改变期间，该事件在正在进行初始化的页面上触发。这是由框架触发的事件，用来初始化所有的页面插件。如果用户创建了自定义的页面插件，这将是对这些插件进行初始化的首选位置。

例如

```
$('#aboutPage').live('pagebeforecreate',function(event){
alert('This page was just inserted into the dom!');
  });
```

```
$('#aboutPage').live('pagecreate',function(event){
alert('This page was just enhanced by Jquery Mobile!');
});
```

通过绑定 pagebeforecreate，然后返回 false，可以禁止页面中的插件自己自动实现独立的操作。而且，务必在 jQuery Mobile 执行前绑定这些函数，以使它们在初始化页面加载时被调用，在 mobileinit 事件的处理函数中使用它们既可。

（3）pageinit

在页面增强结束之后，该事件在正在初始化的页面上发生。该页面现在处于 DOM ready 状态。例如

```
$("#to-page-id").1ive("pageinit",function(){
    console.log("The page has been enhanced…");
    });
```

接下来通过一个具体实例的实现过程，详细讲解使用 pagecreate 事件创建页面的方法。

【范例 13-19】使用 pagecreate 事件创建页面（光盘 :\配套源码 \13\creat.html）

实例文件 creat.html 的具体实现代码如下。

```
<!DOCTYPE HTML>
<HTML>
  <HEAD>
   <TITLE> New Document </TITLE>
    <meta name="viewport" content="width=device-width,initial-scale=1"/>
    <meta charset="utf-8">
   <link href="Css/jquery.mobile-1.2.0.min.css" rel="Stylesheet" type="text/css"/>
   <script src="Js/jquery-1.8.3.min.js" type"text/javascript"></script>
   <script src="Js/jquery.mobile-1.2.0.min.js" type="text/javascript"></script>
   <script type="text/javascript">
    $("#e1").live("pagebeforecreate",function(){
        alert(" 正在创建页面 ");
    });
    $("#e1").live("pagecreate",function(){
        alert(" 页面创建完成 ");
    });
   </script>
  </HEAD>
  <BODY>
   <div data-role="page" id="e1">
      <div data-role="header"><h1> 创建页面 </h1></div>
<div data-role="content"> 页面创建完成 </div>
<div data-role="footer">
   <h4> 王者天下 </h4></div>
   </div>
  </BODY>
</HTML>
```

【运行结果】

上述实例代码的执行效果如图 13-19 所示。

图 13-19　执行效果

13.3.8　动画事件

jQuery Mobile 应用中提供了 animationComplete 插件，可以用来添加或删除一个 class，以应用 CSS 转场效果。在移动 Web 开发应用中，通常利用 CSS 和 animationComplete 实现转场效果。

jQuery Mobile 应用中的转场效果，实际上利用的全部是 CSS，只是简单的一个 addClass 和 removeClass。下面是带动画转场的函数。

```
function css3TransitionHandler( name, reverse, $to, $from ) {
    var deferred = new $.Deferred(),
        reverseClass = reverse ? " reverse" : "",
        viewportClass = "ui-mobile-viewport-transitioning viewport-" + name,
        doneFunc = function() {
            $to.add( $from ).removeClass( "out in reverse " + name );
            if ( $from && $from[ 0 ] !== $to[ 0 ] ) {
                $from.removeClass( $.mobile.activePageClass );
            }
            $to.parent().removeClass( viewportClass );
            deferred.resolve( name, reverse, $to, $from );
        };
    $to.animationComplete( doneFunc );
    $to.parent().addClass( viewportClass );
    if ( $from ) {
        $from.addClass( name + " out" + reverseClass );
    }
    $to.addClass( $.mobile.activePageClass + " " + name + " in" + reverseClass );

    return deferred.promise();
}
```

从上述代码中可以看到，只有各种样式切换，除此以外别无它物。$.Deferred() 是 jQuery 提供的延迟处理的机制。上述函数的 4 个参数分别是转场效果名称、是否回退、前一页面 jq 对象、目标页面 jq 对象。处理的逻辑描述起来也非常简单，如下所示。

❑ 是否存在前一个页面，存在增加 out。

❑ 为目标页面增加 in 和激活页面样式。

❑ 当页面动画完成删除前一个页面的激活页面样式和目标页面转场样式。

接下来看看 CSS 部分，其实所有的东西都可以用一个 transform 实现，下面以 slide 为例。

```css
.slide.out {
    -webkit-transform: translateX(-100%);
    -webkit-animation-name: slideouttoleft;
}

.slide.in {
    -webkit-transform: translateX(0);
    -webkit-animation-name: slideinfromright;
}

.slide.out.reverse {
    -webkit-transform: translateX(100%);
    -webkit-animation-name: slideouttoright;
}

.slide.in.reverse {
    -webkit-transform: translateX(0);
    -webkit-animation-name: slideinfromleft;
}
```

这实际上就是通过 –webkit–animation–name 指定了一组动画效果。

```css
@-webkit-keyframes slideinfromright {
    from { -webkit-transform: translateX(100%); }
    to { -webkit-transform: translateX(0); }
}

@-webkit-keyframes slideinfromleft {
    from { -webkit-transform: translateX(-100%); }
    to { -webkit-transform: translateX(0); }
}

@-webkit-keyframes slideouttoleft {
    from { -webkit-transform: translateX(0); }
    to { -webkit-transform: translateX(-100%); }
}

@-webkit-keyframes slideouttoright {
```

```
from { -webkit-transform: translateX(0); }
to { -webkit-transform: translateX(100%); }
}
```

所以如果需要扩展自己的类型，只要按照约定新增自己的样式表就可以做到。另外，关于 JQM 转场闪屏的问题，其实可以通过下面的样式修正。

```
.ui-page {
    backface-visibility: hidden;
    -webkit-backface-visibility: hidden; /* Chrome and Safari */
    -moz-backface-visibility: hidden; /* Firefox */
}
```

只需要在页面元素增加背面不可见，就可以防止动画发生的时候产生的闪屏。

13.3.9　触发事件

在 jQuery Mobile 应用中构建动态页面时，触发 jQuery Mobile 页面事件会比较有用。例如，可以调用 create 事件为页面添加多个新的组件，以同时增强所有的新微件。

```
trigger("create")
```

通过触发上述事件，可以自动增强页面上的所有新元素。该事件在页面控制器上被触发。例如

```
$('<button id="b2">Button2</button>').insertAfter("#bl");
$('<button id="b3">Button3</button>').insertAfter("#b2");
$.mobile.pageContainer.trigger("create");
```

▌13.4　属性

 本节教学录像：2 分钟

在 jQuery Mobile 中有一组可供公众使用的属性，这样无须编写自己的 jQuery Mobile 选择器就可以访问常见的组件。

（1）$.mobile.activePage

获得当前处于活动状态或者可见状态的页面或对话框。活动页面被指派给由 $.mobile.activePageClass 指定的 CSS 类。

（2）$.mobile.firstPage

这是页面容器（ $.mobile.pageContainer ）内定义的第一个页面。例如，当不存在 location.hash 值，或者是禁用了 $.mobile.hashListenillgEnabled 时，会显示 $.mobile.firstPage。例如，在一个多页面文档中，默认情况下会最先显示 $.mobile.firsPage。

（3）$.mobile.pageContainer

所有页面存在的 HTML 容器。在 jQuery Mobile 内，body 元素是包含所有页面的容器。所有通过 Ajax 载入的页面，以及多文档页面中的所有内部页面都会存在于页面容器内。

jQuery Mobile 自定义子页的 KEY 的方法

技巧　　当在 jQuery Mobile 中引用子页时，默认使用的是 ui-page 作为 KEY 标识。开发者可以通过 \$.mobile 对象的 subPageUrlKey 去重新设置。比如，如果定义 subPageUrlKey 为 my-page, 则默认的子页引用将从 web-page.html&ui-page=value 改为 web-page.html&my-page=value。这样做的一个好处是开发者可让 url 更友善、更容易维护。

13.5　数据属性

 本节教学录像：1 分钟

在 jQuery Mobile 应用中，数据属性提供了通过简单的 HTML 标记来增强和配置移动应用程序的能力。jQuery Mobile 框架使用 HTML5 的 data- 属性来使用初始化标记和配置组件。这些属性都是可选的，并且支持手动调用插件。为了避免命名上与其他使用 HTML5 的 data- 属性插件与框架冲突，可以使用全局设置来自定义命名空间。

有关 jQuery Mobile 数据属性的完整信息如下所示。

（1）按钮

通过 data-role="button" 来标记按钮。基于链接的按钮和表单的 button 元素会被自动渲染，无需 data-role 属性。各个属性具体取值的说明如下。

- ❑ data-corners　　true | false
- ❑ data-icon　　home | delete | plus | arrow-u | arrow-d | check | gear | grid | star | custom | arrow-r | arrow-l | minus | refresh | forward | back | alert | info | search
- ❑ data-iconpos　　left | right | top | bottom | notext
- ❑ data-iconshadow　　true | false
- ❑ data-inline　　true | false
- ❑ data-shadow　　true | false
- ❑ data-theme　　swatch letter (a~z)

在有多个按钮的情况下，可以给这些按钮的容器添加 data-role="controlgroup" 属性，使这些按钮成为垂直的按钮组。给按钮添加 data-type="horizontal" 属性，可以使按钮水平并排排列。

（2）复选框

通过 type="checkbox" 标记的 input 元素会自动增强，无需 data-role 属性。各个属性具体取值的说明如下。

- ❑ data-role　　none（防止自动增强）
- ❑ data-theme　　主题样式 (a~z) ——添加到表单元素上

（3）可折叠区域

一个标题元素和一个用 data-role="collapsible" 属性标记的容器，各个属性具体取值的说明如下。

- ❑ data-collapsed　true | false
- ❑ data-content-theme　　主题样式 (a~z)
- ❑ data-theme　　主题样式 (a~z)

（4）手风琴组

一个标题元素和一个用 data-role="collapsible-set" 属标记的容器，各个属性具体取值的说明如下。

- ❑ data-content-theme　　主题样式 (a~z) —— 设置所有的子集

❑ data-theme　　　　主题样式 r (a~z) —— 设置所有的子集

（5）对话框

用 data-role="page" 属性标记的容器，或者通过 data-rel="dialog" 标记的链接所指向的容器。各个属性具体取值的说明如下。

❑ data-close-btn-text　　string（对话框的关闭按钮的文字）

❑ data-dom-cache　　　　true | false

❑ data-id 字符串（页面的 ID）

❑ data-fullscreen　true | false（用于指定全屏视图页面）

❑ data-overlay-theme　　主题样式 (a~z) ——页面弹出对话框的时候蒙版的主题

❑ data-theme　　　　主题样式 (a~z)

❑ data-title　　　　string（此页面显示的时候的标题）

（6）页面内容

用 data-role="content" 属性标记的容器，各个属性具体取值的说明如下。

❑ data-theme　　　　主题样式 (a~z)

（7）Field container

用 data-role="fieldcontain" 属性标记的容器。

（8）开关

用 data-role="slider" 属性标记的列表菜单，只能有两个 option。各个属性具体取值的说明如下。

❑ data-role　　　　无（防止自动增强）

❑ data-theme　　　　主题样式 (a~z) ——给表单元素添加主题样式

❑ data-track-theme　　　主题样式 (a~z) —— 给表单元素添加主题样式

（9）footer

用 data-role="footer" 属性标记的容器，各个属性具体取值的说明如下。

❑ data-id 字符串（唯一的 ID，用于持续的页脚）

❑ data-position　　fixed

❑ data-theme　　　　主题样式 (a~z)

（10）Header

用 data-role="header" 属性标记的容器，各个属性具体取值的说明如下。

❑ data-add-back-btn　　true | false（只会在 header 自动添加后退按钮）

❑ data-back-btn-text　　字符串

❑ data-back-btn-theme　　主题样式 (a~z)

❑ data-position　　fixed

❑ data-theme　　　　主题样式 (a~z)

❑ data-title　　　　字符串（定义页面视图标题）

（11）链接

包括用 data-role="button" 属性标记的链接和表单中的链接，各个属性具体取值的说明如下。

❑ data-ajax　　　　true | false

❑ data-direction　reverse（翻转页面转场效果）

❑ data-dom-cache　　　　true | false

❑ data-prefetch　true | false

❑ data-rel　　　　back（后退到上一个历史的记录的页面）

- ❏ dialog (打开对话框，不记录进历史记录中)
- ❏ external (用于连接到另一个域)
- ❏ data-transition　slide | slideup | slidedown | pop | fade | flip

(12) 列表

用 data-role="listview" 属性标记的 ol 或 ul，各个属性具体取值的说明如下。

- ❏ data-count-theme　　　主题样式 (a~z)
- ❏ data-dividertheme　　　主题样式 (a~z)
- ❏ data-filter　　　true | false
- ❏ data-filter-placeholder　string
- ❏ data-filter-theme　　　主题样式 (a~z)
- ❏ data-inset　　　true | false
- ❏ data-split-icon　home | delete | plus | arrow-u | arrow-d | check | gear | grid | star | custom | arrow-r | arrow-l | minus | refresh | forward | back | alert | info | search
- ❏ data-theme　　　主题样式 (a~z)

(13) 列表项

列表中的 li，各个属性具体取值的说明如下。

- ❏ data-icon　　　home | delete | plus | arrow-u | arrow-d | check | gear | grid | star | custom | arrow-r | arrow-l | minus | refresh | forward | back | alert | info | search
- ❏ data-role　　　list-divider
- ❏ data-theme　　　主题样式 (a~z) ——自定义主题

(14) 页面

用 data-role="page" 属性标记的容器，各个属性具体取值的说明如下。

- ❏ data-close-btn-text　　　string (对话框的关闭按钮的文字)
- ❏ data-dom-cache　　　true | false
- ❏ data-id string (页面的唯一 id)
- ❏ data-fullscreen　true | false (用于指定全屏视图页面)
- ❏ data-overlay-theme　　　主题样式 (a~z) ——规定对话页面的叠加主题
- ❏ data-theme　　　主题样式 (a~z)
- ❏ data-title　　　string (页面显示的时候的标题)

(15) 单选按钮

用 data-role="header" 属性标记的容器，各个属性具体取值的说明如下。

- ❏ data-role　　　none (防止自动增强)
- ❏ data-theme　　　主题样式 (a~z)—— 添加到表单元素

(16) 列表菜单

select 的列表菜单会被自动增强，无需 data-role 属性。各个属性具体取值的说明如下。

- ❏ data-icon　　　home | delete | plus | arrow-u | arrow-d | check | gear | grid | star | custom | arrow-r | arrow-l | minus | refresh | forward | back | alert | info | search
- ❏ data-iconpos　left | right | top | bottom | notext
- ❏ data-inline　　　true | false
- ❏ data-native-menu　　　true | false
- ❏ data-overlay-theme　　　主题样式 (a~z) ——蒙版的主题样式

- ❏ data–placeholder   true l false —— 加到 option 上
- ❏ data–role   none（防止自动增强）
- ❏ data–theme   主题样式 (a~z) —— 加到表单元素上

（17）划杆

type="range" 属性标记的 input 元素会被自动增强，无需 data–role 属性。各个属性具体取值的说明如下。

- ❏ data–role   none（防止自动更新）
- ❏ data–theme   主题样式 (a~z) —— 加到表单元素上
- ❏ data–track–theme   主题样式 (a~z)—— 加到表单元素上

（18）文本框和文本域

type="textlnumberlsearchl 等 ." 类型的文本框或者文本域会自动增强，无需 data–role 属性。各个属性具体取值的说明如下。

- ❏ data–role   none（防止自动更新 l）
- ❏ data–theme   主题样式 (a~z) —— 加到表单元素上

▎ 13.6 有响应的布局助手

 本节教学录像：2 分钟

jQuery Mobile 给 HTML 元素增加了用来模拟浏览器的水平竖直方向，以及常用的最大宽度 CSS 媒介查询 class。这些 class 会在加载、调整大小以及方向变化时更新，使用户能够在 CSS 中切断这些 class，以创建有响应的布局。即使在不支持媒介查询的浏览器中也可以实现。

13.6.1 方向类

方向类取决于浏览器或者设备的方向，HTML 元素总是会有 "portrait"（竖屏）"landscape"（横屏）class。可以在 CSS 中按下面所示使用它们。

```
.portrait {
/* 垂直方向的变化的代码 */
}
.landscape {
/* 水平方向的变化的代码 */
}
```

13.6.2 最小 / 最大宽度折断点

在默认情况下，为如下宽度创建了折断：320，80，68，024。这些宽度对应着如同这样的 class:"min–width–320px"，"max–width–480px"。这意味着这些 class 可以应用在替换（或附加）它们模拟的等值的媒介查询，例如：

```
.myelement {
float: none;
}
.min-width-480px .myelement {
float: left;
}
```

jQuery Mobile 中的许多插件都利用了这些宽度折断点。例如，当浏览器宽度在 480 以上时，表单元素会浮动在 label 的旁边，约束表单文本框的 CSS 在支持这样的行为时看起来像下面这样。

```
label.ui-input-text {
display: block;
}
.min-width-480px label.ui-input-text {
display: inline-block;
}
```

13.6.3　添加宽度折断点

要利用自己的宽度折断点，jQuery Mobile 公开了 $.mobile.addResolutionBreakpoints 函数。该函数接受一个数字或者数字的数组，这些值无论何时在函数被应用到时会被添加到 min/max 折断点中，例如：

```
// 添加一个 1 200 像素的最大 / 最小折断点
$.mobile.addResolutionBreakpoints(1200);
/// 添加一个 1 200 像素和 1400 像素的最大 / 最小折断点
$.mobile.addResolutionBreakpoints([1200,1440]);
```

13.6.4　运行媒介查询

jQuery Mobile 中提供了一个函数，允许开发者测试是否有特殊的 CSS 媒介查询生效，只需调用 $.mobile.media()，然后传递一个 media type 或 query 即可。如果浏览器支持传递的那种 type 或 query，它会立即生效，函数会返回 true，否则会返回 false，例如：

```
// 测试屏幕媒体类型
$.mobile.media("screen");
// 测试最小宽度的媒介查询
$.mobile.media("screen and (min-width: 480px)");
// 测试是否为苹果 4 代手机的屏幕（视网膜）
$.mobile.media("screen and (-webkit-min-device-pixel-ratio: 2)");
```

13.7　综合应用——实现页面跳转

 本节教学录像：2 分钟

接下来通过一个具体实例的实现过程，详细讲解使用 jQuery Mobile 的方法和事件实现页面跳转的方法。

【范例 13-20】用 jQuery Mobile 的方法和属性实现页面跳转（光盘 :\ 配套源码 \13\1.html 和 a.html）

实例文件 1.html 的具体实现代码如下。

```
<!DOCTYPE html>
<html class="ui-mobile">
<head>
<title>Page Title</title>

<meta name="viewport" content="width=device-width, initial-scale=1">
<META HTTP-EQUIV="pragma" CONTENT="no-cache">
<META HTTP-EQUIV="Cache-Control" CONTENT="no-store, must-revalidate">
<META HTTP-EQUIV="expires" CONTENT="Wed, 26 Feb 1997 08:21:57 GMT">
<META HTTP-EQUIV="expires" CONTENT="0">
<meta charset="utf-8">
<link rel="stylesheet" href="http://code.jquery.com/mobile/1.1.0-rc.1/jquery.mobile-1.1.0-rc.1.min.css"
/>
<script src="http://code.jquery.com/jquery-1.7.1.min.js"></script>
<script src="http://code.jquery.com/mobile/1.1.0-rc.1/jquery.mobile-1.1.0-rc.1.min.js"></script>
<script type="text/javascript" charset="utf-8">

$( document ).delegate("#index", "pageinit", function() {
$(document).bind( "pagebeforechange", beforechange);
});
function beforechange( e, data ) {
if ( typeof data.toPage != "string" ) {
var url = $.mobile.path.parseUrl(e.target.baseURI),
re = /a.html/;
if(url.href.search(re) != -1){
var page = $(e.target).find("#a2");
var d = data.options.data;
page.find("#s").append(decodeURIComponent(d));
}
}
```

```
}
</script>
</head>



<body>
<div data-role="page" id="index">
<div data-role="header">.header.</div>
<div data-role="content">
<a href="a.html?p1=112&p2=113">a.html</a><br>
<div id="ccc"><a href="#c" id="cc">cccccc</a><br></div>
<a href="dir2/b.html" data-rel="dialog" data-transition="pop">Open dialog</a>
<form action="a.html" method="post">
姓名: <input type="text" value="23" name="name"/><br>
密码: <input type="text" value=" 过后 " name="pwd"/><br>
<input type="submit" value="submit"/>
</form>
</div>
<div data-role="footer" data-position="fixed">footer</div>
</div>
</body>
</html>
```

实例文件 a.html 的实现代码如下。

```
<!DOCTYPE html>
<html>
<head>
<title>Page Title</title>
<meta name="viewport" content="width=device-width, initial-scale=1">
<META HTTP-EQUIV="pragma" CONTENT="no-cache">
<META HTTP-EQUIV="Cache-Control" CONTENT="no-store, must-revalidate">
<META HTTP-EQUIV="expires" CONTENT="Wed, 26 Feb 1997 08:21:57 GMT">
<META HTTP-EQUIV="expires" CONTENT="0">
<meta charset="utf-8">
<link rel="stylesheet"
href="http://code.jquery.com/mobile/1.1.0-rc.1/jquery.mobile-1.1.0-rc.1.min.css" />
<script src="http://code.jquery.com/jquery-1.7.1.min.js"></script>
<script src="http://code.jquery.com/mobile/1.1.0-rc.1/jquery.mobile-1.1.0-rc.1.min.js"></script>
```

```
</head>
<body>

<div data-role="page" id="a2" >
<div data-role="header">
.header.
</div>
<div data-role="content">
<a href="../dir2/b.html" >b.html</a>
<br>
<a data-rel="back" href="b.html">back</a>
<div id="s"></div>
</div>
<div data-role="footer" data-position="fixed">
footer
</div>
</div>
</body>
</html>
```

【范例分析】

在 jQuery Mobile 应用中，页面跳转时，pagebeforechange 事件会被触发两次，通过 $(document).bind("pagebeforechange", handleChangePage) 来绑定 pagebeforechange 事件的触发函数 handleChangePage(e,data)。第一次触发时，data.toPage 是到达页面的 url，类型是 string。第二次触发时，data.toPage 是 e.fn.e.init。

在第二次触发时可以获取到达页面的信息，因此可以在第二次触发时增加自己的操作，也就是 if(typeof data.toPage != "string")。这时可以用 e.target.baseURI 来获取到达页面的 uri，类型是 string，然后就可以分析出参数等。

利用 e.target.find("pageId") 来获取到达页的相应元素加以控制。

❑ "get" 方式提交时可以直接解析 e.target.baseURI 来获取参数。

❑ "post" 方式提交时可以分析 data.options.data 来获取参数。也可以在 changePage 里利用 $("form").serializeArray() 转换为 JSON 对象（这种方式比较好）或者 $("form").serialize() 转换成字符串。

如果发生中文乱码问题，可以尝试使用 decodeURIComponent(str) 进行解码。

【运行结果】

上述实例代码的执行效果如图 13-20 所示。输入姓名和密码，单击 "submit" 按钮后的效果如图 13-21 所示。

图 13-20　执行效果

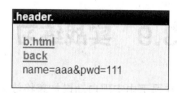

图 13-21　跳转后传递了参数

▊ 13.8　高手点拨

1.　总结 jQuery Mobile API 的事件机制

jQuery Mobile 开创性地提供了丰富的事件处理机制，并且耗费了很大的精力将不同设备的事件进行整合，使开发者不必再为了解决不同设备之间的事件处理差异而耗费时间和精力。

jQuery Mobile 提供的事件多种多样，主要包括触摸事件、虚拟鼠标事件、设备方向事件、滚屏事件、页面加载事件、页面显示 / 隐藏事件、页面初始化事件、动画事件等。这些事件会根据当前设备的特性，分别使用 Touch、mouse 或者 window 事件来匹配当前的设备可用的事件，所有不管是移动设备还是桌面设备的操作都将是可靠的。并且这些事件同样可以使用 jQuery 中的 live() 和 bind() 方法。

2.　建议使用 pageCreate() 代替 $(document).ready()

在学习 jQuery 时，用 $(document).ready() 来使脚本在 DOM 元素加载完成后才开始执行，但是在 jQuery Mobile 中每一页的内容都是通过 Ajax 来加载的，这样在进行页面转换的时候是无法再次触发 $(document).ready() 方法的。因此需要绑定 pageCreate 事件来处理页面转换时需要执行的脚本。

3.　务必小心使用 vclick

小心在触摸设备使用 vclick。Webkit 内核的浏览器会在 touchend 事件触发后 300 ms 自己生成 mousedown、mouseup 和 click 3 个事件。这些生成的鼠标事件的目标会在它们触发的时候被计算出来，并且是基于 touch 事件的位置，并且有些情况下会在不同的设备上甚至相同设备的不同 OS 会导致不同的计算结果。这就意味着原始的点击事件的目标与浏览器自己生成的鼠标事件的目标元素可能不是同一个。

笔者在此建议，在触摸后可能会改变你点击的点下面内容的事件中，使用 click 而不是 vclick 方法。这样的事件包括页面转场和其他的一些行为，比如收缩 / 伸展这样的可能会导致屏幕有变化或者内容完全被替换的事件。

应用会调用一个 vclick 事件来取消某个元素的默认点击事件。在基于鼠标的设备上，对 vclick 事件调用 preventDefault() 方法等同于对真实点击的时间冒泡阶段调用 preventDefault() 方法。在基于触摸的设备上就有点复杂了，因为真实的点击事件会在 vclick 事件触发 300 ms 之后触发。对于触摸设备，对 vclick 事件调用 preventDefault() 方法会用 vmouse 插件的一些代码来试图捕获下一个点击事件。所以根据上述警告，要匹配一个触摸事件和与它对应的鼠标事件就比较困难，因为它们的目标是不同的。所以 vmouse 插件试图通过坐标来识别一个相符的点击事件通常会失败。有些情况下，两个事件的目标和坐标的识别都会失败，这样就会导致点击事件被触发或者元素的默认动作会被执行，或者内容被改变或者替换的情况下，触发了别的元素的点击事件。如果这样的 bug 在给定的元素上有规律地发生，建议对于动作使用 click 来驱动触发。

▌13.9　实战练习

1. 在网页中实现自动增加表格效果

请编写一个页面，执行后首先显示一个"2x2"的表格，每单击一次"+"按钮，则增加一行表格。

2. 开发一个计数器程序

请使用 HTML+CSS + JavaScript 技术开发一个绚丽的计时器程序。首先用加粗标记 <strong></strong> 用于显示统计的时间，然后用两个 <button> 按钮分别实现"开始"操作和"重启"操作。

第14章

第 **14** 章

 本章教学录像：23 分钟

jQuery Mobile 常用插件

随着智能手机的普及，越来越多的用户喜欢通过手机浏览网页。前面已经详细讲解 jQuery Mobile 技术的基础知识和具体用法。在现实开发应用中，除了可以使用 jQuery Mobile 的基本技术外，还可以使用第三方插件来实现更加强大的功能。本章详细讲解 jQuery Mobile 常用插件的基础知识，为读者步入本书后面知识的学习打下基础。

本章要点（已掌握的在方框中打钩）

☐ 使用 PhotoSwipe 插件

☐ 使用 Camera 插件

☐ 使用 Mobiscroll 插件

☐ 使用 AutoComplete 插件

☐ 使用 DateBox 插件

☐ 使用 SimpleDialog 插件

☐ 使用 ActionSheet 插件

☐ 使用 TN3 Gallery 插件

☐ 使用 Pagination Plugin 插件

☐ 综合应用——打造一个移动地图系统

14.1 使用 PhotoSwipe 插件

 本节教学录像：6 分钟

PhotoSwipe 是一款免费的 jQuery 图片库插件，支持 iPhone、iPad、Android 和 BlackBerry 等各种移动设备。PhotoSwipe 是专为移动触摸设备设计的相册 / 画廊，其底层实现基于 HTML/CSS/JavaScript，是一款免费开源的相册产品。本节详细讲解 PhotoSwipe 插件的基本知识和具体用法。

14.1.1 PhotoSwipe 插件基础

PhotoSwipe 是一个自身独立的 JavaScript 库，可以很方便地被集成进网站中。PhotoSwipe 针对移动浏览器（webkit）进行了大量的优化工作，并且对于桌面浏览器以及 jQueryMobile，在源码包内也提供了相应的版本。在 PhotoSwipe 插件源码中，各个参数的具体说明如下。

- ❏ allowUserZoom：允许用户双击放大 / 移动方式查看图片，默认值为 true。
- ❏ autoStartSlideshow：当 PhotoSwipe 激活后，自动播放幻灯片，默认值为 false。
- ❏ allowRotationOnUserZoom：只有 iOS 支持，允许用户在缩放 / 平移模式下用手势旋转图像，默认值为 false。
- ❏ backButtonHideEnabled：按返回键隐藏相册幻灯片，主要是 Android 和 Blackberry 使用，支持 BB6、Android v2.1、iOS 4 以及更新版本，默认值为 true。
- ❏ captionAndToolbarAutoHideDelay：标题栏和工具栏自动隐藏的延迟时间，默认值为 5 000（毫秒）。如果设为 0，则不会自动隐藏（tap/ 单击切换显隐）。
- ❏ captionAndToolbarFlipPosition：标题栏和工具栏切换位置，让 caption 显示在底部而 toolbar 显示在顶部，默认值为 false。
- ❏ captionAndToolbarHide：隐藏标题栏和工具栏，默认值为 false。
- ❏ captionAndToolbarOpacity：标题栏和工具栏的透明度（0~1），默认值为 0.8。
- ❏ captionAndToolbarShowEmptyCaptions：即使当前图片的标题是空，也显示标题栏，默认值为 true。
- ❏ cacheMode：缓存模式，Code. PhotoSwipe.Cache.Mode.normal（默认，正常）或者 Code. PhotoSwipe.Cache.Mode.aggressive（激进，积极），决定 PhotoSwipe 如何管理图片缓存 cache。
- ❏ doubleTapSpeed：双击的最大间隔，默认值为 300（毫秒）。
- ❏ doubleTapZoomLevel：当用户双击的时候放大的倍数，默认的 "zoom–in"（拉近）级别，默认值为 2.5。
- ❏ enableDrag：允许拖动上一张 / 下一张图片到当前界面，默认值为 true。
- ❏ enableKeyboard：允许键盘操作（按左、右箭头键切换，按 Esc 键退出，按 Enter 键自动播放，按空格键显 / 隐标题栏 / 退出），默认值为 true。
- ❏ enableMouseWheel：允许鼠标滚轮操作，默认值为 true。
- ❏ fadeInSpeed：淡入效果元素的速度（持续时间），单位为毫秒，默认值为 250。
- ❏ fadeOutSpeed：淡出效果元素的速度（持续时间），单位为毫秒，默认值为 250。
- ❏ imageScaleMethod：图片缩放方法（模式），可选值："fit"、"fitNoUpscale" 和 "zoom"。模式 "fit" 保证图像适应屏幕。"fitNoUpscale" 和 "fit" 类似，但是不会放大图片，"zoom" 将图片全屏，但有可能图片缩放不是等比例的，默认值为 "fit"。
- ❏ invertMouseWheel：反转鼠标滚轮。默认情况下，鼠标向下滚动将切换到下一张，向上切换到上一张，默认值为 false。

❑ jQueryMobile：指示 PhotoSwipe 是否集成进了 jQuery Mobile 项目。

❑ jQueryMobileDialogHash：jQuery Mobile 的 window、dialog 页面所使用的 hash 标签。默认值为 "&ui-state=dialog"。

❑ loop：相册是否自动循环，默认值为 true。

❑ margin：两张图之间的间隔，单位是像素，默认值为 20。

❑ maxUserZoom：最大放大倍数，默认值为 5.0（设置为 0，将被忽略）。

❑ minUserZoom：图像最小的缩小倍数，默认值为 0.5（设置为 0，将会忽略）。

❑ mouseWheelSpeed：响应鼠标滚轮的灵敏度，默认值为 500（毫秒）。

❑ nextPreviousSlideSpeed：当单击上一张、下一张按钮后，延迟多少毫秒执行切换，默认值为 0（立即切换）。

❑ preventHide：阻止用户关闭 PhotoSwipe，同时也会隐藏工具栏上的"close"关闭按钮。在独享的页面使用，默认值为 false。

❑ preventSlideshow：阻止自动播放模式，同时会隐藏工具栏里的播放按钮，默认值为 false。

❑ slideshowDelay：自动播放模式下，多长时间播放下一张，默认值为 3 000（毫秒）。

❑ slideSpeed：图片滑进视图的时间，默认值为 250（毫秒）。

❑ swipeThreshold：手指滑动多少像素才触发一个 swipe 手势事件，默认值为 50。

❑ swipeTimeThreshold：定义触发 swipe（滑动）手势的最大毫秒数，太慢则不会触发滑动，只会拖动当前照片的位置，默认值为 250。

❑ slideTimingFunction：滑动时的 Easing function，默认值为 "ease-out"。

❑ zIndex：初始的 zIndex 值，默认值为 1 000。

❑ enableUIWebViewRepositionTimeout：检查设备的方向是否改变，默认值为 false。

❑ uiWebViewResetPositionDelay：定时检查设备的方向是否改变的时间，默认值为 500（毫秒）。

❑ preventDefaultTouchEvents：阻止默认的 touch 事件，比如页面滚动。默认值为 true。

❑ target：必须是一个合法的 DOM 元素（如 DIV）。默认值是 window（全页面）。而如果是某个低级别的 DOM，则在 DOM 内显示，可能非全屏。

14.1.2 使用 PhotoSwipe 插件

接下来通过一个具体实例，讲解在 jQuery Mobile 页面中使用 PhotoSwipe 插件的方法。

【范例 14-1】在 jQuery Mobile 页面中使用 PhotoSwipe 插件（光盘 :\ 配套源码 \14\PhotoSwipe.html）

实例文件 PhotoSwipe.html 的具体实现代码如下。

```
<!DOCTYPE html>
<html>
<head>
<title>photoswipe 插件应用程序 </title>
<meta name="viewport" content="width=device-width,
    initial-scale=1.0, maximum-scale=1.0, user-scalable=0;" />
<link  href="Css/jquery.mobile-1.0.1.min.css"
    rel="Stylesheet" type="text/css" />
```

```html
<link  href="Css/Css1/photoswipe.css"
    rel="Stylesheet" type="text/css" />
<script src="Js/Js1/klass.min.js"
    type="text/javascript"></script>
<script src="Js/jquery-1.6.4.js"
    type="text/javascript"></script>
<script src="Js/jquery.mobile-1.0.1.js"
    type="text/javascript"></script>
<script src="Js/Js1/photoswipe.js"
    type="text/javascript"></script>
<script type="text/javascript">
   $(function() {
     $("#bookpic").live("pageshow", function(e) {
         // 实例化滑动图片对象
         var currentPage = $(e.target),
                    options = {},
                    photoSwipeInstance = $("ul.gallery a", e.target).photoSwipe(options,
currentPage.attr("id"));
         return true;
     }).live("pagehide", function(e) {
         var currentPage = $(e.target),
                    photoSwipeInstance = PhotoSwipe.getInstance(currentPage.attr("id"));
         // 分离图片列表与单个图片效果
         if (typeof photoSwipeInstance != "undefined" && photoSwipeInstance != null) {
            PhotoSwipe.detatch(photoSwipeInstance);
         }
         return true;
     })
   })
   </script>
</head>
<body>
<div data-role="page">
<div data-role="header"><h1> 相册集 </h1></div>
<div data-role="content">
 <ul data-role="listview" data-inset="true">
  <li data-role="list-divider"> 请选择所属专题 </li>
     <li><a href="#bookpic"> 图书作品集 </a></li>
     <li><a href="#"> 个人生活集 </a></li>
     </ul>
</div>
<div data-role="footer"><h4>©2014 版权所有 </h4></div>
 </div>
```

```
<div data-role="page" id="bookpic" data-add-back-btn="true">
<div data-role="header"><h1> 图书作品 </h1></div>
<div data-role="content">
  <ul class="gallery">
    <li><a href="Images/Img1/111.jpg" rel="external">
        <img src="Images/Img1/111.jpg" alt="2008 年图书作品 " title=""/>
      </a></li>
    <li><a href="Images/Img1/222.jpg" rel="external">
        <img src="Images/Img1/222.jpg" alt="2009 年图书作品 " title=""/>
      </a></li>
    <li><a href="Images/Img1/333.jpg" rel="external">
        <img src="Images/Img1/333.jpg" alt="2010 年图书作品 " title=""/>
      </a></li>
    <li><a href="Images/Img1/444.jpg" rel="external">
        <img src="Images/Img1/444.jpg" alt="2011 年图书作品 " title=""/>
      </a></li>
  </ul>
</div>
<div data-role="footer"><h4>©2014@ 版权所有 </h4></div>
</div>
</body>
</html>
```

【运行结果】

执行后的效果如图 14-1 所示。

图 14-1　执行效果

【范例分析】

本实例的具体实现流程如下。

（1）下载 PhotoSwipe 的开源 JS 文件 klass.min.js 和 photoswipe.js。

（2）下载 PhotoSwipe 的开源 CSS 文件 photoswipe.css。

（3）新建一个 HTML5 页面，分别添加两个 page 容器，在第一个容器中存放相册集中的各个选项。当单击"图书作品集"选项后，进入第二个容器中显示此选项下的所有作品信息。当单击某个作品图片时，会以全屏方式显示这个作品图片。并且在全屏界面中，可以通过左右滑动的方式来浏览其他作品图片。

14.2 使用 Camera 插件

 本节教学录像：2 分钟

响应式 jQuery 幻灯片插件 Camera 的功能是让产品界面能够响应用户的行为，提高用户体验。本节详细讲解 Camera 插件的基本知识和具体用法。

14.2.1 Camera 插件基础

Camera 是一个相当给力且支持触摸设备的 jQuery 幻灯片插件，此幻灯片支持展示图片、文字、视频等多种 HTML 元素，并且拥有漂亮的样式和多样的变换效果。Camera 有多种导航方式，如缩略图、前后按纽等。除此之外，Camera 还提供了很多漂亮的主题样式，同时能自定义样式。Camera 的定制性是非常高的，有多个参数选项可供设置，完全可以打造出相当个性的幻灯片。

在 jQuery Mobile 页面中，使用 Camera 插件的基本流程如下。

（1）首先引入 jQuery 类库文件（1.4 以上版本）、jQuery Easing 和 Camera 插件相关的文件。如果想要支持移动设备，还必须加入 jQuery Mobile 这个插件，具体引入代码如下。

```
<script src="jquery.min.js"></script>
<script type='text/javascript' src='jquery.easing.1.3.js'></script>
<script type='text/javascript' src='camera.min.js'></script>
<link rel='stylesheet' href='camera.css' type='text/css' media='all'>
```

（2）使用以下 HTML 代码即可呈现出一个最简单的幻灯片效果。

```
<div class="camera_wrap">
<div data-src="1.jpg"></div>
<div data-src="1.jpg"></div>
</div>
```

（3）设置一些参数对它进行初始化，例如下面的代码。

```
$('#camera_wrap').camera({
height: '400px',
loader: 'bar',
pagination: false,
thumbnails: true
});
```

14.2.2 使用 Camera 插件

接下来通过一个具体实例，讲解在 jQuery Mobile 页面中使用 Camera 插件的方法。

【范例 14-2】 在 jQuery Mobile 页面中使用 Camera 插件（光盘 :\ 配套源码 \14\Camera.html）

实例文件 Camera.html 的具体实现代码如下。

```html
<!DOCTYPE html>
<html>
<head>
  <title>camera 插件应用程序 </title>
  <meta name="viewport" content="width=device-width,
      initial-scale=1.0, maximum-scale=1.0, user-scalable=0;" />
  <link  href="Css/jquery.mobile-1.0.1.min.css"
      rel="Stylesheet" type="text/css" />
  <link  href="Css/Css2/camera.css"
      rel="Stylesheet" type="text/css" />
  <script src="Js/jquery-1.6.4.js"
      type="text/javascript"></script>
  <script src="Js/jquery.mobile-1.0.1.js"
      type="text/javascript"></script>
  <script src="Js/Js2/jquery.easing.1.3.js"
      type="text/javascript"></script>
  <script src="Js/Js2/camera.min.js"
      type="text/javascript"></script>
  <script type="text/javascript">
    $(function() {
      $('#camera_wrap_1').camera({
      time: 1000,
          thumbnails:false
      })
  });
  </script>
</head>
<body>
<div data-role="page">
  <div data-role="header"><h1> 幻灯图片 </h1></div>
    <div class="camera_wrap camera_azure_skin" id="camera_wrap_1">
      <div data-thumb="Images/Img2/thumb/list_1.jpg"
        data-src="Images/Img2/list_1.jpg">
      <div class="camera_caption fadeFromBottom">
      第 <em>1</em> 风景秀丽山河
      </div>
    </div>
    </div>
```

```
    <div data-thumb="Images/Img2/thumb/list_2.jpg"
     data-src="Images/Img2/list_2.jpg">
    <div class="camera_caption fadeFromBottom">
        第 <em>2</em> 风花雪月夜
        </div>
    </div>
     <div data-thumb="Images/Img2/thumb/list_3.jpg"
      data-src="Images/Img2/list_3.jpg">
      <div class="camera_caption fadeFromBottom">
        第 <em>3</em> 幅图片的说明文字
        </div>
      </div>
     </div>
    <div data-role="footer"><h4>©2014@ 版权所有 </h4></div>
    </div>
    </body>
    </html>
```

【运行结果】

本实例执行后的效果如图 14-2 所示。

【范例分析】

本实例的具体实现流程如下。

（1）下载 Camera 的开源 JS 文件 camera.min.js 和 jquery.easing.1.3.js。

（2）下载 Camera 的开源 CSS 文件 camera.css。

（3）新建一个 HTML5 页面，然后在页面中添加三幅图片，再调用 Camera 插件中的方法实现图片轮播效果。

图 14-2　执行效果

技 巧

如何用 jQuery Mobile 设置当前激活页面的样式

当使用 jQuery Mobile 后，默认当前激活页面中的 ui-page 元素都会使用框架默认的样式中定义的 ui-page-active。如果要对其进行修改，可以设置 $.mobile 对象中的 activePageClass 属性，例如：

```
$(document).bind("mobileinit", function(){
$.mobile.activePageClass="ui-page-custom";
 });
```

其中，ui-page-custome 为用户自定义的样式。

14.3　使用 Mobiscroll 插件

 本节教学录像：2 分钟

使用 Mobiscroll 插件可以实现 iOS 系统自带的选择器控件效果，支持几乎所有的移动平台，如 iOS、Android、BlackBerry、Windows Phone 8、Amazon Kindle。本节详细讲解 Mobiscroll 插件的基本知识和具体用法。

14.3.1　Mobiscroll 插件基础

Mobiscroll 是一个用于触摸设备（Android phones、iPhone、iPad、Galaxy Tab）的日期和时间选择器 jQuery 插件，可以让用户很方便地只需要滑动数字即可选择日期。Mobiscroll 作为一款 jQuery 日期插件，可以让用户自定义主题，完全通过 CSS 文件修改样式，经过测试可以完美使用在 iOS 浏览器、Android 浏览器、Safari 浏览器、火狐、IE 9 等浏览器上。

使用 Mobiscroll 插件的基本流程如下。

（1）登录官网下载 Mobiscroll 压缩包，在下载之前需要先注册会员。在下载的时候，用户可以选择自己使用的框架及皮肤样式等选项，如图 14-3 所示。

（2）新建一个 HTML5 文件，引用 jquery.js 和 jquerymobile.js 等必需的 JS 文件，编写如下测试代码。

```
<div data-role="fieldcontain">
    <label for="txtBirthday"> 出生日期: </label>
    <input type="text" data-role="datebox"  id="txtBirthday" name="birthday" />
</div>
```

（3）可以通过如下代码来初始化日期控件。

```
$('input:jqmData(role="datebox")').mobiscroll().date();
// 初始化日期控件
var opt = {
    preset: 'date', // 日期
    theme: 'jqm', // 皮肤样式
    display: 'modal', // 显示方式
    mode: 'clickpick', // 日期选择模式
    dateFormat: 'yy-mm-dd', // 日期格式 yyyymmdd 就全显示
    setText: ' 确定 ', // 确认按钮名称
    cancelText: ' 取消 ',// 取消按钮名称
    dateOrder: 'yymmdd', // 面板中日期排列格式 ,yyyymmdd 就全显示
    dayText: ' 日 ', monthText: ' 月 ', yearText: ' 年 ', // 面板中年月日文字
    endYear:2020, // 结束年份

    minDate:new Date(2010,10,3),

    maxDate:new Date(2012,10,3)// 设置可选择最大时间
```

```
};
```

```
$('input:jqmData(role="datebox")').mobiscroll(opt);
```

此时就成功引用了 Mobiscroll 插件的功能，执行效果如图 14-4 所示。

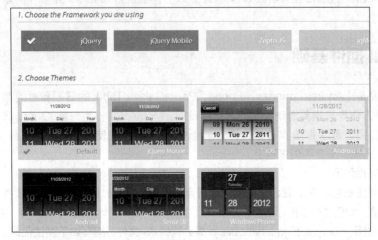

图 14-3　选择皮肤

图 14-4　执行效果

14.3.2　使用 Mobiscroll 插件

接下来通过一个具体实例来讲解在 jQuery Mobile 页面中使用 Mobiscroll 插件的方法。

【范例 14-3】 在 jQuery Mobile 页面中使用 Mobiscroll 插件（光盘 :\ 配套源码 \14\Mobiscroll.html）

实例文件 Mobiscroll.html 的具体实现代码如下。

```
<!DOCTYPE html>
<html>
<head>
    <title>mobiscroll 插件应用程序 </title>
    <meta name="viewport" content="width=device-width,
        initial-scale=1.0, maximum-scale=1.0, user-scalable=0;" />
    <link  href="Css/jquery.mobile-1.0.1.min.css"
        rel="Stylesheet" type="text/css" />
    <link  href="Css/Css3/mobiscroll-1.6.css"
        rel="Stylesheet" type="text/css" />
    <script src="Js/jquery-1.6.4.js"
        type="text/javascript"></script>
    <script src="Js/jquery.mobile-1.0.1.js"
        type="text/javascript"></script>
    <script src="Js/Js3/mobiscroll-1.6.js"
```

```
           type="text/javascript"></script>
     <script type="text/javascript">
       $(function() {
       $("#date1").scroller({ });
         $("#date2").scroller({ preset: "datetime" });
       })
     </script>
</head>
<body>
<div data-role="page">
     <div data-role="header"><h1> 选择时间 </h1></div>
     <div data-role="content" data-theme="e">
       <form id="testform">
       日期： <input type="text" name="date1"
                id="date1" readonly/>
       时间： <input type="text" name="date2"
                id="date2" readonly/>
     </form>
     </div>
     <div data-role="footer"><h4>©2014@ 版权所有 </h4></div>
</div>
</body>
</html>
```

【运行结果】

本实例执行后的效果如图 14-5 所示。

【范例分析】

本实例的具体实现流程如下。

（1）下载 Mobiscroll 的开源 JS 文件 mobiscroll-1.6.js。

（2）下载 Mobiscroll 的开源 CSS 文件 mobiscroll-1.6.css。

（3）新建一个 HTML5 页面，然后在页面中添加表单元素，
供用户输入日期和时间。在第一个文本框中绑定 Mobiscroll 插件
的默认设置，在第二个文本框中绑定 Mobiscroll 插件的时间型设
置。这样，当单击这两个文本框时，会弹出不同效果的选择日期
和时间窗口。

图 14-5 执行效果

14.4 使用 AutoComplete 插件

 本节教学录像：2 分钟

AutoComplete 是一个实现搜索自动提示功能的插件。本节详细讲解 AutoComplete 插件的基本知
识和具体用法，为读者步入本书后面知识的学习打下基础。

14.4.1 AutoComplete 插件基础

在现实项目开发过程中，有时会用到自动补全查询功能。就像 Google 搜索框或淘宝商品搜索功能那样，只需输入汉字或字母，以该汉字或字母开头的相关条目会显示出来供用户选择。AutoComplete 插件就是完成这样的功能，如图 14-6 所示。

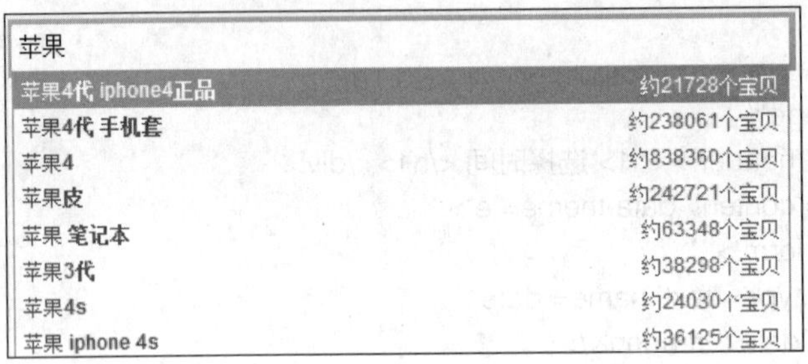

苹果	
苹果4代 iphone4正品	约21728个宝贝
苹果4代 手机套	约238061个宝贝
苹果4	约838360个宝贝
苹果皮	约242721个宝贝
苹果 笔记本	约63348个宝贝
苹果3代	约38298个宝贝
苹果4s	约24030个宝贝
苹果 iphone 4s	约36125个宝贝

图 14-6　搜索自动提示

AutoComplete 插件需要的数据源可以为本地数据和远程数据两种，其中本地数据源为本地 JS 数组或本地的 JSON 对象，例如：

```
var data = ["c++","java", "php", "coldfusion","javascript"];
var data = [{text:'Link A', url:'/page1'}, {text:'Link B', url: '/page2'} ];
```

在使用远程地址时，默认传入的参数是 q（输入值）、limit（返回结果的最大值），可以使用 extraParams 传入其他的参数，而且远程数据源是需要固定格式的数据，返回结果：使用 "\n" 分割每行数据，每行数据中使用 "|" 分割每个元素，例如

```
string data = "c++\n java \n php \n coldfusion \n javascript";
```

使用 AutoComplete 插件的语法格式如下。

```
autocomplete(urlor data, [options] )
```

各个参数的具体说明如下。

（1）url or data：数组或者 url。

（2）[options]：这是一个可选项。各个选项的具体说明如下。

❑ minChars (Number)：在触发 autoComplete 前，用户至少需要输入的字符数，Default:1。如果设为 0，在输入框内双击或者删除输入框内内容时显示列表。

❑ width (Number)：指定下拉框的宽度，Default: input 元素的宽度。

❑ max (Number)：autoComplete 下拉时显示项目的个数，Default: 10。

❑ delay (Number)：单击按键后激活 autoComplete 的延迟时间（单位为毫秒），Default：远程为 400，本地为 10。

❑ autoFill (Boolean)：要不要在用户选择时自动将用户当前鼠标所在的值填入 input 框，Default：false。

❑ mustMatch (Booolean)：如果设置为 true，autoComplete 只会允许匹配的结果出现在输入框。所以当用户输入非法字符时，将会得不到下拉框。Default:false。

❑ matchContains (Boolean)：决定比较时是否要在字符串内部查看匹配，如 ba 是否与 foo bar 中的 ba 匹配。使用缓存时比较重要。不要和 autofill 混用。Default: false。

❑ selectFirst (Boolean)：如果设置为 true，则在用户键入 tab 或 return 键时，autoComplete 下拉列表的第一个值将被自动选择，尽管它没被手工选中（用键盘或鼠标）。如果用户选中某个项目，那么就用用户选中的值。Default: true。

❑ cacheLength (Number)：缓存的长度，即对从数据库中取到的结果集要缓存多少条记录，设成 1 为不缓存。Default: 10。

❑ matchSubset (Boolean)：autoComplete 可不可以使用对服务器查询的缓存。如果缓存对 foo 的查询结果，那么如果用户输入 foo，就不需要再进行检索了，直接使用缓存。通常是打开这个选项，以减轻服务器的负担，提高性能。只会在缓存长度大于 1 时有效。Default: true。

❑ matchCase (Boolean)：比较是否开启大小写敏感开关。使用缓存时比较重要。如果读者理解上一个选项，这个就不难理解，就好比 foot 要不要到 foo 的缓存中去找。Default: false。

❑ multiple (Boolean)：是否允许输入多个值，即多次使用 autoComplete 以输入多个值。Default:false。

❑ multipleSeparator (String)：如果是多选，用来分开各个选择的字符。Default:","。

❑ scroll (Boolean)：当结果集大于默认高度时是否使用卷轴显示，Default: true。

❑ scrollHeight (Number)：自动完成提示的卷轴高度用像素大小表示。Default: 180。

❑ formatItem (Function)：为每个要显示的项目使用高级标签，即对结果中的每一行都会调用这个函数，返回值将用 LI 元素包含显示在下拉列表中。Autocompleter 会提供 3 个参数（row, i, max）：返回的结果数组、当前处理的行数（第几个项目，是从 1 开始的自然数）、当前结果数组元素的个数（项目的个数）。Default: none，表示不指定自定义的处理函数，这样下拉列表中的每一行只包含一个值。

❑ formatResult (Function)：和 formatItem 类似，但可以将将要输入到 input 文本框内的值进行格式化。同样有 3 个参数，和 formatItem 一样。Default: none，表示要么只有数据，要么使用 formatItem 提供的值。

❑ formatMatch (Function)：对每一行数据使用此函数格式化需要查询的数据格式，返回值是给内部搜索算法使用的。参数值 row。

❑ extraParams (Object)：为后台（一般是服务端的脚本）提供更多的参数，和通常的做法一样，使用一个键值对对象。如果传过去的值是 { bar:4 }，将会被 autocompleter 解析成 my_autocomplete_backend.php?q=foo&bar=4（假设当前用户输入了 foo)。Default: {}。

❑ result (handler) Returns:jQuery：此事件会在用户选中某一项后触发，参数如下。

l　event：事件对象，event.type 为 result。

l　data：选中的数据行。

l　formatted：formatResult 函数返回的值。

例如下面的代码。

```
$("#singleBirdRemote").result(function(event, data, formatted){
// 如选择后给其他控件赋值，触发别的事件等
});
```

14.4.2　使用 AutoComplete 插件

接下来通过一个具体实例，讲解在 jQuery Mobile 页面中使用 AutoComplete 插件的方法。

【范例 14-4】 在 jQuery Mobile 页面中使用 AutoComplete 插件（光盘 :\ 配套源码 \14\AutoComplete.html）

实例文件 AutoComplete.html 的具体实现代码如下。

```html
<!DOCTYPE html>
<html>
<head>
    <title>autoComplete 插件应用程序 </title>
    <meta name="viewport" content="width=device-width,
        initial-scale=1.0, maximum-scale=1.0, user-scalable=0;" />
    <link  href="Css/jquery.mobile-1.0.1.min.css"
        rel="Stylesheet" type="text/css" />
    <script src="Js/jquery-1.6.4.js"
        type="text/javascript"></script>
    <script src="Js/jquery.mobile-1.0.1.js"
        type="text/javascript"></script>
    <script src="Js/Js4/jqm.autoComplete-1.3.js"
        type="text/javascript"></script>
</head>
<body>
<div data-role="page" id="mainPage">
    <div data-role="header"><h1> 搜索关键字自动提示 </h1></div>
    <div data-role="content">
    <input type="search" id="txtSearch" placeholder=" 请输入搜索关键字 ">
        <ul id="ulSearchStr" data-role="listview" data-inset="true"></ul>
    </div>
    <div data-role="footer"><h4>©2013@ 版权所有 </h4></div>
</div>
</body>
 <script type="text/javascript">
    $("#mainPage").bind("pageshow", function(e) {
        var arrUserName = [" 张三 "," 王小五 "," 张才子 ",
            " 李四 "," 张大三 "," 李大四 "," 王五 "," 刘明 ",
            " 李小四 "," 刘促明 "," 李渊 "," 张小三 "," 王小明 "];
        $("#txtSearch").autocomplete({
            target: $('#ulSearchStr'),
            source: arrUserName,
            link: 'clickUrl.html?s=',
            minLength: 0
        })
    })
</script>
</html>
```

【运行结果】

本实例执行后的效果如图 14-7 所示。

【范例分析】

本实例的具体实现流程如下。

（1）下载 AutoComplete 的开源 JS 文件 jqm.auto Complete-1.3.js。

（2）新建一个 HTML5 页面，然后在页面中分别添加一个搜索表单和结果列表框。当用户在文本框中输入搜索关键字时，会调用 AutoComplete 插件自动提示匹配的字符集信息。

图 14-7　执行效果

14.5　使用 DateBox 插件

 本节教学录像：2 分钟

DateBox 是一款经典的日期对话框插件。本节详细讲解 DateBox 插件的基本知识和具体用法，为读者步入本书后面知识的学习打下基础。

14.5.1　DateBox 插件基础

DateBox 是 jQuery Mobile 插件，在日期和时间方面，用于设计简单、直观的用户交互。DateBox 插件的基本特点如下。

（1）多个数据输入模式
- ❏ Android 风格的日期选择器
- ❏ 日历风格的日期选择器
- ❏ 滑动式日期选择
- ❏ 翻转轮风格的日期和时间选择器
- ❏ 12 和 24 小时的时间选择器
- ❏ 时间选择器

（2）4 种不同的显示模式
- ❏ 标准，在关闭弹出窗口模式单击
- ❏ 强制输入弹出式窗口模式
- ❏ 独特的页面模式对话框
- ❏ 内联方式
- ❏ 完全本地化
- ❏ 可配置的月份名称
- ❏ 配置节的名称
- ❏ 所有的标签和按钮 configuratble

（3）支持限制输入数据

□ 可配置的最大和最小年（Android 模式）
□ 今天从"可配置的最大和最小的数天"（日期模式）
□ 允许列入黑名单的日子或特定日期（日历模式）
□ 允许从任何星期选择特定的一天（日历模式）

14.5.2　使用 DateBox 插件

接下来通过一个具体实例的实现过程，讲解在 jQuery Mobile 页面中使用 DateBox 插件的方法。

【范例 14-5】在 jQuery Mobile 页面中使用 DateBox 插件（光盘 :\ 配套源码 \14\DateBox.html）

实例文件 DateBox.html 的具体实现代码如下。

```
<!DOCTYPE html>
<html>
<head>
  <title>datebox 插件应用程序 </title>
  <meta name="viewport" content="width=device-width,
    initial-scale=1.0, maximum-scale=1.0, user-scalable=0;" />
  <link href="Css/jquery.mobile-1.0.1.min.css"
    rel="Stylesheet" type="text/css" />
  <link  href="Css/Css5/jquery.mobile.datebox.css"
    rel="Stylesheet" type="text/css" />
  <script src="Js/jquery-1.6.4.js"
    type="text/javascript"></script>
  <script src="Js/jquery.mobile-1.0.1.js"
    type="text/javascript"></script>
  <script src="Js/Js5/jquery.mobile.datebox.js"
    type="text/javascript"></script>
</head>
<body>
<div data-role="page">
  <div data-role="header"><h1> 日期插件 </h1></div>
  <div data-role="content">
  选择日期:
  <input name="lang1" id="lang1" type="text" readonly
    data-role="datebox" data-options='{"mode": "calbox"}'  />
  </div>
  <div data-role="footer"><h4>©2014@ 版权所有 </h4></div>
</div>
</body>
</html>
```

【运行结果】

本实例执行后的效果如图 14-8 所示。

【范例分析】

本实例的具体实现流程如下。

（1）下载 DateBox 的开源 JS 文件 jquery.mobile.
datebox.js。

（2）下载 DateBox 的开源 CSS 文件 jquery.mobile.
datebox.css。

图 14-8　执行效果

（3）新建一个 HTML5 页面，然后在页面中添加一个 readonly 属性为 true 的文本框。浏览页面时会在文本框的右侧显示一个圆形按钮。单击这个按钮后，会调用 DateBox 插件，弹出显示一个日期选择的对话框。

▌ 14.6　使用 SimpleDialog 插件

 本节教学录像：2 分钟

SimpleDialog 是一款经典的简单对话框插件。本节详细讲解 SimpleDialog 插件的基本知识和具体用法，为读者步入本书后面知识的学习打下基础。

14.6.1　SimpleDialog 插件基础

Simple Dialog 是一个用来实现弹出很简单的模态对话框的 jQuery 插件。例如，下面是一段使用 jQuery 插件的演示代码。

```
$(document).ready(function () {
  $('.simpledialog').simpleDialog({
    opacity: 0.3,
    duration: 500,
    title: 'Simple Dialog',
    open: function (event) {
      console.log('open!');
    },
    close: function (event, target) {
      console.log('close!');
    }
  });
});
```

14.6.2　使用 SimpleDialog 插件

接下来通过一个具体实例，讲解在 jQuery Mobile 页面中使用 SimpleDialog 插件的方法。

【范例 14-6】 在 jQuery Mobile 页面中使用 SimpleDialog 插件（光盘 :\ 配套源码 \14\SimpleDialog.html）

实例文件 SimpleDialog.html 的具体实现代码如下。

```
<!DOCTYPE html>
<html>
<head>
  <title>simpledialog 插件应用程序 </title>
  <meta name="viewport" content="width=device-width,
    initial-scale=1.0, maximum-scale=1.0, user-scalable=0;" />
  <link href="Css/jquery.mobile-1.0.1.min.css"
    rel="Stylesheet" type="text/css" />
  <link  href="Css/Css6/jquery.mobile.simpledialog.css"
    rel="Stylesheet" type="text/css" />
  <script src="Js/jquery-1.6.4.js"
    type="text/javascript"></script>
  <script src="Js/jquery.mobile-1.0.1.js"
    type="text/javascript"></script>
  <script src="Js/Js6/jquery.mobile.simpledialog.js"
    type="text/javascript"></script>
  <script type="text/javascript">
    $(function() {
      $("li a[data-transition='slideup']").each(function(index) {
        $(this).bind("click", function() {
          $(this).simpledialog({
            'mode': 'bool',
            'prompt': ' 您真的要删除所选择的记录吧？ ',
            'useModal': true,
            'buttons': {
              ' 确定 ': {
                click: function() {
                  var $delId = "li" + index;
                  $("#" + $delId).remove();
                }
              },
              ' 取消 ': {
                click: function() {
                  // 编写单击取消按钮事件
                },
                 icon: "delete",
                theme: "c"
              }
            }
          })
        })
```

```
            })
        })
    });
    </script>
</head>
<body>
<div data-role="page">
  <div data-role="header"><h1> 对话框 </h1></div>
  <div data-role="content">
   <ul data-role='listview' data-split-icon="delete" data-split-theme="c">
    <li id="li0"><a href="#"> 图书 </a>
      <a href="#" data-transition="slideup"> 删除图书大类 </a></li>
    <li id="li1"><a href="#"> 影视 </a>
      <a href="#" data-transition="slideup"> 删除影视大类 </a></li>
    <li id="li2"><a href="#"> 音乐 </a>
      <a href="#" data-transition="slideup"> 删除音乐大类 </a></li>
   </ul>
  </div>
  <div data-role="footer"><h4>©2014@@ 版权所有 </h4></div>
</div>
</body>
</html>
```

【运行结果】

本实例执行后的效果如图 14-9 所示。

图 14-9　执行效果

【范例分析】

本实例的具体实现流程如下。

（1）下载 SimpleDialog 的开源 JS 文件 jquery.mobile.simpledialog.js。

（2）下载 SimpleDialog 的开源 CSS 文件 jquery.mobile.simpledialog.css。

（3）新建一个 HTML5 页面，然后在页面中通过 data-role='listview' 添加一个列表容器。当单击右侧的删除按钮 ⊗ 时会调用 SimpleDialog 插件，弹出显示一个"确认删除"的对话框。单击"确定"按钮会删除选中的信息，单击"取消"按钮会关闭这个对话框。

14.7 使用 ActionSheet 插件

 本节教学录像：2 分钟

ActionSheet 是一款经典的、非常简单的完整标签驱动的行动表插件。通过使用这个插件，可以以动画的效果弹出一个任意标签，在这个标签中的内容可以是任何 HTML 代码。接下来通过一个具体实例，讲解在 jQuery Mobile 页面中使用 ActionSheet 插件的方法。

【范例 14-7】 在 jQuery Mobile 页面中使用 ActionSheet 插件（光盘 :\ 配套源码 \14\ActionSheet.html）

实例文件 ActionSheet.html 的具体实现代码如下。

```
<!DOCTYPE html>
<html>
<head>
  <title>actionsheet 插件应用程序 </title>
  <meta name="viewport" content="width=device-width,
initial-scale=1.0, maximum-scale=1.0, user-scalable=0;" />
  <link href="Css/jquery.mobile-1.0.1.min.css"
    rel="Stylesheet" type="text/css" />
  <link  href="Css/Css7/jquery.mobile.actionsheet.css"
    rel="Stylesheet" type="text/css" />
  <script src="Js/jquery-1.6.4.js"
    type="text/javascript"></script>
  <script src="Js/jquery.mobile-1.0.1.js"
    type="text/javascript"></script>
  <script src="Js/Js7/jquery.mobile.actionsheet.js"
    type="text/javascript"></script>
</head>
<body>
<div data-role="page">
<div data-role="header">
 <h1> 快捷标签 </h1>
 <a data-icon="gear" class="ui-btn-right"
 data-role="actionsheet"> 退出
 </a>
 <div>
   <p class="pTip"> 您真的要退出本系统吗？ </p>
     <div class="ui-grid-a">
     <div class="ui-block-a">
       <a data-role="button"
        class="ui-btn-active"> 确定 </a>
       </div>
       <div class="ui-block-b">
        <a data-role="button"
```

```
            data-rel="close"> 取消 </a>
        </div>
    </div>
    </div>
</div>
<div data-role="content">
  <a data-icon="star" data-sheet="login"
    data-role="actionsheet"> 登录 </a>
  <form id="login" action="#">
      <span class="spnLogin"> 用户登录 </span>
          <input name="user" type="text"
              placeholder=" 请输入名称 " />
          <input name="pass" type="password"
              placeholder=" 请输入密码 " />
          <div class="ui-grid-a">
            <div class="ui-block-a">
              <a data-role="button" type="submit"
              class="ui-btn-active"> 确定 </a>
            </div>
            <div class="ui-block-b">
                <a data-role="button" type="reset"> 取消 </a>
            </div>
      </div>
    </form>
  </div>
  <div data-role="footer"><h4>©2014@@ 版权所有 </h4></div>
</div>
</body>
</html>
```

【运行结果】

本实例执行后的效果如图 14-10 所示。

图 14-10　执行效果

【范例分析】

本实例的具体实现流程如下。

（1）下载 ActionSheet 的开源 JS 文件 jquery.mobile.actionsheet.js。

（2）下载 ActionSheet 的开源 CSS 文件 jquery.mobile.actionsheet.css。

（3）新建一个 HTML5 页面，然后在页面中创建两个快捷键对话框。第一个对话框用于单击"退出"按钮时弹出，第二个对话框用于单击"登录"按钮时弹出。通过将 data-role 属性设置为 actionsheet 的方式，设置该元素用于弹出标签对话框。

■ 14.8　使用 TN3 Gallery 插件

 本节教学录像：2 分钟

TN3 Gallery 是一款很成熟的基于 HTML 的可定制的图片画廊和幻灯片展示，支持转换和多相簿选项，支持智能手机设备浏览。本节详细讲解 TN3 Gallery 插件的基本知识和具体用法，为读者步入本书后面知识的学习打下基础。

14.8.1　TN3 Gallery 插件基础

TN3 Gallery 适用于所有的桌面及移动浏览器。TN3 Gallery jQuery 画廊插件支持缩略图显示，支持淡入淡出，支持自动播放。

TN3 Gallery 插件的功能如下。

- ❑ 带播放 / 暂停按钮
- ❑ 带缩略图和控制缩略图左右控制按钮（鼠标感应控制列表滚动）
- ❑ 带图片名称和描述文字
- ❑ 带有控制大图切换的左右按钮
- ❑ 带全屏预览和非全屏预览效果
- ❑ 带多种图片切换过渡效果

14.8.2　使用 TN3 Gallery 插件

接下来通过一个具体实例，讲解在 jQuery Mobile 页面中使用 TN3 Gallery 插件的方法。

【范例 14-8】　在 jQuery Mobile 页面中使用 TN3 Gallery 插件（光盘 :\ daima \14\TN3 Gallery.html）

实例文件 TN3 Gallery.html 的具体实现代码如下。

```
<link type="text/css" rel="stylesheet" href="skins/tn3/tn3.css"></link>
<script type="text/javascript" src="http://ajax.googleapis.com/ajax/libs/jquery/1.5.1/jquery.min.js"></script>
<script type="text/javascript" src="js/jquery.tn3lite.min.js"></script>
```

```html
<script type="text/javascript">
    $(document).ready(function() {
            //Thumbnailer.config.shaderOpacity = 1;
            var tn1 = $('.mygallery').tn3({
skinDir:"skins",
imageClick:"fullscreen",
image:{
maxZoom:1.5,
crop:true,
clickEvent:"dblclick",
transitions:[{
type:"blinds"
},{
type:"grid"
},{
type:"grid",
duration:460,
easing:"easeInQuad",
gridX:1,
gridY:8,
// flat, diagonal, circle, random
sort:"random",
sortReverse:false,
diagonalStart:"bl",
// fade, scale
method:"scale",
partDuration:360,
partEasing:"easeOutSine",
partDirection:"left"
}]
}
            });
    });
</script>
</head>
<body>
  <div id="content">
  <div class="mygallery">
    <div class="tn3 album">
      <h4>Fixed Dimensions</h4>
```

```
<div class="tn3 description">Images with fixed dimensions</div>
<div class="tn3 thumb">images/35x35/1.jpg</div>
<ol>
    <li>
        <h4>Hohensalzburg Castle</h4>
        <div class="tn3 description">Salzburg, Austria</div>
        <a href="images/620x378/1.jpg">
            <img src="images/35x35/1.jpg" />
        </a>
    </li>
    <li>
        <h4>Isolated sandy cove</h4>
        <div class="tn3 description">Zakynthos island, Greece</div>
        <a href="images/620x378/2.jpg">
            <img src="images/35x35/2.jpg" />
        </a>
    </li>
    <li>
        <h4>A view from the Old Town</h4>
        <div class="tn3 description">Herceg Novi, Montenegro</div>
        <a href="images/620x378/3.jpg">
            <img src="images/35x35/3.jpg" />
        </a>
    </li>
    <li>
        <h4>Walls of the Old Town</h4>
        <div class="tn3 description">Kotor, Montenegro</div>
        <a href="images/620x378/4.jpg">
            <img src="images/35x35/4.jpg" />
        </a>
    </li>
    <li>
        <h4>Boat in the port</h4>
        <div class="tn3 description">Sousse, Tunis</div>
        <a href="images/620x378/5.jpg">
            <img src="images/35x35/5.jpg" />
        </a>
    </li>
    <li>
        <h4>Wall of the Jain temple</h4>
        <div class="tn3 description">Jaisalmer, India</div>
        <a href="images/620x378/6.jpg">
            <img src="images/35x35/6.jpg" />
```

```
        </a>
    </li>
    <li>
        <h4>City park</h4>
        <div class="tn3 description">Negotin, Serbia</div>
        <a href="images/620x378/7.jpg">
            <img src="images/35x35/7.jpg" />
        </a>
    </li>
    <li>
        <h4>Taj Mahal mausoleum</h4>
        <div class="tn3 description">Agra, India</div>
        <a href="images/620x378/8.jpg">
            <img src="images/35x35/8.jpg" />
        </a>
    </li>
    <li>
        <h4>Zante Port</h4>
        <div class="tn3 description">Zakynthos, Greece</div>
        <a href="images/620x378/9.jpg">
            <img src="images/35x35/9.jpg" />
        </a>
    </li>
    <li>
        <h4>Rustovo Monastery</h4>
        <div class="tn3 description">Budva, Montenegro</div>
        <a href="images/620x378/10.jpg">
            <img src="images/35x35/10.jpg" />
        </a>
    </li>
    <li>
        <h4>The Mezquita, Cathedral and former Great Mosque</h4>
        <div class="tn3 description">Cordoba, Spain</div>
        <a href="images/620x378/11.jpg">
            <img src="images/35x35/11.jpg" />
        </a>
    </li>
    <li>
        <h4>Wine Cellars</h4>
        <div class="tn3 description">Rajac, Serbia</div>
        <a href="images/620x378/12.jpg">
            <img src="images/35x35/12.jpg" />
        </a>
```

```
            </li>
          </ol>
        </div>
      </div>
    </div>
  </body>
</html>
```

【运行结果】

本实例执行后的效果如图 14-11 所示。

图 14-11　执行效果

【范例分析】

本实例的具体实现流程如下。

（1）下载 TN3 Gallery 的开源 JS 文件 jquery.tn3lite.min.js。

（2）下载 TN3 Gallery 的开源 CSS 文件 tn3.css。

（3）新建一个 HTML5 页面，然后在页面中添加要展示的图片。

14.9　使用 Pagination Plugin 插件

 本节教学录像：2 分钟

Pagination Plugin 是由大名鼎鼎的 filamentgroup 开发的插件，主要是为了在移动设备上实现分页显示效果。本节详细讲解 DateBox 插件的基本知识和具体用法，为读者步入本书后面知识的学习打下基础。

14.9.1　Pagination Plugin 插件基础

可以使用 Pagination Plugin 插件来显示不同页面或者是展示图片库，它使用 HTML anchor 来连接不同页面，并且提供预加载页面特性，支持触摸事件。用户可以自由地在不同页面拖拽。同时，这个插件和浏览器的历史及其前进和后退按钮绑定，方便开发人员使用。

使用 Pagination Plugin 插件的基本流程如下。

（1）在页面中分别引用样式文件 jquery.mobile.pagination.css 和脚本文件 jquery.mobile.pagination.js。

（2）在想拖拽的地方增加如下代码，并指定上页和下页的地址。

```
<ul data-role="pagination">
  <li class="ui-pagination-prev"><a href="2.html">Prev</a></li>
  <li class="ui-pagination-next"><a href="4.html">Next</a></li>
</ul>
```

跟一般的 jQuery 插件一样，Pagination Plugin 插件使用方法十分便捷，具体调用格式如下。

```
$("#page").pagination(100);
```

Pagination Plugin 插件的各个参数的具体说明如表 14-1 所示。

表 14-1   各个参数的说明信息

参数名	描述	参数值
maxentries	总条目数	必选参数，整数
items_per_page	每页显示的条目数	可选参数，默认是 10
num_display_entries	连续分页主体部分显示的分页条目数	可选参数，默认是 10
current_page	当前选中的页面	可选参数，默认是 0，表示第 1 页
num_edge_entries	两侧显示的首尾分页的条目数	可选参数，默认是 0
link_to	分页的链接	字符串，可选参数，默认是 "#"
prev_text	"前一页"分页按钮上显示的文字	字符串参数，可选，默认是 "Prev"
next_text	"下一页"分页按钮上显示的文字	字符串参数，可选，默认是 "Next"
ellipse_text	省略的页数用什么文字表示	可选字符串参数，默认是 "…"
prev_show_always	是否显示"前一页"分页按钮	布尔型，可选参数，默认为 true，即显示"前一页"按钮
next_show_always	是否显示"下一页"分页按钮	布尔型，可选参数，默认为 true，即显示"下一页"按钮
callback	回调函数	默认无执行效果

请读者看如下演示代码。

```
$("#Pagination").pagination(56, {
    num_edge_entries: 2,
    num_display_entries: 4,
    callback: pageselectCallback,
    items_per_page:1
});
```

上述代码表示的含义是总共有 56(maxentries) 个列表项，首尾两侧分页显示 2(num_edge_entries) 个，连续分页主体数目显示 4(num_display_entries) 个，回调函数为 pageselect Callback(callback)，每页显示的列表项为 1(items_per_page) 个。

14.9.2　使用 Pagination Plugin 插件

接下来通过一个具体实例，讲解在 jQuery Mobile 页面中使用 Pagination Plugin 插件的方法。

【范例 14-9】 在 jQuery Mobile 页面中使用 Pagination Plugin 插件（光盘 :\ 配套源码 \14\pagination_zh ）

实例文件 demo.html 的具体实现代码如下。

```
<title>jQuery Pagination 分页插件 demo</title>
<link rel="stylesheet" href="lib/pagination.css" />
<style type="text/css">
body{font-size:84%; color:#333333; line-height:1.4;}
a{color:#34538b;}
#Searchresult{width:300px; height:100px; padding:20px; background:#f0f3f9;}
</style>
<script type="text/javascript" src="lib/jquery.min.js"></script>
<script type="text/javascript" src="lib/jquery.pagination.js"></script>
<script type="text/javascript">
$(function(){
    // 这是一个非常简单的 demo 实例，让列表元素分页显示
    // 回调函数的作用是显示对应分页的列表项内容
    // 回调函数在用户每次单击分页链接的时候执行
    // 参数 page_index{int 整型 } 表示当前的索引页
    var initPagination = function() {
            var num_entries = $("#hiddenresult div.result").length;
            // 创建分页
            $("#Pagination").pagination(num_entries, {
                    num_edge_entries: 1, // 边缘页数
                    num_display_entries: 4, // 主体页数
                    callback: pageselectCallback,
                    items_per_page:1 // 每页显示 1 项
            });
    }();

    function pageselectCallback(page_index, jq){
            var new_content = $("#hiddenresult div.result:eq("+page_index+")").clone();
            $("#Searchresult").empty().append(new_content); // 装载对应分页的内容
            return false;
    }
});
</script>
```

```
</head>

<body>
<h1>jQuery Pagination 分页插件 demo</h1>
<div id="Pagination" class="pagination"><!-- 这里显示分页 --></div>
<div id="Searchresult"> 分页初始化完成后这里的内容会被替换。</div>
<div id="hiddenresult" style="display:none;">
    <!-- 列表元素 -->
   <div class="result"> 第 1 项内容 </div>
   <div class="result"> 第 2 项内容 </div>
   <div class="result"> 第 3 项内容 </div>
   <div class="result"> 第 4 项内容 </div>
   <div class="result"> 第 5 项内容 </div>
   <div class="result"> 第 6 项内容 </div>
   <div class="result"> 第 7 项内容 </div>
 <div class="result"> 第 8 项内容 </div>
</div>
<p>Copyright &copy; 版权所有 </a></p>
</body>
</html>
```

【运行结果】

本实例执行后的效果如图 14–12 所示。

【范例分析】

本实例的具体实现流程如下。

（1）下载 Pagination Plugin 的开源 JS 文件 jquery.
pagination.js。

（2）下载 Pagination Plugin 的开源 CSS 文件 pagination.css。

（3）新建一个 HTML5 页面，然后在页面中添加多个
<div>列表元素，并调用 Pagination Plugin 插件实现分页功能。

图 14-12　执行效果

14.10　综合应用——打造一个移动地图系统

 本节教学录像：1 分钟

接下来通过一个具体实例，讲解在 jQuery Mobile 页面中打造一个移动地图系统的方法。本实例
用到 Lefalet 插件，这是一个为建设移动设备友好的互动地图而开发的现代的、开源的 JavaScript 库。
Lefalet 是由 Vladimir Agafonkin 带领一个专业贡献者团队开发的，虽然代码仅有 31 KB，但它具有开发
人员开发在线地图的大部分功能，如图 14-13 所示。

Lefalet 设计坚持简便、高性能和可用性好的思想，在所有主要桌面和移动平台能高效运作，在现
代浏览器上会利用 HTML5 和 CSS 3 的优势，同时支持旧的浏览器访问，支持插件扩展，有一个友好、
易于使用的 API 文档和一个简单、可读的源代码。

图 14-13　使用中的 Lefalet

【范例 14-10】 在 jQuery Mobile 页面中使用 Lefalet 插件（光盘:\配套源码\14\Leaflet）

实例文件 removetilewhilepan.html 的具体实现代码如下。

```html
<!DOCTYPE html>
<html>
<head>
    <title>Leaflet debug page</title>

    <meta name="viewport" content="width=device-width, initial-scale=1.0, maximum-scale=1.0, user-scalable=no">

    <link rel="stylesheet" href="../../dist/leaflet.css" />

    <link rel="stylesheet" href="../css/screen.css" />
    <script type="text/javascript" src="../../build/deps.js"></script>
    <script src="../leaflet-include.js"></script>
    <script type='text/javascript' src='http://code.jquery.com/jquery-1.8.0.js'></script>
</head>
<body>

    <div id="map"></div>
```

```
<script type="text/javascript">

var map = new L.Map('map', { center: new L.LatLng(36.647945, 117.003785), zoom: 5 });

var demoUrl='http://server.arcgisonline.com/ArcGIS/rest/services/Demographics/USA_Average_
Household_Size/MapServer/tile/{z}/{y}/{x}';
var demoMap = new L.TileLayer(demoUrl, { maxZoom: 19, attribution: 'Tiles: &copy; Esri' });

var topoUrl = 'http://server.arcgisonline.com/ArcGIS/rest/services/USA_Topo_Maps/MapServer/
tile/{z}/{y}/{x}';
var topoMap = new L.TileLayer(topoUrl, { maxZoom: 19, attribution: 'Tiles: &copy; Esri' });
map.addLayer(topoMap);

map.addLayer(demoMap);

map.on('dragstart', function () {
        console.log('dragstart');
        setTimeout(function () {
                console.log('removing');
                map.removeLayer(demoMap);
        }, 400);
});
</script>
</body>
</html>
```

【运行结果】

本实例执行后的效果如图 14-14 所示。

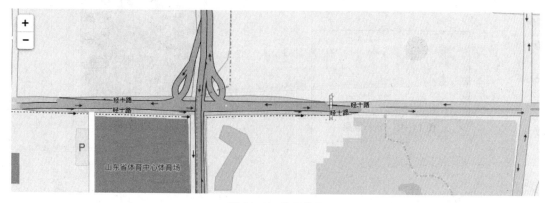

图 14-14　执行效果

【范例分析】

本实例的具体实现流程如下。

（1）下载 Pagination Plugin 的开源 JS 文件 leaflet-include.js。

（2）下载 Pagination Plugin 的开源 CSS 文件 pagination.css。

（3）新建一个 HTML5 页面，然后在页面中设置用瓦块图案标出美国领土。

14.11　高手点拨

现实中有很多 jQuery Mobile 插件可供开发者享用

jQuery Mobile 插件可以针对移动网站进行优化，让用户可以实现诸多功能特性，比如移动滑动触摸、移动设备检测、移动浏览器检查、移动图像库、移动拖放、移动触摸滚动、移动 Ajax 调用、移动 CSS 改动及更多。建议读者在开发过程中多多使用这些免费开源的插件。网络中的好用插件随处可见，例如

http://mobile.51cto.com/hot-279848.htm

http://www.csdn.net/article/2013-11-22/2817596-15-jquery-mobile-plugins-for-mobile-dev

http://www.open-open.com/news/view/ad9590

14.12　实战练习

1. 绘制一个圆

在网页中绘制一个黑色填充颜色的圆，执行之后的效果如图 14-15 所示。

2. 在画布中显示一幅指定的图片

在画布中显示一幅指定的图片，执行之后的效果如图 14-16 所示。

图 14-15　执行效果

图 14-16　执行效果

第 15 章

打造移动 Web 应用程序

 本章教学录像：14 分钟

前面已经详细讲解 jQuery Mobile 技术的基础知识和具体用法，并通过演示实例讲解了知识点的基本用法。本章详细讲解在当今主流移动设备平台 Android 和 iOS 系统中创建移动 Web 程序的方法，为读者步入本书后面知识的学习打下基础。

本章要点（已掌握的在方框中打钩）

☐ 创建能在通用设备上运行的网站

☐ 将站点升级至 HTML5

☐ 将 Web 程序迁移到移动设备

15.1 创建能在通用设备上运行的网站

本节教学录像：5 分钟

要设计一个好的移动 Web 页面或应用程序，关键在于不要仅针对移动设备设计。W3C 将此称为
"Design For One Web"，就是"一次设计，能在所有设备运行"之意。在设计一个 Web 时，不应该只
针对智能手机浏览器、平板电脑浏览器或桌面浏览器。好的设计应考虑到所有的设备类型。基于此，设
计者应当注意以下 4 点。

❑ 确保显示在移动设备上的内容与非移动设备上基本一致（不用完全相同）。

❑ 优化页面，减轻用户代理的负载。

❑ 使用可降级机制，让旧款或是功能更少的浏览器也能浏览内容。

❑ 在尽可能多的设备和浏览器上测试所有页面。

在规划一个站点时，常规步骤是从桌面版开始，然后进入移动设备版。如果要设计一个移动设备应
用程序，可以先从面向想要支持的移动设备浏览器开始规划，在完成移动设备网站设计后，再将其改进
或改变为桌面浏览器版本。

15.1.1 确定应用程序类型

事前计划是网站及移动设备 Web 应用程序开发的关键。许多人常常径直坐下来就开始动手写代码，
其实这是一种错误的做法。通过计划，开发者将会更清楚地了解到自己想要的是一个怎样的网站，以及
如何将它实现。在具体开始之前，需要明白如下 7 个问题。

（1）要开发的 Web 应用程序的用途是什么？

（2）开发这个应用程序的目标是什么？

（3）应用程序的用户会是哪些人？

（4）该应用程序的竞争对手有哪些？

（5）对潜在的竞争者进行尽可能多的调查。他们产品的盈利是多少？市场占有率为多少？他们的优
点和缺点分别是什么？

（6）还有什么其他风险可能影响到应用程序的成功？

（7）开发进度是怎样安排的？

在计划好应用程序的用途之后，接下来要设计应用程序的外观。例如，绘制一个应用程序在智能手
机或平板电脑上应有外观的简单原型。这里绘制步骤不需要任何美化操作，甚至不需要有颜色或图片，
只要能够表现出页面外观的基本思路即可。

15.1.2 使用 CSS 改善 HTML 外观

在进行应用程序功能及外观的基本规划后，可以开始设计页面布局。大多数设计者较倾向于先设计
智能手机页面布局，因为它使用单列布局，而且 HTML 也很简单。

原始的 HTML 文档外观是很沉闷的，颜色为黑白色，没有图像或色彩，甚至没有调整各部分在布局
中的位置。文本以长单列的方式按其在 HTML 中的顺序显示在页面上。但可以通过 CSS 来改变字体族
及颜色，添加背景色和图像，甚至更改页面布局。

（1）更改字体

更改标题及正文文本的字体大小和字体族是经常要完成的设置。读者可能会认为，由浏览器自动选择字

体大小就可以了，但这是不行的——绝大多数计算机都以默认的 16 px 来显示字体。对于在移动设备上运行的网站或应用程序来说，像素不能作为尺寸单位。正确的做法是根据浏览器来使用 ems 或百分比作为单位。

HTML 文档中的 em 相当于当前默认字体大小。因此，不带任何样式的 1 em 相当于 16 px，但这个字体大小实在太大了，许多开发者希望能将它缩小。尽管可以只是给字体一个小一点的 em 尺寸（如 0.8 em），但是将默认尺寸减小后再使用 em 是更便捷的做法。

例如，将默认字体尺寸从 16 px 减小到 10 px（这是完成乘除算法最简便的数字），只需要在样式表中添加如下代码即可。

```
body {
  font-size: 62.5%;
}
```

注意，这里用的是百分比数字，16 px 的 62.5% 就是 10 px。当需要使用 14 px 字体时，将段落标签设为 1.4 ems（14 px 除以 10 为 1.4）。

```
p {
  font-size: 1.4em;
  line-height: 1.8em;
}
```

使用 ems 指定行高度也是个不错的方法。漂亮的文本应当在行与行之间有合适的宽度，这样会使页面更易于阅读。笔者通常将字体大小再加上 5 ~ 7 px 作为行高。因此，对于基本大小为 10 px 的字体来说，相当于再增加 0.5 ems。在前面的代码中，只在字体大小基础上增加了 0.4 ems 作为行高。

（2）加入颜色及背景图像

可以使用许多方法为应用程序或网站选择颜色。一些人的做法是选择一种最喜欢的颜色，或者从一幅图片的调色板中取色。若无法确定想用哪种颜色，网站 ColourLovers（www. colourlovers.com/）可以提供一些灵感，它们对 Web 调色板、模型及颜色进行了充分的讨论。

在前面的解谜程序中，使用蓝色和白色作为基本色，并为设计加入一些其他颜色。下面是应用程序中经常用到的一些颜色。

❑ #3c6ac4——用于基本蓝色。

❑ #3c3cc3——用于强调的深蓝色。

❑ #c3963c——用于标注的棕褐色。

❑ #000000——用于文本的黑色。

❑ #fffffF——用于背景的白色。

logo 区域会用到一个拼图碎片的图片，多准备几张图片是不错的主意，这样可以定期更换它们。如下所示，可以使用 color 属性来更改字体颜色。

```
color:#000000;
```

更改背景颜色使用的是 background-color 属性。

```
background-color: #3c6ac4;
```

还可以用 CSS 通过 background-image 来设定背景图像。该图像通过指定 URL 导入。

```
background-image: url('background.png');
```

这个语句将图片平铺贴片至背景。要避免重复贴片，可以使用 background-repeat 属性，然后使用 background-position 属性定义图片位置。还可以单独使用属性 background 来设置背景的图像、颜色、平铺及位置。

要在白色背景中加入一个背景图像，不重复，位于容器元素左上角往下往右各 1 em 时，可以写为

```
background: #fff url(background.png) no-repeat 1em 1em;
```

（3）设置布局样式

在平板电脑等大的屏幕上，需要通创建双列布局，增加包含其他信息的页脚。这样做在设计上的好处是加重页面底部，吸引用户往下看，从而浏览整个页面。此类布局的有趣之处在于，它如何处理移动设备及非移动设备页面。通常希望在小于 480 像素的设备窗口中阅读单列布局，而在更大的浏览区域上阅读双列布局（以及四列页脚）。而在拥有宽度小于 320 像素的浏览区域的设备上，还希望去掉图片，这样页面能显示得更快，并且不会占据许多空间。

当使用 CSS 3 媒体查询时，应当忽略会在不同设备上保持一致的样式。主 CSS 样式表应包括媒体类型 all 或 screen，以便让所有设备读取。因此，可以使用媒体查询样式表来修改主样式。

接下来讲解如何在 Web 应用程序中加入媒体查询，以支持特定手机、智能手机、平板电脑及计算机浏览器。这里的平板电脑及浏览器使用相同的样式表，但是也可以为平板电脑设计一个专用样式表。

第 1 步：在文档的 <head> 中链接主样式表。

第 2 步：在该样式表中为小于 320 像素宽的特定手机加入第一个媒体查询样式表。

```
<link rel="stylesheet" href="styles-320.css" media="only screen and (max-width:320px)">
```

第 3 步：为宽度为 320 ~ 480 像素的智能手机加入媒体查询。

```
<link rel="stylesheet" href="styles-480.css" media="only screen and (min-width:320px) and (max-width:480px)">
```

可以将 Web 浏览器宽度调整至小于 320 像素宽以及 320 ~ 480 像素宽之间，然后检测样式表的工作情况。之后刷新页面，页面会随之变化。此处需要注意的是，如果在 iPhone 或 Nexus 这类设备中进行测试，看到的是网站的完整版而非智能手机版。这是因为这类设备的实际 DPI 的宽度大于 480 像素。

15.1.3　加入移动 meta 标签

加入移动 meta 标签的目的是更有效地创建 HTML5 页面。在按照之前的引导创建网站移动设备版的过程中，读者可能已经意识到现代智能手机不会显示单列布局。这是因为当媒体查询询问浏览器宽度时，Android 手机会根据它的分辨率报告宽度，将会看到完全版的双列布局样式，这种布局对小屏幕并不友好。虽然在 Android 上可以进行缩放，但那是一个额外的操作。在这种情况下，可以使用 meta 标签来通知浏览器以设备宽度而非 DPI 宽度作为 width 值。可以使用 viewport meta 标签来做到这一点，例如

```
<meta name="viewport" content="width=device-width">
```

可以使用如下 meta 标签来让 Web 应用程序对移动设备更加友好。

❑　mobileOptimized：此标签为 Pocket IE 设计。它用于指定内容的宽度 (单位为 px)。当此标签存在时，浏览器强制将布局设为单列。

❑　handheldFriendly：AvantGo 和 Palm 最初使用此标签来标记不应在移动设备上被缩放的内容。该内容在移动设备页面上的值为 true，非移动设备页面值则为 false。

❑　Viewport：此标签用来控制浏览器窗口的尺寸及缩放比例。

❑　apple-mobile-Web-app-capable：如果此标签的 content 属性为 "yes"，则 Web 应用程序以全屏模式运行；若为 "no"，则反之。

❑　apple-mobile-Web-app-status-bar-style：如果应用程序运行于全屏模式下，可以将移动设备上的状态栏改为 "black" 或 "black-translucent"。

❑　format-detection：此标签用于开关相关电话号码的自动侦测，其值可为 telephone=no，默认为 telephone= yes。

❑　apple-touch-startup-image：其实这并不是一个 meta 标签，而是一个 <link>。可以使用它来指定应用程序启动时显示的启动画面。

❑　apple-touch-icon 和 apple-touch-icon-precomposed：也不属于 meta 标签，当将 <link rel="apple-touch-icon"href="/icon.png"> 添加至文档后，可以指定一个图标将应用程序保存至主界面。

注意　　Android 1.6 及以前的版本中，并不能很好地支持上面介绍的 meta 标签。

在大部分情况下，必须加入应用程序的 meta 标签仅有 viewport。使用此标签的最好方法是将应用程序宽度设为与设备宽度相同。这样应用程序可以在浏览器下缩放，而用户不需要放大后才能看清该程序。

在使用 viewport 标签时，可以调整如下属性。

❑　width：viewport 的像素宽度，默认值为 980。其范围为 200 ~ 10 000。

❑　height：viewport 的像素高度。它的默认值根据宽度及设备屏幕纵横比而定。其范围为 223 ~ 10 000。

❑　initial-scale：应用程序启动时的缩放比例。用户可以在此之后再自行缩放。

❑　minimum-scale：viewport 的最小缩放值。默认值为 0.25，其范围为 0 ~ 10.0。

❑　maximum-scale：viewport 的最大值。默认值为 1.6，其范围为 0 ~ 10.0。

❑　user-scalable：可以通过设定其值开启或关闭用户的缩放权限。默认值为 "yes"，将它设为 "no" 则不允许缩放。

❑　device-width 和 device-height：用于定义输出设备的可见宽度及高度。

注意　　可以通过在 meta 标签中以逗号分隔的方式设置多个 viewport 选项。例如
　　　　<meta name="viewport"content="width=device -width, user - scalable=no">

15.2　将站点升级至 HTML5

 本节教学录像：5 分钟

网站建设工作是一个需要付出很多努力的工作，其中最大的挑战之一就在于什么时候应该把现有站

点升级至新技术。本节简要讲解 HTML5 和 HTML4 之间的不同，以及哪些浏览器支持什么特性。但浏览器是否支持也并非唯一决定因素。HTML5 的一些特性可以让网站变得更好——即使不能获得所有浏览器支持。一些特性甚至可以将一个标准网站转化为专业级移动设备应用程序。

15.2.1　确定何时升级和升级的具体方式

自从 1990 年以来，HTML4 和 HTML4.01 都已获得许多浏览器的支持，并在 1998 年成为标准。使用一种已完成标准的好处在于它的浏览器支持带有普遍性，或者至少是应当具有普遍性。

但在考虑长期保持 HTML4 之前，应当考虑以下几点。

❑　HTML4 的浏览器支持并非如想象般广泛，其实当今最流行的浏览器并不支持此标准。

❑　许多设备用的浏览器并不支持全部的 HTML4，甚至只是最低限度地支持它。

❑　许多设备用的浏览器能很好地支持 HTML5，而它们的使用率正在增长。

❑　如果计划在未来几年开发一个 Web 产品，停留在 HTML4 会是一个糟糕的决定。

HTML5 比 HTML4 提供更多的特性及功能，而且使用它的设备正在逐渐普及。

1. 现有标准的通行浏览器支持

截至 2012 年年底，IE 浏览器是市面中最受欢迎的浏览器之一。除此之外，其他流行的浏览器包括 Firefox、Chrome 和 Safari。流行的移动设备浏览器包括 Opera、Android 和 iOS Safari。虽然移动设备浏览器在 HTML5 支持方面并没有走得太远，但至少它们表现得比 IE 浏览器要好。桌面浏览器包括 Firefox、Safari、Chrolrie 和 Opera 等，都能提供良好的 HTML5 支持，能支持超过 70% 的 HTML5 标准特性。移动设备浏览器对 HTML5 的支持稍微逊色。例如，Android 3.0 及 Opera Mobile 11.5 支持超过 HTML5 60% 的特性，而 Android 2.3 仅支持不到 50% 的特性。由此可见，在使用 HTML5 设计页面时，唯一需要担心的浏览器是 IE。

2. 一步一步的升级

最好的升级网站的做法是逐渐进行的，也被称为"迭代设计"（Iterative Design）。迭代设计是在大量测试的基础上，让网站缓慢而逐渐变化的过程。与其设计一个标新立异的网站，不如使用迭代设计不断增添几乎不为用户察觉的细微变化。

在升级到 HTML5 时，可以考虑如下因素。

❑　访问网站的浏览器类型。

❑　访问网站的移动设备数量。

❑　网站可以从 HTML5 升级中得到什么好处。

❑　需要为主要设计提供什么资源。

网站的逐渐升级应当从访问量最少的冷门页面开始。如果在升级过程中出现大问题，它对用户造成的影响也会相对较少，这样修复问题所做的工作也会相对轻松。

在站点上逐渐添加 HTML5 时，可以使用隔离测试（让一些用户使用旧版本，另一些用户使用新版本），这样将两者相比较就可以观察出新特性的运作情况，也非常利于研究和改进自己的升级手段。可以使用 Google Website Optimizer (www.google.com/Websiteoptimizer/b/index.html) 在网站上进行隔离测试。

3. 调查来访浏览器的类型

在升级网站时，首先需要考虑的是什么样的浏览器能支持将要使用的技术。可以访问 W3Counter.com 这类网站，然后发现拥有最大市场占有率的浏览器仍是 IE，从而放弃使用 HTML5。如前所述，许多开发者正是这样做的。

但 W3Counter.com 仅仅提供了它所追踪的网站数据。它确实追踪了许多网站，但还有许多别的网站，如 Apple.com。尽管可能会有一些使用 IE 的用户访问了 Apple.com，但在该站上的浏览器市场占有率应该与 W3Counter.com 上的截然不同。也许一个网站会有 76% 的 Firefox 用户，这类网站开发者便不需要考虑 IE 支持。

由此可见，不可能同时良好地兼容所有的浏览器，因此在改动网站之前，先参考一下网站访问统计数据，确定最常见的十种访问站点的浏览器以及对应版本都是什么。鉴于大部分网站的移动设备访问用户数量完全无法与普通浏览器访问用户数量相比，建议将移动设备浏览器访问用户另行统计，这样可以更清楚地了解站点上的浏览器使用类型的变化以及需要考虑的浏览器类型。

在知道了 10 款访问最多的桌面浏览器以及移动设备浏览器都是哪些之后，可以开始设计要在网站中添加何种 HTML5 特性了。

4. 总结移动互联网浏览趋势

在了解到访问网站的常见浏览器类型后，可能会针对它们来设计网站。但浏览器的使用率一直在改变，网站现在并没有很多来自移动设备的访问，并不意味着将来也会如此。在 2010 年 12 月，美国及英国只有 20% 的互联网用户从不通过移动设备浏览网络，而在非洲和亚洲，这个比例是 50%。定期使用移动设备浏览网络的人群数量正在增长，而随着平板电脑日趋普及，这种增长会越来越明显。所有网站的移动设备用户在未来都会持续增长，如果编写支持移动设备的页面，网站将会屹立于时代潮流前沿。

HTML5 非常适合支持移动设备。Android 设备正在日趋普及，因此开发基于标准并在这两种系统上运行的应用程序，也会越来越具性价比。HTML5 作为一个正在这些平台上积累支持的标准语言，它的发展是一个自然的进程。

15.2.2　升级到 HTML5 的步骤

将现有 Web 页面从 HTML4.01 升级至 HTML5 的步骤如下。

（1）将 doctype 改为新的 HTML5 doctype：<!doctype html>。这个操作不会对浏览器造成任何影响。若该 doctype 无法被浏览器识别，浏览器只会将其忽略。新的 doctype 更小，能够帮助用户节省需要加载的字节。

（2）使用新的字符集 meta 标签：<meta charset utf-8> 标签已经被所有主流浏览器支持。

（3）简化 <script> 和 <style> 标签：不再需要为 JavaScript(ECMAScript) 或是层叠样式表特意指定 type 属性，因此关闭此属性将使 HTML 变得更流畅。

（4）链接整个区块而非区块中的文本：把 <a> 标签围绕在 <p> 周围不会给浏览器带来问题，而将整个段落进行链接比单击其中一到两个词更容易，这种链接包括该段落区块中的所有元素。

（5）使用表单输入类型。在需要电话号码时使用 type=tel，需要电子邮件地址时使用 type=email。不支持这些类型的浏览器会像平时一样显示文本输入字段，支持此类型的浏览器将提供额外的功能。

（6）使用 <video> 及 <audio> 标签添加视频及音频，并为旧浏览器提供回退方案。

（7）即便不使用 HTML5 标签，也可以使用区块元素作为文档的 class 名。例如，可以使用 <div class="header"> 代替 <header>。

（8）在所有合适的地方使用语义标签。例如，<mark> 及 <time> 这类标签为内容提供额外信息，无法辨识此类标签的浏览器只会将它们忽略。

15.2.3　将 HTML5 特性作为额外内容添加至网站

为网站添加 HTML5 特性的一个办法是，把它们当作额外内容进行添加。如果浏览器不支持，用户还是可浏览原本的内容。而在浏览器支持它们的时候，用户就能享受到额外的好处。下面是一些现在就可以添加至页面的 HTML5 元素。

- ❑ figure 和 figcaption：功能是定义所包含的内容区块。
- ❑ Mark：功能是高亮显示一段文字。
- ❑ Small：这是一个 HTML4 标签，在 HTML5 中不仅可以表示小字号文本，还可以用来定义小注。
- ❑ Time：功能是定义日期及时间。

除了使用上述元素外，还可以使用其他方法来借助 HTML5 改进网站。具体说明如下。

- ❑ 不需要为属性加上引号。如果属性内不包含空格，则可以去掉引号。这种做法简化了代码并减少需要下载的字符数。
- ❑ 使用新的 doctype:<!doctype html> 格式，新格式更短，而且完全不会影响浏览器的处理。
- ❑ 不需要考虑大小写。HTML5 对标签和属性的大小写没有任何要求。

下面是一些新的 HTML5 表单特性。

- ❑ 使用占位符属性。占位符文本用于提示表单区域该如何填写的伟大创新。
- ❑ 定义必填字段，并始终在服务器端以及客户端同时验证该字段。无法支持此特性的浏览器会将它忽略。
- ❑ 设置自动焦点。自动焦点会将光标放置在第一个表单元素中。通常会用 JavaScript 来实现这个功能，因此加入 autofocus 属性不会造成任何影响。
- ❑ 本地储存检查选项。本地储存为数据提供更多空间，从而改进表单及应用程序。
- ❑ CSS 3——很多浏览器支持 CSS 3。使用它能够使网站得到很大的改善。
- ❑ SVG——可伸缩矢量图能被 Android 2.3 以外的所有浏览器的当前版本支持。

另外，还有一些实际上并不属于 HTML5 的特性，但它们同样能给网站增添更多活力。

15.2.4　使用 HTML5 为移动 Web 提供的服务

HTML5 不仅能改进面向桌面浏览器的网站，它的一些特性更是为移动设备量身打造的，具体说明如下。

- ❑ 地理定位：这是一个 HTML5 独有的 API，移动设备非常需要定位服务。
- ❑ 离线应用程序：因为移动设备经常处于移动中，而且并非始终在线，而离线应用程序在无论是否存在网络连接时都可以使用，因此十分适合移动设备。
- ❑ 语音识别：HTML5 将 speech 属性加入表单标签中，而对手机说话比在上面写字要简单得多。
- ❑ 新输入类型：新的表单输入类型让表单在移动设备上变得更容易填写。
- ❑ 标签 canvas-canvas：此标签十分适合用来在移动设备应用程序中添加动画、游戏以及图像。
- ❑ 视频及音频标签：这两种标签在 Android 以及 iOS 下都能获得很好的支持，可以使用它们来轻松地在 Web 应用程序中添加视频及音频。
- ❑ 移动设备事件 touchstart 和 touchmove：此事件是专为触屏式移动设备设计的。

▌ 15.3　将 Web 程序迁移到移动设备

 本节教学录像：4 分钟

开发移动 Web 应用程序需要很多时间和精力，其中最重要的是让该网站或应用程序变得尽可能具有普遍的适应性。其实在日常应用中，有许多软件工具以及开发技巧可以让开发的移动设备应用程序或者将现有网站转化为移动网站。本节详细讲解检测现有文档的移动设备支持的工具，并介绍在使用基本元素设计应用程序过程中用到的一些技巧。

15.3.1 选择 Web 编辑器

在开发移动 Web 应用程序的过程中经常用到 Web 编辑器工具，专业的 Web 编辑器或是集成开发环境可以为设计人员提供更丰富的功能。专业 Web 编辑器以及 IDE 提供如下特性。

- 代码校验。
- 浏览器预览。
- 网站文件管理。
- 项目管理。
- 脚本调试。
- 与其他工具的集成。

在当前的市面应用中，最常用的移动应用程序 Web 编辑器如下。

- Dreamweaver：Dreamweaver CS 的最新版本集成了 PhoneGap。
- Komodo IDE：支持许多不同编程语言，它也是一款使用 jQuery 来创建 HTML5 应用程序的很不错的文本编辑器。
- TopStyle：TopStyle(www.topstyle4.com/) 是一款用于 Windows 的 CSS 编辑器，包含许多 HTML。它提供的功能包括移动设备预览以及移动用户脚本，是用来编辑移动 Web 应用程序的很不错的一种选择。
- SiteSpinner Pro：是一个 WYSIWYG（What You See Is What You Get，所见即所得）的 Windows 编辑器，提供作用于移动设备上的脚本以及预览。

读者可以选择一款 Web 编辑器用来创建 Web 应用程序，或者将现有网站转化为移动版。如果已经有正在使用的 Web 编辑器，那么也没什么必要进行改变。但是如果还在用非专业 HTML 的文本编辑器 (如 Notepad 或 TextEdit) 来编辑 Web 页面，那么应当改为使用 Web 编辑器，以便让开发工作的效率变得更高，而且更加顺利。

15.3.2 测试应用程序

测试应用程序的第一步是看应用程序目前在移动支持方面的状况。首先在尽可能多的移动设备上记录测试结果，即便只测试一台移动设备也比什么都没有要好。在大多数情况下，测试时的最大问题是发现网站对移动设备不够友好。下面列出了常见的不够友好的原因。

- 标题尺寸偏小。
- 移动网站不应该有两级导航。
- "Recent Posts" 标题占用空间太大。
- 实际颜色与设计时挑选的颜色有偏差。

测试 Web 页面以及应用程序的最好的工具之一是验证器，可以选择许多不同的 Web 应用程序验证器，主要包括如下几种。

- HTML 验证器：功能是确认 HTML 是否正确。
- 可访问性验证器：功能是检查 Web 页面是否能被屏幕阅读器正常读取。
- 编码验证器：功能是检查脚本、CSS 以及 API 调用。它也被称为 lint，例如 JS lint 用来检查 JavaScript。
- 移动验证器：功能是针对如何面向移动设备改进页面提供建议，经常带有模拟器功能。

15.3.3 为移动设备调整可视化的设计

移动设计有许多共通之处，但不幸的是，其中最大的共通之处在于它们都十分丑陋。其中原因在于人们接受了本章之前提到的理念,并将它理解为应当"以最低标准进行设计"。但事实上,这是最为错误的理解,可视化设计的核心理念不在于让网站在所有环境下看起来雷同,而在于让网站在目标客户眼中美轮美奂,在其他大部分设备上至少也该做到功能正常。

移动设计应用中有一些常见的典型设计,这些设计让应用程序变得更具亲和力,而且更容易使用。具体说明如下。

- ❏ 要尽量简单,特别是在针对功能手机的设计中,有必要将图片数量尽可能控制在最小。尽量在一页里提供足够的内容,这样用户就不用频繁地单击新页面。
- ❏ 按钮通常在屏幕顶端,位于标题旁边,用于帮助移动用户进行导航。此类按钮包括下一页(通常位于右侧)、上一页(通常位于左侧)、更多信息、信息目录,以及所有对当前页面有意义的东西。
- ❏ 确保列表阅读起来比段落要轻松得多,并且列表应尽量简短,在功能手机上每栏 3 ~ 5 个字,在智能手机上每栏 5 ~ 10 个字。
- ❏ 宣传图片通常位于标题处,可能包括一个单行简介以及一个单击便可阅读全文的箭头。需要在小屏幕上展示许多项目时,这是一个很好的做法。
- ❏ 移动设备上的菜单可以十分复杂,而最常见的菜单图案为单列选项(通常长度为一两个字),在单击时可以展开次级菜单。
- ❏ 鉴于大部分网站都将移动网站的内容分为许多页,需要为页面之间的切换设计一种简单的方法。常见做法是在内容下方加入一个水平列表,当前页面显示为粗体且不带链接,而其他页面的数字两侧有"上一页"及"下一页"。即便页面数量大于 3 ~ 5 页,也应当在列表中显示最多 3 ~ 5 个页面数字。
- ❏ 连续页面在用户滑动至页面底部时持续加长。这种做法加快下载速度,并让用户可以在不单击任何东西的情况下连续阅读。
- ❏ 选项卡是一种是应用广泛的导航设计,在桌面设计上的使用率和移动设计上差不多。它们可以被放在同一行中,因此十分适合作为项级导航存在。
- ❏ 可以将内容隐藏在触发按钮下,这样可以让页面包含更多内容且不会让用户感觉阅读吃力。这个功能对于移动设备来说非常好,因为页面加载的同时,所有内容已下载,即便其属于显示隐藏状态,也是如此。
- ❏ 将移动页面设计为先加载内容,再加载广告及导航。如果某些内容对于移动用户来说并没有太大必要——例如侧边栏,那么可以将它们隐藏起来。
- ❏ 虽然说让移动设计的外观与电脑设计外观保持完全相同并没有必要,但至少这两者应该尽量相似,具体体现在 logo、颜色以及版权信息等,这些信息应在两种网站上都一致。

15.3.4 HTML 5 及 CSS 3 检测

要开发 HTML5 网站或应用程序,Modernizr 是最好的工具之一。这是一个小型 JavaScript 库,用来检查 CSS 3 及 HTML5 支持,并为不支持相关功能的浏览器提供回退方案。

读者可以从网站 www.modernizr.com/ 上下载 modernizr–x.x.min.js 脚本,然后将文件加入网站目录中,通过如下格式将脚本添加至文档的 head 部分。

```
<script src="modernizr-#.#.min.js"></script>
```

然后通过如下格式加入 no–js 类。

```
<html class="no-js">
```

这样 Modernizr 就安装完成了。它将自动加载并检测 40 多种 CSS 3 和 HTML5 函数。还可以添加当前并不包含在 Modernizr 中的检测内容。但是 Modernizr 并不能检测所有东西，还是要为一些特征加入标准浏览器嗅探、浏览器判断（举例来说，当存在 document.all 这种指定特性时，浏览页面的浏览器就必须为指定类型），或者为所有浏览器提供一个回退机制。

Modernizr 不能检测以下内容。

- 网页表单中的日期及拾色器功能。
- Android 移动设备上的 contenteditable 属性，用于允许用户编辑指定内容。
- 音频及视频中的 preload 属性支持。
- 软连字符 (&shy ;) 以及 <wbr> 标签支持。
- HTML 实体的解析。
- PNG 透明度。

至于其他无法检测的内容，读者可以登录如下地址查看。

https://github.com/Modernizr/Modernizr/wiki/Undetectables

1. 多设备支持

面向整个互联网设计网站是个美好的愿望，这也是 W3C 的理想。但实际上，如果想让应用程序在各种设备上可用，就要为不同的设备及浏览器预留空间。

框架是一种解决办法，它将复杂技术整合在一起作为对象供人使用。典型的 HTML 框架会提供布局网格、排版，以及导航、表单、链接这类对象。可以使用一些 HTML5 移动框架来创建可同时在 iOS 及 Android 这两种移动设备上使用的 HTML5 应用程序。下面是一些值得推荐的 HTML5 移动框架。

（1）Sencha Touch–Sencha Touch

这是一种 JavaScript 框架，可以利用它来创建应用程序。这类应用程序在 iOS、Android 以及 BlackBerry 上看起来像本地应用程序。

（2）jQuery Mobile

它源自 jQuery，用于为 iOS、Android、BlackBerry、WebOs 以及 Windows 手机开发页面。

（3）PhoneGap

PhoneGap 不仅仅是一款框架，不仅可以创建移动应用程序，还可以用来将 HTML5 应用程序转化为原生移动应用程序。通过 PhoneGap，可以将上述任何一款框架转化成可以在 Android 及 Apple 电子市场上出售的应用程序。如果只使用一种框架，最好选择 PhoneGap。

2. 在其他设备上进行测试

应用程序测试是开发过程中的一个重要环节，应当先在自有设备上进行测试，然后设法在其他设备上测试。通常来说，可以通过以下 3 种方法在自己没有的设备上进行测试。

- 购买或租赁设备。
- 请求他人帮助。
- 使用模拟器。

3. 桌面模拟器测试

在测试应用程序时，也可以使用模拟器来测试。最好的模拟器是可以在桌面电脑上运行的模拟器，Android 模拟器可以从网站 http://developer.android.com/sdk/index.html 获取。

4. 在线模拟器

在线模拟器的效果比不上桌面模拟器，因为它们功能更少，不过使用起来很方便。通常有以下在线模拟器。

- ❑ Opera Mini Simulator (www.opera.com/mobile/dem0/)
- ❑ DeviceAnywhere (www.tryphone.com/)
- ❑ BrowserCam (www.browsercam.com/)

▌ 15.4　高手点拨

优化移动网站的技巧

移动用户需求或多或少与台式机及笔记本用户有所不同，其原因在于移动用户使用小屏幕，而且通常面临流量限制。因此，为了面向移动用户对网站进行最大限度的优化，必须注意以下几点。

- ❑ 简化设计：设备越小，设计就应当越简洁。
- ❑ 绝不使用水平滚动。
- ❑ 使用大按钮：将许多小的链接放在同一个地方会给移动用户造成极大的麻烦。
- ❑ 为网站浏览提供备选途径。
- ❑ 记录用户偏好。
- ❑ 让数据输入尽可能变得简单。
- ❑ 控制应用程序大小。
- ❑ 添加移动设备专用功能。
- ❑ 减少可察觉的等待时间。
- ❑ 优化所有环节。
- ❑ 使用有助于阅读的配色。
- ❑ 不要使用像素作为测量单位。
- ❑ 让内容尽可能清晰。
- ❑ 要注意在部分设备上可能无效的技术。
- ❑ 避免使用已知的无法在移动设备上工作的技术。

以上这些设计网站的注意事项不仅针对移动设备，在非移动设备上也同样重要。如果面向的是整个互联网，那么尽可能面向更多的设备和浏览器，应用程序才会拥有强大的生命力，并获得用户的赞美。

▌ 15.5　实战练习

1. 绘制一个指定大小的正方形

与创建页面中的其他元素相同，创建 <canvas> 元素的方法也十分简单，只需要加一个标记 ID 号并设置元素的长和宽即可。创建画布后，就可以利用画布的上下文环境对象绘制图形了。请尝试在页面中新建一个 <canvas> 元素，并在该元素中绘制一个指定长度的正方形。

2. 绘制一个带边框的矩形

请尝试在页面中新建一个 <canvas> 元素，并在该元素中绘制一个有背景色和边框的矩形，单击该矩形时会清空矩形中指定区域的图形色彩。

第16章

搭建移动开发环境

　　"工欲善其事，必先利其器"出自《论语》，意思是要想高效地完成一件事，需要有一个合适的工具。对于移动开发人员来说，开发工具同样至关重要。作为一项新兴技术，在进行开发前首先要搭建一个对应的开发环境。本章详细讲解搭建主流移动设备平台 Android 和 iOS 开发环境的方法，为读者步入本书后面知识的学习打下基础。

 本章教学录像：18 分钟

本章要点（已掌握的在方框中打钩）

□ 搭建 Android 开发环境

□ 搭建 iOS 开发环境

16.1　搭建 Android 开发环境

本节教学录像：17 分钟

对于本书内容来讲，搭建 Android 开发环境的过程不仅是搭建应用开发环境的过程，而且是搭建移动 Web 开发环境的过程。本节详细讲解搭建 Android 移动 Web 开发环境的基本知识。

16.1.1　安装 Android SDK 的系统要求

在搭建之前，一定先确定基于 Android 应用软件所需要开发环境的要求，具体如表 16-1 所示。

表 16-1　开发系统所需求参数

项目	版本要求	说明	备注
操作系统	Windows XP 或 Vista Mac OS X 10.4.8+Linux Ubuntu Drapper	根据自己的电脑自行选择	选择自己最熟悉的操作系统
软件开发包	Android SDK	选择最新版本的 SDK	截止到目前，最新手机版本是 2.3
IDE	Eclipse IDE+ADT	Eclipse3.3（Europa），3.4（Ganymede）ADT(Android Development Tools) 开发插件	选择 "for Java Developer"
其他	JDK Apache Ant	Java SE Development Kit 5 或 6 Linux 和 Mac 上使用 Apache Ant 1.6.5+，Windows 上使用 1.7+ 版本	（单独的 JRE 不可以的，必须有 JDK）不兼容 Gnu Java 编译器（gcj）

Android 工具是由多个开发包组成的，具体说明如下。

☐ JDK：可以到网站 http://java.sun.com/javase/downloads/index.jsp 下载。
☐ Eclipse（Europa）：可以到网站 http://www.eclipse.org/downloads/ 下载 Eclipse IDE for Java Developers。
☐ Android SDK：可以到网站 http://developer.android.com 下载。
☐ 还有对应的开发插件。

16.1.2　安装 JDK

JDK（Java Development Kit）是整个 Java 的核心，包括 Java 运行环境、Java 工具和 Java 基础的类库。JDK 是学好 Java 的第一步，是开发和运行 Java 环境的基础。当用户要对 Java 程序进行编译的时候，必须先获得对应操作系统的 JDK，否则将无法编译 Java 程序。在安装 JDK 之前需要先获得 JDK。获得 JDK 的操作流程如下。

（1）登录 Oracle 官方网站的下载页面，网址为 http://www.oracle.com/，如图 16-1 所示。

（2）在 JDK 下载页面中可以看到有很多版本，在此选择当前最新的版本 Java 7，下载页面如图 16-2 所示。

（3）单击 JDK 下方的 "Download" 按钮，在弹出的新界面中选择将要下载的 JDK。笔者在此选择的是 Windows X86 版本，如图 16-3 所示。

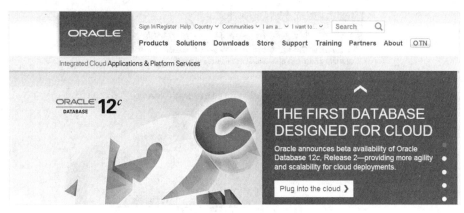

图 16-1　Oracle 官方下载页面

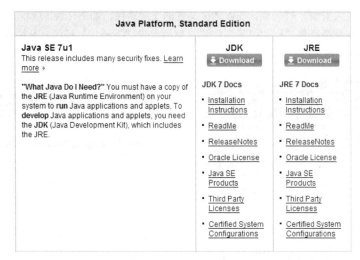

图 16-2　JDK 下载页面

图 16-3　选择 Windows X86 版本

（4）下载完成后，双击下载的".exe"文件开始进行安装，将弹出"安装向导"对话框，在此单击"下一步"按钮，如图 16-4 所示。

图 16-4 "安装向导"对话框

（5）弹出"自定义安装"对话框，在此选择文件的安装路径，如图 16-5 所示。

（6）在此设置安装路径是"E:\jdk1.7.0_01\"，然后单击"下一步"按钮，开始在安装路径解压缩下载的文件，如图 16-6 所示。

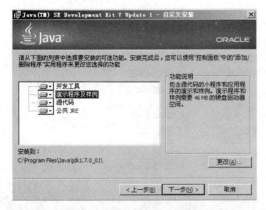

图 16-5 "自定义安装"对话框

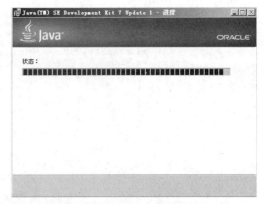

图 16-6 解压缩下载的文件

（7）完成后弹出"目标文件夹"对话框，在此选择要安装的位置，如图 16-7 所示。

（8）单击"下一步"按钮后开始正式安装，如图 16-8 所示。

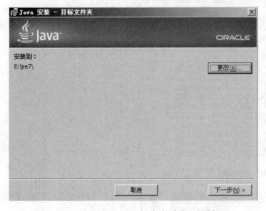

图 16-7 "目标文件夹"对话框

图 16-8 正式安装

（9）完成后弹出"完成"对话框，单击"完成"按钮后完成整个安装过程，如图 16-9 所示。

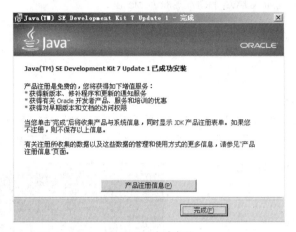

图 16-9　完成安装

注　意　　　完成安装后可以检测是否安装成功，方法是依次单击"开始"｜"运行"，在运行框中输入"cmd"并按下回车键，在打开的 CMD 窗口中输入 java-version。如果显示如图 16-10 所示的提示信息，则说明安装成功。

图 16-10　CMD 窗口

技　巧　　　　　　　　　解决没有安装成功的方法　　　　如果检测没有安装成功，需要将其目录的绝对路径添加到系统的 PATH 中。具体做法如下。

（1）右键依次单击"我的电脑"｜"属性"｜"高级"，单击下面的"环境变量"，在下面的"系统变量"处选择新建，在"变量名"处输入 JAVA_HOME，在"变量值"中输入刚才的目录，比如设置为"C:\Program Files\Java\jdk1.6.0_22"，如图 16-11 所示。

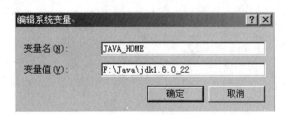

图 16-11　设置系统变量

（2）再次新建一个变量名为 classpath，其变量值如下。

.;%JAVA_HOME%/lib/rt.jar;%JAVA_HOME%/lib/tools.jar

单击"确定"按钮找到 PATH 的变量，双击或单击编辑，在变量值最前面添加如下值。

%JAVA_HOME%/bin;

具体如图 16-12 所示。

（3）再依次单击"开始"｜"运行"，在运行框中输入"cmd"并按下回车键，在打开的 CMD 窗口中输入 java－version。如果显示如图 16-13 所示的提示信息，则说明安装成功。

图 16-12　设置系统变量

图 16-13　CMD 界面

上述变量设置中，是按照笔者本人的安装路径设置的，笔者安装的 JDK 的路径是 C:\ Program Files\Java\jdk1.7.0_02。

16.1.3　获取并安装 Eclipse 和 Android SDK

在安装好 JDK 后，接下来需要安装 Eclipse 和 Android SDK。Eclipse 是进行 Android 应用开发的一个集成工具，而 Android SDK 是开发 Android 应用程序所必须具备的框架。在 Android 官方公布的最新版本中，已经将 Eclipse 和 Android SDK 这两个工具进行了集成，一次下载即可同时获得这两个工具。获取并安装 Eclipse 和 Android SDK 的具体步骤如下。

（1）登录 Android 的官方网站 http://developer.android.com/index.html，如图 16-14 所示。

图 16-14　Android 官方网站

（2）然后来到 http://developer.andrioid com/sdk/index.htm#Other，如图 16-15 所示。在此页面中

可以根据自己机器的操作系统选择下载 SDK 的版本，例如笔者机器是 64 位的 Windows 系统，所以单击 "installer_r24.4.1–windows.exe" 链接。

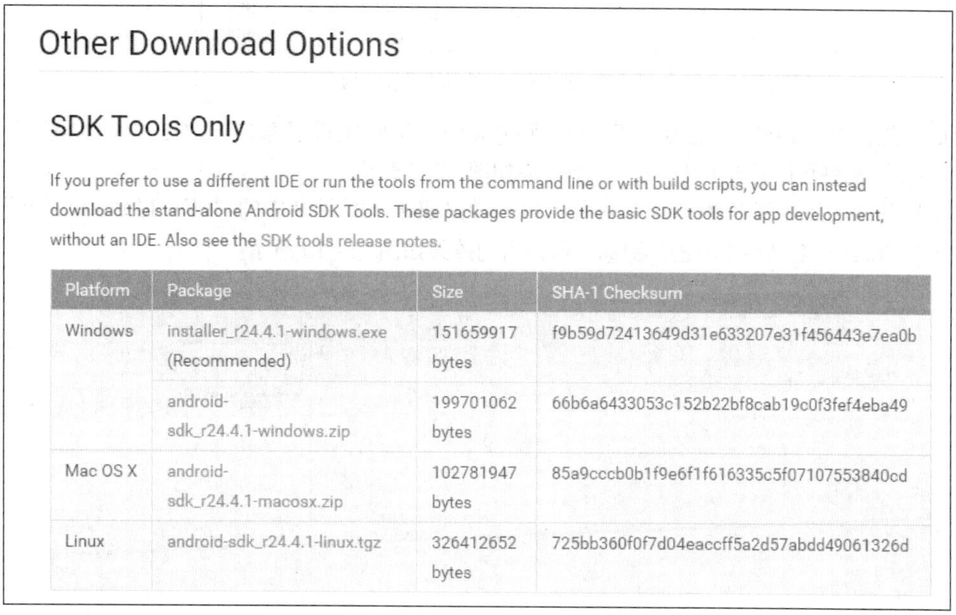

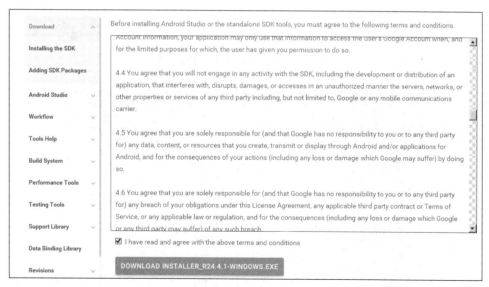

图 16-15　单击 "Get the SDK" 链接

（3）在弹出的 "Get the Android SDK" 界面中勾选 "I have read and agree with the above terms and conditions" 前面的复选框，如图 16-16 所示。

图 16-16　单击 "Download the SDK" 按钮

（4）单击图 16-16 中的 Download the SDK ADT Bundle for Windows 按钮后开始下载工作，下载完成后会获得一个可执行的 "EXE" 文件，双击后可以自动根据你的系统位数（32/64）下载获取 Android SDK 安装安装包。

（5）将下载得到的压缩包进行解压，解压后的目录结构如图 16-17 所示。

eclipse	2013/10/11 16:28	文件夹
sdk	2013/7/26 18:16	文件夹
SDK Manager.exe	2013/5/22 18:57	应用程序

图 16-17　解压后的目录结构

由此可见，Android 官方已经将 Eclipse 和 Android SDK 实现了集成。双击"eclipse"目录中的"eclipse.exe"文件可以打开 Eclipse，界面效果如图 16-18 所示。

（6）打开 Android SDK 的方法有两种：第一种是双击下载目录中的"SDK Manager.exe"文件，第二种是在 Eclipse 工具栏中单击 图标。打开后的效果如图 16-19 所示。

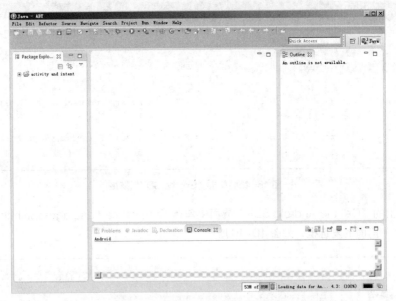

图 16-18　打开 Eclipse 后的界面效果

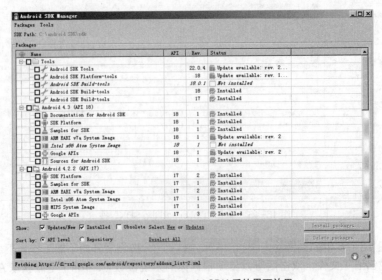

图 16-19　打开 Android SDK 后的界面效果

16.1.4　安装 ADT

Android 为 Eclipse 定制了一个专用插件 Android Development
Tools（ADT）。此插件为用户提供了一个强大的开发 Android 应用程
序的综合环境。ADT 扩展了 Eclipse 的功能，可以让用户快速地建
立 Android 项目，创建应用程序界面。要安装 Android Development
Tools plug-in，需要首先打开 Eclipse IDE，然后进行如下操作。

（1）打开 Eclipse 后，依次单击菜单栏中的"Help"｜"Install
New Software..."选项，如图 16-20 所示。

（2）在弹出的对话框中单击"Add"按钮，如图 16-21 所示。

图 16-20　添加插件

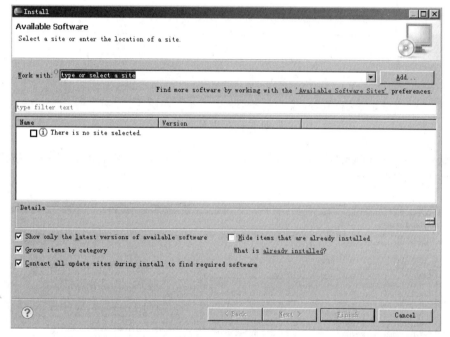

图 16-21　添加插件

（3）在弹出的"Add Site"对话框中分别输入名字和地址。名字可以自己命名，如"123"，但
是在 Location 中必须输入插件的网络地址 http://dl-ssl.google.com/Android/eclipse/，如图 16-22
所示。

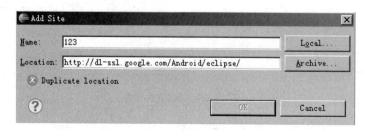

图 16-22　设置地址

（4）单击"OK"按钮，此时"Install"界面会显示系统中可用的插件，如图 16-23 所示。

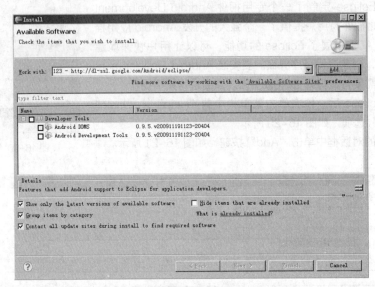

图 16-23　插件列表

（5）选中"Android DDMS"和"Android Development Tools"，然后单击"Next"按钮来到安装界面，如图 16-24 所示。

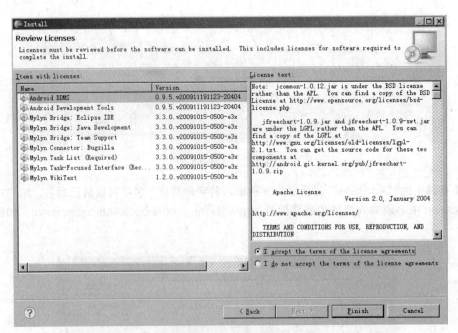

图 16-24　插件安装界面

（6）选择"I accept"选项，单击"Finish"按钮，开始进行安装，如图 16-25 所示。

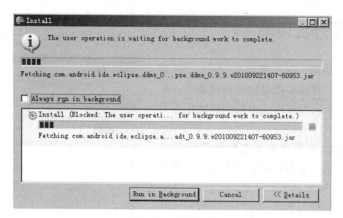

图 16-25　开始安装

 注意 　在上述步骤中，可能会发生计算插件占用资源的情况，过程有点慢。完成后会提示重启 Eclipse 来加载插件，等重启后就可以用了。不同版本的 Eclipse 安装插件的方法和步骤是不同的，但是都大同小异。读者可以根据操作提示自行解决。

16.1.5　设定 Android SDK Home

当完成上述插件装备工作后，还不能使用 Eclipse 创建 Android 项目，需要在 Eclipse 中设置 Android SDK 的主目录。

（1）打开 Eclipse，在菜单中依次单击"Windows"｜"Preferences"项，如图 16-26 所示。

（2）在弹出的界面左侧可以看到"Android"项，选中 Android 后，在右侧设定 Android SDK 所在目录为 SDK Location，单击"OK"按钮完成设置，如图 16-27 所示。

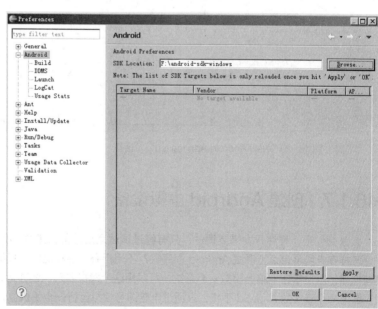

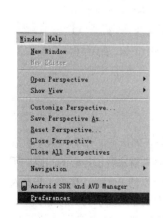

图 16-26　单击 Preferences 项

图 16-27　单击 Preferences 项

16.1.6　验证开发环境

图 16-28　新建项目

经过前面步骤的讲解，一个基本的 Android 开发环境算是搭建完成了。都说实践是检验真理的唯一标准，下面通过新建一个项目来验证当前的环境是否可以正常工作。

（1）打开 Eclipse，在菜单中依次选择"File"｜"New"｜"Project"项，在弹出的对话框中可以看到 Android 类型的选项，如图 16-28 所示。

（2）选择"Android"，单击"Next"按钮后打开"New Android Application"对话框，在对应的文本框中输入必要的信息，如图 16-29 所示。

（3）单击"Finish"按钮后，Eclipse 会自动完成项目的创建工作，最后会看到如图 16-30 所示的项目结构。

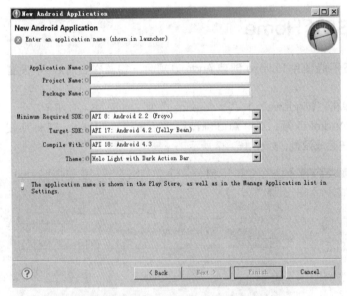

图 16-29 "New Android Application" 对话框

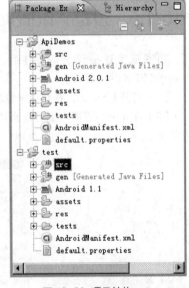

图 16-30 项目结构

16.1.7　创建 Android 虚拟设备

大家都知道，程序开发需要调试，只有经过调试之后才能知道程序是否正确运行。作为一款手机系统，怎样在电脑平台之上调试 Android 程序呢？不用担心，谷歌提供了模拟器来解决我们担心的问题。所谓模拟器，就是指在电脑上模拟安卓系统，可以用这个模拟器来调试并运行开发的 Android 程序。开发人员不需要一个真实的 Android 手机，只通过电脑即可模拟运行一个手机，开发出应用在手机上的程序。

AVD 全称为 Android 虚拟设备（Android Virtual Device），每个 AVD 模拟一套虚拟设备来运行

Android 平台。这个平台至少要有自己的内核、系统图像和数据分区，还可以有自己的 SD 卡和用户数据以及外观显示等。创建 AVD 的基本步骤如下。

（1）单击 Eclipse 菜单中的图标 ⬇️，如图 16-31 所示。

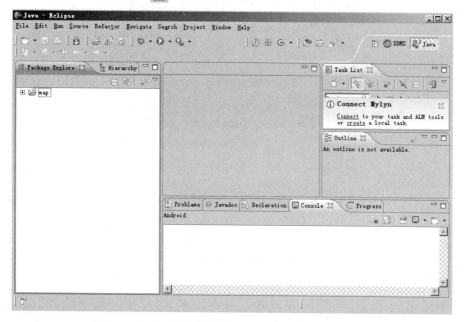

图 16-31　Eclipse

（2）在弹出的"Android Virtual Device Manager"界面的左侧导航中选择"Android Virtual Devices"选项，如图 16-32 所示。

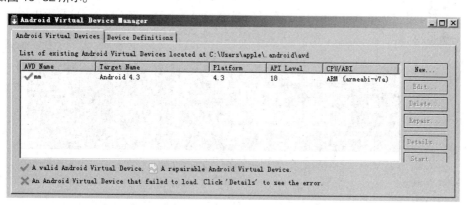

图 16-32　"Android Virtual Device Manager"界面

"Android Virtual Devices"列表中列出了当前已经安装的 AVD 版本，可以通过右侧的按钮来创建、删除或修改 AVD。主要按钮的具体说明如下。

❑ New...：创建新的 AVD。单击此按钮，在弹出的界面中可以创建一个新 AVD，如图 16-33 所示。
❑ Edit...：修改已经存在的 AVD。
❑ Delete...：删除已经存在的 AVD。
❑ Start...：启动一个 AVD 模拟器。

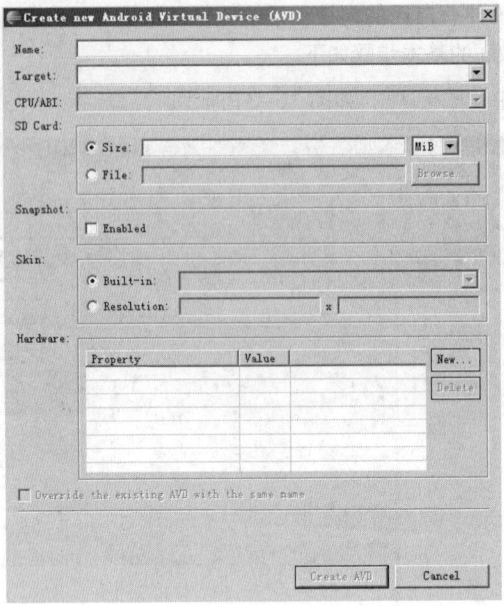

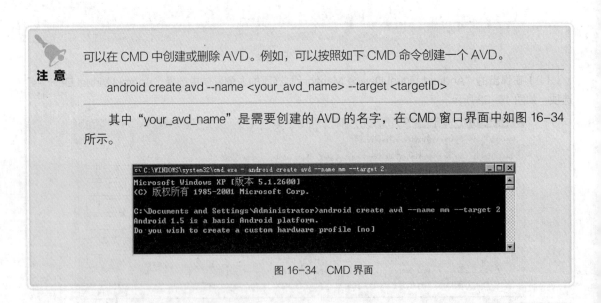

图 16-33　新建 AVD 界面

注意

可以在 CMD 中创建或删除 AVD。例如，可以按照如下 CMD 命令创建一个 AVD。

android create avd --name <your_avd_name> --target <targetID>

其中"your_avd_name"是需要创建的 AVD 的名字，在 CMD 窗口界面中如图 16-34 所示。

图 16-34　CMD 界面

16.1.8　启动 AVD 模拟器

对于 Android 程序的开发者来说，模拟器的推出给开发者在开发和测试上带来了很大的便利。无论在 Windows 下还是 Linux 下，Android 模拟器都可以顺利运行。并且官方提供了 Eclipse 插件，可以将模拟器集成到 Eclipse 的 IDE 环境。Android SDK 中包含的模拟器的功能非常齐全，电话本、通话等功能都可正常使用（当然，没办法真的从这里打电话）。甚至其内置的浏览器和 Maps 都可以联网。用户可以使用键盘输入，鼠标点击模拟器按键输入，甚至还可以使用鼠标点击、拖动屏幕进行操纵。模拟器在电脑上模拟运行的效果如图 16-35 所示。

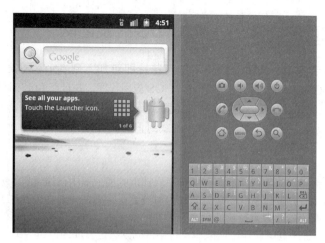

图 16-35　模拟器

在调试的时候需要启动 AVD 模拟器。启动 AVD 模拟器的基本流程如下。

（1）选择图 16-32 所示的列表中名为 "mm" 的 AVD，单击 Start... 按钮后弹出 "Launch Options" 界面。如图 16-36 所示。

（2）单击 "Launch" 按钮后会运行名为 "mm" 的模拟器，运行界面效果如图 16-37 所示。

图 16-36　"Launch" 对话框

图 16-37　模拟运行成功

16.2　搭建 iOS 开发环境

　本节教学录像：1 分钟

要想成为一名 iOS 开发人员，首先需要拥有一台苹果台式机或笔记本电脑，并运行苹果的操作系统，如 Snow Leopard 或 Lion。硬盘至少有 6 GB 的可用空间，并且开发系统的屏幕越大越好。对于广大初学者来说，建议购买一台 Mac 机器，因为这样的开发效率更高，更加能获得苹果公司的支持，也避免一些因为不兼容所带来的调试错误。除此之外，还需要加入 Apple 开发人员计划。本节详细讲解搭建 iOS 开发环境的基本知识。

16.2.1 开发前的准备——加入 iOS 开发团队

对于绝大多数读者来说，其实无须使用任何花费即可加入到 Apple 开发人员计划（Developer Program），然后下载 iOS SDK（软件开发包）、编写 iOS 应用程序，并且在 Apple iOS 模拟器中运行它们。但是毕竟收费与免费之间还是存在一定的区别：免费会受到较多的限制。例如，要想获得 iOS 和 SDK 的 beta 版，必须是付费成员。要将编写的应用程序加载到 iPhone 中或通过 App Store 发布它们，也需支付会员费。

注 意　　本书的大多数应用程序都可在免费工具提供的模拟器中正常运行。如果不确定成为付费成员是否合适，建议读者先不要急于成为付费会员，而是先成为免费成员，在编写一些示例应用程序并在模拟器中运行它们后再升级为付费会员。因为模拟器不能精确地模拟移动传感器输入和 GPS 数据等应用，所以建议有条件的读者付费成为付费会员。

　　如果读者准备选择付费模式，付费的开发人员计划提供了两种等级：标准计划（99 美元）和企业计划（299 美元）。前者适用于要通过 App Store 发布其应用程序的开发人员，而后者适用于开发的应用程序要在内部（而不是通过 App Store）发布的大型公司（雇员超过 500 人）。其实无论是公司用户还是个人用户，都可选择标准计划（99 美元）。在将应用程序发布到 App Store 时，如果需要指出公司名，则在注册期间会给出标准的"个人"或"公司"计划选项。

（1）以开发人员的身份注册。无论是大型企业还是小型公司，无论是要成为免费成员还是付费成员，都要先登录 Apple 的官方网站，并访问 Apple iOS 开发中心（http://www.apple.com.cn/developer/ios/index.html）注册成为会员，如图 16-38 所示。

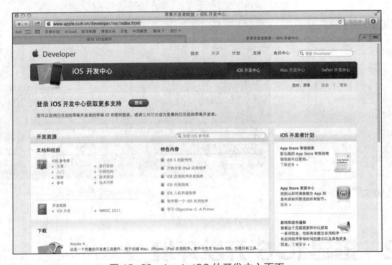

图 16-38　Apple iOS 的开发中心页面

（2）如果通过使用 iTunes、iCloud 或其他 Apple 服务获得了 Apple ID，可以将该 ID 用作开发账户。如果目前还没有 Apple ID，或者需要新注册一个专门用于开发的新 ID，可通过注册的方法创建一个新 Apple ID。注册界面如图 16-39 所示。

（3）单击"Create Apple ID"按钮后，可以创建一个新的 Apple ID 账号。注册成功后，输入登录信息登录，登录成功后的界面如图 16-40 所示。

图 16-39　注册 Apple ID 的界面

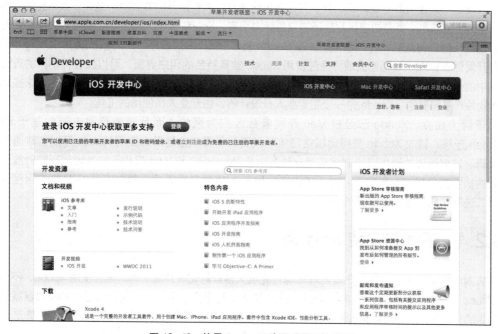

图 16-40　使用 Apple ID 账号登录后的界面

　　在成功登录 Apple ID 后，可以决定是否加入付费的开发人员计划还是继续使用免费资源。要加入付费的开发人员计划，需要再次将浏览器指向 iOS 开发计划网页 (http://developer.apple.com/programs/ios/)，并单击"Enron New"链接，可以马上加入。阅读说明性文字后，单击"Continue"按钮，按照提示加入。当系统提示时，选择"I"m Registered as a Developer with Apple and Would Like to Enroll in a Paid Apple Developer Program"，再单击"Continue"按钮。注册工具会引导用户申请加入付费的开发人员计划，包括在个人和公司选项之间做出选择。

16.2.2　安装 Xcode

对于程序开发人员来说，好的开发工具能够达到事半功倍的效果，学习 iOS 开发也是如此。如果使用的是 Lion 或更高版本，下载 iOS 开发工具将会变得非常容易，只需通过简单的单击操作即可。具体方法是在 Dock 中打开 Apple Store，搜索 Xcode 并免费下载它，然后等待 Mac 下载大型安装程序（约 3 GB）。如使用的不是 Lion，可以从 iOS 开发中心（http://developer.apple.com/ios）下载最新版本的 iOS 开发工具。

　　　　如果是免费成员，登录 iOS 开发中心后，很可能只能看到一个安装程序，它可安装 Xcode 和 iOS SDK（最新版本的开发工具）；如果是付费成员，可能看到指向其他 SDK 版本（5.1、6.0 等）的链接。本书的示例基于 8.0+ 系列 iOS SDK，因此如果看到该选项，请务必选择它。

注　意

16.2.3　Xcode 介绍

要开发 iOS 的应用程序，需要有一台安装 Xcode 工具的 Mac OS X 电脑。Xcode 是苹果提供的开发工具集，提供项目管理、代码编辑、创建执行程序、代码调试、代码库管理和性能调节等功能。这个工具集的核心就是 Xcode 程序，提供基本的源代码开发环境。

Xcode 是一款强大的专业开发工具，可以简单快速且以人们熟悉的方式执行绝大多数常见的软件开发任务。相对于创建单一类型的应用程序所需要的能力而言，Xcode 要强大得多。它的设计目的是使开发者可以创建任何可想象得到的软件产品类型。从 Cocoa 及 Carbon 应用程序，到内核扩展及 Spotlight 导入器等各种开发任务，Xcode 都能完成。通过使用 Xcode 独具特色的用户界面，可以以各种不同的方式来漫游工具中的代码，并且可以访问工具箱下面的大量功能，包括 GCC、javac、jikes 和 GDB。这些功能都是制作软件产品需要的。Xcode 是一个由专业人员设计的、由专业人员使用的工具。

由于能力出众，Xcode 已经被 Mac 开发者社区广为采纳。而且随着苹果电脑向基于 Intel 的 Macintosh 迁移，转向 Xcode 变得比以往任何时候更加重要。这是因为使用 Xcode 可以创建通用的二进制代码。这里所说的通用二进制代码是一种可以把 PowerPC 和 Intel 架构下的本地代码同时放到一个程序包的执行文件格式。事实上，对于还没有采用 Xcode 的开发人员，转向 Xcode 是将应用程序连编为通用二进制代码的第一个必要的步骤。

16.2.4　下载并安装 Xcode

其实对于初学者来说，只需安装 Xcode 即可完成大多数的 iOS 开发工作。通过使用 Xcode，不但可以开发 iPhone 程序，而且可以开发 iPad 程序。并且 Xcode 还是完全免费的，通过它提供的模拟器就可以在电脑上测试 iOS 程序。如果要发布 iOS 程序或在真实机器上测试 iOS 程序的话，则需要花费 99 美元。

1. 下载 Xcode

（1）下载的前提是先注册成为一名开发人员，来到苹果开发页面主页 https://developer.apple.com/，如图 16-41 所示。

（2）登录 Xcode 的下载页面 http://developer.apple.com/devcenter/ios/index.action，如图 16-42 所示。

（3）单击下方的 "Download Xcode 4" 按钮，新界面中显示 "必须在 iOS 系统中使用" 的提示信息，如图 16-43 所示。

图 16-41 苹果开发页面主页

图 16-42 Xcode 的下载页面

（4）单击下方的"Download now"链接后，弹出下载提示框。

可以使用 App Store 来获取 Xcode。这种方式的优点是完全自动，操作方便。
注 意

2. 安装 Xcode

（1）下载完成后，单击打开下载的".dmg"格式文件，然后双击 Xcode 文件开始安装。

（2）在弹出的对话框中单击"Continue"按钮，如图 16-44 所示。

（3）在弹出的欢迎界面中单击"Agree"按钮，如图 16-45 所示。

（4）在弹出的对话框中单击"Install"按钮，如图 16-46 所示。

图 16-43 提示信息界面

图 16-44 单击 "Continue" 按钮

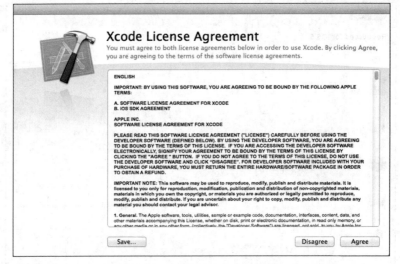

图 16-45 单击 "Continue" 按钮

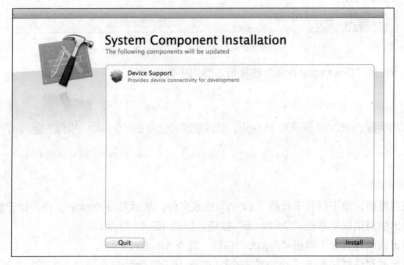

图 16-46 单击 "Install" 按钮

（5）在弹出的对话框中输入用户名和密码，然后单击"好"按钮，如图 16-47 所示。

图 16-47　输入用户名和密码

（6）在弹出的对话框中显示安装进度，进度完成后的界面如图 16-48 所示。

图 16-48　安装完成后的界面

注 意

（1）考虑到很多初学者是学生用户，如果没有购买苹果机的预算，可以在 Windows 系统上采用虚拟机的方式安装 OS X 系统。

（2）无论读者是已经有一定 Xcode 经验的开发者，还是刚刚开始迁移的新用户，都需要对 Xcode 的用户界面及如何用 Xcode 组织软件工具有一些理解，这样才能真正高效地使用这个工具。这种理解可以大大加深对隐藏在 Xcode 背后的哲学的认识，并帮助读者更好地使用Xcode。

（3）建议读者将 Xcode 安装在 OS X 的 Mac 机器上，也就是装有苹果系统的苹果机上。通常来说，苹果机器的 OS X 系统中已经内置了 Xcode，默认目录是"/Developer/Applications"。

16.2.5　创建一个 Xcode 项目并启动模拟器

Xcode 是一款功能全面的应用程序，通过此工具可以轻松输入、编译、调试并执行 Objective-C（开发 iOS 项目的最佳语言）程序。如果想在 Mac 上快速开发 iOS 应用程序，则必须学会使用这个强大的工具的方法。接下来简单介绍使用 Xcode 创建项目，并启动 iOS 模拟器的方法。

（1）Xcode 位于"Developer"文件夹内的"Applications"子文件夹中，快捷图标如图 16-49 所示。

（2）启动 Xcode，在"File"菜单下选择"New Project"，如图 16-50 所示。

图 16-49　Xcode 快捷图标　　　　　　　　图 16-50　启动一个新项目

（3）此时出现一个窗口，如图 16-51 所示。

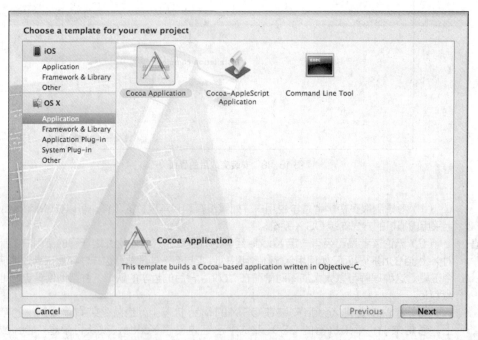

图 16-51　启动一个新项目：选择应用程序类型

（4）窗口的左侧显示可供选择的模板类别。因为这里的重点是类别 iOS Application，所以在此需要确保选择了它。而右侧显示当前类别中的模板以及当前选定模板的描述。就这里而言，单击模板"Empty Application"（空应用程序），再单击"Next"（下一步）按钮。窗口界面效果如图 16-52 所示。

（5）单击"Next"按钮后，在新界面中，Xcode 要求用户指定产品名称和公司标识符。产品名称就是应用程序的名称，而公司标识符创建应用程序的组织或个人的域名，但按相反的顺序排列。这两者组成束标识符，它将用户的应用程序与其他 iOS 应用程序区分开来，如图 16-53 所示。

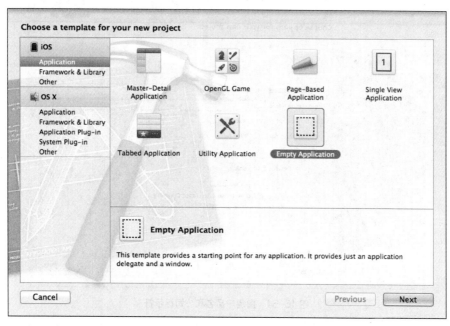

图 16-52　单击模板"Empty Application"（空应用程序）

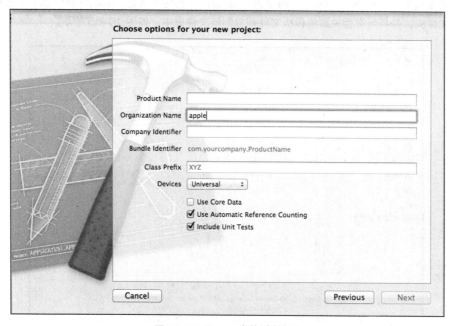

图 16-53　Xcode 文件列表窗口

　　例如，将要创建一个名为 Hello 的应用程序，这是产品名。设置域名是 teach.com，因此将公司标识符设置为 com.teach。如果没有域名，开始开发时可使用默认标识符。

　　（6）将产品名设置为"Hello"，再提供选择的公司标识符。文本框"Class Prefix"可以根据自己的需要进行设置，如输入易记的"XYZ"。从下拉列表"Devices"中选择使用的设备 (iPhone 或 iPad)，默认值是"Universal"（通用），并确保选中复选框"Use Automatic Reference Counting"（使用自动引用计数）。不要选中复选框"Include Unit Tests"（包含单元测试）。界面效果如图 16-54 所示。

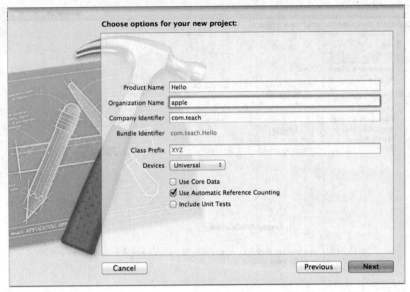

图 16-54 指定产品名和公司标示符

（7）单击"Next"按钮后，Xcode 要求用户选择项目的存储位置。切换到硬盘中合适的文件夹，确保没有选择复选框"Source Control"，再单击"Create"（创建）按钮。Xcode 将创建一个名称与项目名相同的文件夹，并将所有相关联的模板文件都放到该文件夹中，如图 16-55 所示。

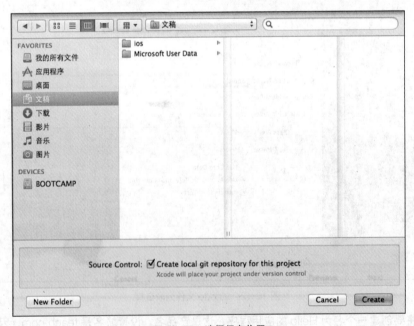

图 16-55 选择保存位置

（8）在 Xcode 中创建或打开项目后，将出现一个类似于 iTunes 的窗口。可以使用它来完成所有的工作，从编写代码到设计应用程序界面。如果是第一次接触 Xcode，会发现有很多复杂的按钮、下拉列表和图标，如图 16-56 所示。

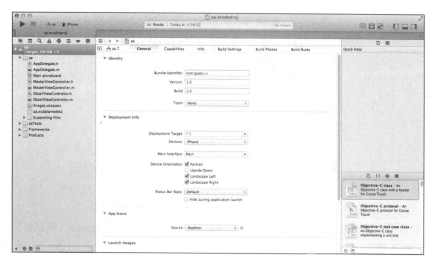

图 16-56　Xcode 界面

（9）运行 iOS 模拟器的方法十分简单，只需单击左上角的 按钮即可。例如，iPhone 模拟器的运行效果如图 16-57 所示。

图 16-57　iPhone 模拟器的运行效果

16.3　高手点拨

1. 解决 Android 环境不能在线更新的问题

在安装 Android 后，需要更新为最新的资源和配置。但是在启动 Android 后，经常会不能更新，弹出如图 16-58 所示的错误提示。

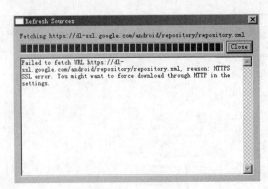

图 16-58 不能更新

Android 默认的在线更新地址是 https://dl-ssl.google.com/android/eclipse/，但是经常会出现错误。如果此地址不能更新，可以自行设置更新地址，修改为 http://dl-ssl.google.com/android/repository/repository.xml。具体操作方法如下。

（1）单击 Android 左侧的"Available Packages"选项，然后单击下面的"Add Site…"按钮，如图 16-59 所示。

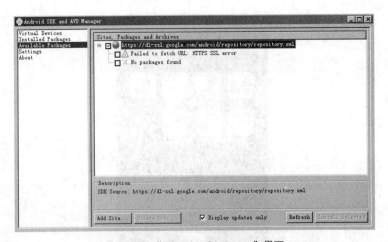

图 16-59 "Available Packages"界面

（2）在弹出的"Add Site URL"对话框中输入下面修改后的地址，如图 16-60 所示。

http://dl-ssl.google.com/android/repository/repository.xml

（3）单击"OK"按钮完成设置，此时就可以使用更新功能了，如图 16-61 所示。

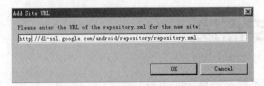

图 16-60 "Add Site URL"对话框

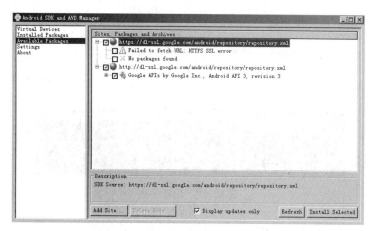

图 16-61　"Available Packages"界面

2. 解决 Target 列表中没有 Target 选项的问题

通常来说，当 Android 开发环境搭建完毕后，在 Eclipse 工具栏中依次单击"Window"│"Preference"，单击左侧的"Android"项后，会在"Preferences"中显示存在的 SDK Targets，如图 16-62 所示。

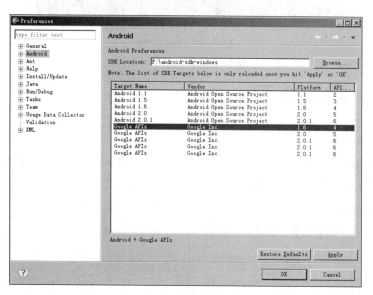

图 16-62　SDK Targets 列表

但是往往因为各种原因，会不显示 SDK Targets 列表，并输出"Failed to find an AVD compatible with target"错误提示。

造成上述问题的原因是没有创建 AVD 成功，此时需要手工安装来解决这个问题。当然，前提是 Android 更新完毕。具体解决方法如下。

（1）在运行中键入"CMD"，打开 CMD 窗口，如图 16-63 所示。

图 16-63　SDK Targets 列表

（2）使用如下 Android 命令创建一个 AVD。

```
android create avd --name <your_avd_name> --target <targetID>
```

其中"your_avd_name"是需要创建的 AVD 的名字，在 CMD 窗口界面中如图 16-64 所示。

图 16-64　CMD 界面

窗口中创建了一个名为 aa、targetI D 为 3 的 AVD，然后在 CMD 界面中输入"n"，即完成操作，如图 16-65 所示。

图 16-65　CMD 界面

16.4　实战练习

1. 绘制一个渐变图形

请在页面中新建一个 <canvas> 元素，并利用该元素以三种不同颜色渐变方向绘制图形，分别为自左向右、从上而下、沿图形对角线方向渐变。

2. 绘制不同的圆形

在此要求实现一个页面项目，尝试实现如图 16-66 所示的效果。

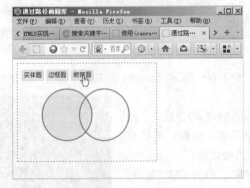

图 16-66　执行效果

第 4 篇

综合实战

通过前面的学习，读者已经掌握了与 jQuery Mobile 有关的基础知识和典型应用方法。但移动开发从来不是一种技术贯穿始终，而是多种技能的综合应用。

下面，我们通过两个典型系统，来展示 jQuery Mobile 的实战应用。

第 **17** 章

 本章教学录像：16 分钟

电话本管理系统

经过本书前面内容的学习，读者应该已经掌握 jQuery Mobile 移动 Web 开发技术的基本知识。本章综合运用本书前面所学的知识，并结合使用 HTML5、CSS3 和 JavaScript 的技术，开发一个在移动平台运行的电话本管理系统。希望读者认真阅读本章内容，仔细品味 HTML5+jQuery Mobile+PhoneGap 组合在移动 Web 开发领域的真谛。

本章要点（已掌握的在方框中打钩）

☐ 需求分析

☐ 创建 Android 工程

☐ 实现系统主界面

☐ 实现信息查询模块

☐ 实现系统管理模块

☐ 实现信息添加模块

☐ 实现信息修改模块

☐ 实现信息删除模块和更新模块

▌ 17.1 需求分析

本实例使用 HTML5+jQuery Mobile+PhoneGap 实现一个经典的电话本管理工具，能够实现对设备内联系人信息的管理，包括添加新信息、删除信息、快速搜索信息、修改信息、更新信息等功能。本节对本项目进行必要的需求性分析。

17.1.1 产生背景

随着网络与信息技术的发展，很多陌生人之间都有了或多或少的联系。如何更好地管理这些信息是每个人面临的问题。特别是那些很久没有联系的朋友，再次见面无法马上想起关于这个人的记忆，会造成一些不必要的尴尬。基于上述种种原因，开发一套通信录管理系统很重要。

另外，随着移动设备平台的发展，以 Android 为代表的智能手机系统已经普及普通消费者用户。智能手机设备已经成为人们生活中必不可少的物品。在这种历史背景之下，手机通信录变得愈发重要，已经成为人们离不开的联系人系统。

正是因为上述两个背景，可以得出一个结论：开发一个手机电话本管理系统势在必行。本系统的主要目的是为了更好地管理每个人的通信录，给每个人提供一个井然有序的管理平台，防止手工管理混乱而造成不必要的麻烦。

17.1.2 功能分析

通过市场调查可知，一个完整的电话本管理系统应该包括添加模块、主窗体模块、信息查询模块、信息修改模块、系统管理模块。本系统主要实现设备内联系人信息的管理，包括添加、修改、查询和删除。整个系统模块划分如图 17-1 所示。

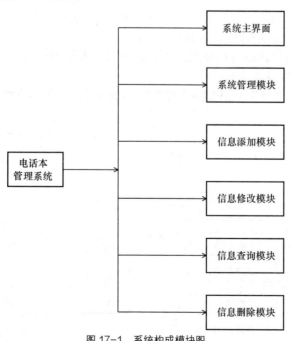

图 17-1 系统构成模块图

（1）系统管理模块

用户通过此模块来管理设备内的联系人信息，屏幕下方提供了实现系统管理的 5 个按钮。

- ❑ 搜索：触摸按下此按钮后能够快速搜索设备内需要的联系人信息。
- ❑ 添加：触摸按下此按钮后能够向设备内添加新的联系人信息。
- ❑ 修改：触摸按下此按钮后能够修改设备内已经存在的某条联系人信息。
- ❑ 删除：触摸按下此按钮后删除设备内已经存在的某条联系人信息。
- ❑ 更新：触摸按下此按钮后能够更新设备的所有联系人信息。

（2）系统主界面

系统主屏幕界面中显示了两个操作按钮，通过这两个按钮可以快速进入本系统的核心功能。

- ❑ 查询：触摸按下此按钮后能够来到系统搜索界面，快速搜索设备内需要的联系人信息。
- ❑ 管理：触摸按下此按钮后能够来到系统管理模块的主界面。

（3）信息添加模块

通过此模块能够向设备中添加新的联系人信息。

（4）信息修改模块

通过此模块能够修改设备内已经存在的联系人信息。

（5）信息删除模块

通过此模块能够删除设备内已经存在的联系人信息。

（6）信息查询模块

通过此模块能够搜索设备内需要的联系人信息。

17.2 创建 Android 工程

 本节教学录像：2 分钟

（1）启动 Eclipse，依次选中 File、New、Other 菜单，然后在向导的树形结构中找到 Android 节点。单击 Android Project，在项目名称上填写 phonebook。

（2）单击 Next 按钮，选择目标 SDK，在此选择 4.3。单击 Next 按钮，在其中填写包名 com.example.web_dhb，如图 17-2 所示。

（3）单击 Next 按钮，此时将成功构建一个标准的 Android 项目。图 17-3 展示了当前项目的目录结构。

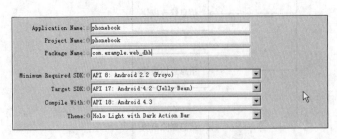

图 17-2　创建 Android 工程

图 17-3　创建的 Android 工程

（4）修改文件 MainActivity.java，为此文件添加执行 HTML 文件的代码，主要代码如下。

```java
public class MainActivity extends DroidGap {
    @Override
    public void onCreate(Bundle savedInstanceState) {
        super.onCreate(savedInstanceState);
        super.loadUrl("file:///android_asset/www/main.html");
    }
}
```

■ 17.3　实现系统主界面

 本节教学录像: 4 分钟

在本实例中，系统主界面的实现文件是 main.html，主要实现代码如下。

```html
<script src="./js/jquery.js"></script>
<script src="./js/jquery.mobile-1.2.0.js"></script>
<script src="./cordova-2.1.0.js"></script>

</head>
<body>
    <!-- Home -->
    <div data-role="page" id="page1" style="background-image: url(./img/bg.gif);" >
        <div data-theme="e" data-role="header">
                <h2> 电话本管理中心 </h2>
        </div>
        <div data-role="content" style="padding-top:200px;">
            <a data-role="button" data-theme="e" href="./select.html" id="chaxun" data-icon="search"
data-iconpos="left" data-transition="flip"> 查询 </a>
            <a data-role="button" data-theme="e" href="./set.html" id="guanli" data-icon="gear" data-
iconpos="left"> 管理 </a>
        </div>
        <div data-theme="e" data-role="footer" data-position="fixed">
            <span class="ui-title"> 免费组织制作 v1.0</span>
        </div>

        <script type="text/javascript">
                sessionStorage.setItem("uid","");

                $('#page1').bind('pageshow',function(){
                    $.mobile.page.prototype.options.domCache = false;
```

```
       });
       // 等待加载 PhoneGap
document.addEventListener("deviceready", onDeviceReady, false);

// PhoneGap 加载完毕
function onDeviceReady() {
 var db = window.openDatabase("Database", "1.0", "PhoneGap myuser", 200000);
 db.transaction(populateDB, errorCB);
}
       // 填充数据库
       function populateDB(tx) {
               tx.executeSql('CREATE TABLE IF NOT EXISTS 'myuser' ('user_id' integer
primary key autoincrement ,'user_name' VARCHAR( 25 ) NOT NULL ,'user_phone' varchar( 15 ) NOT NULL ,'user_
qq' varchar( 15 ) ,'user_email' VARCHAR( 50 ),'user_bz' TEXT)');

       }
       // 事务执行出错后调用的回调函数
       function errorCB(tx, err) {
               alert("Error processing SQL: "+err);
       }

       </script>
    </div>
  </body>
</html>
```

执行后的效果如图 17-4 所示。

图 17-4　执行效果

17.4 实现信息查询模块

本节教学录像：2 分钟

信息查询模块的功能是快速搜索设备内需要的联系人信息。触摸按下图 17-4 中的"查询"按钮后会来到查询界面，如图 17-5 所示。

在查询界面上面的表单中可以输入搜索关键字，然后触摸按下"查询"按钮，会在下方显示搜索结果。信息查询模块的实现文件是 select.html，主要实现代码如下。

图 17-5 查询界面

```
<script src="./js/jquery.js"></script>
<script src="./js/jquery.mobile-1.2.0.js"></script>
<!-- <script src="./cordova-2.1.0.js"></script> -->
</head>
<body>
<body>
    <!-- Home -->
    <div data-role="page" id="page1">
        <div data-theme="e" data-role="header">
            <a data-role="button" href="./main.html" data-icon="back" data-iconpos="left" class="ui-btn-left"> 返回 </a>
            <a data-role="button" href="./main.html" data-icon="home" data-iconpos="right" class ="ui-btn-right"> 首页 </a>
            <h3> 查询 </h3>
            <div >
                <fieldset data-role="controlgroup" data-mini="true">
                <input name="" id="searchinput6" placeholder=" 输入联系人姓名 " value="" type="search" />
                </fieldset>
            </div>
            <div>
                <input type="submit" id="search"  data-theme="e" data-icon="search" data-iconpos="left" value=" 查询 " data-mini="true" />
            </div>
        </div>
        <div data-role="content">
            <div class="ui-grid-b" id="contents" >
                </div >
        </div>
        <script>
            //App custom javascript
            var u_name="";
        <!-- 查询全部联系人  -->
        // 等待加载 PhoneGap
```

```
                document.addEventListener("deviceready", onDeviceReady, false);
                // PhoneGap 加载完毕
                function onDeviceReady() {
                    var db = window.openDatabase("Database", "1.0", "PhoneGap myuser", 200000);
                    db.transaction(queryDB, errorCB); // 调用 queryDB 查询方法，以及 errorCB 错误回调方法
                }
                // 查询数据库
                function queryDB(tx) {
                    tx.executeSql('SELECT * FROM myuser', [], querySuccess, errorCB);
                }
                // 查询成功后调用的回调函数
                function querySuccess(tx, results) {
                    var len = results.rows.length;
                    var str="<div class='ui-block-a' style='width:90px;'> 姓名 </div><div class='ui-block-b'> 电
话 </div><div class='ui-block-c'> 拨号 </div>";
                    console.log("myuser table: " + len + " rows found.");
                    for (var i=0; i<len; i++){
                        // 写入到 logcat 文件
                        str +="<div class='ui-block-a' style='width:90px;'>"+results.rows.item(i).user_
name+"</div><div class='ui-block-b'>"+results.rows.item(i).user_phone
                        +"</div><div class='ui-block-c'><a href='tel:"+results.rows.item(i).user_
phone+"' data-role='button' class='ui-btn-right' > 拨打 </a></div>";
                    }
                    $("#contents").html(str);
                }
                // 事务执行出错后调用的回调函数
                function errorCB(err) {
                    console.log("Error processing SQL: "+err.code);
                }
                <!-- 查询一条数据 -->
                $("#search").click(function(){
                    var searchinput6 = $("#searchinput6").val();
                    u_name = searchinput6;
                    var db = window.openDatabase("Database", "1.0", "PhoneGap myuser", 200000);
                    db.transaction(queryDBbyone, errorCB);
                });
                function queryDBbyone(tx){
                    tx.executeSql("SELECT * FROM myuser where user_name like '%"+u_name+"%'",
[], querySuccess, errorCB);
                }
            </script>
        </div>
    </body>
</html>
```

17.5 实现系统管理模块

 本节教学录像：2 分钟

系统管理模块的功能是管理设备内的联系人信息，触摸按下图 17-4 中的"管理"按钮后来到系统管理界面，如图 17-6 所示。

图 17-6 所示的界面中提供了实现系统管理的 5 个按钮，具体说明如下。

图 17-6 系统管理界面

- ❑ 搜索：触摸按下此按钮后能够快速搜索设备内需要的联系人信息。
- ❑ 添加：触摸按下此按钮后能够向设备内添加新的联系人信息。
- ❑ 修改：触摸按下此按钮后能够修改设备内已经存在的某条联系人信息。
- ❑ 删除：触摸按下此按钮后删除设备内已经存在的某条联系人信息。
- ❑ 更新：触摸按下此按钮后能够更新设备的所有联系人信息。

系统管理模块的实现文件是 set.html，主要实现代码如下。

```html
<body>
    <!-- Home -->
    <div data-role="page" id="set_1" data-dom-cache="false">
        <div data-theme="e" data-role="header" >
            <a data-role="button" href="main.html" data-icon="home" data-iconpos="right" class="ui-btn-right"> 主页 </a>
            <h1> 管理 </h1>
            <a data-role="button" href="main.html" data-icon="back" data-iconpos="left" class="ui-btn-left"> 后退 </a>
            <div >
              <span id="test"></span>
                <fieldset data-role="controlgroup" data-mini="true">
                 <input name="" id="searchinput1" placeholder=" 输 入 查 询 人 的 姓 名 " value=""
type="search" />
                </fieldset>
            </div>
            <div>
                <input type="submit" id="search" data-inline="true" data-icon="search" data-iconpos="top" value=" 搜索 " />
                <input type="submit" id="add" data-inline="true" data-icon="plus" data-iconpos="top" value=" 添加 "/>
                <input type="submit" id="modfiry"data-inline="true" data-icon="minus" data-iconpos="top" value=" 修改 " />
                <input type="submit" id="delete" data-inline="true" data-icon="delete" data-iconpos="top" value=" 删除 " />
                <input type="submit" id="refresh" data-inline="true" data-icon="refresh" data-iconpos="top" value=" 更新 " />
```

```
        </div>
      </div>
      <div data-role="content">
        <div class="ui-grid-b" id="contents">
            </div >
      </div>
      <script type="text/javascript">

          $.mobile.page.prototype.options.domCache = false;
          var u_name="";
          var num="";


          var strsql="";
      <!-- 查询全部联系人  -->
      // 等待加载 PhoneGap
      document.addEventListener("deviceready", onDeviceReady, false);
      // PhoneGap 加载完毕
        function onDeviceReady() {
          var db = window.openDatabase("Database", "1.0", "PhoneGap myuser", 200000);
          db.transaction(queryDB, errorCB); // 调用 queryDB 查询方法，以及 errorCB 错误回调方法
        }
      // 查询数据库
        function queryDB(tx) {
          tx.executeSql('SELECT * FROM myuser', [], querySuccess, errorCB);
        }
      // 查询成功后调用的回调函数
        function querySuccess(tx, results) {
          var len = results.rows.length;
          var str="<div class='ui-block-a'> 编号 </div><div class='ui-block-b'> 姓名 </div> <div
class='ui-block-c'> 电话 </div>";
          //console.log("myuser table: " + len + " rows found.");
          for (var i=0; i<len; i++){
                // 写入到 logcat 文件
                //console.log("Row = " + i + " ID = " + results.rows.item(i).user_id + " Data = " +
results.rows.item(i).user_name);
                str +="<div class='ui-block-a'><input type='checkbox' class='idvalue'
value="+results.rows.item(i).user_id+" /></div><div class='ui-block-b'>"+results.rows.item(i).user_name
                +"</div><div class='ui-block-c'>"+results.rows.item(i).user_phone+"</div>";
          }
          $("#contents").html(str);
        }
      // 事务执行出错后调用的回调函数
        function errorCB(err) {
                console.log("Error processing SQL: "+err.code);
        }
```

```
<!-- 查询一条数据 -->
$("#search").click(function(){
        var searchinput1 = $("#searchinput1").val();
        u_name = searchinput1;
        var db = window.openDatabase("Database", "1.0", "PhoneGap myuser", 200000);
    db.transaction(queryDBbyone, errorCB);
    });
    function queryDBbyone(tx){
        tx.executeSql("SELECT * FROM myuser where user_name like '%"+u_
name+"%'", [], querySuccess, errorCB);
        }
    $("#delete").click(function(){
        var len = $("input:checked").length;
        for(var i=0;i<len;i++){
                num +=","+$("input:checked")[i].value;
        }
        num=num.substr(1);
        var db = window.openDatabase("Database", "1.0", "PhoneGap myuser", 200000);
    db.transaction(deleteDBbyid, errorCB);
    });
    function deleteDBbyid(tx){
        tx.executeSql("DELETE FROM 'myuser' WHERE user_id in("+num+")", [],
queryDB, errorCB);
        }
                    $("#add").click(function(){
                            $.mobile.changePage ('add.html', 'fade', false, false);
                    });
                    $("#modfiry").click(function(){
                            if($("input:checked").length==1){
                              var userid=$("input:checked").val();
                              sessionStorage.setItem("uid",userid);
                              $.mobile.changePage ('modfiry.html', 'fade', false, false);
                            }else{
                                    alert(" 请选择要修改的联系人，并且每次只能选择一位 ");
                            }

                    });
                    //============ 与手机联系人 同步数据 =================
                    $("#refresh").click(function(){
                            // 从全部联系人中进行搜索
    var options = new ContactFindOptions();
    options.filter="";
    var filter = ["displayName","phoneNumbers"];
    options.multiple=true;
```

```
                    navigator.contacts.find(filter, onTbSuccess, onError, options);
                        });
                        // onSuccess: 返回当前联系人结果集的快照
            function onTbSuccess(contacts) {
                    // 显示所有联系人的地址信息

                    var str="<div class='ui-block-a'> 编 号 </div><div class='ui-block-b'> 姓 名 </
div><div class='ui-block-c'> 电话 </div>";
                    var phone;
                    var db = window.openDatabase("Database", "1.0", "PhoneGap myuser", 200000);
                    for (var i=0; i<contacts.length; i++){
                            for(var j=0; j< contacts[i].phoneNumbers.length; j++){
                                phone = contacts[i].phoneNumbers[j].value;
                            }

                            strsql +="INSERT INTO 'myuser' ('user_name','user_phone') VALUES
('"+contacts[i].displayName+"','"+phone+");#";
                        }
                        db.transaction(addBD, errorCB);
                }
                // 更新插入数据
                function addBD(tx){

                        strs=strsql.split("#");
                        for(var i=0;i<strs.length;i++){
                                tx.executeSql(strs[i], [], [], errorCB);
                        }
                        var db = window.openDatabase("Database", "1.0", "PhoneGap myuser", 200000);
                        db.transaction(queryDB, errorCB);
                }
                // onError: 获取联系人结果集失败
                function onError() {
                        console.log("Error processing SQL: "+err.code);
                }
            </script>
        </div>
    </body>
```

17.6 实现信息添加模块

 本节教学录像：2 分钟

图 17-6 所示的界面中提供了实现系统管理的 5 个按钮，如果触摸按下"添加"按钮，则会来到信息添加界面。通过此界面可以向设备中添加新的联系人信息，如图 17-7 所示。

图 17-7　信息添加界面

信息添加模块的实现文件是 add.html，主要实现代码如下。

```
<body>
 <!-- Home -->
     <div data-role="page" id="page1">
        <div data-theme="e" data-role="header">
            <a data-role="button"  id="tjlxr" data-theme="e" data-icon="info" data-iconpos="right"
class="ui-btn-right"> 保存 </a>
           <h3> 添加联系人 </h3>
            <a data-role="button"  id="czlxr" data-theme="e"  data-icon="refresh" data-iconpos="left"
class="ui-btn-left"> 重置 </a>
          </div>
          <div data-role="content">
            <form action="" data-theme="e" >
              <div data-role="fieldcontain">
                <fieldset data-role="controlgroup" data-mini="true">
                    <label for="textinput1"> 姓名: <input name="" id="textinput1" placeholder=" 联系
人姓名 " value="" type="text" /></label>
                    </fieldset>
                    <fieldset data-role="controlgroup" data-mini="true">
                    <label for="textinput2"> 电话: <input name="" id="textinput2" placeholder=" 联系
人电话 " value="" type="tel" /></label>
                    </fieldset>
                    <fieldset data-role="controlgroup" data-mini="true">
                    <label for="textinput3">QQ : <input name="" id="textinput3" placeholder="" value=""
type="number" /></label>
                    </fieldset>
                    <fieldset data-role="controlgroup" data-mini="true">
                        <label for="textinput4">Emai : <input name="" id="textinput4" placeholder=""
value="" type="email" /></label>
                    </fieldset>
                    <fieldset data-role="controlgroup">
                      <label for="textarea1"> 备注: </label>
                      <textarea name="" id="textarea1" placeholder="" data-mini="true"></textarea>
```

```
            </fieldset>
        </div>
        <div>
            <a data-role="button"  id="back" data-theme="e" > 返回 </a>
        </div>
    </form>
</div>
<script type="text/javascript">
$.mobile.page.prototype.options.domCache = false;
    var textinput1 = "";
    var textinput2 = "";
    var textinput3 = "";
    var textinput4 = "";
    var textarea1  = "";
    $("#tjlxr").click(function(){

            textinput1 =  $("#textinput1").val();
            textinput2 =  $("#textinput2").val();
            textinput3 =  $("#textinput3").val();
            textinput4 =  $("#textinput4").val();
            textarea1  =  $("#textarea1").val();
            var db = window.openDatabase("Database", "1.0", "PhoneGap myuser", 200000);
            db.transaction(addBD, errorCB);
    });
    function addBD(tx){
            tx.executeSql("INSERT INTO 'myuser' ('user_name','user_phone','user_qq','user_
email','user_bz') VALUES ('"+textinput1+"','"+textinput2+"','"+textinput3+"','"+textinput4+"','"+textarea1+"')", [],
successCB, errorCB);
    }
    $("#czlxr").click(function(){
            $("#textinput1").val("");
            $("#textinput2").val("");
            $("#textinput3").val("");
            $("#textinput4").val("");
            $("#textarea1").val("");
    });
    $("#back").click(function(){
            successCB();
    });
    // 等待加载 PhoneGap
    document.addEventListener("deviceready", onDeviceReady, false);
    // PhoneGap 加载完毕
    function onDeviceReady() {
            var db = window.openDatabase("Database", "1.0", "PhoneGap myuser", 200000);
            db.transaction(populateDB, errorCB);
    }
        // 填充数据库
        function populateDB(tx) {
```

```
                    //tx.executeSql('DROP TABLE IF EXISTS 'myuser' ');
                    tx.executeSql('CREATE TABLE IF NOT EXISTS 'myuser' ('user_id' integer
primary key autoincrement ,'user_name' VARCHAR( 25 ) NOT NULL ,'user_phone' varchar( 15 ) NOT
NULL ,'user_qq' varchar( 15 ) ,'user_email' VARCHAR( 50 ),'user_bz' TEXT)');
                    //tx.executeSql("INSERT INTO 'myuser' ('user_name','user_phone','user_
qq','user_email','user_bz') VALUES (' 刘 ',12222222,222,'nlllllull','null')");
                    //tx.executeSql("INSERT INTO 'myuser' ('user_name','user_phone','user_
qq','user_email','user_bz') VALUES (' 张山 ',12222222,222,'nlllllull','null')");
                    //tx.executeSql("INSERT INTO 'myuser' ('user_name','user_phone','user_
qq','user_email','user_bz') VALUES (' 李四 ',12222222,222,'nlllllull','null')");
                    //tx.executeSql("INSERT INTO 'myuser' ('user_name','user_phone','user_
qq','user_email','user_bz') VALUES (' 李四搜索 ',12222222,222,'nlllllull','null')");
                    //tx.executeSql('INSERT INTO DEMO (id, data) VALUES (2, "Second row")');
            }
        // 事务执行出错后调用的回调函数
        function errorCB(tx, err) {
                    alert("Error processing SQL: "+err);
        }

        // 事务执行成功后调用的回调函数
        function successCB() {
                    $.mobile.changePage ('set.html', 'fade', false, false);
        }
    </script>
    </div>
</body>
```

■ 17.7　实现信息修改模块

 本节教学录像：2 分钟

在图 17-6 所示的界面中，如果先勾选一个联系人信息，然后触摸按下"修改"按钮，会来到信息修改界面。通过此界面可以修改这条被选中联系人的信息，如图 17-8 所示。

图 17-8　信息修改界面

信息修改模块的实现文件是 modfiry.html，主要实现代码如下。

```html
<script type="text/javascript" src="./js/jquery.js"></script>
</head>
<body>
    <!-- Home -->
        <div data-role="page" id="page1">
            <div data-theme="e" data-role="header">
                <a data-role="button" id="tjlxr" data-theme="e" data-icon="info" data-iconpos="right" class="ui-btn-right"> 修改 </a>
                <h3> 修改联系人 </h3>
                <a data-role="button" id="back" data-theme="e" data-icon="refresh" data-iconpos="left" class="ui-btn-left"> 返回 </a>
            </div>
            <div data-role="content">
                <form action="" data-theme="e" >
                    <div data-role="fieldcontain">
                        <fieldset data-role="controlgroup" data-mini="true">
                            <label for="textinput1"> 姓 名: <input name="" id="textinput1" placeholder=" 联系人姓名 " value="" type="text" /></label>
                        </fieldset>
                        <fieldset data-role="controlgroup" data-mini="true">
                            <label for="textinput2"> 电 话: <input name="" id="textinput2" placeholder=" 联系人电话 " value="" type="tel" /></label>
                        </fieldset>
                        <fieldset data-role="controlgroup" data-mini="true">
                        <label for="textinput3">QQ : <input name="" id="textinput3" placeholder="" value="" type="number" /></label>
                        </fieldset>
                        <fieldset data-role="controlgroup" data-mini="true">
                            <label for="textinput4">Emai : <input name="" id="textinput4" placeholder="" value="" type="email" /></label>
                        </fieldset>
                        <fieldset data-role="controlgroup">
                            <label for="textarea1"> 备注: </label>
                            <textarea name="" id="textarea1" placeholder="" data-mini="true"></textarea>
                        </fieldset>
                    </div>
                </form>
            </div>
            <script type="text/javascript">
            $.mobile.page.prototype.options.domCache = false;
            var textinput1 = "";
            var textinput2 = "";
            var textinput3 = "";
            var textinput4 = "";
```

```
            var textarea1  = "";
            var uid = sessionStorage.getItem("uid");
    //=====================================================================
====================
            $("#tjlxr").click(function(){

                textinput1 =  $("#textinput1").val();
                textinput2 =  $("#textinput2").val();
                textinput3 =  $("#textinput3").val();
                textinput4 =  $("#textinput4").val();
                textarea1  =  $("#textarea1").val();
                var db = window.openDatabase("Database", "1.0", "PhoneGap myuser", 200000);
                db.transaction(modfiyBD, errorCB);
                });
            function modfiyBD(tx){
            // alert("UPDATE 'myuser'SET  'user_name'='"+textinput1+"','user_phone'="+textinput2
                +"','user_qq'='"+textinput3
            //   +"','user_email'='"+textinput4+"','user_bz'='"+textarea1+"' WHERE userid="+uid);
                 tx.executeSql("UPDATE 'myuser'SET  'user_name'='"+textinput1+"','user_
phone'='"+textinput2+"','user_qq'='"+textinput3
                              +"','user_email'='"+textinput4+"','user_bz'='"+textarea1+"' WHERE user_
id="+uid, [], successCB, errorCB);
                }
    //=====================================================================
=============================
            $("#back").click(function(){
            successCB();
            });
            document.addEventListener("deviceready", onDeviceReady, false);
            // PhoneGap 加载完毕
            function onDeviceReady() {
            var db = window.openDatabase("Database", "1.0", "PhoneGap myuser", 200000);
            db.transaction(selectDB, errorCB);
        }
            function selectDB(tx) {
                //alert("SELECT * FROM myuser where user_id="+uid);
              tx.executeSql("SELECT * FROM myuser where user_id="+uid, [], querySuccess, errorCB);
            }
            // 事务执行出错后调用的回调函数
            function errorCB(tx, err) {
                alert("Error processing SQL: "+err);
            }
            // 事务执行成功后调用的回调函数
            function successCB() {
                $.mobile.changePage ('set.html', 'fade', false, false);
            }
```

```
function querySuccess(tx, results) {
    var len = results.rows.length;
    for (var i=0; i<len; i++){
        // 写入到 logcat 文件
        //console.log("Row = " + i + " ID = " + results.rows.item(i).user_id + " Data = " + results.rows.
item(i).user_name);
            $("#textinput1").val(results.rows.item(i).user_name);
            $("#textinput2").val(results.rows.item(i).user_phone);
            $("#textinput3").val(results.rows.item(i).user_qq);
            $("#textinput4").val(results.rows.item(i).user_email);
            $("#textarea1").val(results.rows.item(i).user_bz);
    }
}
    </script>
    </div>
</body>
</html>
```

17.8 实现信息删除模块和更新模块

 本节教学录像：2 分钟

在图 17-6 所示的界面中，如果先勾选一个联系人信息，然后触摸按下"删除"按钮，会删除这条被勾选的联系人信息。信息删除模块的功能在文件 set.html 中实现，相关的实现代码如下。

```
function deleteDBbyid(tx){
    tx.executeSql("DELETE FROM 'myuser' WHERE user_id in("+num+")", [], queryDB, errorCB);
}
```

在图 17-6 所示的界面中，如果触摸按下"更新"按钮，则会更新整个设备内的联系人信息。信息更新模块的功能在文件 set.html 中实现，相关的实现代码如下。

```
$("#refresh").click(function(){
        // 从全部联系人中进行搜索
    var options = new ContactFindOptions();
    options.filter="";
    var filter = ["displayName","phoneNumbers"];
    options.multiple=true;
    navigator.contacts.find(filter, onTbSuccess, onError, options);
});
```

到此为止，整个实例讲解完毕。读者可以将本实例源码中的"www"内容复制到 iOS 工程中，本实例完全可以在 iOS 平台中运行。

第 **18** 章

 本章视频教学录像：11 分钟

平板阅读器系统

经过本书前面内容的学习，读者应该已经掌握 jQuery Mobile 移动 Web 开发技术的基本知识。本章综合运用本书前面所学的知识，结合使用 HTML5、CSS3 和 jQuery 技术开发一个在平板电脑中运行的阅读器系统。希望读者认真阅读本章内容，仔细品味 HTML5+jQuery 组合在移动 Web 开发领域的真谛。

本章要点（已掌握的在方框中打钩）

☐ 需求分析

☐ 创建 Android 工程

☐ 准备素材

☐ 系统实现

18.1　需求分析

阅读器是一款快速、实用、功能超强的桌面端阅读软件。例如，市面中常见的 RSS 阅读器是一种软件或是说一个程序，这种软件可以自由读取 RSS 和 Atom 两种规范格式的文档，且这种读取 RSS 和 Atom 文档的软件有多个版本，由不同的人或公司开发，有着不同的名字。目前流行的阅读器有 RSSReader、FreeDemon、SharpReader 等。

通过市场调查可知，一个基本的阅读器系统的最基本要求有两个，分别是界面美观和灵活翻页。本章阅读器系统实例也具备这两个基本功能，整个系统模块划分如图 18-1 所示。

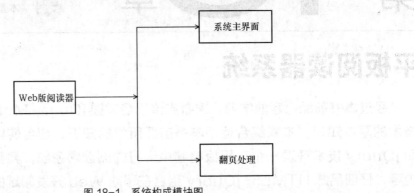

图 18-1　系统构成模块图

（1）系统主界面

在系统主屏幕界面中，可以将整个内容分为如下三部分。

❑ 顶部导航部分显示了图片展览信息以美化阅读器的界面。

❑ 中间内容部分列出了小说的内容供用户阅读。

❑ 屏幕底部部分添加两个在线服务按钮，用户可以通过单击这两个按钮来访问在线服务站点。

（2）翻页处理

在系统的偶数中面的左侧，设置一个向前一页的导航按钮［<］；在系统的奇数中面的右侧，设置一个向后一页的导航按钮［>］。

18.2　创建 Android 工程

对于本系统实例来说，既可以在 Android 平台中使用，也可以在 iOS 平台中使用。本节以 Android 平台为例，介绍将本实例布局在 Android 系统中运行的过程。

（1）启动 Eclipse，依次选中 File、New、Other 菜单，然后在向导的树形结构中找到 Android 节点。单击 Android Project，在项目名称上填写"reader"，如图 18-2 所示。

（2）单击 Next 按钮，选择目标 SDK，在此选择 4.4。单击 Next 按钮，在其中填写包名 com.example.web_dhb。

（3）单击 Next 按钮，此时将成功构建一个标准的 Android 项目。图 18-3 展示了当前项目的目录结构。

（4）修改文件 MainActivity.java，为此文件添加执行 HTML 文件的代码，主要代码如下。

```
public class MainActivity extends DroidGap {
```

```
@Override
public void onCreate(Bundle savedInstanceState) {
    super.onCreate(savedInstanceState);
    super.loadUrl("file:///android_asset/www/index.html");
}
}
```

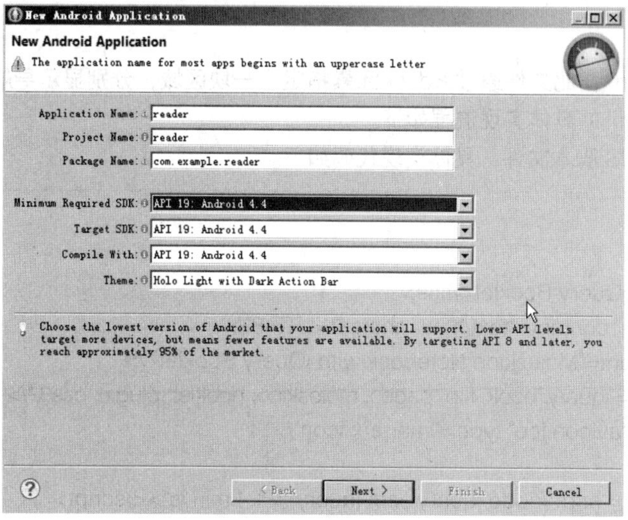

图 18-2 创建 Android 工程

图 18-3 创建的 Android 工程

18.3 准备素材

本实例的翻页箭头使用的是素材图片，如图 18-4 所示。

本实例的图书背景也借鉴使用了素材图片，效果如图 18-5 所示。

图 18-4 翻页素材图片

图 18-5 图书背景素材

▌18.4　系统实现

系统分析和素材图片准备就绪后，接下来可以进行具体的系统实现工作。本节详细讲解本实例的具体实现过程。

18.4.1　实现展示文件

在本实例的 HTML 展示文件是 index.html，此文件通过 <div> 元素指定了一块区域，分别显示导航图片、图书内容和底部按钮。文件 index.html 的具体实现流程如下。

（1）引入需要调用的外部 CSS 文件和 JS 脚本文件，具体实现代码如下。

```html
<html>
    <head>
        <title>Moleskine Notebook with jQuery Booklet</title>
        <meta http-equiv="Content-Type" content="text/html; charset=UTF-8"/>
        <meta name="description" content="Moleskine Notebook with jQuery Booklet" />
        <meta name="keywords" content="jquery, book, flip, pages, moleskine, booklet, plugin, css3 "/>
        <link rel="shortcut icon" href="../favicon.ico" type="image/x-icon"/>

        <script type="text/javascript" src="http://code.jquery.com/jquery-1.4.4.min.js"></script>
        <script src="booklet/jquery.easing.1.3.js" type="text/javascript"></script>
        <script src="booklet/jquery.booklet.1.1.0.min.js" type="text/javascript"></script>

        <link href="booklet/jquery.booklet.1.1.0.css" type="text/css" rel="stylesheet" media="screen" />
        <link rel="stylesheet" href="css/style.css" type="text/css" media="screen"/>
        <script src="cufon/ChunkFive_400.font.js" type="text/javascript"></script>
        <script src="cufon/Note_this_400.font.js" type="text/javascript"></script>
    </head>
```

（2）使用 <div> 标签定义 14 个容器界面，在每一个容器中在顶部设置不同的导航图片，在中间显示不同页的内容文本，在底部显示相同的两个按钮，具体实现代码如下。

```html
<body>
    <h1 class="title"> 基于 jQuery 技术的阅读器 </h1>
    <div class="book_wrapper">
        <a id="next_page_button"></a>
        <a id="prev_page_button"></a>
        <div id="loading" class="loading"> 加载页面 ...</div>
        <div id="mybook" style="display:none;">
            <div class="b-load">
                <div>
                    <img src="images/1.jpg" alt=""/>
                    <h1> 春宫曲 </h1>
                    <p> 昨夜风开露井桃，未央前殿月轮高。平阳歌舞新承宠，帘外春寒赐锦袍。
```

昨夜风开露井桃，未央前殿月轮高。平阳歌舞新承宠，帘外春寒赐锦袍。昨夜风开露井桃，未央前殿月轮高。平阳歌舞新承宠，帘外春寒赐锦袍。昨夜风开露井桃，未央前殿月轮高。平阳歌舞新承宠，帘外春寒赐锦袍。</p>

```
                    <a href="http://www.toppr.net" target="_blank" class="article">Article</a>
                    <a href="http://www.toppr.net/" target="_blank" class="demo">Demo</a>
                </div>
                <div>
                    <img src="images/2.jpg" alt="" />
                    <h1> 后宫词 </h1>
                    <p> 泪湿罗巾梦不成，夜深前殿按歌声。
红颜未老恩先断，斜倚熏笼坐到明。泪湿罗巾梦不成，夜深前殿按歌声。
红颜未老恩先断，斜倚熏笼坐到明。泪湿罗巾梦不成，夜深前殿按歌声。
红颜未老恩先断，斜倚熏笼坐到明。
</p>                 <a href="http://www.toppr.net/" target="_blank" class="article">Article</a>
                    <a href="http://www.toppr.net/" target="_blank" class="demo">Demo</a>
                </div>
                <div>
                    <img src="images/3.jpg" alt="" />
                    <h1> 遣悲怀·谢公最小偏怜女 </h1>
                    <p> 谢公最小偏怜女，自嫁黔娄百事乖。
顾我无衣搜荩箧，泥他沽酒拔金钗。
野蔬充膳甘长藿，落叶添薪仰古槐。
今日俸钱过十万，与君营奠复营斋。谢公最小偏怜女，自嫁黔娄百事乖。
顾我无衣搜荩箧，泥他沽酒拔金钗。
野蔬充膳甘长藿，落叶添薪仰古槐。
今日俸钱过十万，与君营奠复营斋。</p>
                    <a href="http://www.toppr.net/" target="_blank" class="article">Article</a>
                    <a href="http://www.toppr.net/" target="_blank" class="demo">Demo</a>
                </div>
                <div>
                    <img src="images/4.jpg" alt="" />
                    <h1> 隋宫 </h1>
                    <p> 紫泉宫殿锁烟霞，欲取芜城作帝家。
玉玺不缘归日角，锦帆应是到天涯。
于今腐草无萤火，终古垂杨有暮鸦。
地下若逢陈后主，岂宜重问后庭花。紫泉宫殿锁烟霞，欲取芜城作帝家。
玉玺不缘归日角，锦帆应是到天涯。
于今腐草无萤火，终古垂杨有暮鸦。
地下若逢陈后主，岂宜重问后庭花。</p>
                    <a href="http://www.toppr.net/" target="_blank" class="article">Article</a>
                    <a href="http://www.toppr.net/" target="_blank" class="demo">Demo</a>
                </div>
                <div>
                    <img src="images/5.jpg" alt="" />
                    <h1> 塞上曲·蝉鸣空桑林 </h1>
                    <p> 蝉鸣空桑林，八月萧关道。
```

出塞入塞寒，处处黄芦草。

从来幽并客，皆共尘沙老。

莫学游侠儿，矜夸紫骝好。蝉鸣空桑林，八月萧关道。

出塞入塞寒，处处黄芦草。

从来幽并客，皆共尘沙老。

莫学游侠儿，矜夸紫骝好。</p>

```
                    <a href="http://www.toppr.net/" target="_blank" class="article">Article</a>
                    <a href="http://www.toppr.net/" target="_blank" class="demo">Demo</a>
            </div>
            <div>
                    <img src="images/6.jpg" alt="" />
                    <h1> 丹青引赠曹霸将军 </h1>
                    <p> 将军魏武之子孙，于今为庶为清门。
```

英雄割据虽已矣，文彩风流今尚存。

学书初学卫夫人，但恨无过王右军。

丹青不知老将至，富贵于我如浮云。

开元之中常引见，承恩数上南薰殿。

凌烟功臣少颜色，将军下笔开生面。

良相头上进贤冠，猛将腰间大羽箭。

褒公鄂公毛发动，英姿飒爽犹酣战。

先帝玉马玉花骢，画工如山貌不同。

是日牵来赤墀下，迥立阊阖生长风。</p>

```
                    <a href="http://www.toppr.net/" target="_blank" class="article">Article</a>
                    <a href="http://www.toppr.net/" target="_blank" class="demo">Demo</a>
            </div>
            <div>
                    <img src="images/7.jpg" alt="" />
                    <h1> 洛阳女儿行 </h1>
                    <p> 洛阳女儿对门居，才可容颜十五余。
```

良人玉勒乘骢马，侍女金盘脍鲤鱼。

画阁朱楼尽相望，红桃绿柳垂檐向。

罗帏送上七香车，宝扇迎归九华帐。

狂夫富贵在青春，意气骄奢剧季伦。

自怜碧玉亲教舞，不惜珊瑚持与人。

春窗曙灭九微火，九微片片飞花琐。

戏罢曾无理曲时，妆成只是熏香坐。

城中相识尽繁华，日夜经过赵李家。

谁怜越女颜如玉，贫贱江头自浣沙。</p>

```
                    <a href="http://www.toppr.net/" target="_blank" class="article">Article</a>
                    <a href="http://www.toppr.net/" target="_blank" class="demo">Demo</a>
            </div>
            <div>
                    <img src="images/8.jpg" alt="" />
                    <h1> 清平调·一枝红艳露凝香 </h1>
                    <p> 一枝红艳露凝香，云雨巫山枉断肠。
```

借问汉宫谁得似，可怜飞燕倚新妆。一枝红艳露凝香，云雨巫山枉断肠。

借问汉宫谁得似，可怜飞燕倚新妆。一枝红艳露凝香，云雨巫山枉断肠。
借问汉宫谁得似，可怜飞燕倚新妆。</p></p>

                                                                 `<a href="http://www.toppr.net/" target="_blank" class="article">Article</a>`

      `<a href="http://www.toppr.net/" target="_blank" class="demo">Demo</a>`

   `</div>`

   `<div>`

      `<img src="images/9.jpg" alt="" />`

      `<h1>` 子夜吴歌•冬歌 `</h1>`

      `<p>` 明朝驿使发，一夜絮征袍。

素手抽针冷，那堪把剪刀。
裁缝寄远道，几日到临洮？明朝驿使发，一夜絮征袍。
素手抽针冷，那堪把剪刀。
裁缝寄远道，几日到临洮？明朝驿使发，一夜絮征袍。
素手抽针冷，那堪把剪刀。
裁缝寄远道，几日到临洮？ `</p>`   `<a href="http://www.toppr.net/" target="_blank"`
`class="article">Article</a>`

      `<a href="http://www.toppr.net/" target="_blank" class="demo">Demo</a>`

   `</div>`

   `<div>`

      `<img src="images/10.jpg" alt="" />`

      `<h1>` 夜归鹿门山歌 `</h1>`

      `<p>` 山寺钟鸣昼已昏，渔梁渡头争渡喧。

人随沙路向江姑，余亦乘舟归鹿门。
鹿门月照开烟树，忽到庞公栖隐处。
岩扉松径长寂寥，惟有幽人自来去。山寺钟鸣昼已昏，渔梁渡头争渡喧。
人随沙路向江姑，余亦乘舟归鹿门。
鹿门月照开烟树，忽到庞公栖隐处。
岩扉松径长寂寥，惟有幽人自来去。`</p>`

      `<a href="http://www.toppr.net/" target="_blank" class="article">Article</a>`

      `<a href="http://www.toppr.net/" target="_blank" class="demo">Demo</a>`

   `</div>`

   `<div>`

      `<img src="images/11.jpg" alt="" />`

      `<h1>` 长干行 `</h1>`

      `<p>` 妾发初覆额，折花门前剧。

郎骑竹马来，绕床弄青梅。
同居长干里，两小无嫌猜。
十四为君妇，羞颜未尝开。
低头向暗壁，千唤不一回。
十五始展眉，愿同尘与灰。
常存抱柱信，岂上望夫台。
十六君远行，瞿塘滟预堆。
五月不可触，猿声天上哀。
门前迟行迹，一一生绿苔。`</p>`

      `<a href="http://www.toppr.net/" target="_blank" class="article">Article</a>`

      `<a href="http://www.toppr.net/" target="_blank" class="demo">Demo</a>`

```
        </div>
        <div>
            <img src="images/12.jpg" alt="" />
            <h1> 江南曲 </h1>
            <p> 嫁得瞿塘贾，朝朝误妾期。
早知潮有信，嫁与弄潮儿。嫁得瞿塘贾，朝朝误妾期。
早知潮有信，嫁与弄潮儿。嫁得瞿塘贾，朝朝误妾期。
早知潮有信，嫁与弄潮儿。嫁得瞿塘贾，朝朝误妾期。
早知潮有信，嫁与弄潮儿。</p>                    <a href="http://www.toppr.net/" target="_
blank" class="article">Article</a>
            <a href="http://www.toppr.net/" target="_blank" class="demo">Demo</a>
        </div>
        <div>
            <img src="images/13.jpg" alt="" />
            <h1> 寄韩谏议 </h1>
            <p> 今我不乐思岳阳，身欲奋飞病在床。
美人娟娟隔秋水，濯足洞庭望八荒。
鸿飞冥冥日月白，青枫叶赤天雨霜。
玉京群帝集北斗，或骑麒麟翳凤凰。
芙蓉旌旗烟雾落，影动倒景摇潇湘。
星宫之君醉琼浆，羽人稀少不在旁。
似闻昨者赤松子，恐是汉代韩张良。
昔随刘氏定长安，帷幄未改神惨伤。
国家成败吾岂敢，色难腥腐餐枫香。
周南留滞古所惜，南极老人应寿昌。
美人胡为隔秋水，焉得置之贡玉堂。</p>                    <a href="http://www.toppr.net/" target="_
blank" class="article">Article</a>
                <a href="http://www.toppr.net/" target="_blank" class="demo">Demo</a>
        </div>
        <div>
            <img src="images/14.jpg" alt="" />
            <h1> 烈女操 </h1>
            <p> 梧桐相待老，鸳鸯会双死。
贞妇贵殉夫，舍生亦如此。
波澜誓不起，妾心古井水。梧桐相待老，鸳鸯会双死。
贞妇贵殉夫，舍生亦如此。
波澜誓不起，妾心古井水。</p>
            <a href="http://www.toppr.net/" target="_blank" class="article">Article</a>
            <a href="http://www.toppr.net/" target="_blank" class="demo">Demo</a>
        </div>
    </div>
    </div>
</div>
    <div> <span class="reference"> <a href=" http://www.toppr.net"> 技 术 支 持 </a> <a
href="http://www.toppr.net"> 在线服务 </a> </span> </div>
```

（3）设置在加载图片时调用 jQuery 插件，加载所有的图片选项，确保在每一页加载显示正确的标题和内容，具体实现代码如下。

```javascript
<script type="text/javascript">
    $(function() {
        var $mybook         = $('#mybook');
        var $bttn_next       = $('#next_page_button');
        var $bttn_prev       = $('#prev_page_button');
        var $loading        = $('#loading');
        var $mybook_images = $mybook.find('img');
        var cnt_images      = $mybook_images.length;
        var loaded          = 0;

        $mybook_images.each(function(){
            var $img        = $(this);
            var source      = $img.attr('src');
            $('<img/>').load(function(){
                ++loaded;
                if(loaded == cnt_images){
                    $loading.hide();
                    $bttn_next.show();
                    $bttn_prev.show();
                    $mybook.show().booklet({
                        name:            null,
                        width:           800,
                        height:          500,
                        speed:           600,
                        direction:       'LTR',
                        startingPage:    0,
                        easing:          'easeInOutQuad',
                        easeIn:          'easeInQuad',
                        easeOut:         'easeOutQuad',

                        closed:          true,
                        closedFrontTitle:  null,
                        closedFrontChapter: null,
                        closedBackTitle:  null,
                        closedBackChapter: null,
                        covers:          false,

                        pagePadding:     10,
                        pageNumbers:     true,

                        hovers:          false,
                        overlays:        false,
                        tabs:            false,
```

```
                                              tabWidth:            60,
                                              tabHeight:           20,
                                              arrows:              false,
                                              cursor:              'pointer',

                                              hash:                false,
                                              keyboard:            true,
                                              next:                $bttn_next,
                                              prev:                $bttn_prev,

                                              menu:                null,
                                              pageSelector:        false,
                                              chapterSelector:     false,

                                              shadows:             true,
                                              shadowTopFwdWidth:   166,
                                              shadowTopBackWidth:  166,
                                              shadowBtmWidth:      50,

                                              before:              function(){},
                                              after:               function(){}
                                  });
                                  Cufon.refresh();
                          }
                  }).attr('src',source);

              });

          });
      </script>
  </body>
</html>
```

18.4.2 实现样式文件

本实例的 CSS 样式文件是 style.css，具体实现流程如下。

（1）定义页面内 body 元素和 h1 等主流元素的样式，具体实现代码如下。

```
*{
    margin:0;
    padding:0;
}
```

```
body{
    background:#ccc url(../images/wood.jpg) repeat top left;
    font-family: Arial, Helvetica, sans-serif;
    color:#444;
    font-size:12px;
    color: #000;
}
h1{
    color:#2F1B0C;
    font-size:40px;
    margin:20px 0px 0px 20px;
}
span.reference{
    font-family:Arial;
    display:block;
    font-size:12px;
    text-align:center;
    margin-bottom:10px;
}
span.reference a{
    color:#000;
    text-transform:uppercase;
    text-decoration:none;
    margin:0px 20px;
}
span.reference a:hover{
    color:#ddd;
}
```

（2）定义样式 .booklet 实现阴影和圆角边框效果，具体实现代码如下。

```
.booklet{
    -moz-box-shadow:0px 0px 1px #fff;
    -webkit-box-shadow:0px 0px 1px #fff;
    box-shadow:0px 0px 1px #fff;
    -moz-border-radius:10px;
    -webkit-border-radius:10px;
    border-radius:10px;
}
```

（3）定义上一页按钮样式 .booklet .b-wrap-left 和下一页按钮的样式 .booklet .b-wrap-right，使其看起来更像真正的书，具体实现代码如下。

```
.booklet .b-wrap-left {
    background:#fff url(../images/left_bg.jpg) no-repeat top left;
    -webkit-border-top-left-radius: 10px;
    -webkit-border-bottom-left-radius: 10px;
    -moz-border-radius-topleft:10px;
    -moz-border-radius-bottomleft: 10px;
    border-top-left-radius: 10px;
    border-bottom-left-radius: 10px;
}
.booklet .b-wrap-right {
    background:#efefef url(../images/right_bg.jpg) no-repeat top left;
    -webkit-border-top-right-radius: 10px;
    -webkit-border-bottom-right-radius: 10px;
    -moz-border-radius-topright: 10px;
    -moz-border-radius-bottomright: 10px;
    border-top-right-radius: 10px;
    border-bottom-right-radius: 10px;
}
```

（4）定义样式 .booklet .b-counter 来修饰每一页最底部的页码数字，具体实现代码如下。

```
.booklet .b-counter {
    bottom:10px;
    position:absolute;
    display:block;
    width:90%;
    height:20px;
    border-top:1px solid #ddd;
    color:#222;
    text-align:center;
    font-size:12px;
    padding:5px 0 0;
    background:transparent;
    -moz-box-shadow:0px -1px 1px #fff;
    -webkit-box-shadow:0px -1px 1px #fff;
    box-shadow:0px -1px 1px #fff;
    opacity:0.8;
}
```

（5）定义 HTML 外层样式 .book_wrapper 来修饰整个容器，将指定的素材图像作为图书的整体背景，具体实现代码如下。

```
.book_wrapper{
    margin:0 auto;
    padding-top:50px;
    width:905px;
    height:540px;
    position:relative;
    background:transparent url(../images/bg.png) no-repeat 9px 27px;
}
```

（6）定义样式 .book_wrapper h1，功能是在每一页的标题下面设置一条手绘线效果，具体实现代码如下。

```
.book_wrapper h1{
    color:#13386a;
    margin:5px 5px 5px 15px;
    font-size:26px;
    background:transparent url(../images/h1.png) no-repeat bottom left;
    padding-bottom:7px;
}
```

（7）编写样式代码来修饰段落和链接元素，具体实现代码如下。

```
.book_wrapper p{
    font-size:16px;
    margin:5px 5px 5px 15px;
}
.book_wrapper a.article,
.book_wrapper a.demo{
    background:transparent url(../images/circle.png) no-repeat 50% 0px;
    display:block;
    width:95px;
    height:41px;
    text-decoration:none;
    outline:none;
    font-size:16px;
    color:#555;
    float:left;
    line-height:41px;
    padding-left:47px;
}
.book_wrapper a.demo{
margin-left:50px;
}
```

```
.book_wrapper a.article:hover,
.book_wrapper a.demo:hover{
    background-position:50% -41px;
    color:#13386a;
}
```

（8）定义样式 .book_wrapper img，功能是当触摸按钮时会变为白色边框区域，具体实现代码如下。

```
.book_wrapper img{
    margin:10px 0px 5px 35px;
    width:300px;
    padding:4px;
    border:1px solid #ddd;
    -moz-box-shadow:1px 1px 1px #fff;
    -webkit-box-shadow:1px 1px 1px #fff;
    box-shadow:1px 1px 1px #fff;
}
```

（9）定义样式 .booklet .b-wrap-right img，功能是下一页按钮要暗一些，具体实现代码如下。

```
.booklet .b-wrap-right img{
    border:1px solid #E6E3C2;
}
```

（10）通过如下代码，设置指定素材图片 buttons.png 作为翻页的箭头按钮。

```
a#next_page_button,
a#prev_page_button{
    display:none;
    position:absolute;
    width:41px;
    height:40px;
    cursor:pointer;
    margin-top:-20px;
    top:50%;
    background:transparent url(../images/buttons.png) no-repeat 0px -40px;
}
a#prev_page_button{
    left:-30px;
}
a#next_page_button{
    right:-30px;
    background-position:-41px -40px;
}
a#next_page_button:hover{
```

```
        background-position:-41px 0px;
    }
    a#prev_page_button:hover{
        background-position:0px 0px;
    }
```

（11）定义样式 .loading，功能是当加载本实例页面时设置圆形边界半透明的图标表示正在加载，并将这部分加载图标定位在书的右边显示，具体实现代码如下。

```
.loading{
    width:160px;
    height:56px;
    position: absolute;
    top:50%;
    margin-top:-28px;
    right:135px;
    line-height:56px;
    color:#fff;
    padding-left:60px;
    font-size:15px;
    background: #000 url(../images/ajax-loader.gif) no-repeat 10px 50%;
    opacity: 0.7;
    z-index:9999;
    -moz-border-radius:20px;
    -webkit-border-radius:20px;
    border-radius:20px;
    filter:progid:DXImageTransform.Microsoft.Alpha(opacity=70);
}
```

到此为止，整个实例介绍完毕。本实例最终的执行效果如图 18-6 所示。

图 18-6　执行效果

翻页之后的执行效果如图 18-7 所示。

图 18-7　翻页后的执行效果